普通高等教育"十二五"规划教材

木材科学与工程专业实验教材

路则光　主编

科学出版社

北京

内 容 简 介

本书以阶梯式能力培养为主线构筑专业基础课实验、专业核心课实验、专业特色课实验、专业实践课实验等实践教学体系。专业基础课实验包含木材宏观和微观识别、物理和力学性质测试等环节，培养学生的基础实验能力。专业核心课实验涵盖干燥质量检验、干燥基准编制、木材切削刀具识别、常规木工设备的结构及其操作、脲醛和酚醛树脂合成、游离甲醛含量测定、人造板制造工艺及其性能测试、人造板表面装饰、配料、毛料加工、净料加工、涂饰、漆膜质量检测等知识，锤炼学生的专业实验能力。专业特色课实验涉及素描、色彩、构成、家具制图、家具人体工程学、家具造型设计、家具结构设计等课程，拓展学生的动手技能。专业实践课实验包括专业认识实习、课程设计、创业实践、综合实习、毕业（生产）实习及报告、毕业论文（设计）等内容，锻炼学生学以致用的本领。

本书适合木材科学与工程、家具设计与制造、室内设计、木结构、土木工程（装饰）等相关专业的本科生、专科生和研究生的教学使用，同时也可供家具培训机构、家具企业、人造板企业的专业工程技术与管理人员借鉴和参考。

图书在版编目(CIP)数据

木材科学与工程专业实验教材/路则光主编．—北京：科学出版社，2015.11

普通高等教育“十二五”规划教材

ISBN 978-7-03-046400-2

Ⅰ.①木…　Ⅱ.①路…　Ⅲ.①木材学-实验-高等学校-教材　Ⅳ.①S781-33

中国版本图书馆 CIP 数据核字(2015)第 274899 号

责任编辑：吴美丽 / 责任校对：贾伟娟

责任印制：徐晓晨 / 封面设计：庆全新光

科 学 出 版 社 出版

北京东黄城根北街 16 号

邮政编码：100717

http://www.sciencep.com

北京厚诚则铭印刷科技有限公司 印刷

科学出版社发行　各地新华书店经销

*

2015 年 11 月第 一 版　开本：787×1092　1/16

2018 年 5 月第五次印刷　印张：21 3/4

字数：500 000

定价：59.00 元

（如有印装质量问题，我社负责调换）

《木材科学与工程专业实验教材》编写委员会

主　编　路则光

副主编　毛　安　贾万达　席恩华　董晓英　李　琪　王传贵
　　　　　陈　铭　饶久平

编　委（按姓氏拼音排序）

陈　铭（四川农业大学）
陈瑞英（福建农林科技大学）
董宏敢（安徽农业大学）
董晓英（山东农业大学）
贾万达（山东农业大学）
李　琪（山东农业大学）
路则光（山东农业大学）
吕建华（四川农业大学）
毛　安（山东农业大学）
饶久平（福建农林科技大学）
王传贵（安徽农业大学）
吴良奎（安徽农业大学）
武　恒（安徽农业大学）
席恩华（山东农业大学）
张双燕（安徽农业大学）

主　审

吴智慧　（南京林业大学）
沈　隽　（东北林业大学）

前　言

“卓越工程师”是木材科学与工程专业的人才培养目标，实践教学处于突出位置。为了更好地培养学生的动手能力，几所高等农林院校专门组织力量编写了《木材科学与工程专业实验教材》。

本书强调技术性、实用性、针对性和系统性，文理通顺，切合实际，通俗易懂，适合于木材科学与工程、家具设计与制造、室内设计、木结构、土木工程（装饰）等相关专业专科生、本科生和研究生的教学使用，同时也可供家具培训机构、家具企业、人造板企业的专业工程技术与管理人员借鉴和参考。

全书由山东农业大学、安徽农业大学、四川农业大学、福建农林科技大学的15位教师共同编写而成，是集体智慧的结晶。

本书分为专业基础课实验、专业核心课实验、专业特色课实验、专业实践课实验4部分，共25章。

其中，山东农业大学路则光副教授编写第四章、第八章、第十五章、第十六章、第十八章、第十九章、第二十章、第二十二章、第二十三章、第二十四章、第二十五章；山东农业大学毛安副教授编写第五章、第六章、第二十一章；山东农业大学贾万达实验师参与编写第十六章、第十八章、第十九章；山东农业大学席恩华讲师编写第一章、第二章、第十七章；山东农业大学董晓英讲师编写第十二章、第十三章、第十四章、第二十一章；山东农业大学李琪副教授编写第三章；安徽农业大学王传贵教授参与编写第二章，并对安徽农业大学编写的内容进行统稿；四川农业大学陈铭副教授参与编写第十三章；福建农林科技大学饶久平副教授编写第七章；安徽农业大学武恒副教授编写第九章、第十章、第十一章；福建农林科技大学陈瑞英教授参与编写第一章；四川农业大学吕建华副教授参与编写第十四章、第十五章；安徽农业大学吴良奎讲师参与编写第三章、第四章、第二十三章；安徽农业大学董宏敢副教授参与编写第八章、第十五章、第二十章；安徽农业大学张双燕讲师参与编写第二章。

全书由路则光副教授统稿和修改，由南京林业大学吴智慧教授和东北林业大学沈隽教授主审。

本书受山东省特色名校工程建设专项经费资助，是山东省高等学校教学改革项目“基于校企合作的木材科学与工程专业‘订单式’人才培养模式改革研究”的成果，承蒙山东农业大学和科学出版社的筹划和指导，参照了山东农业大学木材科学与工程专业人才培养方案和毕业设计手册，参考了木材科学与工程专业配套的理论教学教材和其他相关材料，在此，向所有关心、支持和帮助本书出版的单位和人士表示最衷心的感谢。

由于编者水平有限，书中难免存在不足之处，真诚希望广大读者给予批评指正。

编　者

2015年6月

目　　录

第一章 木材学

实验一　针叶树材宏观构造

一、目的与要求

认识木材的三切面及其宏观构造特征。本实验重点是观察针叶树材的主要宏观特征，如树脂道、生长轮（年轮）、早材和晚材（急缓变）、木射线等，以及它们在三个切面（三切面）上的形态；观察针叶树材的纹理、结构、材色、轻重、软硬等次要宏观特征，熟悉并掌握这些特征以巩固课堂讲授的理论知识，奠定识别木材的基础。

二、实验仪器与设备

锋利小刀、放大镜和体式显微镜。

三、实验用木材标本

银杏（*Ginkgo biloba* L.）、臭冷杉［*Abies nephrolepis*（Trautv.）Maxim.］、青杆（*Picea wilsonii* Mast.）、落叶松［*Larix gmelini*（Rupr.）Rupr.］、红松（*Pinus koraiensis* Sieb. et Zucc.）、华山松（*Pinus armandi* Franch.）、马尾松（*Pinus massoniana* Lamb.）、油松（*Pinus tabulaeformis* Carr.）、圆柏［*Sabina chinensis*（L.）Ant.（*Junperus chinensis* L.）］、侧柏［*Platycladus orientalis*（L.）Franco］、杉木［*Cunninghamia lanceolata*（Lamb.）Hook.］。

四、实验方法

先用小刀将横切面削光滑。用左手持木材标本，将要观察的切面对向光源，右手持放大镜，靠近右眼，并调整焦距，直至看到清晰的木材特征。观察顺序：首先观察横切面，其次为径切面，最后是弦切面。

五、实验项目与内容

1. 木材三切面：横切面、径切面和弦切面

横切面是指与树干长轴或木材纹理相垂直的切面。在横切面上，生长轮呈同心圆环状，木射线呈辐射线状，是木材识别最重要的切面(图 1-1)。

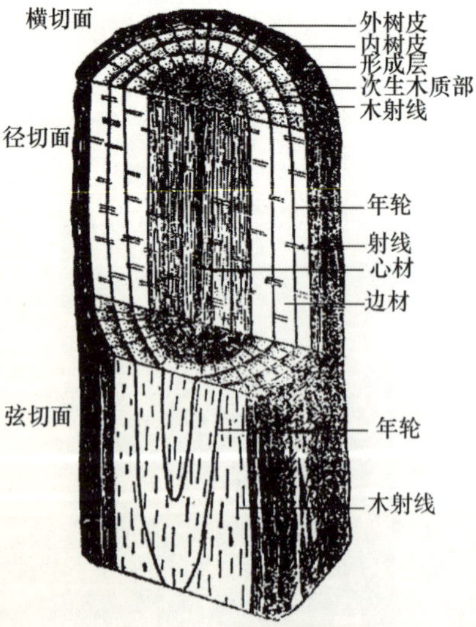

径切面是指顺着树干长轴方向通过髓心与木射线平行或与生长轮相垂直的纵切面。在径切面上，生长轮呈平行竖线状，木射线呈横行的短线条。

弦切面是指顺着树干长轴方向，与木射线相垂直或与生长轮相平行的纵切面。在弦切面上，生长轮呈抛物线状，木射线呈断续的短细线。

图 1-1　针叶材三切面

2. 树脂道

针叶树材的轴向树脂道在横切面上一般星散地分布在年轮中，多见于晚材带中，为浅色小点。正常树脂道一般单个分布于早晚材交界处或晚材带中（图 1-2A、B）。径向树脂道存在于纺锤形木射线中，非常细小，肉眼下一般观察不到。受伤的树脂道通常成串弦

列，它还通常出现在无正常树脂道的木材中。例如，长苞铁杉、冷杉在横切面上呈弦列分布于早材部位，在生长轮开始处较常见(图 1-2)。

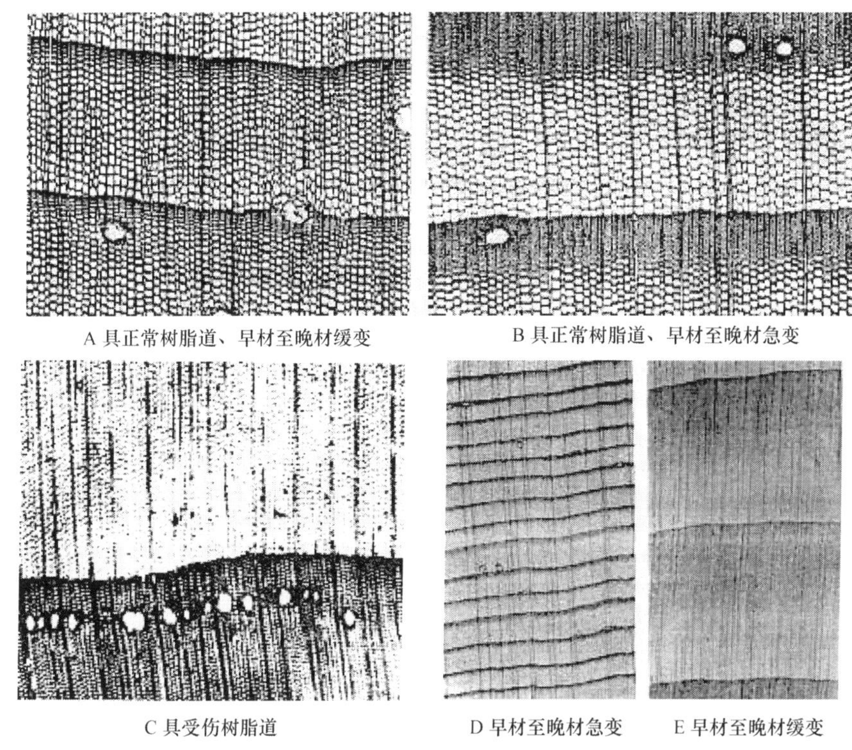

A 具正常树脂道、早材至晚材缓变　B 具正常树脂道、早材至晚材急变

C 具受伤树脂道　D 早材至晚材急变　E 早材至晚材缓变

图 1-2 针叶材宏观构造特征

3. 生长轮(年轮)

在横切面上看到的年轮是围绕髓心的同心圆，年轮在径切面相互平行，在弦切面上为“V”字形或抛物线状花纹。通常在横切面上观察年轮的形状、显明度，生长形态(平滑、波状、曲折)，年轮的宽窄和均匀度，有无假年轮。

4. 早材和晚材

在树木的一个年轮中靠近髓心，生长季节早期所形成的木材，细胞腔大、壁薄，材质松软，材色浅的称为早材；生长季节晚期所形成的木材，细胞腔小，壁厚，材质致密，材色较深的称为晚材。主要描述晚材带的宽窄；早材过渡到晚材的变化是缓(渐)变还是急(突)变(图 1-2A～D)。

5. 心材、边材和熟材

在树木的横断面上，中央部分色深而含水量较少的为心材，周围色浅而含水量较多的为边材。另一些树种，树干中心部分与外围部分的木材颜色无区别，但含水量不同，中心部分水分较少的称为熟材。主要描述心材、边材的大小和颜色。

6. 木射线

木射线在横切面上为辐射状，在径切面上为横行的短线条，在弦切面上为断续的短细线。针叶树材的木射线一般较细，肉眼下不见至略可见。

7. 结构

结构是指构成木材细胞的大小及差异的程度。针叶树材的结构可分粗细两类，晚材带小、缓变为细结构；晚材带大、急变为粗结构。

8. 纹理

纹理是指构成木材主要细胞的排列方向，针叶树材的纹理一般较直。

9. 材表(身)

针叶树材的材表一般较平滑。

六、实验结果

1. 绘制木材三切面立体图,要求加以注解,即示明年轮、早晚材、心边材、木射线在三个切面上的形态(树种自所观察标本中任选一种)。

2. 将木材标本上能描述到的宏观构造特征填入表 1-1,描述的木材标本数量应不少于 5 个树种。

表 1-1　针叶树材宏观构造特征记载表

<table>
<tr><th rowspan="3">树种名称</th><th colspan="3">生长轮</th><th colspan="4">树脂道</th><th colspan="3">心边材</th><th rowspan="3">木射线明显否</th><th rowspan="3">纹理</th><th rowspan="3">结构</th><th rowspan="3">气味</th><th rowspan="3">轻重</th><th rowspan="3">材表</th></tr>
<tr><th rowspan="2">明显度</th><th rowspan="2">形状</th><th rowspan="2">早材至晚材变化(急缓)</th><th rowspan="2">正常</th><th rowspan="2">受伤</th><th rowspan="2">大小</th><th rowspan="2">分布</th><th colspan="2">心材</th><th rowspan="2">边材颜色</th></tr>
<tr><th>大小</th><th>颜色</th></tr>
<tr><td></td><td></td><td></td><td></td><td></td><td></td><td></td><td></td><td></td><td></td><td></td><td></td><td></td><td></td><td></td><td></td><td></td></tr>
<tr><td></td><td></td><td></td><td></td><td></td><td></td><td></td><td></td><td></td><td></td><td></td><td></td><td></td><td></td><td></td><td></td><td></td></tr>
<tr><td></td><td></td><td></td><td></td><td></td><td></td><td></td><td></td><td></td><td></td><td></td><td></td><td></td><td></td><td></td><td></td><td></td></tr>
<tr><td></td><td></td><td></td><td></td><td></td><td></td><td></td><td></td><td></td><td></td><td></td><td></td><td></td><td></td><td></td><td></td><td></td></tr>
<tr><td></td><td></td><td></td><td></td><td></td><td></td><td></td><td></td><td></td><td></td><td></td><td></td><td></td><td></td><td></td><td></td><td></td></tr>
</table>

七、习题

1. 简述早材和晚材的构造、性质有什么区别。
2. 简述心材、边材和熟材各有什么特点。
3. 针叶树材中有 6 个属的树种具树脂道,是哪 6 个属?它们的树脂道各有什么特点?

实验二　阔叶树材宏观构造(一)

一、目的与要求

管孔不仅是区分针叶树材和阔叶树材最重要的特征,也是识别阔叶树材的重要特征。本实验重点是掌握阔叶树材的管孔类型、环孔材和半环孔材的晚材管孔排列方式、管孔组合与管孔大小、管孔内含物、阔叶树材木射线的宏观构造特征及其与针叶树材木射线的不同。

二、实验仪器与设备

锋利小刀、放大镜和体式显微镜。

三、实验用木材标本

刺槐(*Robinia pseudoacacia* L.)、杨木(*Populus* spp.)、红桦(*Betula albo-sinensis* Burk.)、栓皮栎(*Quercus variabilis* BI.)、山核桃(*Carya cathayensis* Sarg.)、核桃楸(*Juglans mandshurica* Maxim.)、椴木(*Tilia tuan* Szysz.)、黄菠萝(*Phellodendron amurense* Rupr.)、榆木(*Ulmus pumila* L.)、臭椿[*Ailanthus altissima*(Mill.) Swing. et T. B. Chao]、野桉(*Eucalyptus rudis* Endl.)、毛泡桐[*Paulownia tomentosa*(Tumb.) Setud.]、南方泡桐(*Paulownia australis* Gong Tong)。

四、实验方法

先用小刀将横切面削光滑。用左手持木材标本，将要观察的切面对向光源，右手持放大镜，靠近右眼，并调整焦距，直至看到清晰的木材特征。首先观察横切面管孔，其次为木射线，之后为其他特征。

五、实验项目与内容

1. 年轮

观察上述阔叶树材的年轮在三切面上的形态及其明显度。环孔材、半环孔材年轮明显，散孔材年轮不甚明显。

2. 心材、边材和熟材

一些树种在树木的横断面上，中央部分色深、含水量较少的为心材，周围色浅、含水量较多的为边材。另一些树种，树干中心部分与外围部分的木材颜色无区别，但含水量不同，中心水分较少的部分可称为熟材。观察木材有无心边材的区别，如有心材，描述心边材的颜色。

3. 早材和晚材

观察早晚材在三切面上的形态，早材管孔列数及晚材管孔的排列方式。

4. 管孔

指阔叶树材中的导管在木材横切面上呈孔穴状，并且有规律地分布。绝大多数阔叶树材都具有管孔，因此，阔叶树材又称有孔材。然而，在我国产的水青树、昆栏树中没有管孔，因此，它们又称无孔阔叶树材(图 1-3A、B)。在纵切面观察导管槽，即导管呈沟槽状。

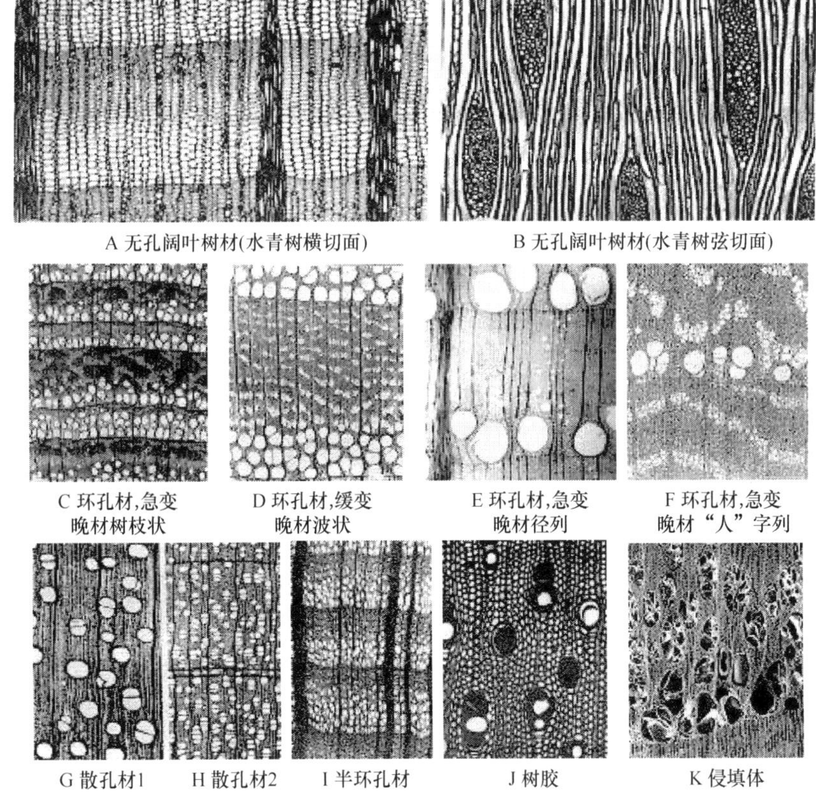

A 无孔阔叶树材(水青树横切面)　B 无孔阔叶树材(水青树弦切面)

C 环孔材，急变晚材树枝状　D 环孔材，缓变晚材波状　E 环孔材，急变晚材径列　F 环孔材，急变晚材“人”字列

G 散孔材1　H 散孔材2　I 半环孔材　J 树胶　K 侵填体

图 1-3　阔叶树材宏观构造特征(一)

5. 管孔类型

管孔类型即管孔在木材横切面上的一个生长轮内的分布和大小情况，可分为三种类型。

环孔材：指在一个生长轮内，早材管孔比晚材管孔大得多，并沿生长轮呈环状排成一至数列，如山合欢、麻栎、楝叶吴茱萸、黄连木(图 1～3C～F)。

散孔材：指在一个生长轮内，早晚材管孔的大小没有明显的区别，分布也比较均匀(图 1-3G、H)。

半环孔材：指在一个生长轮内，早材管孔比晚材管孔稍大，从早材到晚材的管孔逐渐变小，管孔的大小界限不明显(图 1-3I)。

6. 排列方式

环孔材及半环孔材晚材管孔的排列方式，具体分为以下几种。

单个分布：晚材管孔单个均匀分布，如山合欢。

径列：晚材管孔两三个或成串径向排列，如麻栎。

树枝状列：晚材管孔成串径、斜列，末端常弯曲或分叉成树枝状，如红椎。

波列：晚材管孔成串弦向、斜列成波浪状，如榉木。

团列：晚材管孔三个以上成团状排列，如海南木五加。

“人”字或“之”字列：晚材管孔成串排列成“人”字或“之”字状，如黄连木。

7. 管孔内含物

侵填体：指管孔内一种具光泽的泡沫状填充物，如麻栎榉木(图 1-3K)。

树胶：指管孔内呈不定形的褐色或红褐色的胶块，如黄檀、紫檀(图 1-3J)。

沉积物：指管孔内的不定形矿质固体沉积物，如柚木、龙脑香。

8. 木射线

阔叶树材的木射线比针叶树材发达，多数在肉眼下可见至明显，可分细、中、宽三级。细射线，肉眼下不见或略见，如荷木。中射线，肉眼下易见至略明显，如榉木、山合欢。宽射线，肉眼下明显至显著，如麻栎、水青冈、山龙眼。

六、实验结果

1. 绘制木材横切面构造图，每个管孔类型各一种。要求示明管孔类型、管孔排列、木射线在横切面上的形态。

2. 将木材标本上能描述到的宏观构造特征填入表 1-2，描述木材标本的数量应不少于 5 个树种。

表 1-2 阔叶树材宏观构造特征记载表(一)

<table>
<tr><th rowspan="3">树种名称</th><th colspan="2">生长轮</th><th colspan="5">管孔</th><th colspan="3">心边材</th><th rowspan="3">木射线</th><th rowspan="3">纹理</th><th rowspan="3">结构</th><th rowspan="3">气味</th><th rowspan="3">轻重</th><th rowspan="3">材表</th></tr>
<tr><th rowspan="2">明显度</th><th rowspan="2">形状</th><th rowspan="2">类型</th><th colspan="3">(半)环孔材</th><th rowspan="2">内含物</th><th colspan="2">心材</th><th rowspan="2">边材颜色</th></tr>
<tr><th>早材</th><th>晚材</th><th>早晚材变化(急缓)</th><th>大小</th><th>颜色</th></tr>
<tr><td></td><td></td><td></td><td></td><td></td><td></td><td></td><td></td><td></td><td></td><td></td><td></td><td></td><td></td><td></td><td></td><td></td></tr>
<tr><td></td><td></td><td></td><td></td><td></td><td></td><td></td><td></td><td></td><td></td><td></td><td></td><td></td><td></td><td></td><td></td><td></td></tr>
<tr><td></td><td></td><td></td><td></td><td></td><td></td><td></td><td></td><td></td><td></td><td></td><td></td><td></td><td></td><td></td><td></td><td></td></tr>
<tr><td></td><td></td><td></td><td></td><td></td><td></td><td></td><td></td><td></td><td></td><td></td><td></td><td></td><td></td><td></td><td></td><td></td></tr>
<tr><td></td><td></td><td></td><td></td><td></td><td></td><td></td><td></td><td></td><td></td><td></td><td></td><td></td><td></td><td></td><td></td><td></td></tr>
</table>

七、习题

1. 简述什么是环孔材、半环(散)孔材、散孔材。
2. 简述什么是单管孔、复管孔、管孔链、管孔团。

实验三 阔叶树材宏观构造(二)

一、目的与要求

轴向薄壁组织与管孔一样,是识别阔叶树材的重要特征。本实验重点掌握阔叶树材的轴向薄壁组织类型、树胶道;同时总结出阔叶树材宏观构造的特点与规律及其与针叶树材宏观构造的特点与规律有何不同。

二、实验仪器与设备

锋利小刀、放大镜和体式显微镜。

三、实验用木材标本

香樟[*Cinnamomum camphora* (L.) Presl.]、银桦(*Grevillea robusta* Cunn.)、拟赤杨(*Alniphyllum fortunei*)、青冈栎[*Cyclobalanopsis glauca* (Thuub.) Oerst.]、小叶红豆(*Ormosia microphylla* Merr.)、檫木[*Sassafras tzumu* (Hemsl.) Hemsl.]、苦楝(*Melia azedarach* L.)、栲树(*Castanopsis fargesii* Franch)、米槠[*Castanopsis cuspidata* (Thunb.) Schott.]。

四、实验方法

先拿出木材标本,并用小刀将横切面削光滑。取出放大镜,左手持木材标本,右手持放大镜,并调整焦距,直至看到清晰的木材特征。描述的顺序:首先观察横切面,其次为径切面,最后观察弦切面。

五、实验项目与内容

(1) 管孔、木射线、树皮、材表、生长轮、心边材、纹理、结构、重量、气味等项目内容和描述方法与实验一和实验二相同。

(2) 轴向薄壁组织:指在木材横切面上观察,可见到一些颜色较周围材色浅,用水润湿后更加明显的组织。薄壁组织的清晰度和分布类型是识别阔叶树材的重要特征。根据轴向薄壁组织与导管的连生情况,可分为傍管型和离管型两大类。

a. 傍管(型)薄壁组织:指排列在导管周围,将导管的一部分或全部围住,并且沿发达的一侧展开的轴向薄壁组织。可分为以下几种排列方式。

稀疏环管状:指轴向薄壁组织偶尔与导管相连或在导管周围形成不完全的鞘,如润楠(图 1-4A)。

环管束状:指多个薄壁细胞围绕单管孔或复管孔形成完整的圆形至卵形的鞘,如香樟(图 1-4B)。

翼状:指薄壁组织围绕管孔并向管孔的一侧或两侧向外延伸,形如翅膀截面形状或眼状,

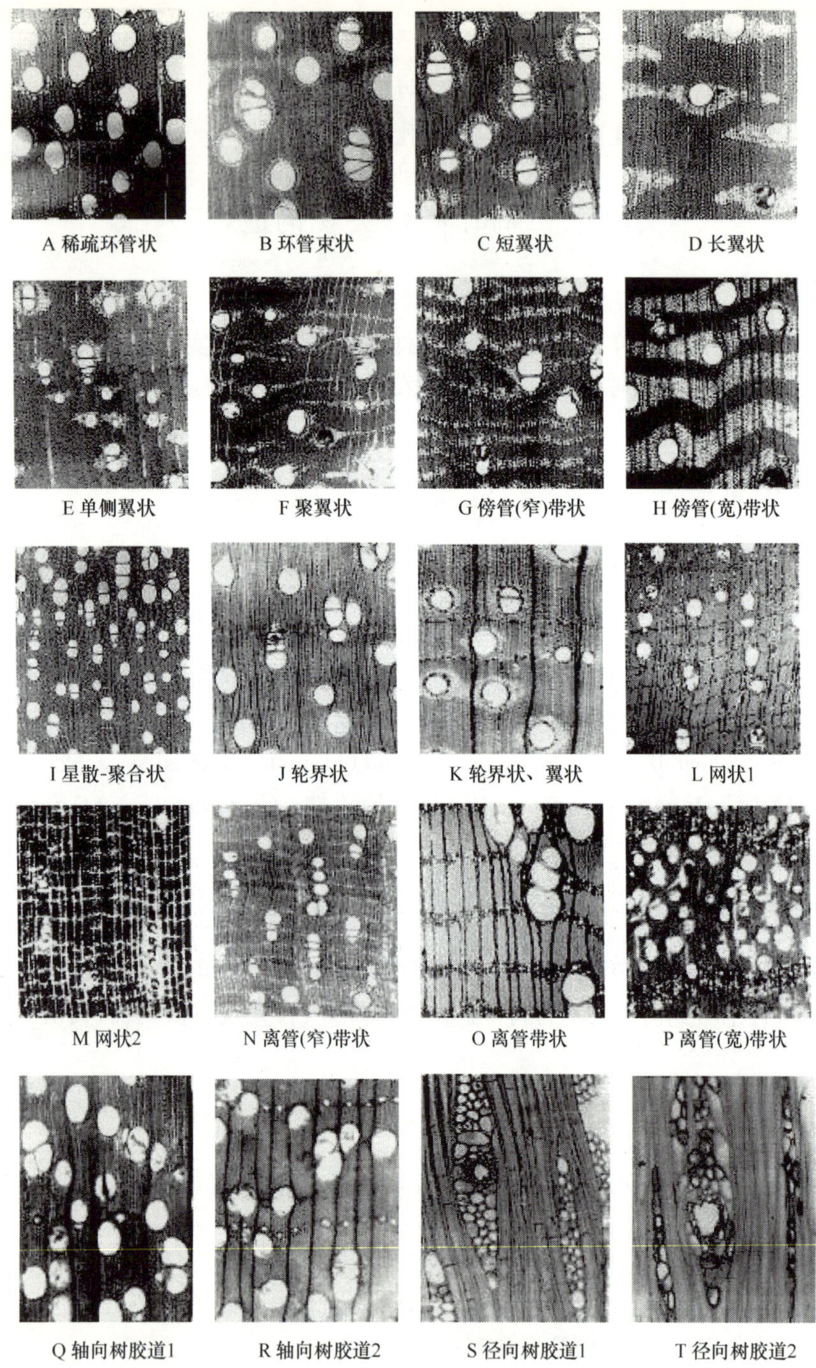

图 1-4　阔叶树材宏观构造特征(二)

如小叶红豆。

聚翼状：指翼状薄壁组织的翼尖连接，使两个或两个以上的单管孔或复管孔连接起来，并常形成不规则带，如小叶红豆(图 1-4F)。

单侧环管(翼)状：指薄壁组织仅在管孔的一侧形成半圆形的帽，并弦向或斜向延伸成翼状或聚翼状(图 1-4E)。

傍管带状：指环管束状或聚翼状薄壁组织相互连接，呈同心细线状或带状，如小叶红豆(图 1-4G、H)。

b. 离管(型)薄壁组织：指与导管不相连的轴向薄壁组织，也就是轴向薄壁组织不围绕在管孔周围分布，可分为以下几种排列方式。

星散状：单一或成对的轴向薄壁细胞不规则地分布在木材纤维分子之间。宏观下一般分辨不出。

星散或星散-聚合状：指轴向薄壁细胞单个或几个连成长度不定的、不连续的弦带或斜线，如椴树(图 1-4I)。

轮界状：指沿生长轮交界处呈带状分布的轴向薄壁组织，如木兰科(图 1-4J、K)。

网状：指与木射线略等宽、等距，并呈连续或断续切线状的轴向薄壁组织。宏观下木射线间距与薄壁组织间距略等宽而形成网状，如柿树科、番荔枝科(图 1-4L、M)。

离管带状或梯状：指轴向薄壁组织为有一定间距规律的同心细线或带，在木材横切面上形似梯状。木射线间距明显大于薄壁组织带间距(图 1-4N～P)。

(3) 树胶道：指阔叶树材中的胞间道。也分正常树胶道和受伤树胶道。正常树胶道，又分轴向树胶道和径向树胶道(1-4Q～T)。同时，正常轴向树胶道和径向树胶道很少出现在同种木材中。

正常轴向树胶道：常见于龙脑香科、苏木科木材中。在木材横切面上，轴向树胶道一般小于管孔，单个分布或数个弦列成带状，如龙脑香(1-4Q、R)。

正常径向树胶道：常见于漆树科、橄榄科、五加科木材。在木材弦切面上，径向树胶道分布在木射线中间，如黄连木(1-4S、T)。

受伤树胶道：成串分布于生长轮开始处，常见于枫香、木棉等树种的木材中。

六、实验结果

1. 绘制三个树种木材横切面构造图。要求示明管孔类型、轴向薄壁组织类型、木射线宽度等特征。

2. 将木材标本上能描述到的构造特征填入表 1-3；描述木材标本的数量应不少于 5 个树种。

表 1-3 阔叶树材宏观构造特征记载表(二)

树种名称	生长轮形状	轴向薄壁组织			管孔					心边材			木射线	纹理	结构	气味	轻重	材表
		明显度	傍管型	离管型	类型	(半)环孔材			内含物	心材		边材颜色						
						早材	晚材	早晚材变化(急缓)		大小	颜色							

七、习题

1. 轴向薄壁组织的排列有哪几种形式？

2. 阔叶树材的木射线有什么特点?

实验四　木材检索表的应用

一、目的与要求

观察木材标本上的宏观构造特征,根据观察到的特征,利用木材检索表,查出所给定标本的名称。

二、实验用木材标本

针叶树材和阔叶树材标本 8～12 种。

三、实验项目与内容

(1) 根据木材标本在横切面上有无管孔,来确定是针叶树材还是阔叶树材。

(2) 若被确定为针叶树材的标本,可根据正常树脂道的有无再分成两大类。

(3) 在这两类中分别又根据心边材的有无;心边材的颜色和宽窄;早材到晚材的过渡是急变还是缓变;材质轻重;木材的结构、纹理、气味等检索到种。

(4) 若被确定为阔叶树材的标本,可根据管孔在年轮内的分布分为环孔材、半环孔材、散孔材。

(5) 在每类阔叶树材下又根据木射线的宽窄,轴向薄壁组织的类型,心边材的有无和颜色,以及木材的轻重、软硬、气味、滋味、纹理、结构、髓心、树皮的颜色和质地等依次检索到种为止。

四、实验结果

按照标本序号写出具体检索过程。

五、习题

1. 栓皮栎、核桃楸、桦木三个树种如何来区分?
2. 红松、落叶松、柏木三个树种如何来区分?

附:木材宏观构造检索表

1. 木材不具管孔,木射线在肉眼下不明晰 …………………… 2
   木材通常具有管孔,木射线在肉眼下明晰或不明晰 …………………… 23

针叶树材

2. 具纵向和横向树脂道,前者形如深色或浅色的小孔隙或斑点,大部分限于生长轮外部,后者包含在木射线中,在横切面上形成径列条纹 …………………… 3
   在正常状态下,不具纵向和横向树脂道,间或有纵向创伤树脂道,成弦向排列 …………………… 11
3. 树脂道较多,放大镜下明显,松脂气味显著 …………………… 4
   树脂道通常稀少,分布不均匀,若数量多时,则多个排成弦列 …………………… 9
4. 质软而轻,早材到晚材渐变,晚材带不明显,通常较窄 …………………… 5(软木松类)
   质较硬、较重,早材到晚材急变,晚材带明显,心材通常很明显 …………………… 6(硬木松类)
5. 边材较宽,心材淡红褐色,生长较均匀,质轻,结构中 …………………… **红松(*Pinus koraiensis*)**

边材狭窄，心材淡红褐色，结构中至细 …… 华山松(*Pinus armandis*)

6. 树脂道多且大，在肉眼下似小孔，结构粗；生长轮不均匀，常宽；边材甚宽，晚材带常宽 …… 马尾松(*Pinus massoniana*)

树脂道较少、较小，肉眼下常呈浅色或褐色斑点，结构粗或中至粗，生长轮窄，晚材带较窄 …… 7

7. 结构中或中至粗，生长轮均匀 …… 8

结构粗至甚粗，生长轮不均匀，边材宽 …… 云南松(*Pinus yannanensis*)

8. 结构中，质略硬；边材狭至略宽 …… 油松(*Pinus tabulaeformis*)

结构中至粗；质较软；边材狭 …… 樟子松(*Pinus sylvestris* L. var. *mongholica* Litv.)

9. 早材至晚材渐变；晚材带明晰；结构通常中 …… 云杉属(*Picea* sp.)

早材至晚材急变；晚材带明显，结构中或粗 …… 10

10. 心材红褐色或浅红褐；年轮内急变显著 …… 黄杉属(*Pseudotsuga* sp.)

心材黄褐色至浅红褐；年轮内急变非常显著 …… 落叶松属(*Larix* sp.)

11. 木材无香气，间或具有难闻气味 …… 12

木材有香气 …… 18

12. 心材色红，橘红褐色；结构细 …… 红豆杉(*Taxus chinensis*)

心材色浅 …… 13

13. 早晚材渐变，木材细 …… 14

早晚材变化明显 …… 17

14. 心边材有区别，边材浅黄，心材黄色或浅褐色 …… 15

心边材无区别，或区别不明显 …… 16

15. 木材通常无特殊气味；心材浅褐 …… 银杏(*Ginkgo biloba*)

木材新切面上有难闻气味；心材色黄 …… 香榧(*Torreya grandis*)

16. 材色红褐 …… 雪松(*Cedrus deodara*)

材色浅黄 …… 粗榧(*Torreya* sp.)

17. 质柔；结构甚细至中；早材至晚材渐变，硬度一致 …… 冷杉(*Abies fabric*)

质较硬；结构粗；早材至晚材急变，硬度不一致 …… 铁杉(*Tsuga chinensis*)

18. 心材紫红色，久露则成暗红或红褐色；结构甚细 …… 桧柏(*Sabina chinensis*)

心材草黄或红褐；结构细至粗 …… 19

19. 心材通常灰红褐色，结构中至粗 …… 20

心材草黄褐色或灰褐中带黄色；结构细或细至中 …… 22

20. 心材通常灰红褐色；晚材带狭；结构中；杉木香气甚显著 …… 杉木(*Cunninghamia lanceolata*)

心材红褐色中带紫色；晚材带狭至略宽；结构中至粗；香气不显著 …… 21

21. 心材红褐色，晚材带略宽，结构中 …… 柳杉(*Cryptomeria fortunei*)

心材红色或红色带紫；晚材带窄狭；结构粗；树皮纤维状，密实，表面灰白色 …… 水杉(*Metaseguoia glyptostrobides*)

22. 心材草黄褐色；结构细；柏木香气显著 …… 柏木(*Cupressus funebris*)

心材灰褐色带黄，边材淡红褐色；结构细至中；香气不显著 …… 福建柏(*Fokienia hodginsii*)

阔叶树材

23. 环孔材；早材管孔比晚材管孔大，早材带界限明显 …… 24

半环孔材或半散孔材；早材管孔至晚材管孔渐变 …… 52

散孔材；早晚材界限不明显，早晚材管孔的大小相差不大，管孔分布较均匀 …… 58

24. 有宽木射线 …… 25

无宽木射线 …… 29

25. 早材管孔一列，间或两列；有侵填体或无 …… 26

早材管孔两列，间或多列，侵填体多 ………………………………………………………………… 28

26. 栓皮层厚，富弹性，无侵填体 ………………………………………… **栓皮栎**(*Quercus variabilis*)

树皮无弹性，有侵填体 ………………………………………………………………………………… 27

27. 树皮灰褐；边材红褐色 ………………………………………………… **麻栎**(*Quercus acutissima*)

树皮灰褐至黑褐；边材灰褐色………………………………………………… **枹树**(*Quercus serrata*)

28. 树皮硬；晚材管孔大；心材红褐色………………………………………… **小叶栎**(*Quercus chenii*)

树皮可用手指划破；晚材管孔小；心材灰褐色 ………………………………… **白栎**(*Quercus fabric*)

29. 晚材管孔和薄壁组织聚合成连续不断弦向带，早材管孔数列 ……………………………… 30

晚材管孔和薄壁组织不聚合成连续不断弦向带；晚材带成显明径向排列(火焰状) ………………… 40

30. 心材中早材管孔充满侵填体；心材暗黄褐色 …………………………… **刺槐**(*Robinia pseudoacacia*)

心材中早材管孔不含侵填体，或有一部分含侵填体，早材带显明………………………………… 31

31. 有香气；心材栗褐色 ………………………………………………………… **檫木**(*Sassafras tzumu*)

无香气…………………………………………………………………………………………………… 32

32. 心材带黄色……………………………………………………………………………………………… 33

心材带不带黄色………………………………………………………………………………………… 34

33. 心材橘黄至金褐色，久后呈暗褐；晚材管孔斜列及短波浪形 ………………………… **桑树**(*Morus alba*)

心材黄褐色或灰黄褐色，久后呈栗褐色，晚材管孔呈"人"字形波浪状 ……… **黄连木**(*Pistacia chinensis*)

34. 早材管孔在肉眼下明晰；侵填体多或少；波浪形晚材管孔带宽或窄；木射线在肉眼下明显或不明显 … 35

早材管孔在肉眼下不明显；侵填体多；侵填体在肉眼下不明显，心材深红褐色 ……………………
………………………………………………………………………………… **榔榆**(*Ulmus parvifolia*)

35. 木材色深，心材深褐色，少数管孔中含黑褐色树胶 ………………………… **槐树**(*Sophora japonica*)

材色较浅…………………………………………………………………………………………………… 36

36. 木射线在肉眼下略明晰至不明晰………………………………………………………………………… 37

木射线在肉眼下明晰至显明……………………………………………………………………………… 39

37. 木射线色深，在肉眼下略明显 ……………………………………………… **春榆**(*Ulmus japonica*)

木射线色浅，在肉眼下略明显 ……………………………………………………………………… 38

38. 心材暗红褐色…………………………………………………………………… **白榆**(*Ulmus pumila*)

心材黄褐色 ……………………………………………………………………… **皂荚**(*Gleditsia sinensis*)

39. 心材灰褐色，早材至晚材渐变 ……………………………………………… **朴树**(*Celtis sinensis*)

心材褐色，早材至晚材急变 …………………………………………… **榉木**(*Zelkova schneideriana*)

40. 晚材带具离管薄壁组织，弦列 …………………………………………………………………………… 41

晚材带薄壁组织不明显或呈环管状…………………………………………………………………… 44

41. 晚材管孔单独、斜列；具网状薄壁组织 …………………………………… **山核桃**(*Carya cathayensis*)

晚材管孔火焰状，薄壁组织显明 …………………………………………………………………… 42

42. 早材至晚材略急变，边材黄褐色；心材黑褐色 ………………………… **花香树**(*Platycarya strobilacea*)

早材至晚材略急变………………………………………………………………………………………… 43

43. 生长轮明显；早材管孔大；心材栗褐色………………………………… **栗木**(*Castanea bungeana*)

生长轮不明显；早材管孔中；心材灰红褐色 ………………………… **苦槠**(*Castanopsis sclerophylla*)

44. 木射线细至甚细………………………………………………………………………………………… 45

木射线数少，细至中，在肉眼下略见…………………………………………………………………… 51

45. 木射线在肉眼下不见或不明显…………………………………………………………………………… 46

木射线在肉眼下略明显………………………………………………………………………………… 48

46. 心边材无区别；材色灰黄褐色；晚材管孔短弦列或波浪状 ……………… **白蜡树**(*Fraxinus chinensis*)

心边材有区别……………………………………………………………………………………………… 47

47. 心材灰褐色;晚材管孔单独;早晚材急变 ………………………………… **水曲柳**(*Frxinus mandshurica*)
心材深灰褐色;晚材管孔弦列 ………………………………………………… **楸树**(*Catalpa bungei*)
48. 晚材管孔单独或短径列;心材深红褐色 ………………………………………… **香椿**(*Toona sinensis*)
晚材管孔短弦列或斜列 …………………………………………………………………………… 49
49. 早材至晚材急变;心材深栗褐色,内皮黄色;木栓层厚而软 …… **黄菠萝(黄蘖)**(*Phellodendron amurense*)
早材至晚材略渐变 …………………………………………………………………………………… 50
50. 晚材管孔弦列;质轻软 ……………………………………………………………… **泡桐属**(*Paulownia*)
晚材管孔短斜列;材色黄褐色至红褐色 ……………………………… **构树**(*Broussonetia papyrifera*)
51. 晚材管孔弦列,呈波浪状;早晚材急变,变材色浅,无光泽 ……………… **臭椿**(*Ailanthus altissima*)
微具皮革气味,晚材管孔单独,心材黄褐色,有光泽 ………………………… **柚木**(*Tectona grandis*)

半环孔材

52. 具宽木射线,最宽的为最大管孔的两倍 ………………………………………………………… 53
不具宽木射线 ………………………………………………………………………………………… 55
53. 宽木射线在肉眼下明显,数多,分布较均匀;带状离管薄壁组织在肉眼下可见管孔呈辐射状 ………… 54
宽木射线较细,离管薄壁组织(星散-聚合)在肉眼下不得见,管孔小,散生而径列 ……………………
……………………………………………………………………… **水青冈**(*Fagus longipetiolata*)
54. 材表槽棱正齐,宽射线多单出,偶见聚合射线,近髓心的年轮呈梅花形 … **青冈**(*Cyclobalanopsis glauca*)
材表槽棱宽狭、深浅不一,聚合射线单出或成对 ………………………… **椆木**(*Lithocarpus glaber*)
55. 离管带状薄壁组织可见或略可见 …………………………………………………………………… 56
离管带状薄壁组织不见,呈傍管状;樟脑香味特别浓厚;心材红褐色;管孔周围薄壁组织较多,呈白色斑点
……………………………………………………………………… **香樟**(*Cinnamomum camphora*)
56. 材色深,心边材区别明显,管孔斜列或"＞"形,材表具棱条 ………………………………………… 57
材色浅,心边材区别不明显,材表不具棱条;离管切线状轴向薄壁组织呈连续细弦线,密集;在湿横切面上明晰 ……………………………………………………………… **枫杨**(*Pterocarya stenoptera*)
57. 心材紫褐色,边材较窄,早材导管线稀而长,年轮具棱角,明显 …………… **核桃楸**(*Juglans mandshurica*)
心材暗褐色,边材较宽,早材导管线密而短 ………………………………………… **核桃**(*Juglans regia*)

散孔材

58. 木射线极细 …………………………………………………………………………………………… 66
具宽木射线或部分为宽木射线 ……………………………………………………………………… 59
不具宽木射线 ………………………………………………………………………………………… 63
59. 宽木射线显明;数量多 ……………………………………………………………………………… 60
宽木射线不显明,多或略多 ………………………………………………………………………… 64
60. 木射线宽度略一致;纹理交错,管孔多 ………………………………… **悬铃木**(*Platanus orientalis*)
木射线分宽及甚窄两类,纹理不交错 ………………………………………………………………… 61
61. 轴向薄壁组织不得见 ………………………………………………………………………………… 62
轴向薄壁组织如湿以水可见 ………………………………………………………………………… 65
62. 木射线宽度不致,管孔多;材色浅;管孔长,径列 ……………………………… **冬青**(*Iiex purpurea*)
木射线宽度略一致,管孔少,纹理直 ………………………………… **鹅掌楸**(*Scheffera octophylla*)
63. 木射线较多,色浅,径切面上木射线斑纹显明,木材浅粉红色,髓平静甚多,弦切面具鸟眼形花纹 ………
………………………………………………………………………………… **三花槭**(*Acer triflorum*)
木射线较少,色略浅,与材色近似,径切面上木射线斑纹略明晰,弦切面波痕约略可见,边材黄白色,心材浅红褐色至红褐色 ……………………………………………………………… **紫椴**(*Tilia amurensis*)
64. 心材鲜红褐色,单管孔排列辐射状,离管薄壁组织可见 ……………… **包栎树**(*Pasanaa cleistocarpa*)
材色浅,管孔肉眼下不得见 ………………………………………………………… **鹅耳枥属**(*Carpinus*)

65. 心边材区别不显明，材色黄褐，微带浅绿色，木材具香气，管孔略少，1～3个，肉眼略可见 ………………………………………………………………………………………… **楠木**(*Phoebe nanmu*)

心边材区别显明，边材黄褐色或灰黄褐色，甚宽，心材深红褐色或暗红色，管孔甚小，多单独或2～4个，材质较硬 ………………………………………………………… **枣树**(*Zizyphus jujube*)

66. 管孔在年轮外缘分布较少、较小 …………………………………………………………… 67

管孔大小一致或几乎一致，分布均匀或几乎均匀 ………………………………………… 68

67. 年轮末缘管孔分布斜线状略曲折呈波浪形；木材淡黄白色，近髓心部分呈淡红色 ………………………………………………………… **加拿大杨**(*Populus canadensis*)

年轮末缘管孔略小，径列或星散分布 ………………………………… **山杨**(*Populus davidiana*)

68. 木材浅黄褐色，微带红褐色 ………………………………………………………………… 69

木材浅红褐色或灰褐色 ……………………………………………………………………… 70

69. 木材浅黄褐色，近髓心周围呈红褐色；年轮外缘管孔偶尔2或3径列，细线明显 ………………………………………………………… **毛白杨**(*Populus tomentosa*)

木材浅红褐色，年轮外缘管孔多单独、分散，年轮界不明显 ……………… **垂柳**(*Salix babylonica*)

70. 管孔肉眼下略明晰或不见，具髓斑 ………………………………………………………… 71

管孔甚小，肉眼下不见，在放大镜下可见或否 …………………………………………… 73

71. 管孔甚小数多，肉眼下不见，放大镜下明晰，单独或两至数个，木射线甚细，略少；材色淡红褐色，髓斑赤褐色 ………………………………………………………… **白桦**(*Betula platyphylla*)

管孔肉眼下略明晰；木射线少或略多，材色较深 …………………………………………… 72

72. 木材紫红褐色，较深；管孔多单独，分布较稀；木射线较宽，较长，色较木材浅；髓斑暗褐色 ………………………………………………………… **香桦**(*Betula insignis*)

木材红褐色、较浅；管孔多复管孔2或3径列，分布较密；木射线较狭而短，色较材质略浅；髓斑锈色 ………………………………………………………… **光皮桦**(*Betula luminifera*)

73. 木材灰褐色至灰红褐色，管孔较大甚多，木射线略多，材质较轻；木材易腐朽 ………………………………………………………… **枫香**(*Liquidambar formosana*)

木材浅黄褐色至浅红褐色，管孔较小、较少，木射线略少，颜色与木材一致。树皮外皮薄、灰褐色至灰黑色，具褐色纵裂至不规则裂隙 ………………………………… **木荷**(*Schina superba*)

实验五　进口木材宏观识别

一、目的与要求

本实验是在掌握实验一至实验三所描述的宏观构造特征的基础上，对木材宏观构造特征描述进行一次系统训练。本实验用的标本全部为进口木材，均为前几次实验尚未描述过的标本。因此，本实验可作为考查实验，检查学生对木材宏观构造特征描述的熟练程度。

二、实验仪器与设备

锋利小刀、放大镜和体式显微镜。

三、实验用木材标本

花梨木(*Pterocarpus* spp.)、乌木(*Diospyros* spp.)、酸枝木(*Dalbergia* spp.)、蚁木(*Tabebuia* spp.)、古夷苏木(*Guibourtia* spp.)、铁木豆(*Swartzia* spp.)、巴里漆(*Parishia* spp.)、娑罗双(*Shorea* spp.)、印茄(*Intsia* spp.)、甘巴豆(*Koompassia* spp.)、翼红铁木(*Lo-*

phira alata)、坤甸铁木(*Eusideroxylon zwageri*)。

四、实验方法

按表 1-4 所列的特征顺序逐项描述。

表 1-4 阔叶树材(进口材)宏观构造特征记载表(三)

树种名称	树皮		生长轮形状	轴向薄壁组织			管孔					心边材			木射线	纹理	结构	气味	轻重	材表
	外皮形态	内皮形态		明显度	傍管型	离管型	类型	(半)环孔材			内含物	心材		边材颜色						
								早材	晚材	早晚材变化		大小	颜色							

五、实验项目与内容

按实验二和实验三的项目与内容进行。

六、实验结果

1. 将木材标本上能描述到的构造特征填入表 1-4;描述木材标本的数量应不少于 6 个树种。

2. 绘制三个树种木材横切面构造图。要求示明管孔类型、轴向薄壁组织类型、木射线宽度等特征。

七、习题

举一实例说明木材宏观识别的基本步骤。

实验六 显微镜的构造和使用方法

光学显微镜(light microscope)是生物科学和医学研究领域常用的仪器,它在细胞生物学、组织学、病理学、微生物学及其他有关学科的教学研究工作中有着极为广泛的用途,是研究人体及其他生物机体组织和细胞结构强有力的工具。

光学显微镜简称光镜,是利用光线照明使微小物体形成放大影像的仪器。目前使用的光镜种类繁多,外形和结构差别较大,有些类型的光镜有其特殊的用途,如暗视野显微镜、荧光显微镜、相差显微镜、倒置显微镜等,但其基本的构造和工作原理是相似的。一台普通光镜主要由机械系统和光学系统两部分构成,而光学系统则主要包括光源、反光镜、聚光器、物镜和目镜等部件。

光镜是如何使微小物体放大的呢?虽然物镜和目镜的结构比较复杂,但它们的作用都是相当于一个凸透镜,由于被检标本是放在物镜下方的 1～2 倍焦距之内的,上方形成一倒立的放大实相,该实相正好位于目镜的下焦点(焦平面)之内,目镜进一步将它放大成一个虚像,通过调焦可使虚像落在眼睛的明视距离处，在视网膜上形成一个正立的实像。显微镜中被放大的倒立虚像与视网膜上正立的实像是相吻合的，该虚像看起来好像在离眼睛 25cm 处。

分辨力是光镜的主要性能指标。所谓分辨力(resolving power)也称分辨率或分辨本领，是指显微镜或人眼在 25cm 的明视距离处，能清楚地分辨被检物体细微结构最小间隔的能力，即分辨出标本上相互接近的两点间最小距离的能力。据测定，人眼的分辨力约为 100μm。显微镜的分辨力由物镜的分辨力决定，物镜的分辨力就是显微镜的分辨力，而目镜与显微镜的分辨力无关。光镜的分辨力(R)(R 值越小，分辨率越高)的计算公式如下。

$$R=\frac{0.61\lambda}{n\sin\theta}$$

式中，n 为聚光镜与物镜之间介质的折射率(空气为 1、油为 1.5)；θ 为标本对物镜镜口张角的半角，$\sin\theta$ 的最大值为 1；λ 为照明光源的波长(白光约为 0.5m)。

放大率或放大倍数是光镜性能的另一重要参数，一台显微镜的总放大倍数等于目镜放大倍数与物镜放大倍数的乘积。

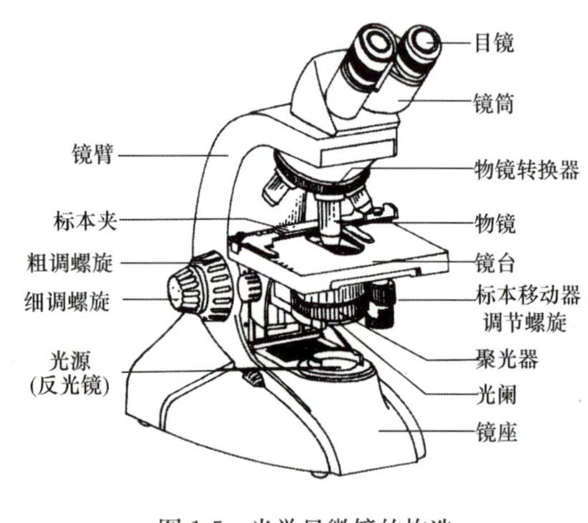

图 1-5　光学显微镜的构造

一、光学显微镜的基本构造及功能

(一) 机械部分(图 1-5)

1. 镜筒

镜筒为安装在光镜最上方或镜臂前方的圆筒状结构，其上端装有目镜，下端与物镜转换器相连。根据镜筒的数目，光镜可分为单筒式或双筒式两类。单筒光镜又分为直立式和倾斜式两种，而双筒式光镜的镜筒均为倾斜的。镜筒直立式光镜的目镜与物镜的中心线互成 45°角，在其镜筒中装有能使光线转折 45°的棱镜。

2. 物镜转换器

物镜转换器又称物镜转换盘，是安装在镜筒下方的一圆盘状构造，可以按顺时针或逆时针方向自由旋转，其上均匀分布有三四个圆孔，用以装载不同放大倍数的物镜。转动物镜转换盘可使不同的物镜到达工作位置(即与光路合轴)。使用时注意凭手感使所需物镜准确到位。

3. 镜臂

镜臂是支持镜筒和镜台的弯曲状构造，是取用显微镜时握拿的部位。镜筒直立式光镜在镜臂与其下方的镜柱之间有一倾斜关节，可使镜筒向后倾斜一定角度以方便观察，但使用时倾斜角度不应超过 45°，否则显微镜会由于重心偏移容易翻倒。在使用临时装片时，千万不要倾斜镜臂，以免液体或染液流出，污染显微镜。

4. 调焦器

调焦器也称调焦螺旋，为调节焦距的装置，位于镜臂的上端(镜筒直立式光镜)或下端(镜筒倾斜式光镜)，分粗调螺旋(大螺旋)和细调螺旋(小螺旋)两种。粗调螺旋可使镜筒或载物台以较快速度或较大幅度升降，能迅速调节好焦距使物像呈现在视野中，适于低倍镜观察时的调焦。而细调螺旋只能使镜筒或载物台缓慢或较小幅度升降(升或降的距离不易被肉眼观察到)，适用于高倍镜和油镜的聚焦或观察标本的不同层次，一般在粗调螺旋调焦的基础上再使用细调螺旋，精细调节焦距。

有些类型的光镜，粗调螺旋和细调螺旋重合在一起，安装在镜柱的两侧。左右侧粗调螺旋的内侧有一窄环，称为粗调松紧调节轮，其功能是调节粗调螺旋的松紧度(向外转偏松，向内转偏紧)。另外，在左侧粗调螺旋的内侧有一粗调限位环凸柄，当用粗调螺旋调准焦距后向上推紧该柄，可使粗调螺旋限位，此时镜台不能继续上升但细调螺旋仍可调节。

5. 载物台

载物台也称镜台，是位于物镜转换器下方的方形平台，是放置被观察的玻片标本的地方。平台的中央有一圆孔，称为通光孔，来自下方的光线经此孔照射到标本上。

在载物台上通常装有标本移动器(也称标本推进器)，移动器上安装的弹簧夹可用于固定玻片标本。另外，转动与移动器相连的两个螺旋可使玻片标本前后左右移动，这样寻找物像时较为方便。

在标本移动器上一般还附有纵横游标尺，可以计算标本移动的距离和确定标本的位置。游标尺一般由主标尺(图 1-6A)和副标尺(图 1-6B)组成。副标尺的分度为主标尺的9/10。使用时先看到标尺的 0 点位置，再看主、副标尺刻度线的重合点即可读出准确的数值。

6. 镜柱

镜柱为镜臂与镜座相连的短柱。

7. 镜座

位于显微镜最底部的构造，为整个显微镜的基座，用于支持和稳定镜体。有的显微镜在镜座内装有照明光源等构造。

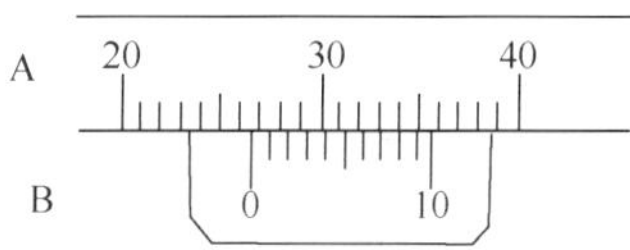

图 1-6　游标尺的使用方法示意图

(二) 光学系统部分(图 1-5)

光镜的光学系统主要包括物镜、目镜和照明装置(反光镜、聚光器和光圈等)。

1. 目镜

目镜又称接目镜，安装在镜筒的上端，起着将物镜所放大的物像进一步放大的作用。每个目镜一般由两个透镜组成，在上下两透镜(即接目透镜和会聚透镜)之间安装有能决定视野大小的金属光阑——视场光阑，此光阑的位置即物镜所放大实像的位置，故可将一小段头发黏附在光阑上作为指针，用以指示视野中的某一部分供他人观察。另外，还可在光阑的上面安装目镜测微尺。每台显微镜通常配置两三个不同放大倍率的目镜，常见的有 5×、10×和 15×(×表示放大倍数)目镜，可根据不同的需要选择使用，最常使用的是 10×目镜。

2. 物镜

物镜也称接物镜，安装在物镜转换器上。每台光镜一般有三四个不同放大倍率的物镜，每个物镜由数片凸透镜和凹透镜组合而成，是显微镜最主要的光学部件，决定着光镜分辨力的高低。常用物镜的放大倍数有 10×、40×和 100×等几种。一般将 8×或 10×的物镜称为低倍镜(而将 5×以下的称为放大镜)；将 40×或 45×的称为高倍镜；将 90×或 100×的称为油镜(这种镜头在使用时需浸在镜油中)。

在每个物镜上通常都刻有能反映其主要性能的参数，主要有放大倍数和数值孔径(如 10/0.25、40/0.65 和 100/1.25)，该物镜所要求的镜筒长度和标本上的盖玻片厚度(160/0.17，单位为 mm)等，另外，在油镜上还常标有“油”或“Oil”的字样。

油镜在使用时需要用香柏油或液状石蜡作为介质，这是因为油镜的透镜和镜孔较小，而光线要通过载玻片和空气才能进入物镜中，玻璃与空气的折光率不同，使部分光线产生折射而损失掉，导致进入物镜的光线减少，而使视野暗淡，物像不清。在玻片标本和油镜之间填充折射率与玻璃近似的香柏油或液状石蜡时(玻璃、香柏油和液状石蜡的折射率分别为 1.52、1.51、1.46，空气为 1)，可减少光线的折射，增加视野亮度，提高分辨率。物镜分辨力的大小取决于物镜的数值孔径(numerial aperture，NA)，NA 又称镜口率，其数值越大，则表示分辨力越高。

C 线为盖玻片的上表面，10×物镜的工作距离为 7.63mm；40×物镜的工作距离为 0.53mm；100×物镜的工作距离为 0.198mm；10/0.25、40/0.65、100/1.25 表示镜头的放大倍数和数字孔径。160/0.17 表示显微镜的机械镜筒长度(标本至目镜的距离)和盖玻片的厚度，即镜筒长度为 160mm，盖玻片厚度为 0.17mm(图 1-7)。

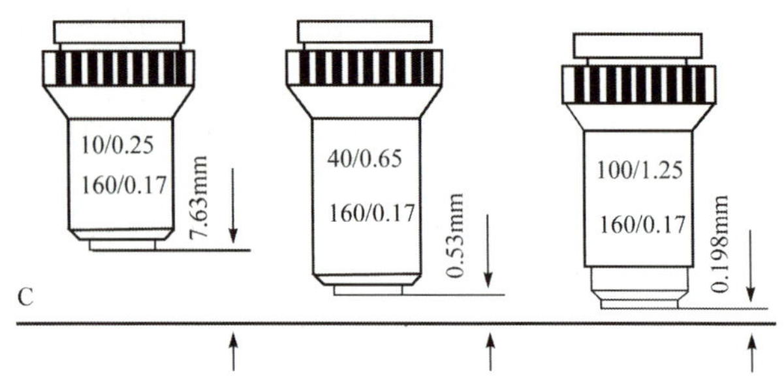

图 1-7　物镜的性能参数及工作距离

不同的物镜有不同的工作距离(表 1-5)。所谓工作距离是指显微镜处于工作状态(焦距调好、物像清晰)时，物镜最下端与盖玻片上表面之间的距离。物镜的放大倍数与其工作距离成反比。当低倍镜被调节到工作距离后，可直接转换高倍镜或油镜，只需要用细调螺旋稍加调节焦距便可见到清晰的物像，这种情况称为同高调焦。不同放大倍数的物镜也可从外形上加以区别，一般来说，物镜的长度与放大倍数成正比，低倍镜最短，油镜最长，而高倍镜的长度介于两者之间。

表 1-5　标准物镜的性质

放大倍数	数字孔径	工作距离/mm
10	0.20	6.5
20	0.50	2.0
40	0.65	0.6
100	1.25	0.2

3. 聚光器

位于载物台的通光孔下方，由聚光镜和光圈构成，其主要功能是将光线集中到所要观察的标本上。聚光镜由两三个透镜组合而成，其作用相当于一个凸透镜，可将光线汇集成束。在聚光器的左下方有一调节螺旋可使其上升或下降，从而调节光线的强弱，升高聚光器可使光线增强，反之则光线变弱。

光圈也称彩虹阑或孔径光阑，位于聚光器的下端，是一种能控制进入聚光器光束大小的可变光阑。它由十几张金属薄片组合排列而成，其外侧有一小柄，可使光圈的孔径开大或缩小，以调节光线的强弱。在光圈的下方常装有滤光片框，可放置不同颜色的滤光片。

4. 反光镜

位于聚光镜的下方，可向各方向转动，能将来自不同方向的光线反射到聚光器中。反光镜有两个面，一面为平面镜，另一面为凹面镜，凹面镜有聚光作用，适于较弱光和散射光条件下使用，光线较强时则选用平面镜（现在有些新型的光学显微镜都有自带光源，而没有反光镜；有的二者都配置）。

二、光学显微镜的使用方法

（一）准备

将显微镜小心地从镜箱中取出（移动显微镜时应以右手握住镜壁，左手托住镜座），放置在实验台的偏左侧，以镜座的后端离实验台边缘 6～10cm 为宜。首先检查显微镜的各个部件是否完整和正常。如果是镜筒直立式光镜，可使镜筒倾斜一定角度（一般不应超过 45°）以方便观察（观察临时装片时禁止倾斜镜臂）。

（二）低倍镜的使用方法

1. 对光

打开实验台上的工作灯（如果是自带光源显微镜，这时应该打开显微镜上的电源开关），转动粗调螺旋，使镜筒略升高（或使载物台下降），调节物镜转换器，使低倍镜转到工作状态（即对准通光孔），当镜头完全到位时，可听到轻微的扣碰声。

打开光圈并使聚光器上升到适当位置（以聚光镜上端透镜平面稍低于载物台平面的高度为宜）。然后用左眼向着目镜内观察（注意两眼应同时睁开），同时调节反光镜的方向（自带光源显微镜，调节亮度旋钮），使视野内的光线均匀、亮度适中。

2. 放置玻片标本

将玻片标本放置到载物台上，用标本移动器上的弹簧夹固定好（注意：使有盖玻片或有标本的一面朝上），然后转动标本移动器的螺旋，使需要观察的标本部位对准通光孔的中央。

3. 调节焦距

用眼睛从侧面注视低倍镜，同时用粗调螺旋使镜头下降（或载物台上升），直至低倍镜头距玻片标本的距离小于 0.6cm（注意：操作时必须从侧面注视镜头与玻片的距离，以避免镜头碰破玻片）。然后用左眼在目镜上观察，同时用左手慢慢转动粗调螺旋使镜筒上升（或使载物台下降）直至视野中出现物像为止，再转动细调螺旋，使视野中的物像最清晰。

如果需要观察的物像不在视野中央，甚至不在视野内，可用标本移动器前后、左右移动标本的位置，使物像进入视野并移至中央。在调焦时如果镜头与玻片标本的距离已超过 1cm 还未见到物像时，应严格按上述步骤重新操作。

（三）高倍镜的使用方法

(1) 在使用高倍镜观察标本前，应先用低倍镜寻找到需观察的物像，并将其移至视野中央，同时调准焦距，使被观察的物像最清晰。

(2) 转动物镜转换器，直接使高倍镜转到工作状态（对准通光孔），此时，视野中一般可见到不太清晰的物像，只需调节细调螺旋，一般都可使物像清晰。但需注意以下几方面。

1) 在从低倍镜准焦的状态直接转换到高倍镜时，有时会发生高倍物镜碰擦玻片而不能转换到位的情况（这种情况，主要是高倍镜、低倍镜不配套，即不是同一型号显微镜的镜头），此时不能硬转，应检查玻片是否放反、低倍镜的焦距是否调好及物镜是否松动等情况后重新操作。如果调整后仍不能转换，则应将镜筒升高（或使载物台下降）后再转换，然后在眼睛的注视下使高倍镜贴近盖玻片，再一边观察目镜视野，一边用粗调螺旋使镜头极其缓慢地上升（或载物台下降），看到物像后再用细调螺旋准焦。

2）由于制造工艺的原因，许多显微镜的低倍镜视野中心与高倍镜的视野中心往往存在一定的偏差（即低倍镜与高倍镜的光轴不在一条直线上），因此，在从低倍镜转换至高倍镜观察标本时常会给观察者迅速寻找标本造成一定困难。为了避免这种情况的出现，帮助观察者在高倍镜下能较快找到所需放大部分的物像，可事先利用羊毛交叉装片标本来测定所用光镜的偏心情况，并绘图记录制成偏心图。具体操作步骤如下：①在高倍镜下找到羊毛交叉点并将其移至视野中心；②换低倍镜观察羊毛交叉点是否还位于视野中央，如果偏离视野中央，其所在的位置就是偏心位置；③将前面两个步骤反复操作几次，以找出准确的偏心位置，并绘出偏心图。当光镜的偏心点找出之后，在使用该显微镜的高倍镜观察标本时，事先可在低倍镜下将需进一步放大的部位移至偏心位置处，再转换高倍镜观察时，所需的观察目标就正好在视野中央。

（四）油镜的使用方法

（1）用高倍镜找到所需观察的标本物像，并将需要进一步放大的部位移至视野中央。

（2）将聚光器升至最高位置并将光圈开至最大（因油镜所需光线较强）。

（3）转动物镜转换盘，移开高倍镜，往玻片标本上需观察的部位（载玻片的正面，相当于通光孔的位置）滴一滴香柏油（折光率 1.51）或液状石蜡（折光率 1.46）作为介质，然后在眼睛的注视下，使油镜转至工作状态。此时油镜的下端镜面一般应正好浸在油滴中。

（4）左眼注视目镜中，同时小心而缓慢地转动细调螺旋（注意：这时只能使用细调螺旋，千万不要使用粗调螺旋）使镜头微微上升（或使载物台下降），直至视野中出现清晰的物像。操作时不要反方向转动细调螺旋，以免镜头下降压碎标本或损坏镜头。

（5）油镜使用完后，必须及时将镜头上的油擦拭干净。操作时先将油镜升高 1cm，并将其转离通光孔，先用干擦镜纸揩擦一次，把大部分的油去掉，再用蘸有少许清洁剂或二甲苯的擦镜纸擦一次，最后再用干擦镜纸揩擦一次。至于玻片标本上的油，如果是有盖玻片的永久制片，可直接用上述方法擦干净；如果是无盖玻片的标本，则载玻片上的油可用拉纸法揩擦，即先把一小张擦镜纸盖在油滴上，再往纸上滴几滴清洁剂或二甲苯。趁湿将纸往外拉，如此反复几次即可干净。

三、使用显微镜的注意事项

（1）取用显微镜时，应一手紧握镜臂，一手托住镜座，不要用单手提拿，以免目镜或其他零部件滑落。

（2）在使用镜筒直立式显微镜时，镜筒倾斜的角度不能超过 45°，以免重心后移使显微镜倾倒。在观察带有液体的临时装片时，不要使用倾斜关节，以免由于载物台的倾斜而使液体流到显微镜上。

（3）不可随意拆卸显微镜上的零部件，以免丢失损坏或使灰尘落入镜内。

（4）显微镜的光学部件不可用纱布、手帕、普通纸张或手指揩擦，以免磨损镜面，需要时只能用擦镜纸轻轻擦拭。机械部分可用纱布等擦拭。

（5）在任何时候，特别是使用高倍镜或油镜时，都不要一边在目镜中观察，一边下降镜筒（或上升载物台），以避免镜头与玻片相撞，损坏镜头或玻片标本。

（6）显微镜使用完后应及时复原。先升高镜筒（或下降载物台），取下玻片标本，使物镜转离通光孔。例如，镜筒、载物台是倾斜的，应恢复直立或水平状态。然后下降镜筒（或上升载物台)，使物镜与载物台相接近。垂直反光镜，下降聚光器，关小光圈，最后放回镜箱中锁好。

(7) 在利用显微镜观察标本时，要养成两眼同时睁开，双手并用(左手操纵调焦螺旋，右手操纵标本移动器)的习惯，必要时应一边观察一边计数或绘图记录。

实验七　木材制片

一、目的与要求

要观察木材细胞分子形态及木材细胞壁特征，即木材显微构造特征，首先要将木材三个切面切成薄片并制成切片玻片，才能在生物显微镜下观察。如果需长期保存，要制成永久玻片；如果用于临时观察，无需长期保存，则制成临时玻片即可。本实验重点介绍木材永久玻片的制作方法，并要求学生掌握临时玻片的制作方法，以及生物显微镜的使用方法，为今后从事木材解剖研究与木材鉴定工作打好基础。

二、实验仪器与设备

显微镜；木材切片机；磨刀机；切片刀片、单面刀片；水浴锅、电炉；培养皿、解剖针、镊子、毛笔；载玻片、盖玻片。

三、实验材料

木材样品(标本)、乙醇、甘油、铁矾、番红、丁香油、二甲苯、中性树胶。

四、实验项目与内容

(一) 试样制备

1. 试样截取

试样最好自树干 1.3m(胸高)以上正常部位截取。同时最好在靠近心边材交界处的心材或边材部分，生长轮正常部位截取。试样最好不要同时具心材和边材，因为二者软化条件与时间不同，材色不一致，心材切片比边材难。试样截取部位也可视研究目的而定。试样尺寸弦向、径向、轴向为:20mm×20mm×20mm。

2. 试样修整及编号

试样的三切面必须取正，并且必须刨平，相邻面必须相互垂直。最好用刻痕的方法编号，也可用铅笔编号，避免试样处理后编号不清晰。

(二) 试样软化

1. 试样排气

不管采用哪种软化方法，都要排除木材内的空气。一般用水煮至试样下沉为止。

2. 软化方法

(1) 水煮软化法:对于材质比较轻软的木材可直接水煮将其软化。该法软化木材，耗时太长。

(2) 乙醇-甘油软化法:试样水煮后用 95%乙醇、甘油各 50%的混合液浸泡至试样软化。此混合液尚可作为软化后试样的贮藏剂。

(3) 过氧化氢溶液-冰醋酸软化法:用工业过氧化氢溶液和冰醋酸各 50%的混合液浸泡至试样软化，也可在水浴锅中加热至试样表面材色淡白或边缘开始离析为止。此法比较快速，是比较常用的软化法。

(4) 氟氢酸(HF)软化法:此法有自细胞壁中溶解硅石的作用,但不侵蚀胞间质,又不溶解细胞腔内各种晶体。氟氢酸浸渍木材时间,随各种木材的构造、硬度,试样大小和氟氢酸浓度不同而异。氟氢酸的浓度,一般用10%～40%的水溶液,主要根据木材硬度而定。50%以上则能溶解胞间质,因此很少使用。如欲使用,只能浸渍1～2d,否则易破坏木材。氟氢酸能侵蚀玻璃,经1h侵蚀,深度约0.2mm。一般浸渍1～2周,很硬的木材,需浸渍1～2个月才软化。试样软化后要在流水中漂洗2～3d。此法适用于比较重硬的木材,尤其适合含丰富沉积物的热带木材软化。

(5) 醋酸纤维素法:试样在70%的乙醇中浸渍1～2d后,移入99.9%的丙酮2h,溶去乙醇;移入12%醋酸纤维素-丙酮(醋酸纤维素12g,丙酮100mL)中浸渍至软化。软化时间,轻软木材1～2d;重硬木材1～2周。若能在水浴锅中加热至40℃,软化时间可明显缩短。试样软化后要在丙酮中溶去醋酸纤维素,然后置于乙醇或水中备用。

(6) 火棉胶(colloidm或cellodm)法:此法适用特别轻软的木材或出土木材软化。试样先经过排空气和脱水。过程为:排空气→水洗→70%乙醇→90%乙醇→95%乙醇、纯乙醚各半,共约4h。然后置于火棉胶中,或称用火棉胶包埋。火棉胶是用固体火棉胶,以95%乙醇、纯乙醚各半的溶液将其溶解而成。浸渍宜在45℃的温箱中进行,并经各种浓度火棉胶浸渍约48h。具体过程是:2%火棉胶→4%火棉胶→6%火棉胶→8%火棉胶→10%火棉胶→10%火棉胶液内逐渐加入固体火棉胶至火棉胶液不能流动为止,并于室温下包埋2d以上。最后将附有火棉胶的试样放置于纯氯仿(chloroform)中,经12～24h后火棉胶凝成包埋块,并置于等量的甘油和乙醇溶液中备用。

(7) 电解软化法:将试样置于电解溶液中,并用水浴锅使软化过程恒温。

(8) 超声波软化法:将试样置于水浴锅中,利用超声波仪进行木材软化。

(三) 切片

(1) 切片刀安装:将切片刀紧旋在切片机的刀架中,并调整切片刀的刀刃与试样切面的角度。

(2) 试样安装:先将试样紧旋在切片机的试件夹中,然后转动试件夹的螺旋,使被切的试样切面成水平面,并将螺旋拧紧。

(3) 切片操作:先调整试件夹螺旋,使试样切面接近刀刃,并将螺旋拧紧。然后调整切片厚度上升刻度,擦上甘油,右手旋转滑动轮,左手用毛笔接片并置于盛有蒸馏水的培养皿中。

(四) 制片

(1) 染色:由于各类细胞的细胞壁厚薄不同,细胞腔内含物有无与内含物种类不同,对不同的染色剂会发生不同的物理、化学反应,各类细胞的细胞壁或细胞腔内含物会呈现不同的颜色。根据这一原理,可对切片进行多重染色。但由于木材细胞腔通常无内含物,因此木材切片通常用番红染成红色。染色前,先将切片用蒸馏水洗干净,后将切片置于盛有番红染液的培养皿中,染色时间随切片的厚度及树种而定。染色流程为:蒸馏水漂洗(3～5次)→铁矾液(10min)→蒸馏水漂洗(3～5次)→番红染液(0.5～2d)。

(2) 脱水:先将切片用蒸馏水漂洗干净,后将切片置于培养皿中。然后用不同浓度的乙醇,除净切片材料中的水分。如果切片材料中有水,会使透明剂产生乳白色胶状物,从而影响切片材料的透光直至切片的观察效果。脱水流程为:漂洗(除去染液)→30%乙醇(5min)→50%乙醇(5min)→70%乙醇(5min)→90%乙醇(5min)→无水乙醇(10min)→无水乙醇(保存至下道程序)。

(3) 透明:为了使切片的透光性加强,需要对切片材料进行透明处理。常用的透明剂为丁香油和二甲苯。

(4) 封片:将干净的载玻片放置在定好位置的纸托上,定位是根据切片大小,切片大的,每张盖玻片只封一个切面的切片,三个切面的切片并排在一张载玻片上;切片小的,三个切面的切片可同时封在一张盖玻片中。在预定好的位置上滴上一滴中性树胶,用镊子将切片从二甲苯中取出放置到载玻片的预定位置上。再加少量树胶,用镊子将盖玻片把切片盖好。操作时,用镊子将盖玻片的一边先与载玻片接触,并慢慢地将盖玻片把切片盖好,使中性树胶均匀分布在盖玻片内。然后用镊子施加压力,排出盖玻片内的气体,但又要防止中性树胶溢出盖玻片。在载玻片上贴上标签,放置阴干,也可低温烘干。

(五) 临时玻片制作方法

(1) 试样制备与试样软化:与永久玻片制作方法相同。甚至试样可以不经软化处理。

(2) 徒手切片:临时玻片要求的切片大小、厚薄都不是很严格。因此,可用单面刀片代替切片刀。徒手切片时,右手握刀片,刀口向内,左手握标本,刀片于拟切部位自左上向右下拖动,一气呵成。并将切片置于盛有蒸馏水的培养皿中。

(3) 染色:将切片漂洗 2 或 3 次后置于盛有番红染液的培养皿中,染色 10min。

(4) 脱水:将经染色的切片用蒸馏水漂洗干净,后将切片置于培养皿中。然后用不同浓度的乙醇,除净切片材料中的水分。程序与永久片的脱水相同。

(5) 透明:为了增强切片的透光性,也可对切片进行透明处理,但只需经 1 或 2 次二甲苯处理即可。

(6) 临时封片:取干净的载玻片,并在载玻片中央滴上一小滴甘油,用镊子将切片放置到载玻片中央有甘油的位置上。用镊子将盖玻片把切片盖上即可观察,注意不要让甘油弄脏载玻片及盖玻片。

实验八 针叶树材显微构造(一)

一、目的与要求

木材显微构造主要观察木材细胞形态及木材细胞壁特征,是木材微观识别的基础。本实验重点是掌握针叶树材轴向管胞、树脂道在木材三个切面上的形态与结构特征,并初步了解木射线及轴向薄壁组织的形态与结构特征。

二、实验仪器与设备

生物显微镜等。

三、实验用木材切片

马尾松(*Pinus massoniana* Lamb.)、云南松(*Pinus yunnanesis* Franch.)、银杉(*Cathaya* argyrophylla)、油杉(*Keteleeria fortunei*)。

四、实验方法

(1) 可按轴向管胞、树脂道、木射线、轴向薄壁细胞的顺序,分别观察与描述其在横切面、径切面、弦切面上的特征。

(2) 可按横切面、径切面、弦切面的顺序,分别观察与描述每个切面上轴向管胞、树脂道、木射线、轴向薄壁细胞的特征。

五、实验项目与内容

1. 轴向管胞

轴向管胞是构成针叶树材的主要分子,占木材总体积的 90%以上。它的形态及细胞壁特征是识别针叶树材的主要因子。

在横切面上:早晚材管胞的形状和细胞壁的厚薄,早材过渡到晚材的变化。

在径切面上:早晚材管胞细胞壁纹孔的列数及大小;细胞壁有无加厚(螺纹加厚、澳柏型加厚),细胞壁的其他特征(螺纹裂隙、眉条、径列条)(图 1-8)。

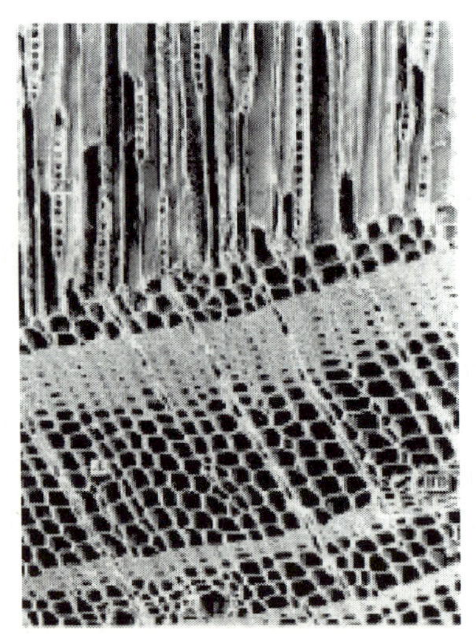

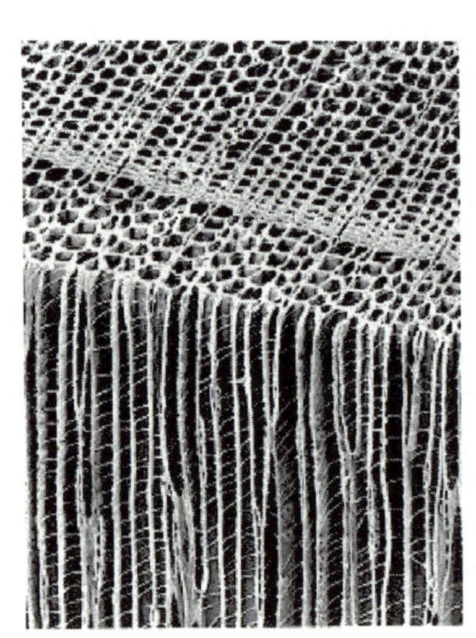

图 1-8　针叶树材微观构造图(一)

在弦切面上:早材或晚材管胞细胞壁纹孔的有无及大小(图 1-9);细胞壁有无螺纹加厚(图 1-10)。

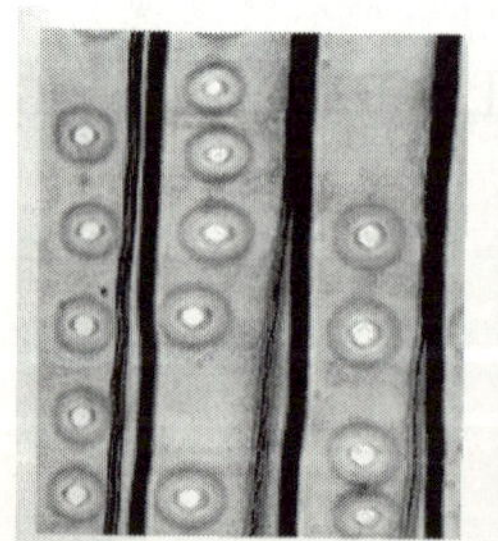

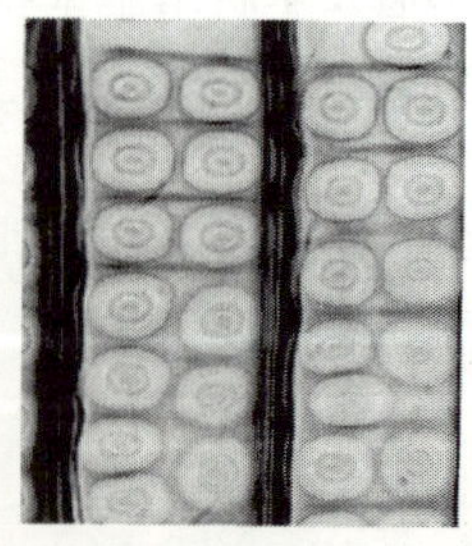

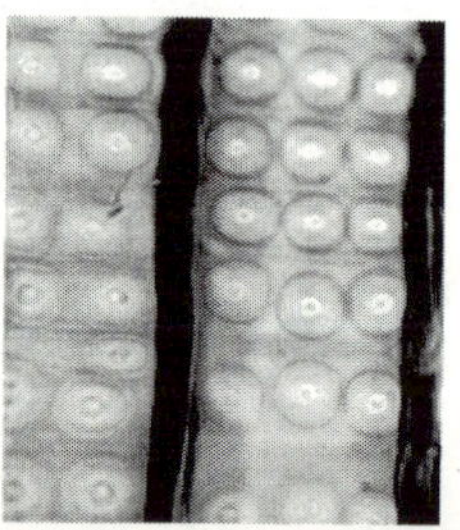

图 1-9　管胞细胞壁上的纹孔

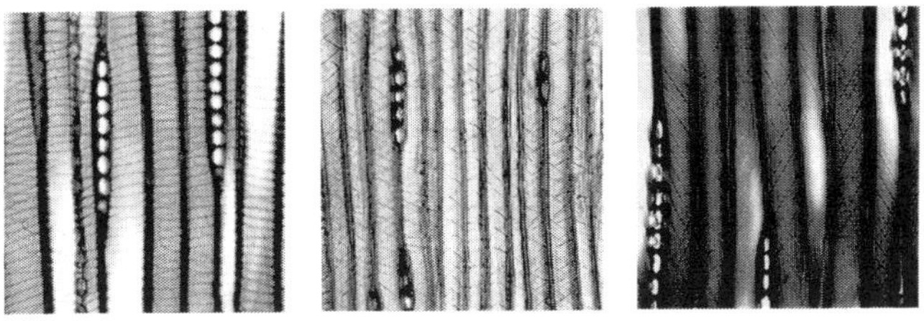

图 1-10　管胞细胞壁上的螺纹加厚

2. 树脂道

树脂道是由树脂分泌细胞环绕而成的孔道，常称胞间道。

在横切面上：轴向树脂道的有无；树脂道的分布、形状及大小；树脂道的种类（正常树脂道、受伤树脂道）。

在弦切面上：径向树脂道的有无；每条纺锤形木射线中央径向树脂道的数量；树脂道的种类（正常树脂道、受伤树脂道）。

3. 木射线

在弦切面上观察，射线种类（单列射线、纺锤形射线）；射线高度（细胞个数）；射线细胞形状。

4. 轴向薄壁细胞

在横切面上：分布；细胞形状；细胞内含物。

在径切面和弦切面上：细胞形状；端壁有无节状加厚；细胞内含物。

六、实验结果

1. 将木材切片标本上描述到的显微构造特征填入表 1-6。

表 1-6　针叶树材显微构造特征记载表（一）

<table>
<tr><th rowspan="4">树种名称</th><th colspan="8">轴向管胞</th><th colspan="7">树脂道</th><th colspan="2">木射线</th><th rowspan="4">轴向薄壁细胞分布类型</th></tr>
<tr><th colspan="5">横切面</th><th colspan="3">径切面</th><th colspan="5">横切面</th><th colspan="2">弦切面</th><th rowspan="3">种类</th><th rowspan="3">单列高度上的细胞数</th></tr>
<tr><th colspan="2">形状</th><th colspan="3">细胞壁厚薄</th><th rowspan="2">纹孔列数</th><th rowspan="2">螺纹加厚</th><th rowspan="2">其他特征</th><th rowspan="2">有无</th><th rowspan="2">种类</th><th rowspan="2">分布</th><th rowspan="2">排列</th><th rowspan="2">泌脂细胞类型</th><th rowspan="2">有无</th><th rowspan="2">一条射线内个数</th></tr>
<tr><th>早材</th><th>晚材</th><th>早材</th><th>晚材</th><th>早晚材变化</th></tr>
<tr><td></td><td></td><td></td><td></td><td></td><td></td><td></td><td></td><td></td><td></td><td></td><td></td><td></td><td></td><td></td><td></td><td></td><td></td><td></td></tr>
<tr><td></td><td></td><td></td><td></td><td></td><td></td><td></td><td></td><td></td><td></td><td></td><td></td><td></td><td></td><td></td><td></td><td></td><td></td><td></td></tr>
<tr><td></td><td></td><td></td><td></td><td></td><td></td><td></td><td></td><td></td><td></td><td></td><td></td><td></td><td></td><td></td><td></td><td></td><td></td><td></td></tr>
</table>

2. 根据所给的木材显微构造图。要求将轴向管胞、树脂道、木射线、轴向管胞细胞壁特征的编号，标明在显微构造图（图 1-8）的相应特征上。

七、习题

简述针叶树材由哪些解剖分子组成。

实验九　针叶树材显微构造（二）

一、目的与要求

本实验是在掌握轴向管胞、树脂道在木材三个切面上的形态与结构特征的基础上，重点掌握木射线组织及轴向薄壁组织细胞在木材三个切面上的形态与结构特征；在径切面上交叉场纹孔的类型与形态特征。

二、实验仪器与设备

生物显微镜等。

三、实验用木材切片

马尾松（*Pinus massoniana* Lamb.）、红松（*Pinus koraiensis* Sieb. Et Zucc.）、油松（*Pinus tabulaeformis* Carr.）、白皮松（*Pinus bungeana* Zucc. ex Endl.）、杉木[*Cunninghamia lanceolata*（Lamb.）Hook.]、侧柏[*Platycladus orientalis*（L.）Franco]。

四、实验方法

（1）可按轴向管胞、树脂道、木射线、轴向薄壁细胞的顺序，分别观察与描述其在横切面、径切面、弦切面上的特征。

（2）可按横切面、径切面、弦切面的顺序，分别观察与描述每个切面上轴向管胞、树脂道、木射线、轴向薄壁细胞的特征。

五、实验项目与内容

1. 轴向管胞

观察的项目及描述方法与本章实验八相同。

2. 树脂道

观察的项目及描述方法与本章实验八相同。

3. 木射线

在弦切面上：观察射线种类（单列射线、纺锤形射线）；射线高度（细胞个数）；射线细胞形状；径向树脂道有无；每条纺锤形木射线中央径向树脂道的数量，见图 1-11。

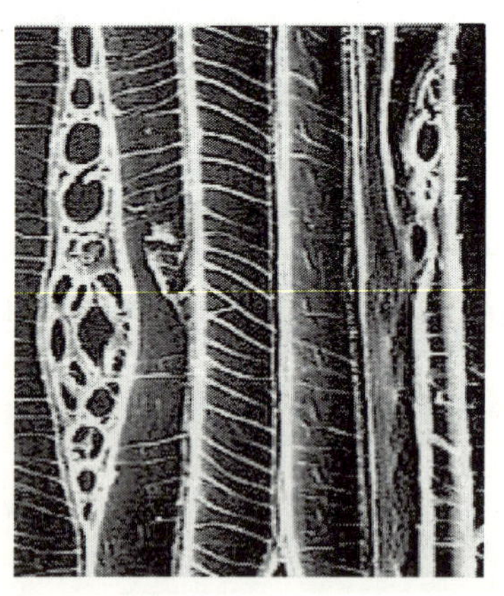

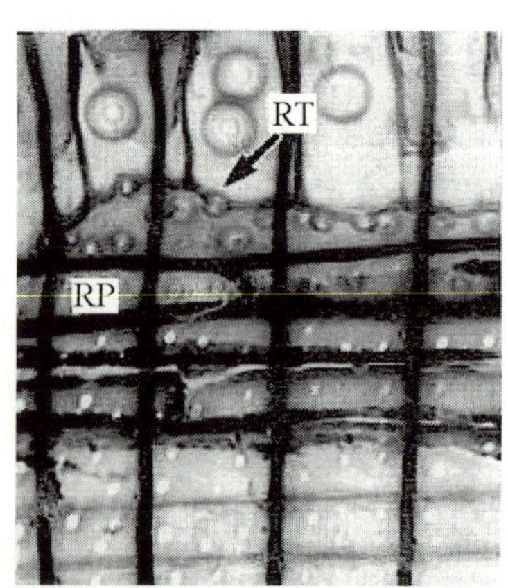

图 1-11　针叶树材微观构造图（二）

在径切面上：观察射线管胞有无；射线管胞形状；射线管胞内壁特征（平滑、锯齿状、网状），见图 1-12 和图 1-13。

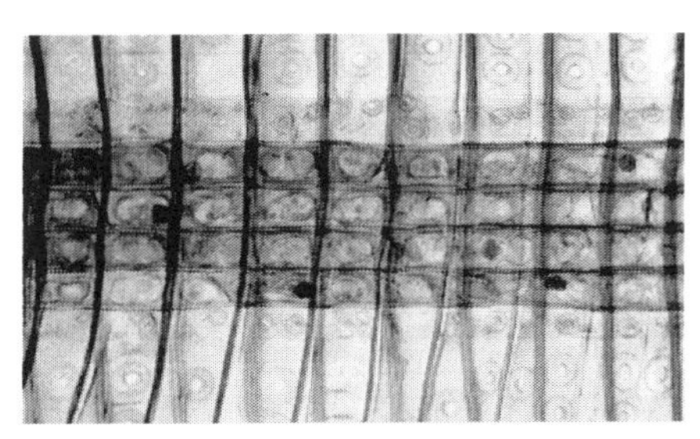

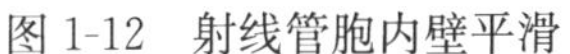

图 1-12　射线管胞内壁平滑

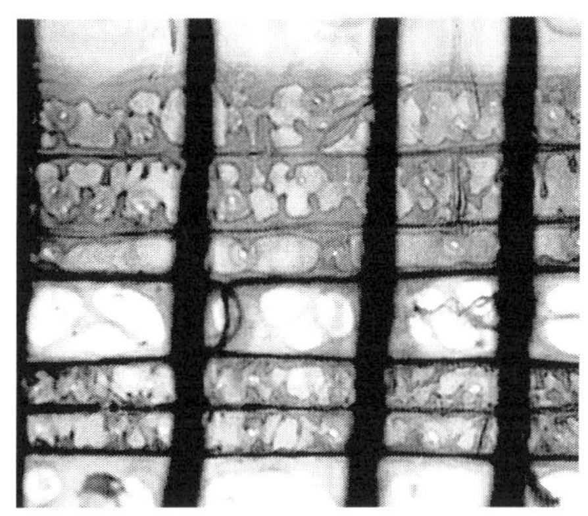

图 1-13　射线管胞内壁锯齿状加厚

交叉场纹孔类型(窗格型、松木型、云杉型、杉木型、柏木型),见图 1-14;每个交叉场内纹孔的数目。射线薄壁细胞形状;垂直壁有无节状加厚;细胞腔内含物。

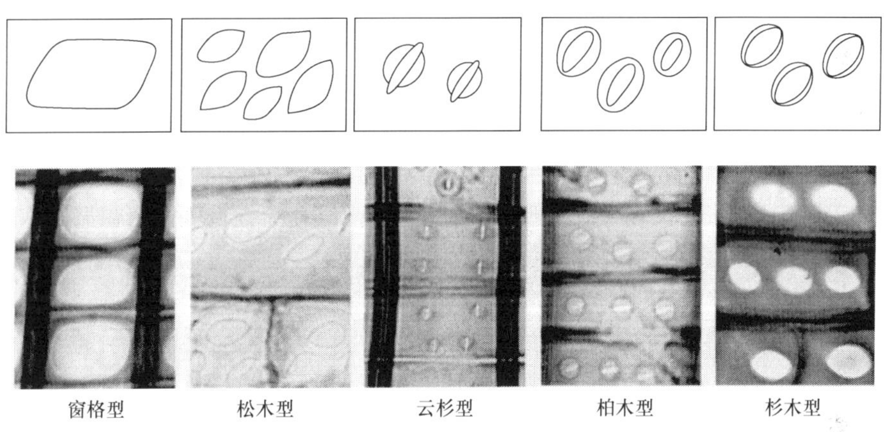

图 1-14　交叉场纹孔类型

4. 轴向薄壁细胞(图 1-15)

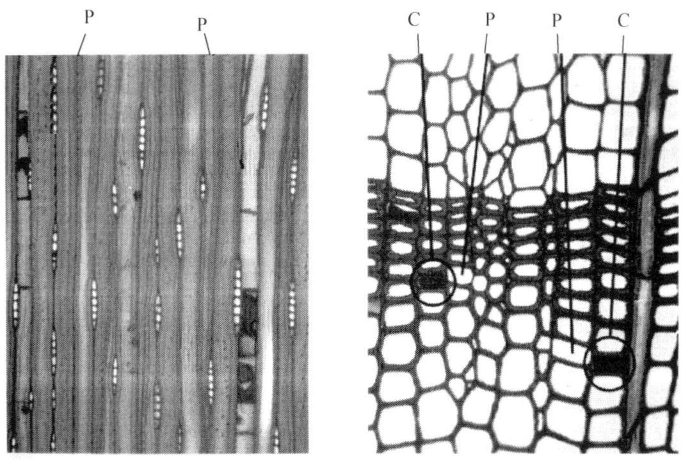

图 1-15　轴向薄壁细胞

C. 具内含物的轴向薄壁细胞;P. 轴向薄壁细胞

在横切面上:分布、细胞形状、细胞内含物。

在径切面和弦切面上:细胞形状、端壁有无节状加厚、细胞内含物。

六、实验结果

1. 将木材切片标本上描述的显微构造特征填入表1-7。

表1-7　针叶树材显微构造特征记载表(二)

<table>
<tr><th rowspan="5">树种名称</th><th colspan="5">轴向管胞</th><th colspan="8">木射线</th><th colspan="4">树脂道</th><th colspan="2">轴向薄壁细胞</th></tr>
<tr><th colspan="3">横切面</th><th colspan="2">径切面</th><th colspan="3">弦切面</th><th colspan="5">径切面</th><th colspan="2">横切面</th><th colspan="2">弦切面</th><th rowspan="4">分布类型</th><th rowspan="4">内含物</th></tr>
<tr><th colspan="2">形状</th><th rowspan="3">早材至晚材变化</th><th rowspan="3">胞壁纹孔</th><th rowspan="3">其他特征</th><th colspan="2">种类</th><th rowspan="3">有无树脂道</th><th colspan="3">射线管胞</th><th colspan="2" rowspan="2">交叉场纹孔</th><th rowspan="3">有无</th><th rowspan="3">种类</th><th rowspan="3">有无</th><th rowspan="3">一条射线内个数</th></tr>
<tr><th rowspan="2">早材</th><th rowspan="2">晚材</th><th rowspan="2">单列</th><th rowspan="2">纺锤形</th><th rowspan="2">有无</th><th colspan="2">内壁</th></tr>
<tr><th>平滑</th><th>锯齿</th><th>类型</th><th>数目</th></tr>
<tr><td></td><td></td><td></td><td></td><td></td><td></td><td></td><td></td><td></td><td></td><td></td><td></td><td></td><td></td><td></td><td></td><td></td><td></td><td></td><td></td></tr>
<tr><td></td><td></td><td></td><td></td><td></td><td></td><td></td><td></td><td></td><td></td><td></td><td></td><td></td><td></td><td></td><td></td><td></td><td></td><td></td><td></td></tr>
<tr><td></td><td></td><td></td><td></td><td></td><td></td><td></td><td></td><td></td><td></td><td></td><td></td><td></td><td></td><td></td><td></td><td></td><td></td><td></td><td></td></tr>
<tr><td></td><td></td><td></td><td></td><td></td><td></td><td></td><td></td><td></td><td></td><td></td><td></td><td></td><td></td><td></td><td></td><td></td><td></td><td></td><td></td></tr>
<tr><td></td><td></td><td></td><td></td><td></td><td></td><td></td><td></td><td></td><td></td><td></td><td></td><td></td><td></td><td></td><td></td><td></td><td></td><td></td><td></td></tr>
<tr><td></td><td></td><td></td><td></td><td></td><td></td><td></td><td></td><td></td><td></td><td></td><td></td><td></td><td></td><td></td><td></td><td></td><td></td><td></td><td></td></tr>
</table>

2. 根据所给的木材显微构造图(图1-11),将木射线种类、径向树脂道、螺纹加厚、射线管胞及射线薄壁细胞形状、交叉场纹孔类型、每个交叉场内纹孔的数目等标明在显微构造图的相应特征上。

七、习题

1. 针叶树材中哪些树种有轴向薄壁组织?哪些树种有射线管胞?
2. 什么是交叉场?交叉场纹孔有哪几种类型?

实验十　阔叶树材显微构造(一)

一、目的与要求

本实验重点是掌握管孔在横切面上的形状与大小、管孔组合与排列、管孔内含物。导管在纵切面上的形状,导管壁的特征。木纤维细胞在横切面上的形状与大小,在纵切面上的形状,木纤维细胞细胞壁的特征。初步了解木射线、树胶道的种类与构造。

二、实验仪器与设备

生物显微镜等。

三、实验用木材切片

香樟(*Cinnamomum camphora*)、青冈(*Cycrobalanopsis* spp.)、稠木(*Lithocarpus* spp.)、乌桕(*Sapium ebiferum*)、黄杞(*Engelhardtia chrysolepis*)、子京(*Madhuca hainanensis*)、润楠(*Machilus* spp.)、深山含笑(*Michelia mauoliae*)、桂南木莲(*Manglietia chingii*)、苦楝(*Melia azedarach*)。

四、实验方法

（1）可按管孔、导管壁特征、木纤维、木射线的顺序，分别观察与描述其在横切面、径切面、弦切面上的特征。

（2）可按横切面、径切面、弦切面的顺序，分别观察与描述每个切面上管孔、导管壁特征、木纤维、木射线的特征。

五、实验项目与内容

1. 管孔

在横切面上观察管孔的类型（环孔材、散孔材、半环孔材、辐射孔材、横列孔材、花彩孔材）；管孔组合（单管孔、复管孔、管孔链、管孔团）；管孔内含物（树胶、侵填体）。

2. 导管壁特征

在径切面和弦切面上观察导管间纹孔式（梯列、对列、互列）；导管壁螺纹加厚。在径切面上观察导管分子端壁穿孔（单穿孔、梯状穿孔、网状穿孔）。在弦切面上观察导管分子端壁的倾斜度。

3. 木纤维

在横切面上观察木纤维细胞形状、细胞壁厚薄。在径切面、弦切面上观察木纤维类型：纤维状管胞（细胞壁具缘纹孔），韧型纤维（细胞壁单纹孔），分隔木纤维（细胞壁上有横隔膜）。

4. 木射线

在弦切面上观察木射线种类（单列射线、多列射线、聚合射线）；在径切面上观察木射线的组成——同形射线（全由横卧细胞组成）和异形射线（由直立细胞和横卧细胞组成）。

六、实验结果

1. 将木材切片标本上描述的显微构造特征填入表1-8。

表1-8　阔叶树材显微构造特征记载表（一）

<table>
<tr><th rowspan="4">树种名称</th><th colspan="7">导管</th><th colspan="6">木纤维</th><th rowspan="4">轴向薄壁组织类型</th><th colspan="2">木射线</th><th rowspan="4">其他</th></tr>
<tr><th colspan="3">横切面</th><th colspan="2">径切面</th><th colspan="2">弦切面</th><th colspan="4">横切面</th><th colspan="2">径切面</th><th rowspan="3">射线种类</th><th rowspan="3">射线组成</th></tr>
<tr><th rowspan="2">管孔类型</th><th rowspan="2">管孔组合</th><th rowspan="2">内含物</th><th rowspan="2">端壁穿孔</th><th rowspan="2">管壁加厚</th><th rowspan="2">管间纹孔</th><th rowspan="2">端壁斜度</th><th colspan="2">细胞形状</th><th colspan="2">细胞壁厚薄</th><th rowspan="2">纹孔种类</th><th rowspan="2">纤维种类</th></tr>
<tr><th>早材</th><th>晚材</th><th>早材</th><th>晚材</th></tr>
<tr><td></td><td></td><td></td><td></td><td></td><td></td><td></td><td></td><td></td><td></td><td></td><td></td><td></td><td></td><td></td><td></td><td></td><td></td></tr>
<tr><td></td><td></td><td></td><td></td><td></td><td></td><td></td><td></td><td></td><td></td><td></td><td></td><td></td><td></td><td></td><td></td><td></td><td></td></tr>
<tr><td></td><td></td><td></td><td></td><td></td><td></td><td></td><td></td><td></td><td></td><td></td><td></td><td></td><td></td><td></td><td></td><td></td><td></td></tr>
<tr><td></td><td></td><td></td><td></td><td></td><td></td><td></td><td></td><td></td><td></td><td></td><td></td><td></td><td></td><td></td><td></td><td></td><td></td></tr>
<tr><td></td><td></td><td></td><td></td><td></td><td></td><td></td><td></td><td></td><td></td><td></td><td></td><td></td><td></td><td></td><td></td><td></td><td></td></tr>
<tr><td></td><td></td><td></td><td></td><td></td><td></td><td></td><td></td><td></td><td></td><td></td><td></td><td></td><td></td><td></td><td></td><td></td><td></td></tr>
<tr><td></td><td></td><td></td><td></td><td></td><td></td><td></td><td></td><td></td><td></td><td></td><td></td><td></td><td></td><td></td><td></td><td></td><td></td></tr>
<tr><td></td><td></td><td></td><td></td><td></td><td></td><td></td><td></td><td></td><td></td><td></td><td></td><td></td><td></td><td></td><td></td><td></td><td></td></tr>
<tr><td></td><td></td><td></td><td></td><td></td><td></td><td></td><td></td><td></td><td></td><td></td><td></td><td></td><td></td><td></td><td></td><td></td><td></td></tr>
<tr><td></td><td></td><td></td><td></td><td></td><td></td><td></td><td></td><td></td><td></td><td></td><td></td><td></td><td></td><td></td><td></td><td></td><td></td></tr>
</table>

2. 根据所给的木材显微构造图（图1-16），将管孔、导管壁、木纤维、木射线的特征按序号填入以下相应栏内。

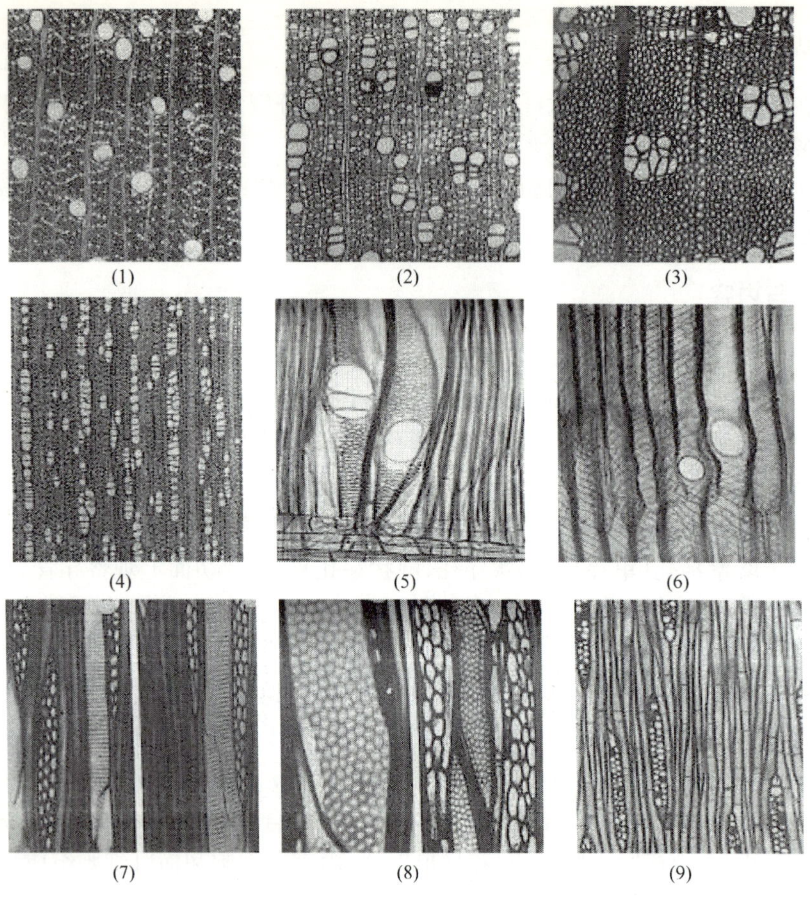

图 1-16　阔叶树材微观构造图(一)

(1)	(2)	(3)
管孔类型________	晚材管孔排列________	晚材管孔排列________
管孔组合________	管孔组合________	管孔组合________
(4)	(5)	(6)
管孔类型________	穿孔类型________	穿孔类型________
管孔组合________	管间纹孔式________	导管壁加厚________
(7)	(8)	(9)
管间纹孔式________	管间纹孔式________	木纤维种类________
木射线种类________	木射线种类________	木射线种类________

七、习题

如何区别纤维状管胞与韧性木纤维?

实验十一　阔叶树材显微构造(二)

一、目的与要求

本实验要求学生在掌握导管和木纤维细胞在三个切面上的形状、细胞壁特征的基础上，重点掌握木射线、轴向薄壁组织、树胶道的种类，以及其在木材三个切面上的显微构造特征。

二、实验仪器与设备

生物显微镜等。

三、实验用木材切片

香樟（*Cinnamomum camphora*）、青冈（*Cycrobalanopsis* spp.）、乌桕（*Sapium sebiferum*）、子京（*Madhuca hainanensis*）、深山含笑（*Michelia mauoliae*）、黄果榕（*Ficus* spp.）、黄檀（*Dalbergia hupeana*）、槭木（*Acer* spp.）。

四、实验方法

（1）可按管孔、导管壁特征、木纤维、木射线、轴向薄壁组织、树胶道的顺序，分别观察与描述其在横切面、径切面、弦切面上的特征。

（2）可按横切面、径切面、弦切面的顺序，分别观察与描述每个切面上管孔、导管壁特征、木纤维、木射线、轴向薄壁组织、树胶道的特征。

五、实验项目与内容

1. 导管和木纤维

两者在三个切面上的形态及细胞壁特征的描述与本章实验十相同。

2. 木射线

在弦切面上射线的种类（单列射线、多列射线、聚合射线）；射线宽度与高度（细胞个数）；有无鞘细胞或径向树胶道。在径切面上射线的组成，同形射线（同形单列、同形多列）；异形射线（异形Ⅰ型、异形Ⅱ型、异形Ⅲ型）。

3. 轴向薄壁组织

在横切面上薄壁组织的类型（与宏观构造相同），傍管型（环管状、环管束状、翼状、聚翼状、傍管带状）；离管型（星散或星散-聚合状、轮界状、网状、离管带状）。在径切面和弦切面上，薄壁组织细胞形状，是否叠生。

4. 树胶道

在横切面上，轴向树胶道一般比管孔小，单个分布或数个连成弦列分布。在弦切面上，径向树胶道分布在木射线中，通常一条木射线具一个径向树胶道。

5. 油细胞

在径切面和弦切面上观察，油细胞为圆锥形或卵形，通常分布在木射线的上下缘，细胞壁较薄。

6. 结晶体

在径切面和弦切面上观察，结晶体通常分布在木射线细胞或轴向薄壁细胞中，多呈菱形。

六、实验结果

1. 将木材切片标本上描述的显微构造特征填入表 1-9。

表 1-9 阔叶树材显微构造特征记载表(二)

树种名称	导管							木射线								轴向薄壁组织类型		木纤维		其他
	横切面			径切面		弦切面		径切面		弦切面								径壁纹孔	纤维种类	
										射线组成		射线种类	细胞数		特种细胞					
	管孔类型	管孔组合	内含物	端壁穿孔	管壁加厚	管间纹孔	端壁斜度	直立细胞	横卧细胞	同形	异形		高度	宽度		傍管型	离管型			

2. 根据所给的木材显微构造图(图 1-17)。将管孔、导管、木射线、轴向薄壁组织、树胶道、油细胞或结晶体的特征,填入显微构造图下相应栏内。

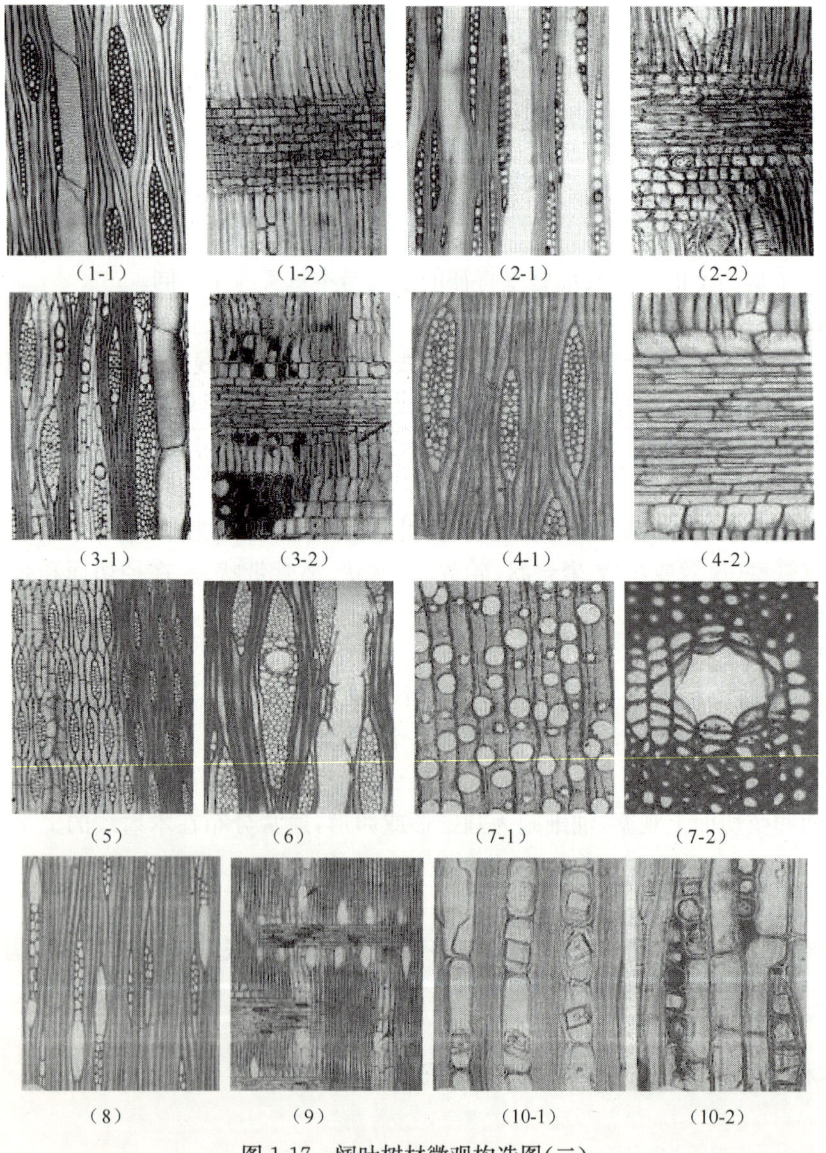

图 1-17 阔叶树材微观构造图(二)

(1-1)
________切面
射线组织________

(1-2)
________切面
射线组织________

(2-1)
________切面
射线组织________

(2-2)
________切面
射线组织________

(3-1)
________切面
射线组织________

(3-2)
________切面
射线组织________

(4-1)
________切面
射线组织________

(4-2)
________切面
射线组织________

(5)
________切面
________叠生

(6)
________切面
________树胶道

(7-1)
________切面
________树胶道

(7-2)
________切面
________树胶道

(8)
油细胞(请连线)
________切面

(9)
油细胞(请连线)
________切面

(10-1)与(10-2)
结晶体(请连线)
________切面

七、习题

简述什么是阔叶树材的异型木射线。

实验十二　木材解剖分子的离析与测量

一、目的与要求

将组成木材的细胞分离成单个细胞,以便详细观察其形态并测量其大小。

二、实验仪器与设备

显微镜、接目测微尺、接物测微尺、载玻片、盖玻片、电热器、水浴锅、毛笔、解剖针、烧杯、试管、硝酸、氨酸钾。

三、实验项目与内容

(一) 木材的分离

木材的分离方法,通常利用化学处理的方法分解细胞的胞间层,使细胞得到分离,其方法因木材的性质而异,一般常用的为硝酸法,其具体操作步骤如下。

(1) 将待分离的木材劈成火柴杆状,放入试管中,加水于其中,使水盖过木材为度,将试管放在水浴锅内加热至木材下沉为止,使木材内空气逸出,材质得到软化。

(2) 倒出试管中的水,加入30%硝酸和少许氯酸钾,再放在水浴锅中加热,待木材变成黄白色或白色时,用玻璃棒试触木材纤维是否即行分离,若分离,倒去硝酸。

(3) 待试管冷却后,用清水冲洗试管中木杆数次,洗去多余的硝酸,至无酸性为止。

(4) 再在试管中加入少量水,以没过木材为度,用大拇指按着试管口,用力振荡,则木材即变为木浆。

(5) 用解剖针或毛笔挑一些木浆放于玻片上,加水一滴,在其上加上盖玻片,即可放在显微镜下观察。

（二）显微镜下接目测微尺每格长度的测定

(1) 将接物测微尺置于显微镜载物台上。

(2) 将接目测微尺放入显微镜的目镜筒中(记下目镜的放大倍数:10×、16×)。

(3) 在某放大倍数(4×、10×、40×)的物镜下,移动接物测微尺,使其零度与接目测微尺的零度重合,再观察接目测微尺与接物测微尺相互重合的格数。例如,在10×物镜下,接目测微尺上为50格,而接物测微尺上为66格,则接目测微尺上每格长度应为:(66×10)/50=13.2μm。一般接物测微尺全长为1mm或2mm,分为100格或200格,即每格为10μm。

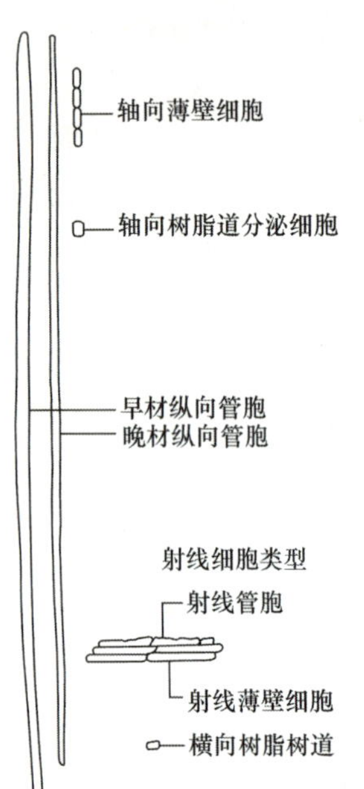

图 1-18　针叶树材分子形态图

(4) 分别求出在4×和40×物镜下,接目测微尺上的每格长度。如果接目测微尺用于另一台显微镜,则应重新测定接目测微尺在某放大倍数(4×、10×、40×)物镜下的每格长度,并将显微镜编号及目镜与物镜的号次记下。

（三）木材解剖分子的测定

利用接目测微尺测定木材细胞尺寸,通常在低倍镜下测量细胞的长度,在高倍镜下测量细胞壁的厚度、细胞直径和细胞腔的直径。例如,某目镜测微尺在10×物镜下每格长度为13.2μm,测量某细胞的长度为100格,其细胞的长度则为:100×13.2=1320μm。

针叶树材管胞、射线薄壁细胞的形状图及阔叶树材早晚材导管分子、木纤维、木薄壁细胞、射线薄壁细胞的形态图如图1-18和图1-19所示。

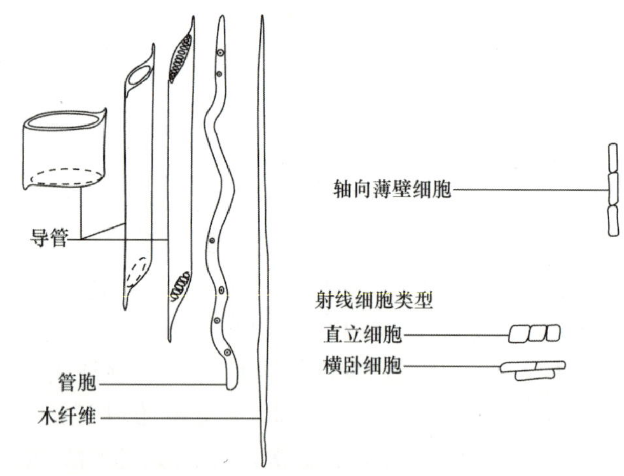

图 1-19　阔叶树材分子形态图

四、实验结果

1. 在所给的木材样品(树种)中,任选一种进行离析。
2. 观察并描述轴向管胞或木纤维的形态及其细胞壁的特征,最好绘出形态草图。

3. 测定 8～10 根轴向管胞或木纤维的长度、直径、细胞双壁厚度(表 1-10)。

表 1-10　木材的解剖分子特征与形态尺寸测定记载表

<table>
<tr><td rowspan="3">细胞种类
(含编号)</td><td colspan="5">细胞形态特征</td><td colspan="3">细胞形态尺寸</td></tr>
<tr><td colspan="2">细胞形状</td><td colspan="2">细胞壁特征</td><td rowspan="2">其他</td><td rowspan="2">长度/μm</td><td rowspan="2">直径/μm</td><td rowspan="2">壁厚/μm</td></tr>
<tr><td>整体</td><td>两端</td><td>纹孔</td><td>加厚</td></tr>
<tr><td></td><td></td><td></td><td></td><td></td><td></td><td></td><td></td><td></td></tr>
<tr><td></td><td></td><td></td><td></td><td></td><td></td><td></td><td></td><td></td></tr>
<tr><td></td><td></td><td></td><td></td><td></td><td></td><td></td><td></td><td></td></tr>
<tr><td></td><td></td><td></td><td></td><td></td><td></td><td></td><td></td><td></td></tr>
<tr><td></td><td></td><td></td><td></td><td></td><td></td><td></td><td></td><td></td></tr>
<tr><td></td><td></td><td></td><td></td><td></td><td></td><td></td><td></td><td></td></tr>
</table>

五、习题

1. 如何区别射线管胞和射线薄壁细胞?
2. 如何区别阔叶树材管胞和木纤维?
3. 如何区别轴向薄壁细胞与射线薄壁细胞?

实验十三　木材年轮宽度和晚材率的测定

一、目的与要求

熟悉并掌握木材年轮宽度和晚材率的测定方法。

二、实验仪器与设备

钢板尺、读数卡尺或测量显微镜。

三、实验材料

一般用硬度实验前的试样,或采用专门制作的试样。

四、实验方法

(1) 在试样端面上,按径向划一直线,沿直线测出整年轮部分的总宽度,准确至 0.1mm,并数出测量范围内的年轮数。

(2) 在试样整年轮总宽度的范围内,测出每个年轮的晚材宽度,准确至 0.1mm。

五、结果计算

试样的年轮平均宽度,准确至 0.1mm,计算公式如下。

$$R_b = b/n$$

式中,R_b为试样的年轮平均宽度(mm);b 为试样测定范围内整年轮的宽度(mm);n 为试样测定范围内整年轮数。

晚材率的计算公式如下,准确至 1%。

$$L_W = \frac{\sum L_b}{b} \times 100\%$$

式中，L_W 为试样的晚材率（%）；$\sum L_b$ 为测定范围内的晚材总宽度（mm）。

六、实验结果

1. 完成表 1-11 中各项目的填写。

表 1-11　木材年轮宽度和晚材率测定记录表

树种：　　产地：　　实验室温度：　℃　　相对湿度：　%

试样编号	完整年轮数	完整年轮总宽度/mm	晚材总宽度/mm	年轮平均宽度/mm	平均晚材宽度/mm	晚材率/%	备注

年　月　日　　测定：　　计算：　　审核：

2. 以 4～6 人为一组统计计算木材年轮宽度和晚材率的算术平均值、标准差、标准误差、变异系数和实验准确系数。

七、习题

简述木材年轮宽度和晚材率对木材的物理、力学性质有哪些影响，是如何影响的。

实验十四　木材含水率的测定

一、目的与要求

练习并熟悉用烘干法测定木材含水率。

二、实验仪器与设备

电子天平（准确称量到 0.001g）、干燥箱[能保持(103±2)℃]、玻璃干燥器和称量瓶。

三、实验材料

试样尺寸为 20mm×20mm×20mm，通常在需要测定含水率的试材、试条上，或在物理力学实验后破坏的试样上，按该项实验方法的规定部位截取。注意试样上的锯屑、碎块等必须清除干净。

四、实验方法

(1) 试样取得后立即称重，准确到 0.001g。

(2) 将试样放入烘箱内，用(103±2)℃的温度烘 8h 后，从每个树种中选定 2～3 个试样进行第一次试称，以后每隔 2h 试称一次，至最后两次质量之差不超过 0.002g 时，试样即达全干。

(3) 将试样自烘箱中取出，放入装有干燥剂的玻璃干燥器内的称量瓶中，盖好称量瓶和干燥器盖。

(4) 试样冷却至室温后，自称量瓶中取出称量。

(5) 如试样为含有较多的挥发物物质(树脂、树胶等)的树种,用烘干法测定含水率误差过大时,可采用真空干燥法或其他方法来测定木材含水率。

五、结果计算

试样含水率(准确至 0.1%)计算公式如下。

$$W=(m_1-m_0)/m_0\times100\%$$

式中,W 为试样的含水率(%);m_1 为实验时试样的质量(g);m_0 为全干后试样质量(g);实验结果按表 1-12 进行记录。

表 1-12 木材含水率测定记录表

树种: 产地:

试样编号	实验时试样质量/g	全干后试样质量/g	含水率/%	备注

年 月 日 测定: 计算: 审核:

六、习题

1. 什么是木材纤维饱和点?木材纤维饱和点含水率是多少?木材纤维饱和点有什么重要的意义?
2. 什么是平衡含水率?
3. 什么是吸湿滞后现象?形成吸湿滞后现象的原因是什么?

实验十五 木材密度的测定

一、气干密度和全干密度的测定

(一) 目的与要求

掌握气干密度和全干密度的测定方法。

(二) 实验仪器与设备

测试量具(测量尺寸准确至 0.01mm)、电子天平(准确称量至 0.001g)、干燥箱[能保持(103±2)℃]、玻璃干燥器和称量瓶。

(三) 实验材料

试样尺寸为 20mm×20mm×20mm。当一树种试材的年轮平均宽度超过 4mm 时,试样尺寸应为 50mm×50mm×50mm。研究强度与密度的关系时,密度试样应在强度试样未破坏部位或在相同试条上切取。

(四) 实验方法

(1) 在试样各相对的中心位置,分别测出弦向、径向和顺纹方向的尺寸,准确到

0.01mm。随即称量，准确至 0.001g。允许用其他准确至 0.01cm^3 的方法，测定试样的体积。

(2) 将试样放入干燥箱内，开始温度保持 60℃约 4h。然后按《木材含水率测定方法》进行烘干，并称出试样的全干质量。称出每一试样的全干质量后，立即于试样各相对面的中心位置，分别测出弦向、径向和顺纹方向的尺寸，准确至 0.01mm。

(五) 结果计算

(1) 试样含水率为 W%时的气干密度(准确至 0.001g/cm^3)计算公式如下。

$$\rho_W=\frac{m_W}{V_W}$$

式中，ρ_W 为试样含水率为 W%时的气干密度(g/cm^3)；m_W 为试样含水率为 W%时的质量(g)；V_W 为试样含水率为 W%时的体积(cm^3)。

(2) 试样的体积干缩系数(准确至 0.001%)计算公式如下。

$$K=\frac{V_W-V_0}{V_0W}\times 100\%$$

式中，K 为试样的体积干缩系数(%)；V_0 为试样全干时的体积(cm^3)；W 为试样含水率(%)。

(3) 试样含水率为 12%时的气干密度(准确至 0.001g/cm^3)计算公式如下。

$$\rho_{12}=\rho_W[1-0.01(1-K)(W-12)]$$

式中，ρ_{12}为试样含水率为 12%时的气干密度(g/cm^3)；K 为试样的体积干缩系数(%)；W 为试样含水率(%)；ρ_W 为试样含水率为 W%时的气干密度(g/cm^3)。

试样含水率为 9%～15%时按此式计算有效。

(4) 试样的全干密度(准确至 0.001g/cm^3)计算公式如下。

$$\rho_0=\frac{m_0}{V_0}$$

式中，ρ_0 为试样全干时的密度(g/cm^3)；m_0 为试样全干时的质量(g)。实验结果按表 1-13 进行记录。

表 1-13 木材气干密度、全干密度测定记录表

树种：　　　　产地：　　　　实验室温度：　℃　　　　实验相对湿度：　%

试样编号	试样尺寸/mm						试样体积/cm^3		试样质量/g		含水率/%	体积干缩率/%	体积干缩系数/%	气干密度/(g/cm^3)		全干密度/(g/cm^3)	备注
	气干时			全干时													
	弦向	径向	顺纹方向	弦向	径向	顺纹方向	实验时	全干时	实验时	全干时				实验时	含水率为 12%		

年　月　日　　　　测定：　　　　计算：　　　　审核：

二、基本密度的测定

(一) 目的与要求

掌握基本密度的测定方法。

（二）实验仪器与设备

同气干密度测定时的设备。

（三）实验材料

（1）试样用水分饱和的湿材制作。
（2）试样尺寸同气干密度测定的规定。
（3）试样从制作到测定，应始终保持表面湿润。

（四）实验方法

（1）在水分饱和的试样各相对面的中心位置，测量弦向、径向和顺纹方向的尺寸，准确至 0.01mm。
（2）按照测气干密度时的方法将试样烘至全干，并称出全干时试样的质量。

（五）结果计算

试样基本密度（准确至 0.001g/cm³）计算公式如下。

$$\rho_y=\frac{m_0}{V_{max}}$$

式中，ρ_y 为试样的基本密度（g/cm³）；V_{max} 为试样饱和水分时的体积（cm³）。实验结果按表 1-14进行记录。

表 1-14　木材基本密度测定记录表

树种：　　　　产地：　　　　实验室温度：　℃　　　　实验相对湿度：　%

试样编号	水分饱和时试样尺寸/mm			水分饱和时试样体积/cm³	试样全干质量/g	基本密度/(g/cm³)	备注
	弦向	径向	顺纹方向				

年　月　日　　　　测定：　　　　计算：　　　　审核：

实验十六　木材干缩性的测定

一、目的与要求

掌握线干缩性和体积干缩性的测定方法。

二、实验仪器与设备

测试量具（测量尺寸准确至 0.1mm）、电子天平（称量准确至 0.001g）、干燥箱[能保持（103±2）℃]、玻璃干燥器和称量瓶。

三、实验材料

(1) 试样用湿材制作，含水率应高于其纤维饱和点。

(2) 试样尺寸为 20mm×20mm×20mm。

四、实验方法

(1) 在试样各相对面的中心位置，分别测量试样的径向、弦向及顺纹方向的尺寸，准确至0.01mm，在测量过程中，应使试样保持湿材状态。

(2) 经上述测量后的各试样，放置于温度(20±2)℃和相对湿度为 65%±5%的条件下气干。在气干过程中，用 2～3 个试样每隔 6h 试测一次尺寸，至连续两次试测的结果差值不超过0.02mm，即可认为达到气干。然后按步骤(1)的规定测量准确度，分别测量出试样径向、弦向及顺纹方向的尺寸；并称出试样的质量，准确至 0.001g。

(3) 将测定后的试样放入烘箱内，开始温度保持 60℃约 4h，然后按《木材含水率测定方法》的规定烘干，测定各试样全干后的径向、弦向及顺纹方向的尺寸和质量。

(4) 在测定过程中，凡发生开裂或形状畸变的试样，均应舍弃。

五、结果计算

(1) 试样从湿材到烘干的径向、弦向及体积全干缩率(准确至 0.1%)计算公式如下。

$$\beta_{max}=(L_{max}-L_0)/L_{max}\times 100\%$$

$$\beta_{V_{max}}=(V_{max}-V_0)/V_{max}\times 100\%$$

式中，β_{max}为试样的径向或弦向干缩率(%)；$\beta_{V_{max}}$为试样的体积全干缩率(%)；L_{max}、L_0分别为试样湿材状态及全干后的径向或弦向的尺寸(mm)；V_{max}、V_0分别为试样湿材状态及全干后的体积(mm^3)。

(2) 试样从湿材到气干的气干干缩率(准确至 0.1%)计算公式如下。

$$\beta_m=(L_{max}-L_m)/L_{max}\times 100\%$$

$$\beta_{V_m}=(V_{max}-V_m)/V_{max}\times 100\%$$

式中，β_m 为试样的径向或弦向气干干缩率(%)；β_{V_m}为试样的体积气干干缩率(%)；L_m 为试样气干时径向或弦向的尺寸(mm)；V_m 为试样气干时的体积(mm^3)。

(3) 按测定出的气干和全干时试样的质量计算出试样气干含水率，并记入表 1-15 中。

表 1-15 木材干缩性测定记录表

树种： 产地： 实验室温度： ℃ 实验相对湿度： %

试样编号	试样尺寸/mm									试样体积/mm³			试样质量/g		气干含水率/%	干缩率/%						备注
	湿材时			气干时			全干时									全干时			气干时			
	径向	弦向	顺纹方向	径向	弦向	顺纹方向	径向	弦向	顺纹方向	湿材	气干	全干	气干	全干	含水率	径向	弦向	体积	径向	弦向	体积	

年 月 日 测定： 计算： 审核：

六、习题

1. 木材顺纹方向和横纹方向的干缩率有何差异？并简述影响干缩率差异的原因。

2. 木材的径向和弦向干缩率有何差异？并简述影响干缩率差异的原因。

实验十七　木材顺纹抗压强度的测定

一、目的与要求

熟悉并掌握国家标准 GB/T 1935—2009《木材顺纹抗压强度试验方法》。每人一组，每人测量5～10个试样。

二、实验仪器与设备

4t 木材万能试验机、测试量具（测量尺寸准确至 0.1mm）、电子天平（称量准确至 0.001g）、烘箱[能保持(103±2)℃]、玻璃干燥器和称量瓶。

三、实验材料

试样尺寸为 30mm×20mm×20mm，长度为木材顺纹方向。

四、实验方法

(1) 实验前用游标卡尺在试样长度中央测量其厚度及宽度，准确至 0.1mm。

(2) 将试样放在试验机球面活动支座的中心位置，以均匀速度加荷，在 2.0min 内使试样破坏，即试验机的指针明显退回为止。将破坏荷载填入表 1-16 中，准确至 100N。

表 1-16　木材顺纹抗压强度测定记录表

树种：　　　产地：　　　实验室温度：　　℃　　　相对湿度：　　%

试样编号	试样尺寸/mm		受压面积/mm²	破坏荷载/N	试样质量/g		含水率/%	顺纹抗压强度/MPa		备注
	宽度	厚度			实验时	全干时		实验时	含水率 12% 时	

年　月　日　　　实验：　　　计算：　　　审核：

(3) 试样破坏后，对长 30mm 的用整个试样；长 75mm 的立即在试样长度中部截取长约 10mm 的木块一个，进行称量，准确至 0.001g，然后按本章实验十四的方法测定木材含水率。

五、结果计算

(1) 试样含水率为 W%时的顺纹抗压强度（准确至 0.1MPa）计算公式如下。

$$\delta_W = \frac{P_{max}}{a \times b}$$

式中，P_{max} 为破坏荷载（N）；b 为试样宽度（mm）；a 为试样厚度（mm）。

(2) 试样含水率为 12%时的顺纹抗压强度(准确至 0.1MPa)计算公式如下。

$$\delta_{12}=\delta_{w}[1+0.05(W-12)]$$

式中,δ_W为试样含水率为 W%时的顺纹抗压强度(MPa);W 为试样含水率(%)。

六、实验结果

1. 完成表 1-16 中各项目的填写。

2. 以 4～6 人为一组统计并计算木材顺纹抗压强度的算术平均值、标准差、标准误差、变异系数和实验准确系数。

3. 试分析不同试样木材顺纹抗压强度差异的原因。

实验十八　木材顺纹抗拉强度的测定

一、目的与要求

比较不同树种的顺纹抗拉强度,并熟悉其实验方法。

二、实验仪器与设备

试验机(具有保证沿试样纵轴加荷的夹头,以防止试样纵向扭曲)、测试量具(测量尺寸准确至 0.1mm)、电子天平(称量准确至 0.001g)、烘箱[能保持(103±2)℃]、玻璃干燥器和称量瓶。

三、实验材料

(1) 按图 1-20 所示试样的形状和尺寸(单位:mm)制作。

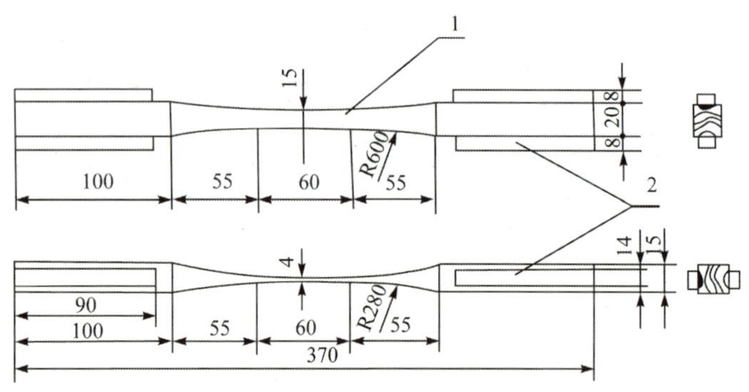

图 1-20　顺纹抗拉试样

1. 试样;2. 木夹垫

(2) 试样的纹理必须通直,年轮层垂直于试样有效部分(指中部 60mm 一段)的宽面。试样有效部分与两端夹持部分之间的过渡表面应平滑,并与试样中心线对称。

(3) 软质木材试样,必须在夹持部分的窄面,附以 90mm×14mm×8mm 的硬质木夹垫,用胶粘剂固定在试样上(图 1-20)。硬质木材试样,可以不用木夹垫。

四、实验方法

(1) 在试样有效部分的中央,测量其厚度和宽度,准确至 0.1mm。

(2) 将试样两端夹紧在试验机的钳口中，使试样宽面与钳口接触，两端靠近弧形部分露出20～25mm，垂直安装在试验机上。

(3) 实验以均匀速度加荷，在2.0min内使试样破坏。

(4) 如拉断处不在试样有效部分，实验结果应予舍弃。

(5) 阔叶树材试样实验后，立即在有效部分选取一段，按《木材含水率测定方法》测定含水率。

五、实验结果

(1) 试样含水率为W%时的顺纹抗拉强度(准确至0.1MPa)计算公式如下。

$$\sigma_W=\frac{P_{max}}{t\times b}$$

式中，σ_W为试样含水率为W%时的顺纹抗拉强度(MPa)；P_{max}为最大荷载(N)；b为试样宽度(mm)；t为试样厚度(mm)。

(2) 阔叶树材试样含水率为12%时的顺纹抗拉强度(准确至0.1MPa)计算公式如下，有效含水率为9%～15%。

$$\sigma_{12}=\sigma_W[1+0.015(W-12)]$$

式中，σ_{12}为试样含水率为12%时的顺纹抗拉强度(MPa)；W为试样含水率(%)。实验结果记录按表1-17填写。

表1-17　木材顺纹抗拉强度测定记录表

树种：　　产地：　　实验室温度：　℃　　实验相对湿度：　%

试样编号	试样有效部分尺寸/mm		有效部分面积/mm²	含水试样质量/g		含水率/%	最大荷载/N	抗拉强度/MPa		备注
	宽度	厚度		实验时	全干时			实验时	含水率12%时	

年　月　日　　实验：　　计算：　　审核：

实验十九　木材顺纹抗剪强度的测定

一、目的与要求

熟悉并掌握国家标准GB/T 1937—2009《木材顺纹抗剪强度试验方法》。每人一组，每人测量5～10个试样。

二、实验仪器与设备

4t木材力学试验机、顺纹抗剪实验装置、游标卡尺、天平、烘箱、干燥器和手锯。

三、实验材料

实验树种：根据当时条件，实验前确定。

试样形状与尺寸(单位：mm)见图1-21，试样受剪面应为径面或弦面，长度为顺纹方向。

试样的缺角角度应为 106°40′，应采用角规检查，允许误差±20′。

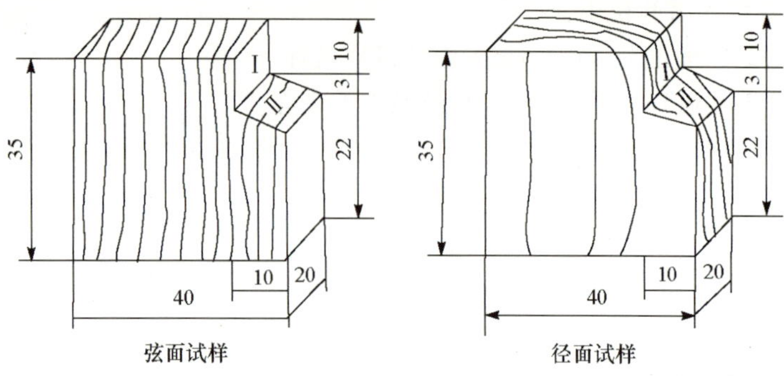

图 1-21 木材顺纹抗剪试件(单位：mm)

四、实验方法

(1) 试样测量：用游标卡尺测量受剪面的宽度和长度，准确至 0.1mm。将测量结果填入表 1-18 中。

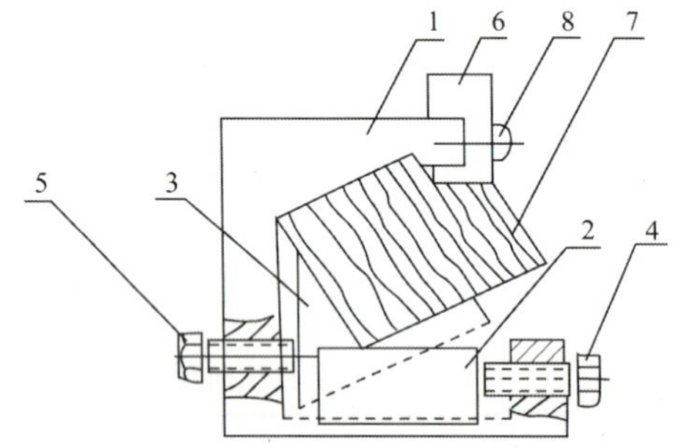

图 1-22 木材顺纹抗剪强度实验装置

1. 附件主体；2. 楔块；3. L形垫块；4，5. 螺杆；6. 压块；7. 试样；8. 圆头螺钉

(2) 木材顺纹抗剪强度实验装置，如图 1-22 所示。

(3) 将试样装于实验装置的垫块 3 上，调整螺杆 4 和 5，使试样的顶端和Ⅰ面上部贴紧实验装置上部凹角的相邻两侧面，至试样不动为止。再将压块 6 置于试样斜面Ⅱ上，并使其侧面紧靠实验装置的主体。压块 6 的中心应对准试验机上压头的中心位置。

(4) 实验以均匀速度加荷，在 1.5～2min 内使试样破坏，将荷载读数填入表 1-18 中，准确至 10N。

表 1-18 木材顺纹抗剪强度测定记录表

树种： 产地： 实验室温度： ℃ 相对湿度： %

试样编号	受剪面尺寸/mm		受剪面积/mm²	试样质量/g		含水率/%	破坏荷载/N		弦面抗剪强度/MPa		径面抗剪强度/MPa	
	宽度	长度		实验时	全干时		弦面	径面	实验时	含水率12%时	实验时	含水率12%时

年 月 日 实验： 计算： 审核：

(5) 将试样破坏后的小块部分，按本章实验十四的方法测定木材含水率。

五、结果计算

(1) 试样含水率为 W%时的弦面或径面顺纹抗剪强度(准确至 0.1MPa)计算公式如下。

$$\tau_W=\frac{0.96\times P_{max}}{b\times l}$$

式中，τ_W为试样含水率为 W%时的弦面或径面顺纹抗剪强度(MPa)；P_{max}为破坏荷载(N)；b 为试样受剪面的宽度(mm)；l 为试样受剪面的长度(mm)。

(2) 试样含水率为 12%时的弦面或径面顺纹抗剪强度(准确至 0.1MPa)计算公式如下。

$$\tau_{12}=\tau_W[1+0.03(W-12)]$$

式中，τ_W为试样含水率为 W%时的弦面或径面顺纹抗剪强度(MPa)；W 为试样含水率(%)。

六、实验结果

1. 完成表 1-18 中各项目的填写。

2. 以 4～6 人为一组统计并计算试材顺纹抗剪强度的算术平均值、标准差、标准误差、变异系数和实验准确系数。

3. 试分析不同试样木材顺纹抗剪强度差异的原因及其两个切面木材顺纹抗剪强度之间的关系。

实验二十　木材抗弯强度及抗弯弹性模量的测定

一、目的与要求

通过本实验熟悉并掌握 GB/T 1936.1—2009《木材抗弯强度试验方法》和 GB/T 1936.2—1991《木材抗弯弹性模量测定方法》。每人一组，每人测量 5～10 个试样。

二、实验仪器与设备

4t 木材力学试验机、游标卡尺、天平、百分表、手锯。

三、实验材料

试验树种：根据当时条件，实验前确定。

试样尺寸：试样尺寸为 20mm×20mm×300mm，其长轴与木材纹理相平行。抗弯弹性模量和抗弯强度实验只做弦向实验，并允许使用同一试样。每试样先做抗弯弹性模量实验，然后进行抗弯强度实验。

四、实验方法

(一) 试样测量

在试样长度中央，用游标卡尺测量径向尺寸为宽度 b，弦向尺寸为高度 h，准确至 0.1mm。

(二) 抗弯强度实验步骤

(1) 采用两点弦向加荷，将试样放在实验装置的两支座上，实验时以均匀速度加荷，并在 2min 内使试样破坏。实验装置如图 1-23 所示，并将破坏荷载填入表 1-19 中，准确至 10N。

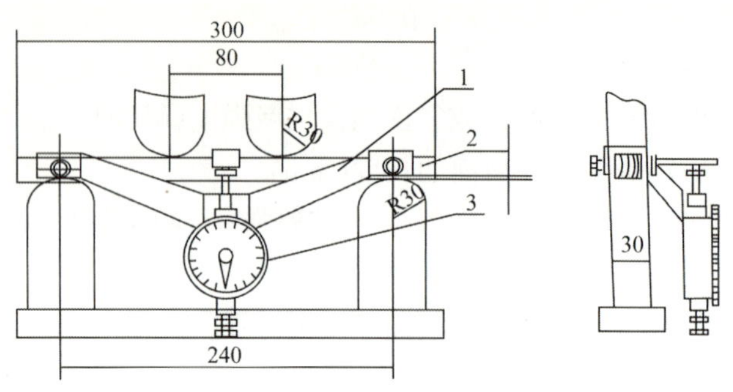

图 1-23　木材抗弯弹性模量实验装置

1. 百分表架；2. 试样；3. 百分表

表 1-19　木材抗弯强度测定记录表

树种：　　　　　　产地：　　　　　　实验室温度：　℃　　　　　　相对湿度：　%

<table>
<tr><th rowspan="2">试样编号</th><th colspan="2">试样尺寸/mm</th><th rowspan="2">破坏荷载/N</th><th colspan="2">试样质量/g</th><th rowspan="2">含水率/%</th><th colspan="2">抗弯强度/MPa</th><th rowspan="2">备注</th></tr>
<tr><th>宽度</th><th>高度</th><th>实验时</th><th>全干时</th><th>实验时</th><th>含水率 12%时</th></tr>
<tr><td></td><td></td><td></td><td></td><td></td><td></td><td></td><td></td><td></td><td></td></tr>
<tr><td></td><td></td><td></td><td></td><td></td><td></td><td></td><td></td><td></td><td></td></tr>
<tr><td></td><td></td><td></td><td></td><td></td><td></td><td></td><td></td><td></td><td></td></tr>
<tr><td></td><td></td><td></td><td></td><td></td><td></td><td></td><td></td><td></td><td></td></tr>
</table>

年　　月　　日　　　　　　实验：　　　　　　计算：　　　　　　审核：

（2）试样破坏后，立即在试样破坏处截取长约 20mm 的木块一个，按实验十四有关步骤测定试样含水率。

（三）抗弯弹性模量实验步骤

（1）采用两点弦向加荷，用百分表测量试样的变形。实验装置如图 1-23 所示。

（2）测定试样变形的下限荷载和上限荷载，一般取 200～700N。实验时以均匀速度先加荷至下限，立即记录百分表上的读数，准确至 0.005mm，并将读数填入表 1-20 中。然后经 20s 加荷至上限荷载，再记录百分表的读数，随即卸荷。如此反复 4 次。每次卸荷，应稍低于下限，然后再加荷至上限荷载。

表 1-20　木材抗弯弹性模量测定记录表

树种：　　　　　　产地：　　　　　　实验室温度：　℃　　　　　　相对湿度：　%

<table>
<tr><th rowspan="3">试样编号</th><th colspan="2" rowspan="2">试样尺寸/mm</th><th colspan="4">下限荷载/N</th><th colspan="4">上限荷载/N</th><th rowspan="3">上下限变形差</th><th colspan="2" rowspan="2">试样质量/g</th><th rowspan="3">含水率/%</th><th colspan="2" rowspan="2">弹性模量/MPa</th></tr>
<tr><th colspan="4">变形 0.01mm</th><th colspan="4">变形 0.01mm</th></tr>
<tr><th>宽度</th><th>高度</th><th>第 2 次</th><th>第 3 次</th><th>第 4 次</th><th>平均</th><th>第 2 次</th><th>第 3 次</th><th>第 4 次</th><th>平均</th><th>实验时</th><th>全干时</th><th>实验时</th><th>含水率 12%时</th></tr>
<tr><td></td><td></td><td></td><td></td><td></td><td></td><td></td><td></td><td></td><td></td><td></td><td></td><td></td><td></td><td></td><td></td><td></td></tr>
<tr><td></td><td></td><td></td><td></td><td></td><td></td><td></td><td></td><td></td><td></td><td></td><td></td><td></td><td></td><td></td><td></td><td></td></tr>
<tr><td></td><td></td><td></td><td></td><td></td><td></td><td></td><td></td><td></td><td></td><td></td><td></td><td></td><td></td><td></td><td></td><td></td></tr>
<tr><td></td><td></td><td></td><td></td><td></td><td></td><td></td><td></td><td></td><td></td><td></td><td></td><td></td><td></td><td></td><td></td><td></td></tr>
<tr><td></td><td></td><td></td><td></td><td></td><td></td><td></td><td></td><td></td><td></td><td></td><td></td><td></td><td></td><td></td><td></td><td></td></tr>
<tr><td></td><td></td><td></td><td></td><td></td><td></td><td></td><td></td><td></td><td></td><td></td><td></td><td></td><td></td><td></td><td></td><td></td></tr>
</table>

年　　月　　日　　　　　　实验：　　　　　　计算：　　　　　　审核：

对于甚软的木材，下限荷载和上限荷载取 200～400N。自下限至上限的加荷时间为 15s。

为保证加荷范围不超过试样的比例极限应力，实验前，可在每批中选 2～3 个试样进行观察实验，绘制荷载-变形图，在其直线范围内确定下限荷载和上限荷载。

五、结果计算

1. 抗弯强度

（1）试样含水率为 $W\%$（实验时）的抗弯强度（准确至 0.1MPa）计算公式如下。

$$\delta_W = \frac{3P_{max} \times l}{2bh^2}$$

式中，P_{max}为破坏荷载（N）；l 为两支座间跨距（mm）；b 为试样宽度（mm）；h 为试样高度（mm）。

（2）试样含水率为 12%时的抗弯强度（准确至 0.1MPa）计算公式如下。

$$\delta_{12} = \delta_W[1 + 0.04(W - 12)]$$

式中，δ_W为试样含水率为 $W\%$时的抗弯强度（MPa）；W 为试样含水率（%）。

2. 抗弯弹性模量

（1）根据后三次测得的试样变形值，分别计算出上限荷载和下限荷载变形平均值。上限荷载和下限荷载的变形平均值之差，即为上限荷载和下限荷载间的变形值。

（2）试样含水率为 $W\%$（实验时）的抗弯弹性模量（准确至 10MPa）计算公式如下。

$$E_W = \frac{23 \times Pl^3}{108 \times bh^3 \times f}$$

式中，E_W为试样含水率为 $W\%$时的抗弯弹性模量（MPa）；P_{max}为上限荷载和下限荷载之差（N）；l 为两支座间跨距（mm）；b 为试样宽度（mm）；h 为试样高度（mm）；f 为上限荷载和下限荷载间的试样变形值（mm）。

（3）试样含水率为 12%时的抗弯弹性模量（准确至 10MPa）计算公式如下。

$$E_{12} = E_W[1 + 0.015(W - 12)]$$

式中，E_W为试样含水率为 $W\%$的抗弯弹性模量（MPa）；W 为试样含水率（%）。

六、实验结果

1. 完成表 1-19 和表 1-20 中各项目的填写。

2. 以 4～6 人为一组统计并计算试材抗弯强度和抗弯弹性模量的算术平均值、标准差、标准误差、变异系数和实验准确系数。

3. 试分析不同试样木材抗弯强度和抗弯弹性模量差异的原因及其两者之间的关系。

实验二十一　木材冲击韧性的测定

一、目的与要求

熟悉并掌握国家标准 GB/T 1940—2009《木材冲击韧性试验方法》。每人一组，每人测量 5～10 个试样。

二、实验仪器与设备

4t 木材力学试验机、游标卡尺、天平、烘箱、干燥器和手锯。

三、实验材料

试验树种：根据当时条件，实验前确定。

试样尺寸为 20mm×20mm×300mm，长度为顺纹方向。

四、实验方法

（1）试样测量：在试样长度中央，用游标卡尺测量径向尺寸为宽度 b，弦向尺寸为高度 h，准确至 0.1mm。将测量结果填入表 1-21 中。

表 1-21　木材冲击韧性测定记录表

树种：　　产地：　　实验室温度：　℃　　相对湿度：　%

试样编号	试样尺寸/mm		试样吸收能量/J	冲击韧性/(kJ/m²)	备注
	宽度	高度			

年　月　日　　实验：　　计算：　　审核：

（2）冲击韧性只做弦向实验。将试样对称地放在试验机支座上，使试验机摆锤冲击于试样长度中央的径面上，必须一次冲断，将试样吸收能量填入表 1-21 中。准确至 1J。

五、结果计算

试样的冲击韧性（准确至 1kJ/m²）计算公式如下。

$$A=\frac{1000Q}{b\times h}$$

式中，A 为试样的冲击韧性(kJ/m²)；Q 为试样吸收能量(J)；b 为试样宽度(mm)；h 为试样高度(mm)。

六、实验结果

1. 完成表 1-21 中各项目的填写。
2. 以 4～6 人为一组统计并计算试材冲击韧性的算术平均值、标准差、标准误差、变异系数和实验准确系数。
3. 试分析不同试样木材冲击韧性差异的原因。

实验二十二　木材硬度的测定

一、目的与要求

熟悉并掌握国家标准 GB/T 1941—2009《木材硬度试验方法》。每人一组，每人测量 5～10 个试样。

二、实验仪器与设备

4t 木材力学试验机、电触型硬度实验附件、游标卡尺、天平、烘箱、干燥器和手锯。

三、实验材料

试验树种：根据当时条件，实验前确定。

试样尺寸为 50mm×50mm×70mm，长度为顺纹方向。

四、实验原理

木材具有抵抗其他刚体压入的能力，用规定半径的钢半球，在静荷载下压入木材以表示其硬度。

五、实验方法

(1) 实验前，必须严格检查电触型硬度实验附件指示深度的准确性。

(2) 每一试样均应分别在两个弦面、任一径面和任一端面上各测量一次。

(3) 将试样放于试验机支座上，并使实验设备的钢半球端头正对试样实验面的中心位置。然后以每分钟 3～6mm 的均匀速度将钢半球压头压入试样的实验面，直至压入 5.64mm 深为止（电触型硬度实验附件的红灯亮起）。将读数填入表 1-22 中，准确至 10N。

表 1-22　木材硬度测定记录表

树种：　　　　产地：　　　　实验室温度：　℃　　　　相对湿度：　%

<table>
<tr><td rowspan="3">试样编号</td><td colspan="2">试样质量/g</td><td rowspan="3">含水率/%</td><td colspan="2">端面硬度/N</td><td colspan="4">弦面硬度/N</td><td colspan="2" rowspan="2">径面硬度/N</td></tr>
<tr><td rowspan="2">实验时</td><td rowspan="2">全干时</td><td rowspan="2">实验时</td><td rowspan="2">含水率12%时</td><td colspan="3">实验时</td><td rowspan="2">含水率12%时</td></tr>
<tr><td>一面</td><td>二面</td><td>平均</td><td>实验时</td><td>含水率12%时</td></tr>
<tr><td></td><td></td><td></td><td></td><td></td><td></td><td></td><td></td><td></td><td></td><td></td><td></td></tr>
<tr><td></td><td></td><td></td><td></td><td></td><td></td><td></td><td></td><td></td><td></td><td></td><td></td></tr>
<tr><td></td><td></td><td></td><td></td><td></td><td></td><td></td><td></td><td></td><td></td><td></td><td></td></tr>
<tr><td></td><td></td><td></td><td></td><td></td><td></td><td></td><td></td><td></td><td></td><td></td><td></td></tr>
<tr><td></td><td></td><td></td><td></td><td></td><td></td><td></td><td></td><td></td><td></td><td></td><td></td></tr>
</table>

年　月　日　　　　实验：　　　　计算：　　　　审核：

(4) 实验后，应立即在试样端面的压痕处，截取约 20mm×20mm×20mm 的木块一个，按本章实验十四的方法测定试样的含水率。

六、结果计算

(1) 试样含水率为 W%时的硬度（准确至 10N）计算公式如下。

$$H_W = KP$$

式中，H_W为试样含水率为 W%时的硬度(N)；P 为钢半球压入试样的荷载(N)；K 为压入试样深度为 5.64mm 时的系数，等于 1。

(2) 试样含水率为 12%时的硬度（准确至 10N）计算公式如下。

$$H_{12} = H_W[1 + 0.03(W - 12)]$$

七、实验结果

1. 完成表 1-22 中各项目的填写。

2. 以 4～6 人为一组统计并计算试材硬度的算术平均值、标准差、标准误差、变异系数和实验准确系数。

3. 试分析不同试样木材硬度差异的原因及其不同切面木材硬度之间的关系，外弦面与内弦面木材硬度差异的原因。

实验二十三　木材抗劈力的测定

一、目的与要求

测定不同树种木材在不同的切面方向上劈开强度的大小，熟悉并掌握实验方法。

二、实验仪器与设备

4t 木材万能试验机、测试量具和测量尺寸(准确至 0.1mm)。

三、实验材料

(1) 试样的形状和尺寸(单位：mm)，按图 1-24 的规定制作。

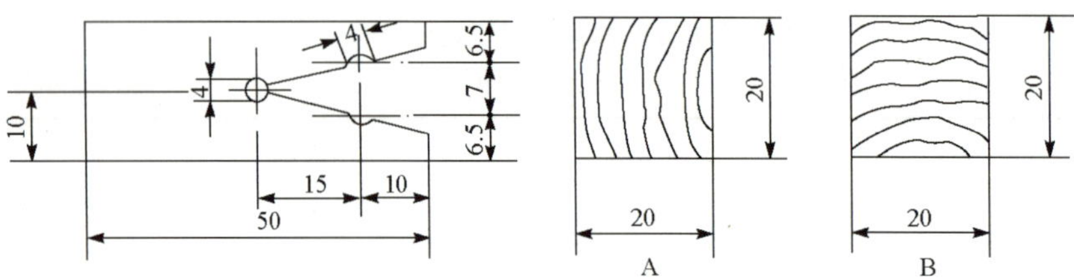

图 1-24　木材劈裂试件

A. 径面；B. 弦面

(2) 在制作楔形切口时，先按图 1-24 所示在试样上钻孔。径面抗劈力试样，钻孔方向垂直于年轮。弦面抗劈力试样，钻孔方向平行于年轮，然后沿试样长度方向两个钻孔的中心连接线锯开。

四、实验方法

(1) 测量试样抗劈面宽度，准确至 0.1mm。

(2) 将试样正确地装于试验机附件上，以均匀速度加荷，在 5min 内破坏，记录破坏荷载，准确至 10N。

(3) 凡破坏不在试样中心线两侧各 2mm 内的，实验结果应予舍弃。

五、实验结果

试样的抗劈力(准确至 1N/mm)计算公式如下。

$$C=\frac{P_{\max}}{b}$$

式中，C 为试样的抗劈力（N/mm）；P_{max} 为最大荷载（N）；b 为抗劈面宽度（mm）。实验记录按表 1-23 填写。

表 1-23 木材抗劈力测定记录表

树种： 产地： 实验室温度： ℃ 实验相对湿度： %

试样编号	试样抗劈面宽度/mm	径面		弦面		备注
		最大荷载/N	抗劈力/（N/mm）	最大荷载/N	抗劈力/（N/mm）	

年 月 日 实验： 计算： 审核：

参 考 文 献

成俊卿. 1985. 木材学. 北京：中国林业出版社

成俊卿，杨家驹，刘鹏. 1992. 木材志. 北京：中国林业出版社

何天相. 1994. 木材解剖学. 广州：中山大学出版社

刘一星，赵广杰. 2012. 木材学. 2 版. 北京：中国林业出版社

申宗圻. 1992. 木材学. 2 版. 北京：中国林业出版社

《汉拉英中国木本植物名录》编委会. 2003. 汉拉英中国木本植物名录. 北京：中国林业出版社

GB 1942-91. 木材抗劈力测定

GB/T 1930—2009. 木材年轮宽度与晚材率测定方法

GB/T 1931—2009. 木材含水率的测定方法

GB/T 1932—2009. 木材干缩性测定方法

GB/T 1933—2009. 木材密度测定方法

GB/T 1935—2009. 木材顺纹抗压强度试验方法

GB/T 1936. 2—2009. 木材抗弯弹性模量测定方法

GB/T 1937—2009. 木材顺纹抗剪强度试验方法

GB/T 1938—2009. 木材顺纹抗拉强度试验方法

GB/T 1940—2009. 木材冲击韧性试验方法

GB/T 1941—2009. 木材硬度试验方法

Hoadley R B. 1990. Identifying Wood-Accurate Results with Simple Tools. Taunton：The Taunton Press

Hoadley R B. 2000. Understanding Wood：A Craftsman's Guide to Wood Technology. Taunton：The Taunton Press

第二章 木材干燥

实验一 常用仪表和仪器的使用

一、目的和要求

熟悉并掌握常用仪表和仪器的使用方法，为后续实验打下基础。

二、实验仪器、设备与材料

数显鼓风干燥箱(200℃，精度 0.5℃)、电子天平(称量 1000g，精度 0.001g)、恒温恒湿箱(50℃，精度 1℃)、游标卡尺(0～25mm，精度 0.01mm)、螺旋测微器(0～25mm，精度 0.01mm)和含水率测定仪(电阻式，高周波式)，木材试样若干。

三、实验项目与内容

指导老师讲解与示范操作各种仪器和仪表的使用。

实验二 锯材含水率的测定

一、目的和要求

熟悉国家标准《锯材干燥质量》(GB/T 6491—2012)和《木材含水率测定方法》(GB/T 1931—2009)，熟练掌握锯材含水率的测定方法。

二、实验仪器、设备与材料

电子天平、烘箱、玻璃干燥器、称量瓶和含水率测定仪(电阻式含水率测定仪)，锯材试样若干。

三、实验方法

(一) 烘干法

按国家标准《木材含水率测定方法》(GB/T 1931—2009)进行。

(二) 电测法

利用电阻式含水率测定仪，将两根针状电极垂直木纹方向插入木材内 1/3 厚度处，直接测得锯材含水率。

四、实验项目与内容

(一) 烘干法

1. 试样尺寸

将木材制成图 2-1 所示尺寸(20mm×20mm×20mm)。

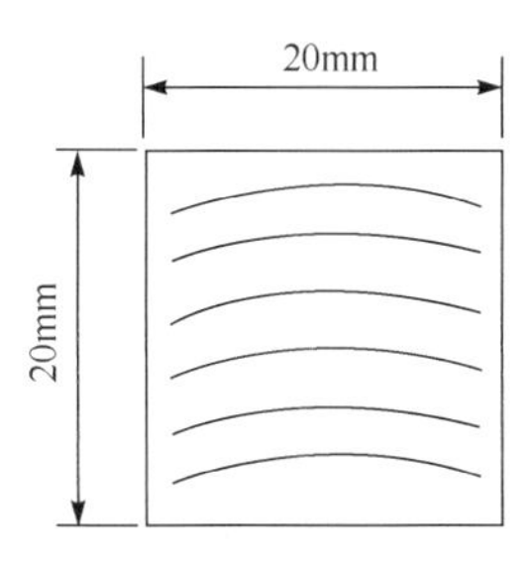

图 2-1 试样尺寸

2. 操作步骤

(1) 试样编号，称量，记录结果，称量时精确至 0.001g。

(2) 将同批实验取得的含水率试样，一并放入烘箱，在(103±

2)℃的温度下烘 8h 后，从中选定 2～3 个试样进行一次试称，以后每隔 2h 称量所选试样一次，至最后两次质量之差不超过试样质量的 0.5%时，即认为试样达到全干。

(3) 将试样从烘箱取出，放入装有干燥剂的玻璃干燥器内的称量瓶中，盖好称量瓶和干燥器盖。

(4) 试样冷却至室温后，自称量瓶中取出称量。

3. 结果计算

试样的含水率(精确至 0.1%)计算公式如下。

$$W=\frac{m_1-m_0}{m_0}\times 100\%$$

式中，W 为试样含水率(%)；m_1为试样实验时的质量(g)；m_0为试样全干时的质量(g)。

(二) 电测法

测定含水率范围为 6%～30%，利用电阻式含水率测定仪，将两根针状电极垂直木纹方向插入木材内 1/3 厚度处，直接测得锯材含水率。

五、实验结果

将两种测试方法的结果分别填入表 2-1 和表 2-2。

表 2-1 含水率测定记录表(烘干法)

树种： 产地：

试样编号	实验时试样质量/g	全干时试样质量/g	含水率/%	备注

年 月 日 测定： 计算： 审核：

表 2-2 含水率测定记录表(电测法)

树种： 产地：

试样编号	实验时试样含水率/%	烘 2h 后试样含水率/%	烘 4h 后试样含水率/%	备注

年 月 日 测定： 计算： 审核：

六、习题

1. 木材含水率的测定方法有哪些？
2. 什么是木材的平衡含水率？

实验三 锯材干燥质量的检验

一、目的和要求

了解并掌握干燥锯材的干燥质量等级、干燥质量指标及其检验规则；培养学生实验设计能力、动手能力及其相互帮助、互相协作的团队精神。

二、实验仪器、设备与材料

游标卡尺(精度 0.01mm)、电子天平(精度 0.001g)、烘箱、玻璃干燥器和称量瓶、钢锯或电锯、钢卷尺、劈刀、记号笔和铅笔,锯材试样若干。

三、实验方法

按照国家标准《锯材干燥质量》(GB/T 6491—2006)进行测定。

四、实验项目与内容

(一) 干燥锯材的干燥质量指标

干燥锯材的干燥质量指标包括平均最终含水率($\overline{W}_z$)、干燥均匀度[即木堆或干燥室内各测点最终含水率与平均最终含水率的容许偏差(ΔW_z)]、锯材厚度上含水率偏差(ΔW_h)、残余应力指标(Y)(表 2-3)和可见干燥缺陷(弯曲、干裂等)(表 2-4)。

表 2-3 含水率及应力质量指标

干燥质量等级	平均最终含水率 $\overline{W}_z$/%	干燥均匀度 ΔW_z/%	均方差 σ/%	厚度上含水率偏差 ΔW_h/% 锯材厚度/mm				残余应力指标(叉齿相对变形) Y/%	平衡处理
				20 以下	21~40	41~60	61~90		
一级	6.0~8.0	±3.0	±1.5	2.0	2.5	3.5	4.0	不超过 2.5	必须有
二级	8.0~12.0	±4.0	±2.0	2.5	3.5	4.5	5.0	不超过 3.5	必须有
三级	12.0~15.0	±5.0	±2.5	3.0	4.0	5.5	6.0	不检查	按技术要求
四级	20.0	+2.5 −4.0	不检查	不检查				不检查	不要求

表 2-4 可见干燥缺陷质量指标

干燥质量等级	弯曲/% 针叶树材				弯曲/% 阔叶树材				干裂 纵裂/%		干裂
	顺弯	横弯	翘弯	扭曲	顺弯	横弯	翘弯	扭曲	针叶树材	阔叶树材	内裂
一级	1.0	0.3	1.0	1.0	1.0	0.5	2.0	1.0	2.0	4.0	不许有
二级	2.0	0.5	2.0	2.0	2.0	1.0	4.0	2.0	4.0	6.0	不许有
三级	3.0	2.0	5.0	3.0	3.0	2.0	6.0	3.0	6.0	10.0	不许有
四级	1.0	0.3	0.5	1.0	1.0	0.5	2.0	1.0	2.0	4.0	不许有

(二) 分层含水率和应力试片的制取与测定

1. 分层含水率试片的制取与测定

干燥锯材厚度上含水率偏差(ΔW_h)用分层含水率试片测定。分层含水率试片的制取如图 2-2 和图 2-3 所示。在检验板内部截取顺纹厚度 20mm 的试片(图 2-2),按图 2-3 在两端用劈刀各劈去 $B/5$(B 为检验板的宽度),取中段沿检验板厚度 S 方向将试片劈成若干片,每片厚度 5~7mm,取单数片。当锯材厚度(S)小于 50mm 时按图 2-3A,厚度等于或大于 50mm 时按图 2-3B。将各试片按次序编号,然后用烘干法测定各片含水率。

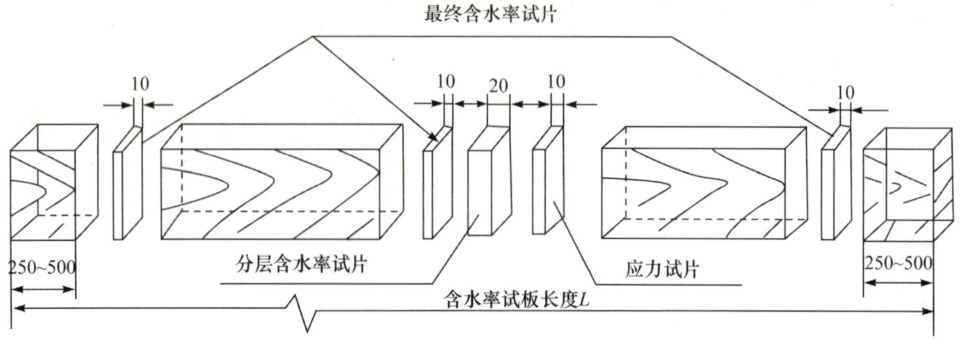

图 2-2　分层含水率、最终含水率、应力试片从含水率试板上锯取方法

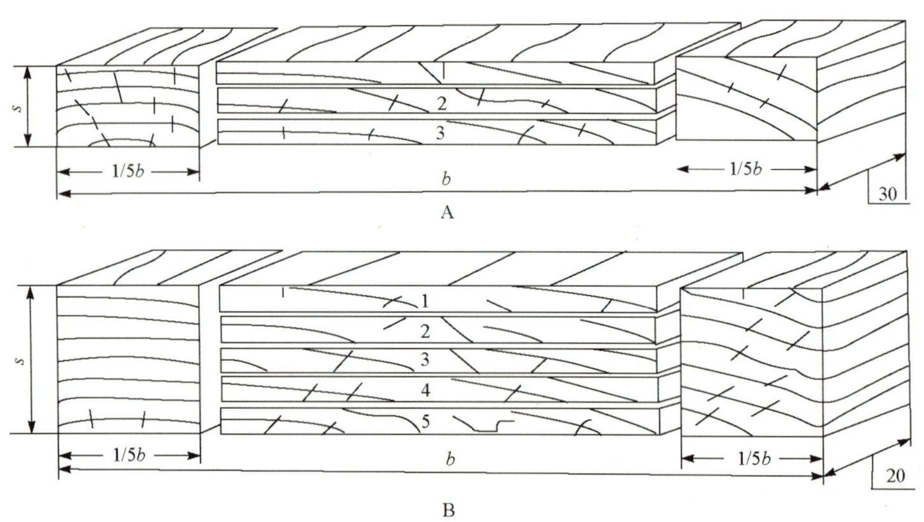

图 2-3　分层含水率试片锯制方法

b. 板材宽度；*s*. 板材厚度

干燥锯材厚度上含水率偏差(ΔW_h)计算公式如下。

$$\Delta W_h = W_s - W_b$$

式中，W_s 及 W_b 分别为心层及表层含水率(%)。

2. 应力试片的锯解与测定

测定干燥应力的方法有实测法、切片分析法和梳齿分析法三种。本实验采用梳齿分析法。

应力试片按图 2-2 锯解后，放入烘箱内在(103±2)℃下烘干 2～3h，取出放入干燥器中冷却，在室温下放置 24h。然后划线定位，用卡尺测量每块试片的 S 及 L 尺寸。用小带锯或钢丝锯按图 2-4 所示将试片锯出叉齿，等叉齿变形或固定后，测量 S_1 尺寸，均精确至 0.1mm。其中，图 2-4A 用于 $S<50$mm，图 2-4B 用于 $S\geqslant 50$mm。

当锯材宽度 $B\geqslant 200$mm 时，应力试片可按锯材宽度的一半($B/2$)锯解，见图 2-5。应力试片的齿根取在板材宽度的边部，齿尖取在宽度的中部。

残余应力指标即叉齿相对变形(Y)计算公式如下。

$$Y(\%) = \frac{S - S_1}{2l} \times 100\%$$

式中，S 及 S_1 分别为应力试片在锯制前及变形后的齿宽；l 为齿的长度。

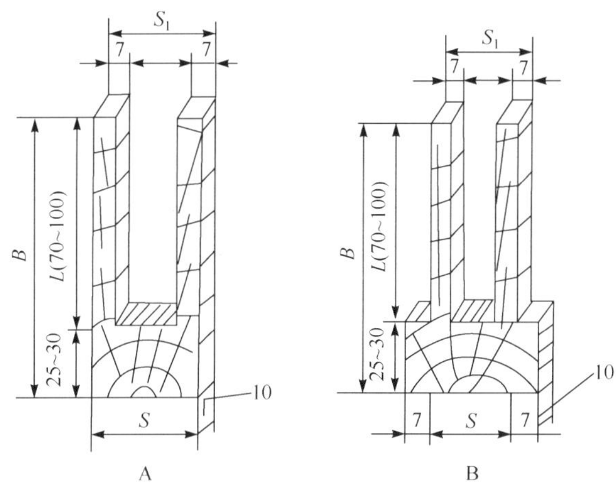

图 2-4 应力试片锯解方法

A. 板厚<50mm 时的叉齿尺寸;B. 板厚≥50mm 时的叉齿尺寸

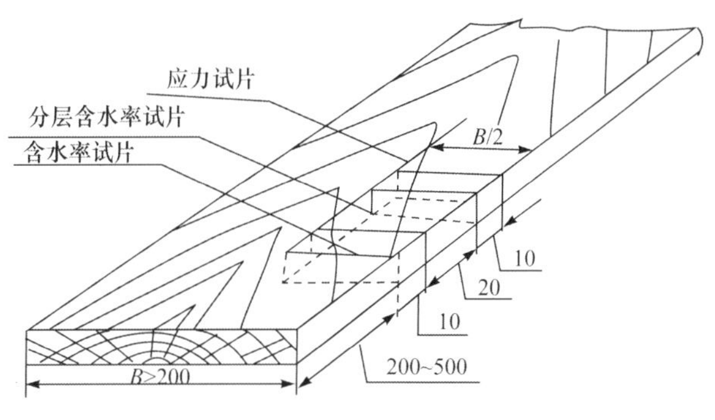

图 2-5 宽材应力试片的锯解

五、实验结果

1. 干燥锯材厚度上含水率偏差(ΔW_h)计算公式如下。

$$\Delta W_h = W_s - W_b$$

式中,W_s 及 W_b 分别为心层及表层含水率(%)。

2. 残余应力指标即叉齿相对变形(Y)计算公式如下。

$$Y(\%) = \frac{S - S_1}{2l} \times 100\%$$

式中,S 及 S_1 分别为应力试片在锯制前及变形后的齿宽;l 为齿的长度。

请将实验结果填入表 2-5。

表 2-5 含水率及应力质量测试表

试样编号	平均最终含水率 $\overline{W}_z$/%	干燥均匀度 ΔW_z/%	厚度上含水率偏差 ΔW_h/%	残余应力指标(叉齿相对变形)Y/%
1				
2				
3				
4				

六、习题

简述木材干燥质量指标有哪些。

实验四　干燥基准编制

一、目的和要求

了解并掌握木材干燥基准编制的方法；培养学生综合应用基准编制方法制定木材干燥基准的能力。

二、实验仪器、设备与材料

烘箱、恒温恒湿箱、电子天平、小带锯或钢锯、游标卡尺，锯材试样若干。

三、实验方法

根据所学《木材干燥学》相关理论知识，选择试材，制定该试材的干燥基准。方法有：比较分析法、图表法、百度实验法。本实验采用百度实验法。

四、实验项目与内容

百度实验法干燥基准的编制如下。

1. 试材制作

规格：长×宽×厚为 200mm×100mm×20mm。

材质：质量相差不大，颜色正常、无节疤、纹理通直、弦向板，六面刨光。

初含水率：密度适中的木材≥50%；硬阔叶树木材≥45%。

2. 操作步骤

(1) 在紧靠试件两端截取两片顺纹厚度为 10～12mm 的初含水率试片，用烘干法测定试件的初含水率。

(2) 标准试件测得初重后，横立于 100℃恒温干燥箱内烘干。每隔 1h 称量试件的变化，测定其干燥速度。并在开始的 1～3h 内，注意观察试件端头和表面开裂的情况，当开裂达到最大程度时，取出试件，测量开裂的程度，对照以下规定和表 2-6 确定初期开裂的等级。

表 2-6　初期开裂等级

等级	初期开裂/条	内裂/条	截面变形/mm	干燥时间/h
1	无或仅有短端表裂	无	≤0.4	≤10
2	短端表裂、短细表裂	细裂≤4 或宽裂 1	0.5～0.9	11～15
3	长端表裂、长细表裂≤2 或短细表裂≤15	宽裂 2～4 或细裂 5～9 或宽裂 1～2 且细裂 3～4	1.0～1.9	16～20
4	短细表裂>15，或长细表裂、宽表裂≤5	宽裂 5～8 或细裂 10～15 或宽裂 2～4 且细裂 5～9	2.0～3.4	21～30
5	长细表裂>5 或宽表裂>5	宽裂>8 或下列>15 或宽裂 5～8 且细裂≥10	≥3.5	≥31

长细表裂、端表裂：长度≥50mm，宽度<2mm。

短细表裂、端表裂：长度＜50mm，宽度＜2mm。

宽表裂、宽端表裂：长度≥2mm。

(3) 绝干后，取出试件，并从中间锯断，测量试件中间的变形和内裂程度，截面变形程度按图 2-6 所示方法测量，并对照表 2-6 确定变形和开裂的等级，根据初期开裂、截面变形和内裂的等级查表 2-7，得出主要干燥条件即初期温度、前期干湿球温度差和后期最高干燥温度的推荐值，得出初步的干燥基准。

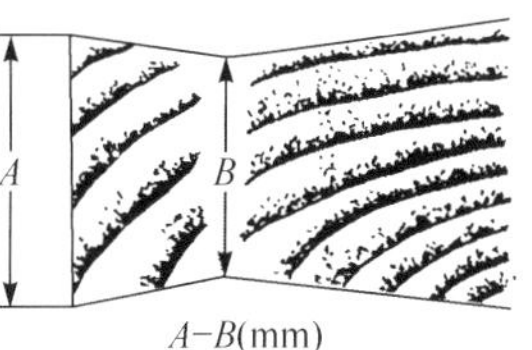

图 2-6 截面变形

表 2-7 干燥特性等级与干燥条件对应表

干燥缺陷	干燥特性等级	1	2	3	4	5
初期开裂	初始温度	80	70	60	50	40
	前期干湿球温度差	5～7	4～6	3～4	2～3	1.5～2
	后期最高温度	95	95	90	80	75
截面变形	初始温度	80	70	60	50	40
	前期干湿球温度差	5～7	4～7	3～5	2～4	2
	后期最高温度	95	90	85	75	70
内裂	初始温度	80	70	50	40	38
	前期干湿球温度差	5～7	4～7	3～5	2～4	2
	后期最高温度	95	75	75	70	65

五、实验结果

请将结果填入表 2-8 中。

表 2-8 干燥缺陷级别与干燥介质条件

缺陷名称	级别	初期温度/℃	初期干湿球温度差/(Δt/℃)	后期温度/℃
初期开裂				
截面变形				
内部开裂				

六、习题

简述木材干燥基准的编制方法。

实验五 微波真空干燥方法

一、目的和要求

了解并掌握微波真空干燥木材的原理及方法；培养学生综合应用特种联合干燥方法的能力。

二、实验仪器、设备与材料

微波真空干燥箱和锯材试样若干。

三、实验方法

按照微波真空干燥方法来干燥锯材。

四、实验项目与内容

1. 试样尺寸

长×宽×厚，500mm×100mm×30mm。

2. 操作步骤

(1) 需干燥处理的物品放入真空干燥箱内，将箱门关上，并关闭放气阀，开启真空阀，接通真空泵电源开始抽气，当箱内真空度达到－0.1MPa时，关闭真空阀，再关闭真空泵电源。

(2) 把真空干燥箱电源开关拨至“开”处，选择所需的设定温度，箱内温度开始上升，当箱内温度接近设定温度时，加热指示灯忽亮忽熄，反复多次，一般120min以内可进入恒温状态。

(3) 当所需工作温度较低时，可采用二次设定方法。例如，所需温度60℃，第一次可设定50℃，等温度过冲开始回落后，再第二次设定60℃。这样可降低甚至杜绝温度过冲现象，尽快进入恒温状态。

(4) 根据不同物品潮湿程度，选择不同的干燥时间，如干燥时间较长，真空度下降，需再次抽气恢复真空度，应先开真空泵电源，再开启真空阀。

(5) 干燥结束后应先关闭干燥箱电源，开启放气阀，解除箱内真空状态，再打开箱门取出物品(解除真空后，如密封圈与玻璃门吸紧变形不易立即打开箱门，经过一段时间，等密封圈恢复原形后，才能开启箱门)。

五、实验结果

记录微波真空干燥过程中木材的温度变化曲线并分析在微波真空干燥过程中，温度的变化大致分为几个阶段。

六、习题

简述木材微波真空干燥的原理。

参考文献

高建民. 2008. 木材干燥学. 北京：科学出版社

GB/T 6491—2006. 锯材干燥质量

GB/T 1931—2009. 木材含水率测定方法

GB/T 1932—2009. 木材干缩性测定方法

第三章
木材切削原理与刀具

◎实验一　木材切削刀具的识别

◎实验二　木工带锯条的修磨与测绘

◎实验三　木材切削过程切屑形成规律

◎实验四　木工成型铣刀结构的认识与切削加工

◎实验五　木材切削力实验

实验一　木材切削刀具的识别

一、目的与要求

木材切削原理与刀具实验为木材切削演示和木材切削刀具结构认知性实验，主要了解木工刀具的结构，增加对木工刀具结构的认识，做到理论知识联系实际应用，更好地掌握和理解木材切削原理与刀具知识。本实验主要任务是通过观察不同刀具，学习识别各种刀具类型及其用途与切削功能，以及不同刀具的齿形、前角、后角和楔角的特征。

二、实验设备

各种典型木材切削刀具，包括柄铣刀、圆柱装配式铣刀、整体成型铣刀、带锯条、圆锯片、钻头等。

三、实验方法

通过实验室机床切削过程演示和刀具实体的现场教学，加强学生对切削和刀具的感性认识，加深对典型木工刀具结构的了解。

四、实验结果

总结并比较所观察的各种木工刀具的特点、用途和切削功能，以及各种典型刀具常用前角、后角范围。选择一种刀具种类，作图并标注其前角、后角和楔角。

五、习题

1. 刀具角度，即一刃四角(前角、后角、刃倾角、刃偏角)的定义是什么？它们对切削现象(切削力、屑片变形、刀具磨损、切削质量等)的影响分别是什么？
2. 刀具切削时前刀面、后刀面和刃尖三部分各起什么作用？

实验二　木工带锯条的修磨与测绘

一、目的与要求

通过对带锯条的修磨掌握带锯条刃磨和碾压，了解木工刀具刃磨的基本理论，掌握锯条刃磨和适张的基本方法；通过对带锯条的测绘培养学生对木工刀具的测绘分析能力。

二、实验设备

带锯条、带锯磨锯机、碾压机、游标卡尺、千分尺、万能角度尺、直尺等。

三、实验内容

观察带锯条，对带锯条的尺寸参数和角度进行测量，绘制带锯条结构图；在带锯磨锯机上对带锯条按指定角度进行刃磨，在碾压机上对锯条适张度进行修整。

四、实验步骤

(1) 介绍带锯条的用途和主要结构参数及这些参数的测量方法。

(2) 介绍带锯条刃磨的基本方法和磨锯机的使用方法。

(3) 介绍锯条适张的基本理论及碾压机的使用方法。

(4) 在磨锯机上对带锯条进行刃磨操作。

(5) 在碾压机上对带锯条进行碾压,碾压结束进行适张度检测。

(6) 对带锯条的尺寸参数(厚度、宽度、长度)、齿形、角度参数(前角、后角、楔角)进行测量,绘制锯条的结构图。

五、实验项目

1. 带锯条刃磨

(1) 砂轮选择:带锯条刃磨可选棕刚玉磨料砂轮,粒度号 46～60,ZY1 硬度、中等组织、陶瓷结合剂,单边斜砂轮,外径 200～250mm。

(2) 磨锯机简介:带锯磨锯机用于带锯条的刃磨。磨锯机根据结构形式有凸轮式、滑板式和摆杆式,常用的是凸轮式自动磨锯机。凸轮式磨锯机通过修整凸轮可得到不同的齿背形状。凸轮式磨锯机工作原理如图 3-1 所示。凸轮式磨锯机依靠凸轮 8 的旋转,推动滚轮 7,带动砂轮架,使砂轮架上的砂轮 1 随同砂轮架一起升降。锯齿的移动是依靠曲柄连杆机构 10、11 带动摆杆 12 和蹬齿勾 13 实现的。为了按规定齿形磨好锯齿,把曲柄 10 按合适的位置装在凸轮轴上。这样能保证砂轮和锯齿运动的协调。

2. 带锯条碾压

带锯条碾压的目的是消除制造应力,补偿前倾应力和温度应力的不良影响,适应锯轮形状,提高锯条刚度,保证锯切质量。带锯条碾压在碾压机上进行,如图 3-2 所示。

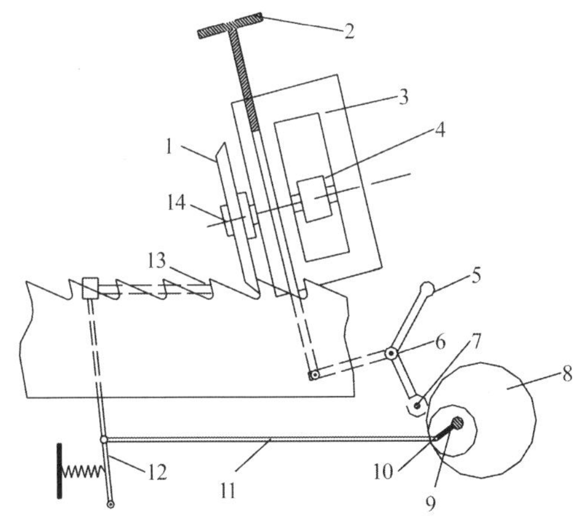

图 3-1　凸轮式磨锯机工作原理

1. 砂轮;2. 砂轮升降调节手轮;3. 砂轮升降导轨;4. 皮带轮;5. 砂轮轴提放手柄;6. 固定轴;7. 滚轮;8. 凸轮;9. 轴;10. 曲柄;11. 连杆;12. 摆杆;13. 蹬齿勾;14. 砂轮轴

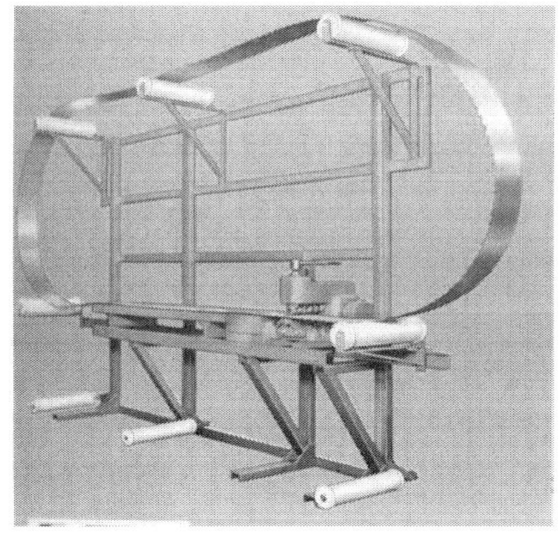

图 3-2　带锯条碾压示意图

锯条碾压程度称为适张度，用圆势量和弯势量表示，如图 3-3 所示。

碾压时，先在锯齿和锯背附近留出前张紧带和后张紧带，然后从两张紧带之间的中心向两边辊压，如图 3-4 所示。中间压力大，并向两边逐渐降低。锯条一面辊压完后再辊压另一面。辊压线在前两辊压线之间。辊压后的锯条应是“口紧、腰松和背弓”，即锯齿部位张紧，锯腰伸长松弛，锯背拱起。锯腰伸长的程度即圆势量，锯背拱起的程度即弯势量。

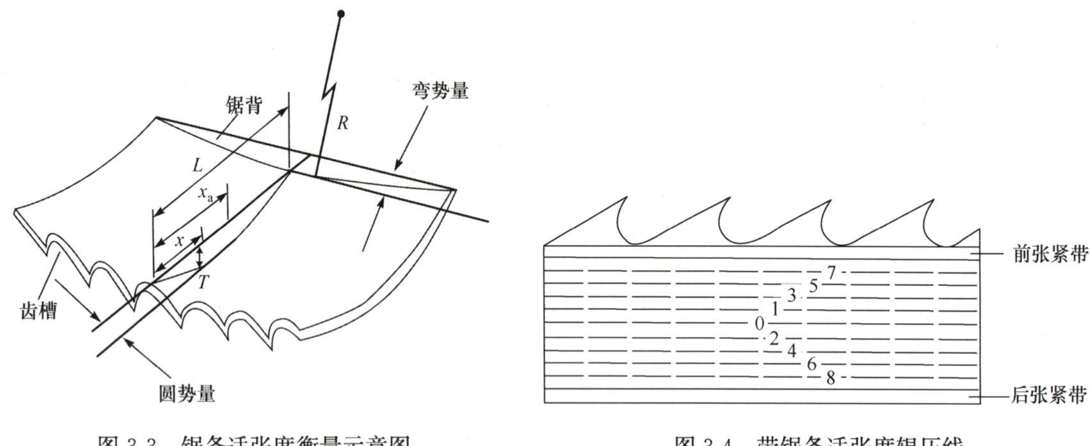

图 3-3　锯条适张度衡量示意图　　　　图 3-4　带锯条适张度辊压线

适张度的检验：用直圆势尺紧贴锯身平面，则直圆势尺和锯身平面之间形成月洼形间隙，最大间隙就是圆势量，若要测得圆势量准确值，可用塞尺。弯势量大小用三抓式弯势尺检测。

六、实验结果

1. 绘制锯条的结构图(要有详细的尺寸标注)。

2. 叙述锯条刃磨的基本方法，包括砂轮的选择、刃磨平面的选择等；叙述锯条碾压的基本方法。

七、习题

1. 带锯条碾压的目的是什么，碾压程度如何衡量？

2. 带锯条的角度参数对锯切性能有何影响？

实验三　木材切削过程切屑形成规律

一、目的与要求

本实验的主要目的是通过观察切削变形的过程及所出现的现象，研究切削速度、刀具前角和进给速度等因素对切削变形的影响规律。

二、实验设备与材料

设备：立式铣床。

工具：高速摄像机。

刀具：硬质合金铣刀若干把。

试件：木材或木质复合材料。

三、实验方法和步骤

在木材切削过程中，由于切削力的作用使工件发生塑性变形，切屑的外形尺寸发生变化，形成切屑。一般情况下，根据切削刀具方向、角度、切削参数等不同，切屑类型主要有流线型切屑、折断型切屑、压缩型切屑、剪切型切屑、撕裂型切屑和复合型切屑等。

1. 铣刀转速对切屑形成的影响

刀具参数：前角 30°，楔角 50°，后角 10°，铣刀直径 160mm，铣刀宽度 20mm。改变铣刀转速，从低速到高速，可先取 1000r/min、3000r/min、5000r/min。用每一种转速切削木材工件，用高速相机拍照录像。

2. 刀具前角对切屑形成的影响

铣削参数：转速 6000r/min，进给速度 15m/min，铣削深度 20mm，铣削宽度 18mm。

刀具参数：楔角 50°，铣刀直径 160mm，铣刀宽度 20mm。

改变刀具前角：5°，10°，20°，30°。

用不同前角的铣刀分别切削木材工件，用高速相机拍照记录。

3. 进给量 *U* 对切削变形的影响

刀具参数：前角 30°，楔角 50°，后角 10°，铣刀直径 160mm，铣刀宽度 20mm。

铣削参数：转速 6000r/min，进给速度 15m/min，铣削深度 20mm，铣削宽度 18mm。

改变进给速度：*U* 分别取 2m/min、4m/min、8m/min、10m/min、20m/min。

用不同的进给量分别切削木材工件，用高速相机拍照记录。

四、实验结果

将切屑长度测量后取平均值，记录作表，总结切削速度、刀具前角和进给速度等因素对切屑形成的影响规律。

五、习题

1. 不同方向切削时屑片的生成与加工质量有什么关系？
2. 纵向切削可形成三种类型的屑片，它们的特点、生成条件、对切削质量的影响分别是什么？
3. 横向切削和端向切削生成屑片的特点是什么？对加工质量的影响又是什么？

实验四　木工成型铣刀结构的认识与切削加工

一、目的与要求

通过对成型铣刀的观察和主要参数的测量，加深对木工铣刀结构的认识和理解，掌握铣刀角度参数的测量方法，培养学生对木工刀具测绘分析的能力；通过对不同类型的成型铣刀的切削加工实验，理解铣刀廓形和工件廓形之间的关系，为工件廓形设计和铣刀选择奠定基础。

二、实验设备

木工成型铣刀若干（不同廓形）、直尺、游标卡尺、千分尺、万能角度尺、镂铣机、立式铣床、木方等。

三、实验内容

观察不同类型的木工成型铣刀的外形，对木工成型铣刀的尺寸参数和角度参数进行测量，绘制一种成型铣刀的结构简图；对成型铣刀进行切削加工实验，观察切削加工后制品的形状，分析刀具廓形和制品形状之间的关系。

四、实验步骤

(1) 现场介绍各成型铣刀的材质、性能特点及工艺用途。

(2) 观察各成型铣刀的外形，对铣刀的尺寸参数(直径、宽度等)和角度参数(前角、后角、楔角)进行测量。

(3) 绘制一种铣刀的结构简图。

(4) 用不同类型的铣刀在镂铣机或立式铣床上对木料进行切削加工，观察制品的形状，分析制品形状与铣刀廓形之间的关系。

五、实验结果

1. 绘制一把成型铣刀的结构简图(要有尺寸参数和角度参数)。
2. 说明铣刀廓形与工件形状之间的关系并阐述成型铣刀的选择要点。

六、习题

1. 实验室中有哪些类型的成型铣刀，各用于什么场合？
2. 简述柄铣刀和套装铣刀在安装方法上有何不同？

实验五　木材切削力实验

一、目的与要求

本实验主要目的是在保持刀具几何参数不变的情况下，研究铣削深度、进给量和切削速度等切削参数对三向切削力(切向力、轴向力和径向力)的影响规律。

二、实验设备与材料

设备：机床一台，测力传感器一台。

工件材料：木材或木质复合材料。

刀具参数：硬质合金铣刀，前角 30°，楔角 50°，后角 10°，铣刀直径 160mm，铣刀宽度 20mm。

三、实验方法

(1) 保持刀具参数、进给量和切削速度不变，只改变铣削深度，研究铣削深度对切削力的影响。铣削深度可选择 2mm、2.5mm、3mm。记录由测力传感器测量的力学数据，绘制单因素曲线图。

(2) 保持刀具参数、铣削深度和切削速度不变，只改变进给量，研究进给量对切削力的影响。进给量可选择 4m/min、8m/min、10m/min。记录由测力传感器测量的力学数据，绘制单因素曲线图。

(3) 保持刀具参数、进给量和铣削深度不变，只改变切削速度，研究切削速度对切削力的影响。铣刀转速可选择 1000r/min、3000r/min、5000r/min。记录由测力传感器测量的力学数据，绘制单因素曲线图。

四、实验结果

通过绘制切削力曲线图，讨论铣削深度、进给量和切削速度等切削参数对三向切削力(切向力、轴向力和径向力)的影响规律。

五、习题

切削速度、进给速度和切削深度合称为切削用量，它们与切削现象的关系分别是什么?

参考文献

李黎. 2012. 木材切削原理与刀具. 2 版. 北京:中国林业出版社

第四章 木材加工装备

引言

◎实验一　细木工带锯机的结构及其操作

◎实验二　精密裁板锯的结构及其操作

◎实验三　圆锯机的结构及其操作

◎实验四　平刨的结构及其操作

◎实验五　压刨的结构及其操作

◎实验六　单轴铣床的结构及其操作

◎实验七　开榫机的结构及其操作

◎实验八　封边机的结构及其操作

◎实验九　钻床的结构及其操作

◎实验十　宽带砂光机的结构及其操作

引　　言

木材加工装备实验至关重要，是学生学习木材加工机械和实际操作机械的最直接和最有效的方法。实验在木制品工程实验室内进行(图 4-1)。

图 4-1　木制品工程实验室

在实验过程中，务必强调安全，学生应严格遵守实习纪律，着装应整齐、穿紧身衣服或者工作服，女生不得穿高跟鞋进入车间，长发应盘起。

在实验前，学生必须签订安全责任书；机器培训后，必须在培训记录上签字。没有经过培训的学生，严禁操作机器，否则，后果自负。指导教师应重视安全教育，严格按规程操作机器。学生操作机器时，指导教师务必在现场指导。

在实验过程中，手机应关机或者静音，不得带在身上。任何时候，务必保证两人以上在车间时才可操作机器。

实验一　细木工带锯机的结构及其操作

一、目的与要求

在木制品工程实验室(家具车间)内，认识细木工带锯的结构，说明其功能，示范操作。学生在指导教师的协助下，操作细木工带锯，达到懂结构并会操作的目的，锻炼安装、调整、操作细木工带锯的实际技能，为机器维修、操作及后续的木制品生产工艺实习做准备，为毕业设计、毕业实习乃至就业奠定良好基础。

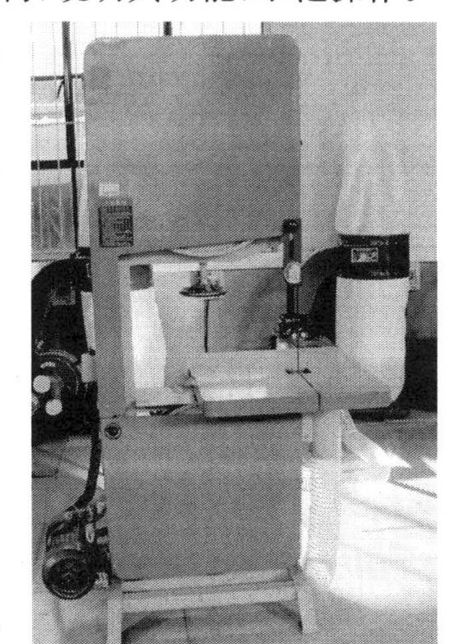

图 4-2　细木工带锯机

二、实验设备与材料

1. 设备

海湃 MT345 型细木工带锯机，如图 4-2 所示。

2. 实木锯材

材种：松木干燥锯材。

规格：长度 2000mm 左右，宽度 200mm 左右，厚度 40mm 左右。

数量:10 块。

三、实验内容

学习细木工带锯机的结构,调整上锯轮,更换锯条,调节锯卡位置,实际操作机器,能够独立操作机器锯切板材。

四、时间与进度

根据人才培养方案的要求,细木工带锯机的实验时间为 2 学时,具体安排见表 4-1。

表 4-1　细木工带锯机实验时间安排表

时间安排	内容	执行人
0～15min	讲解细木工带锯机的结构和操作要领	指导教师
16～30min	示范操作细木工带锯机,锯制实木板材	指导教师、实验员、车间木工
31～80min	操作细木工带锯机,锯制实木板材	学生
81～90min	学生在培训记录上签字,打扫卫生	学生
课后	检查整理	实验员

五、实验项目

(一) 理论讲解

1. 细木工带锯机的结构(图 4-3)

2. 上锯轮升降和倾斜装置(图 4-4)

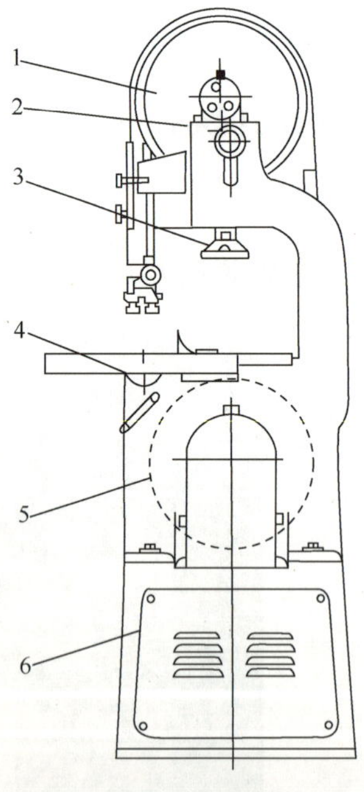

图 4-3　细木工带锯机的结构

1. 上锯轮;2. 上锯轮升降和倾斜装置;3. 上锯轮张紧装置;4. 工作台倾斜装置;5. 下锯轮;6. 床身

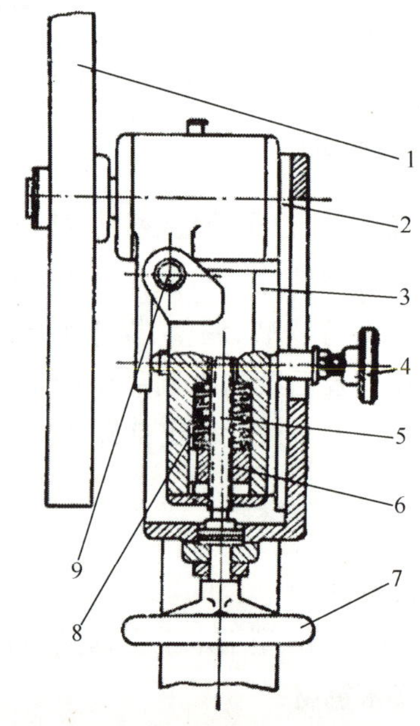

图 4-4　上锯轮升降和倾斜装置

1. 上锯轮;2. 导轨;3. 托板;4,7. 手轮;5. 丝杠;6. 螺母;8. 弹簧;9. 销轴

3. 安全操作规程

细木工带锯机属危险性较大的生产设备。本机操作人员必须经过操作技能培训，熟悉本机结构性能和规范，具有一定操作技能和维护保养技能。

开机前应符合以下几项要求。

(1) 穿着应适当，不穿宽松的衣服，不戴领带，首饰等，以防发生事故。

(2) 检查锯条有无裂缝，锯条安装是否正确。检查锯齿方向是否向下，上下锯轮是否平行，锯条松紧等。

(3) 根据锯材高度，调整锯卡适当位置并固定，手动锯轮，使其运转正常。

(4) 检查传动三角皮带松紧是否适当，过松过紧应进行调整。

(5) 检查电动机及传动部件是否紧固，运转是否良好。

(6) 检查各按钮开关是否完好、灵敏。

(7) 各润滑点、油杯，加足润滑油，保证良好润滑。

(8) 检查安全罩是否紧固可靠，吸尘装置是否有效。

(9) 检查木材有无金属物或硬质物，如有应清除后锯割。

(10) 经检查各部完好，先点动机床，看锯条运动方向是否正确，无异常方可进行生产。

机器运转过程中应符合以下几项要求。

(1) 在锯条运行过程中，不许随意转动升降手轮和转动角度位置手轮。

(2) 每当带锯条张紧改变后，锯卡要重新调整位置。

(3) 当带锯机在运转时出现异常或须进行调整，必须停机检修、调整。

(4) 人工送料时，头部不可前倾过近，以免碰伤头部，手也不可送料过近于锯齿，而且要压紧工件慢慢推进，一定要紧靠靠位板。

机器运转结束时应符合以下几项要求。

(1) 每班工作完毕，清除木屑，擦拭机床各部，保持清洁。

(2) 各润滑点必须定期、定时加润滑油或润滑脂。

(3) 经常检查接地，保证紧固，安全可靠。

(二) 示范操作

(1) 更换锯条，检查锯条的完整情况。

(2) 调节上锯轮，张紧锯条。

(3) 检查锯卡，根据锯材厚度调节。

(4) 检查传动三角皮带、电动机及传动部件、按钮开关、安全罩、吸尘装置，确认状态良好时方可进行下一步操作。

(5) 检查木材表面，确认无金属等异物。

(6) 开启吸尘器。

(7) 开动细木工带锯机。

(8) 确定剖料位置。

(9) 缓慢匀速进料，注意力应高度集中。

(10) 接料人员接料。

(11) 检查锯切质量。

(12) 锯切另外一边。

(13) 停机。

(14) 关闭吸尘器。

(三) 学生操作细木工带锯机

(1) 更换锯条,检查锯条的完整情况。

(2) 调节上锯轮,张紧锯条。

(3) 检查锯卡,根据锯材厚度调节。

(4) 检查传动三角皮带、电动机及传动部件、按钮开关、安全罩、吸尘装置,确认状态良好时方可进行下一步操作。

(5) 检查木材表面,确认无金属等异物。

(6) 开启吸尘器。

(7) 开动细木工带锯机。

(8) 确定剖料位置。

(9) 缓慢匀速进料,注意力应高度集中。

(10) 接料人员接料。

(11) 检查锯切质量。

(12) 锯切另外一边。

(13) 停机。

(四) 培训记录签字

实验结束时,学生务必在培训记录上签字。培训记录包括机器名称、时间、地点、培训教师、被培训人等内容。培训记录是必须设计和妥善保管的材料,一方面表明指导教师已对学生进行了培训,学生有资格操作机器;另一方面,一旦出现安全责任事故,便于追查责任,也是从制度上保障学生安全和教学质量的有力措施。

(五) 打扫卫生

车间严格按"6S"方法管理,及时打扫卫生,清除粉尘,整理在制品,分类堆放,垃圾及时清运到垃圾回收站。

六、实验结果

1. 绘制细木工带锯机结构图、上锯轮升降和调节装置图,并说明调节原理。
2. 书写细木工带锯机操作规程。

七、实验成绩评定

主要根据出勤情况、实习态度、实验报告及板材的加工质量评定实验成绩。成绩分为 5 个等级:优秀、良好、中等、通过和不通过。

实验二　精密裁板锯的结构及其操作

一、目的与要求

在木制品工程实验室(家具车间)内,认识精密裁板锯的结构,说明其功能,示范操作。学生在指导教师的协助下,操作精密裁板锯,达到懂结构并会操作的目的,锻炼安装、调整、操作精密裁板锯的实际技能,为机器维修、操作及后续的木制品生产工艺实习做准备,为毕业设计、毕业实习乃至就业奠定良好基础。

二、实验设备与材料

1. 设备

海湃 MJ90E 型精密裁板锯,如图 4-5 所示。

2. 材料

材种:中密度纤维板。

规格:长度 2440mm,宽度 1220mm,厚度 18mm。

数量:5 块。

图 4-5　精密裁板锯

三、实验内容

学习精密裁板锯的结构,调整主锯片和划线锯,更换锯片,实际操作机器,能够独立操作机器锯制板材。

四、时间与进度

根据人才培养方案的要求,精密裁板锯的实验时间为 2 学时,具体安排见表 4-2。

表 4-2　精密裁板锯实验时间安排表

时间	内容	执行人
0～15min	讲解精密裁板锯的结构和操作要领	指导教师
16～30min	示范操作精密裁板锯,锯制中密度纤维板	指导教师、实验员、车间木工
31～80min	操作精密裁板锯,锯制实木板材	学生
81～90min	学生在培训记录上签字,打扫卫生	学生
课后	检查整理	实验员

五、实验项目

(一) 理论讲解

1. 精密裁板锯的结构(图 4-6)

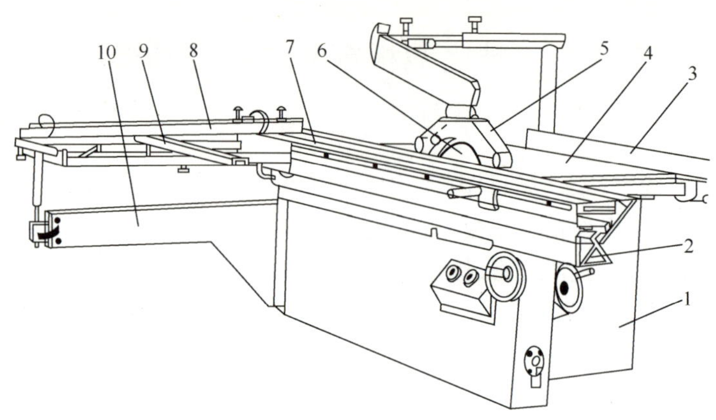

图 4-6　精密裁板锯的结构

1. 床身;2,支承座;3,8. 导向靠板;4. 固定工作台;5. 防尘及吸尘装置;6. 锯切机构;7. 纵向移动工作台;9. 横向移动工作台;10. 伸缩臂

2. 锯切机构(图 4-7)

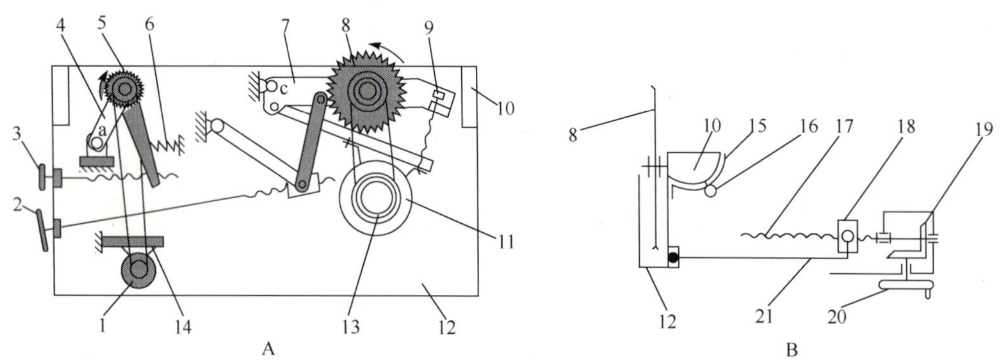

图 4-7　锯切机构

A. 主锯片和划线剧片及其调节机构;B. 锯座及其调节机构;1. 划线电动机;2,3. 手轮;4,7,20. 锯架;5. 划线锯片;6. 弹簧;8. 主锯片;9,17. 丝杠;10. 半圆形滑块;11. 主电动机;12. 锯座板;13. 塔轮;14. 支座;15. 半圆形导轨;16. 压轮;18. 螺母;19. 锥齿轮;21. 连杆

3. 安全操作规程

本设备必须专人专用,其他人员不可擅自开动设备。

开机前应符合以下几项要求。

(1) 检查机床是否可靠接地。

(2) 检查锯片护罩是否安装牢固,检查锯片的旋转方向是否正确。

(3) 根据木材选择适当的锯片和转速,对于加工的材料一定要检查木料的锯切处是否有异物(如铁钉、砂石等),以免造成异物飞出或者损坏锯片。

(4) 确保锯片垫和螺帽及各部位的螺钉紧固,若有松动的情况,必须拧紧后,才可启动设备。

机器运转过程中应符合以下几项要求。

(1) 必须在圆锯片有保护罩的情况下操作设备;进料时木材一定要紧靠工作台和靠板,手千万不可靠近锯片,切割小而窄的工件时,请用压紧装置。

(2) 当机床发生异常时,应该立即切断电源,并停止作业,派专人进行维修调整,机床不得带“病”工作。

(3) 无关人员不得站在锯片切割方向观看,操作者在切割方向清除废料时,必须小心,注意安全。

机器运转结束时应符合以下几项要求。

(1) 工作结束时,要及时清理机床底部、内部的切屑,特别要保持轨道(经常用占黄油的软布擦拭)和传动轮的清洁。

(2) 常用的调整、锁紧螺栓要用树脂洗涤剂清洗,并涂以润滑油,保证其正常工作。将固定工作台面、导轨面、划线锯片升降转动轴、丝杆、螺母及相对运动和滑动的配合处添加润滑油。

(二) 示范操作

(1) 严格按照操作规程检查和操作机器。操作时,务必要沉着、冷静,进料速度要适当。

(2) 调整主锯片高于工作台面的距离。

(3) 调整划线锯高于工作台面的距离。

(4) 检查中密度纤维板的表面状况,确保表面无异物。

(5) 固定中密度纤维板在纵向移动工作台上。

(6) 开启划线锯,开启主锯片。

(7) 仔细观察,匀速向前推动纵向工作台。

(8) 当划线锯片锯割中密度纤维板时,应轻微用力向前推动;当主锯片锯解中密度纤维板时,应注意板子的均衡与稳定,注意用力的大小和方向。锯解速度应适当,不宜过快。

(9) 锯解中密度纤维板时,辅助人员应注意接料。在接料过程中,应高度注意安全。

(10) 停机。

(三) 学生操作精密裁板锯

(1) 严格按照操作规程检查和操作机器。操作时,务必要沉着、冷静,进料速度要适当。

(2) 调整主锯片高于工作台面的距离。

(3) 调整划线锯高于工作台面的距离。

(4) 检查中密度纤维板的表面状况,确保表面无异物。

(5) 固定中密度纤维板在纵向移动工作台上。

(6) 开启划线锯,开启主锯片。

(7) 仔细观察,匀速向前推动纵向工作台。

(8) 当划线锯片锯割中密度纤维板时,应轻微用力向前推动;当主锯片锯解中密度纤维板时,应注意板子的均衡与稳定,注意用力的大小和方向。锯解速度应适当,不宜过快。

(9) 锯解中密度纤维板时,辅助人员应注意接料。在接料过程中,应高度注意安全。

(10) 停机。

(四) 培训记录签字

实验结束时,学生务必在培训记录上签字。培训记录包括机器名称、时间、地点、培训教师、被培训人等内容。培训记录是必须设计和妥善保管的材料,一方面表明指导教师已对学生进行了培训，学生有资格操作机器；另一方面，一旦出现安全责任事故，便于追查责任，也是从制度上保障学生安全和教学质量的有力措施。

（五）打扫卫生

车间严格按“6S”方法管理，及时打扫卫生，清除粉尘，整理在制品，分类堆放，垃圾及时清运到垃圾回收站。

六、实验结果

1. 绘制精密裁板锯的结构图、主锯片和划线锯的升降装置图，并说明升降原理。
2. 书写精密裁板锯操作规程。

七、实验成绩评定

根据出勤情况、实习态度、实验报告及板材的加工质量评定实验成绩。成绩分为 5 个等级：优秀、良好、中等、通过和不通过。

实验三　圆锯机的结构及其操作

一、目的和要求

在木制品工程实验室（家具车间）内，认识圆锯机的结构，说明其功能，示范操作。学生在指导教师的协助下，操作圆锯机，达到懂结构并会操作的目的，锻炼安装、调整、操作圆锯机的实际技能，为机器维修、操作及后续的木制品生产工艺实习做准备，为毕业设计、毕业实习乃至就业奠定良好基础。

二、实验设备与材料

1. 设备

齐全 MJ105A 型木工圆锯机，如图 4-8 所示。

图 4-8　圆锯机

2. 实木锯材

材种：实木锯材。

规格：长度 2440mm，宽度 200mm，厚度 40mm。

数量：5 块。

三、实验内容

学习圆锯机的结构，更换锯片，实际操作机器，能够独立操作机器锯制板材。

四、时间与进度

根据人才培养方案的要求，圆锯机的实验时间为 2 学时，具体安排见表 4-3。

表 4-3　圆锯机实验时间安排表

时间	内容	执行人
0～15min	讲解圆锯机的结构和操作要领	指导教师
16～30min	示范操作圆锯机，锯制实木板材	指导教师、实验员、车间木工
31～80min	操作圆锯机，锯制实木板材	学生
81～90min	学生在培训记录上签字，打扫卫生	学生
课后	检查整理	实验员

五、实验项目

（一）理论讲解

1. 圆锯机的结构（图 4-9）

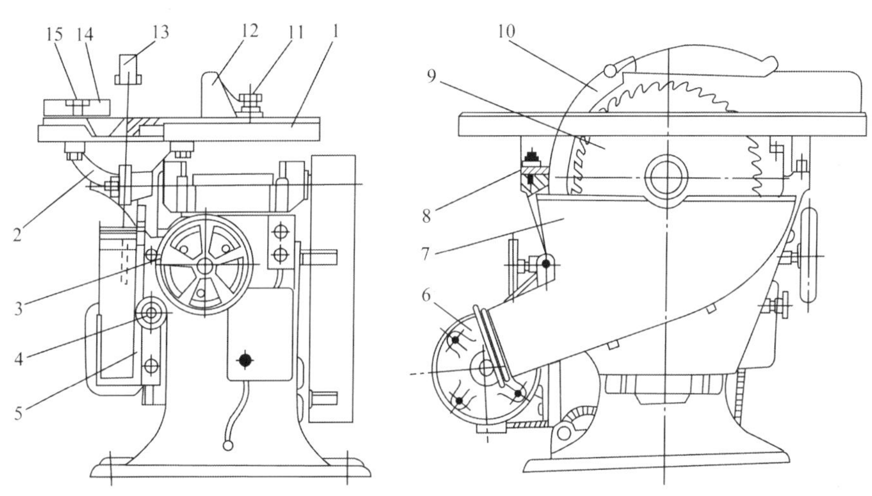

图 4-9　圆锯机的结构

1. 工作台；2. 圆弧形滑座；3. 手轮；4，8. 锁紧螺钉；5. 垂直滑板；6. 电动机；7. 排屑罩；9. 锯片；10. 导向分离刀；11. 锁紧螺母；12. 纵向导尺；13. 防护罩；14. 横向导尺；15. 锁紧螺钉

2. 安全操作规程

木工圆锯机的操作必须由专人负责，应了解设备的结构和性能，经培训合格后方能上岗操作。

开机前应符合以下几项要求。

（1）检查锯片，锯片必须平整、光滑、无锈，锯齿要尖锐，并有适当的锯路，不得有连续缺齿。锯片如有裂缝时，其长度不得超过 20mm，裂缝末端应冲止裂孔，以防继续扩展。

（2）锯片上方必须安装保险挡板装置，在锯片后面，离齿 10～15mm 处，必须安装弧形楔刀。锯片的安装应保持与轴同心。

（3）确定被锯木料的厚度，以锯片能露出木料 10～20mm 为限，夹持锯片法兰盘的直径应为锯片直径的 1/4。

机器运转过程中应符合以下几项要求。

（1）操作人员应戴防护眼镜，站在锯片一侧，禁止站在和面对锯片旋转的离心力方向操作，手不得跨越锯片。

（2）机械启动后，应待锯片转速正常后进行锯料。进料必须紧贴“靠山”，不许将木料左右摇晃或高抬。送料不能用力过猛，遇木节要缓缓送料。

(3) 锯料长度应不小于500mm，上锯人员的手离锯齿不得少于300mm，接近端头时，应用推棍送料。辅助人员应待木料推出工作台后，才允许接料。接料后不允许猛拉。需要回料时，木料应离开锯片后再回送。锯下的半成品应堆放整齐，边料应集中堆放。

(4) 锯短料时，一律使用推棍，不得直接使用手推。推料的速度不得太快，用力不得过猛。接料必须使用刨钩。长度不足500mm和超过锯片半径的木料，严禁上锯。

(5) 如锯线走偏，应逐渐纠正，不得猛扳，以免损坏锯片。如被锯的木料卡住锯片时，应立即停机处理。

(6) 锯片运转时间过长而温度过高时，应用水冷却。

机器运转结束时应符合以下几项要求。

(1) 工作完毕，切断电源，锁好电箱门。将锯片上的水擦干防止锯片生锈。

(2) 清扫工作场所，保持锯台清洁，锯台面上的碎料必须清除。严禁机械运转时作清扫、调整工作。

(二) 示范操作

(1) 严格按照操作规程检查和操作机器。操作时，务必要沉着、冷静，进料速度要适当。

(2) 调整“靠山”与锯片的距离。

(3) 检查材料表面状况，确保无异物。

(4) 开启开关。

(5) 进料速度应均匀。

(6) 锯解板件时，辅助人员应注意接料。在接料过程中，应高度注意安全。

(7) 锯解结束后，应及时停机。

(三) 学生操作圆锯机

(1) 严格按照操作规程检查和操作机器。操作时，务必要沉着、冷静，进料速度要适当。

(2) 调整“靠山”与锯片的距离。

(3) 检查材料表面状况，确保无异物。

(4) 开启开关。

(5) 进料速度应均匀。

(6) 锯解板件时，辅助人员应注意接料。在接料过程中，应高度注意安全。

(7) 锯解结束后，应及时停机。

(四) 培训记录签字

实验结束时，学生务必在培训记录上签字。培训记录包括机器名称、时间、地点、培训教师、被培训人等内容。培训记录是必须设计和妥善保管的材料，一方面表明指导教师已对学生进行了培训，学生有资格操作机器；另一方面，一旦出现安全责任事故，便于追查责任，也是从制度上保障学生安全和教学质量的有力措施。

(五) 打扫卫生

车间严格按“6S”方法管理，及时打扫卫生，清除粉尘，整理在制品，分类堆放，垃圾及时清运到垃圾回收站。

六、实验结果

1. 绘制圆锯机的结构图，并说明其工作原理。
2. 书写圆锯机操作规程。

七、实验成绩评定

主要根据出勤情况、实习态度、实验报告及板材的加工质量评定实验成绩。成绩分为 5 个等级：优秀、良好、中等、通过和不通过。

实验四　平刨的结构及其操作

一、目的和要求

在木制品工程实验室(家具车间)内，认识平刨的结构，说明其功能，示范操作。在指导教师的协助下，学生操作平刨，达到懂结构并会操作的目的，锻炼安装、调整、操作平刨的实际技能，为机器维修、操作及后续的木制品生产工艺实习做准备，为毕业设计、毕业实习乃至就业奠定良好基础。

二、实验设备与材料

1. 设备

平刨，如图 4-10 所示。

2. 实木锯材

材种：实木锯材。

规格：长度 800mm，宽度 200mm，厚度 40mm。

数量：10 块。

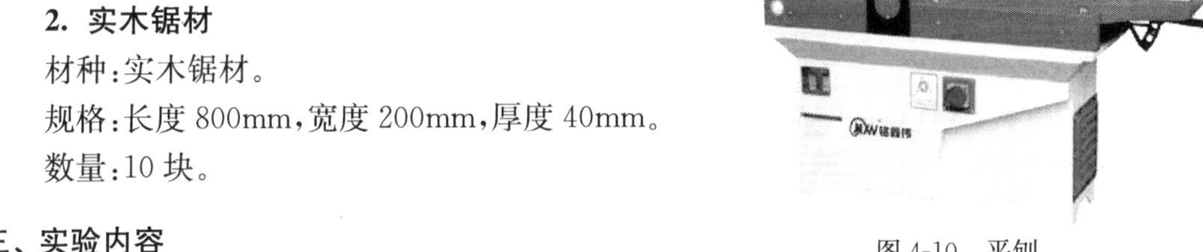

图 4-10　平刨

三、实验内容

学习平刨的结构，调整前后工作台，实际操作机器，能够独立操作机器刨削板材。

四、时间与进度

根据人才培养方案的要求，平刨的实验时间为 2 学时，具体安排见表 4-4。

表 4-4　平刨实验时间安排表

时间	内容	执行人
0～15min	讲解平刨的结构和操作要领	指导教师
16～30min	示范操作平刨，刨切实木板材	指导教师、实验员、车间木工
31～80min	操作平刨，刨切实木板材	学生
81～90min	学生在培训记录上签字，打扫卫生	学生
课后	检查整理	实验员

五、实验项目

（一）理论讲解

1. 平刨的结构(图 4-11)

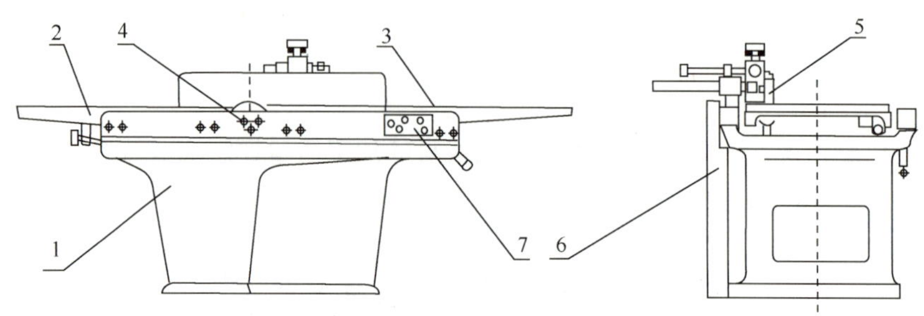

图 4-11　平刨的结构

1. 床身;2. 后工作台;3. 前工作台;4. 刀轴;5. 导尺;6. 传动机构;7. 控制装置

2. 安全操作规程

未经允许或非本机操作人员不得操作本机。

开机前应检查是否有安全防护装置,否则严禁使用。

机器运转过程中应符合以下几项要求。

(1) 刨料时应保持身体平稳、双手操作。刨大面时,手应按在斜面上;刨小面时,手指不得低于料高的 1/2 并不得小于 3cm。不得用手在料后推送。

(2) 每次刨削量不得过大,进料速度应均匀,经过刨口时用力要轻,不得在刨刃上方回料。

(3) 超过机器最大许可尺寸范围的木料不得用平刨机加工。

(4)遇有节疤、戗槎应减慢速度,不得将手按在节疤上推料。刨旧料时必须将铁钉、泥沙等清理干净。

(5) 换刀片时应切断电源或摘掉皮带。

(6) 同一台刨机的刀片重量、厚度必须一致,刀架、夹板必须吻合。刀片焊缝超出刀头和有裂纹的刀具不得使用。紧固刀片的螺钉应嵌入槽内,并离刀背不少于 10mm。

(7) 发现异常情况应立即停机,请有关人员进行检查。

(8) 机床运转时,不准离开工作岗位,因故要离开时必须停机并切断电源。

机器运转结束时:应关闭机床总闸,擦净机床,清扫工作地点。

（二）示范操作

(1) 严格按照操作规程检查和操作机器。操作时,务必要沉着、冷静,进料速度要适当。

(2) 调整前工作台的高度,前后工作台之差不可太大。

(3) 检查材料表面状况,确保无异物。

(4) 成前弓步站姿,用力握住板件。

(5) 开启开关。

(6) 刨切速度应均匀。

(7) 刨切结束后,应及时停机。

（三）学生操作平刨

(1) 严格按照操作规程检查和操作机器。操作时,务必要沉着、冷静,进料速度要适当。

(2) 调整前工作台的高度,前后工作台之差不可太大。
(3) 检查材料表面状况,确保无异物。
(4) 成前弓步站姿,用力握住板件。
(5) 开启开关。
(6) 刨切速度应均匀。
(7) 刨切结束后,应及时停机。

(四) 培训记录签字

实验结束时,学生务必在培训记录上签字。培训记录包括机器名称、时间、地点、培训教师、被培训人等内容。培训记录是必须设计和妥善保管的材料,一方面表明指导教师已对学生进行了培训,学生有资格操作机器;另一方面,一旦出现安全责任事故,便于追查责任,也是从制度上保障学生安全和教学质量的有力措施。

(五) 打扫卫生

车间严格按"6S"方法管理,及时打扫卫生,清除粉尘,整理在制品,分类堆放,垃圾及时清运到垃圾回收站。

六、实验结果

1. 绘制平刨的结构图,并说明其工作原理。
2. 书写平刨操作规程。

七、实验成绩评定

主要根据出勤情况、实习态度、实验报告及板材的加工质量评定实验成绩。成绩分为 5 个等级:优秀、良好、中等、通过和不通过。

实验五　压刨的结构及其操作

一、目的与要求

在木制品工程实验室(家具车间)内,认识压刨的结构,说明其功能,示范操作。学生在指导教师的协助下,操作压刨,达到懂结构并会操作的目的,锻炼安装、调整、操作压刨的实际技能,为机器维修、操作及后续的木制品生产工艺实习做准备,为毕业设计、毕业实习乃至就业奠定良好基础。

二、实验设备与材料

1. 设备

压刨,如图 4-12 所示。

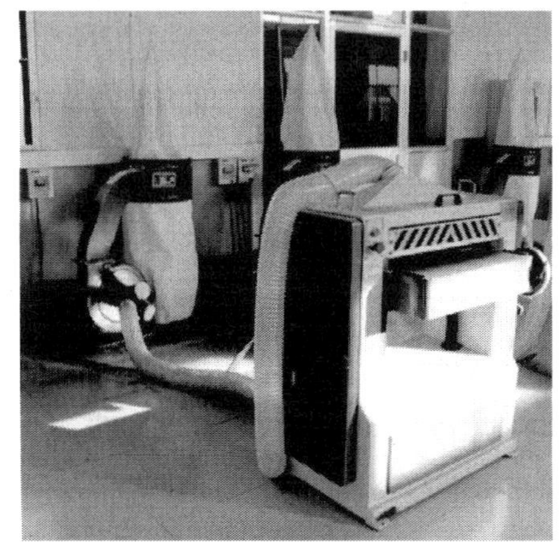

图 4-12　压刨

2. 实木锯材

材种:实木锯材。

规格:长度 800mm,宽度 200mm,厚度 40mm。

数量:10 块。

三、实验内容

学习压刨的结构，调整前后工作台，实际操作机器，能够独立操作机器刨削板材。

四、时间与进度

根据人才培养方案的要求，压刨的实验时间为 2 学时，具体安排见表 4-5。

表 4-5 压刨实验时间安排表

时间	内容	执行人
0～15min	讲解压刨的结构和操作要领	指导教师
16～30min	示范操作压刨，刨切实木板材	指导教师、实验员、车间木工
31～80min	操作压刨，刨切实木板材	学生
81～90min	学生在培训记录上签字，打扫卫生	学生
课后	检查整理	实验员

五、实验项目

（一）理论讲解

1. 单面压刨床的典型工艺图（图 4-13）

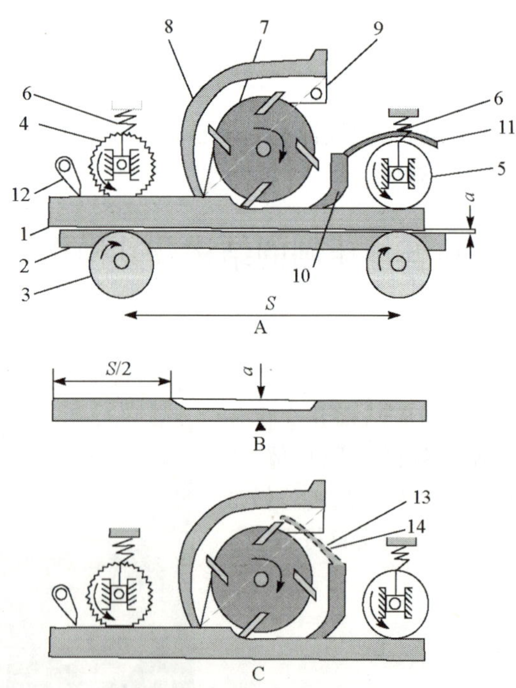

图 4-13 单面压刨床的典型工艺图

1. 工件；2. 工作台；3. 支撑滚筒；4. 前进给滚筒；5. 后进给滚筒；6. 压紧弹簧；7. 刀轴；8. 前压紧器；9. 销轴；10. 后压紧器；11，14. 挡板；12. 止逆器；13. 切屑

2. 压刨的结构

(1) 切削机构如图 4-14 所示。

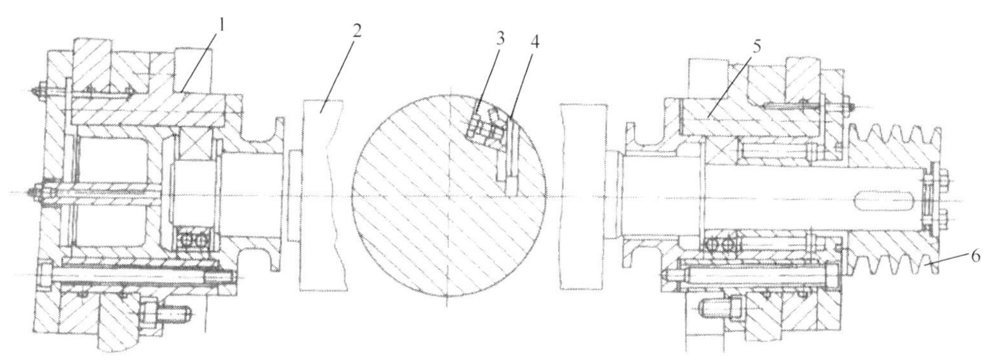

图 4-14　切削机构

1. 轴承座;2. 刀轴;3. 刀片紧固螺钉;4. 刀片;5. 轴承座;6. 带轮

(2) 工作台升降机构和下滚筒升降调节机构如图 4-15 和图 4-16 所示。

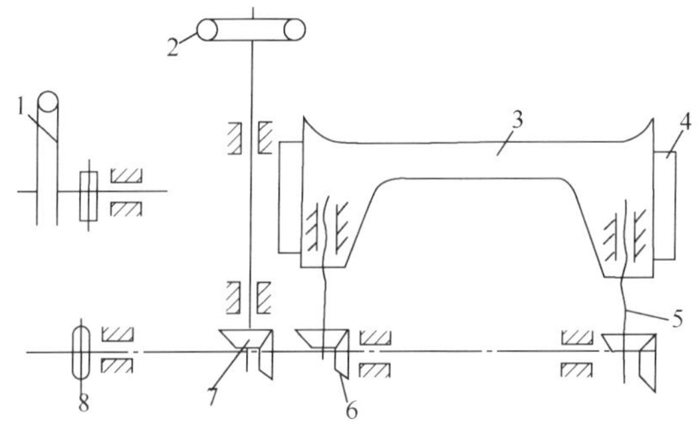

图 4-15　工作台升降机构

1,2. 手轮;3. 工作台;4. 导轨;5. 丝杠螺母;6,7. 齿轮传动;8. 链传动

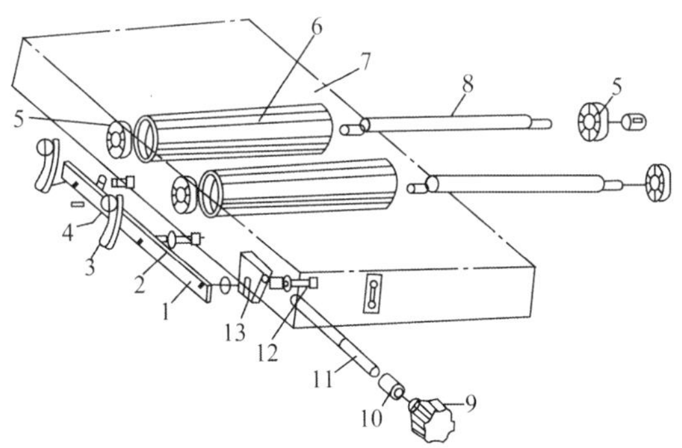

图 4-16　下滚筒升降调节机构

1. 拉杆;2. 螺钉;3. 摆臂;4,12. 销钉;5. 滚动轴承;6. 套筒;
7. 工作台;8. 偏心轴;9. 转轮;10. 套筒;11. 丝杠;13. 拨叉

(3) 压紧装置,其中整体罩式前压紧器如图 4-17 所示。

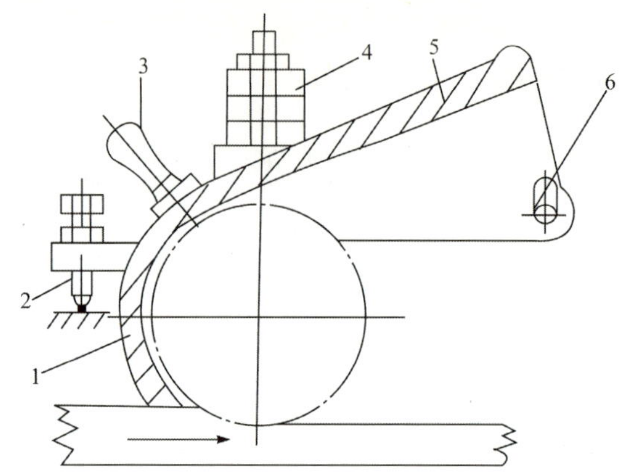

图 4-17　整体罩式前压紧器

1. 罩唇；2. 螺钉；3. 手轮；4. 重块；5. 压紧罩；6. 轴

3. 压刨床的调整(图 4-18)

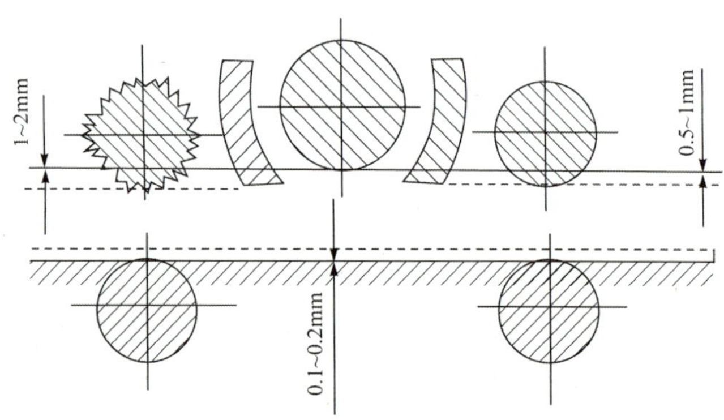

图 4-18　压刨床相对位置调整示意图

4. 安全操作规程

压刨机的操作必须由专人负责，应了解设备的结构和性能，经培训合格后方能上岗操作。

开机前应符合以下几项要求。

(1) 必须把左、右侧门关好，放在机床工作台面上的工具和其他杂物均应全部拿开。

(2) 检查有关紧固件是否已经拧紧，有关润滑部位是否已经加好润滑油和润滑脂。

(3) 用手转动电动机的三角皮带，检查刀轴、齿轮等转动部件，是否转动灵活，有无碰撞现象，一切正常，方可开机。否则，必须先排除故障再开机。

(4) 接好地线，以免漏电，以致操作人员发生触电事故。

机器运转过程中应符合以下几项要求。

(1) 机器运转过程中，如发现异常，应立即停机，在没有查明原因前，不可重新启动机器。

(2) 非操作人员不许与机器靠得太近，应保持一段安全距离，以免影响工作和发生人身事故。

(3) 每次刨削厚度不得大于 5mm(工件宽度 200mm 以下 5mm，工件宽度 200mm 以上为 2mm)，以免机器有关零件过载损坏或烧毁电动机。

(4) 在送料过程中，如因刨削深度过大或木料上过大的硬节而被卡牢，致使刀轴转速慢或发生异常声响时，应立即关掉电源，检查故障原因，以免电机过载被烧坏或损坏刀轴其他有关零件。待故障排除后方可重新开机操作。

机器运转结束时应符合以下几项要求。

(1) 工作结束后,必须清扫工作场所,并将机器擦拭干净,关掉总电源。

(2) 定期进行刀片刃磨或更换,每根刀轴的刀片要同时进行刃磨或更换,使刀轴上刀片的重量均匀一致。

(3) 进行日常维修保养,机器调整时,必须关掉电源,不许带电操作。

(二) 示范操作

(1) 严格按照操作规程检查和操作机器。操作时,务必要沉着、冷静,进料速度要适当。

(2) 前后压紧器和前后进给滚筒相对刀轴切削圆或工作台的位置调整。

(3) 刀轴和切削刃平行于工作台的调整。

(4) 工作台不同高度位置水平度的调整。

(5) 前后压紧器和前后进给滚筒压紧力的调整。

(6) 进料时,用力应适当。

(7) 接料人员站位应错开工件的进给方向,防止意外事故发生。

(8) 刨削时,一次刨削量应适当,采用少量多次刨削。

(9) 刨削结束时,及时停机。

(三) 学生操作压刨

(1) 严格按照操作规程检查和操作机器。操作时,务必要沉着、冷静,进料速度要适当。

(2) 前后压紧器和前后进给滚筒相对刀轴切削圆或工作台的位置调整。

(3) 刀轴和切削刃平行于工作台的调整。

(4) 工作台不同高度位置水平度的调整。

(5) 前后压紧器和前后进给滚筒压紧力的调整。

(6) 进料时,用力应适当。

(7) 接料人员站位应错开工件的进给方向,防止意外事故发生。

(8) 刨削时,一次刨削量应适当,采用少量多次刨削。

(9) 刨削结束时,及时停机。

(四) 培训记录签字

实验结束时,学生务必在培训记录上签字。培训记录包括机器名称、时间、地点、培训教师、被培训人等内容。培训记录是必须设计和妥善保管的材料,一方面表明指导教师已对学生进行了培训,学生有资格操作机器;另一方面,一旦出现安全责任事故,便于追查责任,也是从制度上保障学生安全和教学质量的有力措施。

(五) 打扫卫生

车间严格按“6S”方法管理,及时打扫卫生,清除粉尘,整理在制品,分类堆放,垃圾及时清运到垃圾回收站。

六、实验结果

1. 绘制压刨的结构图,并说明其工作原理。

2. 书写压刨操作规程。

七、实验成绩评定

主要根据出勤情况、实习态度、实验报告及板材的加工质量评定实验成绩。成绩分为 5 个等级:优秀、良好、中等、通过和不通过。

实验六　单轴铣床的结构及其操作

一、目的与要求

在木制品工程实验室(家具车间)内,认识单轴铣床的结构,说明其功能,示范操作。学生在指导教师的协助下,操作单轴铣床,达到懂结构并会操作的目的,锻炼安装、调整、操作单轴铣床的实际技能,为机器维修、操作及后续的木制品生产工艺实习做准备,为毕业设计、毕业实习乃至就业奠定良好基础。

二、实验设备与材料

1. 设备

单轴铣床,如图 4-19 所示。

图 4-19　单轴铣床

2. 实木锯材

材种:实木锯材。

规格:长度 800mm,宽度 200mm,厚度 40mm。

数量:10 块。

三、实验内容

学习单轴铣床的结构,安装并调整铣刀,实际操作机器,能够独立操作机器铣削工件。

四、时间与进度

根据人才培养方案的要求,单轴铣床的实验时间为 2 学时,具体安排见表 4-6。

表 4-6　单轴铣床实验时间安排表

时间	内容	执行人
0～15min	讲解单轴铣床的结构和操作要领	指导教师
16～30min	示范操作单轴铣床,铣削实木板材	指导教师、实验员、车间木工
31～80min	操作单轴铣床,铣削实木板材	学生
81～90min	学生在培训记录上签字,打扫卫生	学生
课后	检查整理	实验员

五、实验项目

(一) 安全操作规程

操作者必须熟练掌握铣床的操作要领和技术性能,未经操作培训者不得上岗操作。

开机前应符合以下几项要求

(1) 检查清理机床台面上等工具等杂物，检查刀具、主轴、升降手轮、靠板是否锁紧，打开除尘设备，在正常状态下方可开机，主轴达到额定转速时，才能进行正常作业。

(2) 开机前必须认真做好设备的加润滑油工作。

机器运转过程中应符合以下几项要求。

(1) 铣床运行时，严禁转动“主轴锁手柄”！严禁打开机盖进行任何维护保养动作。

(2) 铣削工作不能超出机宽工作范围，铣削小件时应采用合适的工夹模具作业。

(3) 操作时应全神贯注于动作，切勿分神闲谈或四周张望，以免发生意外事故，严禁戴手套作业，须穿戴工作服(帽)。

(4) 如发现机械异常响声或其他设备故障，必须立即切断电源，通知有关部门维修，待排除故障后方可继续作业。

机器运转结束时应符合以下几项要求。

(1) 下班前关闭主电源、气源开关。

(2) 主轴、升降丝杆等部位应定期加润滑油，使设备运行活络，且做好车间现场环境卫生工作。

(二) 示范操作

(1) 严格按照操作规程检查和操作机器。操作时，务必要沉着、冷静，进料速度要适当。铣床是最易发生工伤事故的机械，使用时务必注意。

(2) 选用合适的模具。

(3) 装夹工件。

(4) 开启铣床。

(5) 缓慢均速进料。

(6) 检查铣削质量。

(7) 停机。

(三)学生操作单轴铣床

(1) 严格按照操作规程检查和操作机器。操作时，务必要沉着、冷静，进料速度要适当。铣床是最易发生工伤事故的机械，使用时务必注意。

(2) 选用合适的模具。

(3) 装夹工件。

(4) 开启铣床。

(5) 缓慢均速进料。

(6) 检查铣削质量。

(7) 停机。

(四) 培训记录签字

实验结束时，学生务必在培训记录上签字。培训记录包括机器名称、时间、地点、培训教师、被培训人等内容。培训记录是必须设计和妥善保管的材料，一方面表明指导教师已对学生进行了培训，学生有资格操作机器；另一方面，一旦出现安全责任事故，便于追查责任，也是从制度上保障学生安全和教学质量的有力措施。

(五) 打扫卫生

车间严格按“6S”方法管理，及时打扫卫生，清除粉尘，整理在制品，分类堆放，垃圾及时清运到垃圾回收站。

六、实验结果

1. 绘制单轴铣床的结构图，并说明其工作原理。
2. 书写单轴铣床操作规程。

七、实验成绩评定

根据出勤情况、实习态度、实验报告及板材的加工质量评定实验成绩。成绩分为5个等级：优秀、良好、中等、通过和不通过。

实验七 开榫机的结构及其操作

一、目的与要求

在木制品工程实验室(家具车间)内，认识开榫机的结构，说明其功能，示范操作。学生在指导教师的协助下，操作开榫机，达到懂结构并会操作的目的，锻炼安装、调整、操作开榫机的实际技能，为机器维修、操作及后续的木制品生产工艺实习做准备，为毕业设计、毕业实习乃至就业奠定良好基础。

二、机器设备与材料

1. 设备

开榫机，如图4-20所示。

图4-20 开榫机

2. 实木锯材

材种：实木锯材。

规格：长度800mm，宽度200mm，厚度40mm。

数量：10块。

三、实验内容

学习开榫机的结构，调整截头圆锯、上下水平刀头、工作台，实际操作机器，能够独立操作机器开榫头。

四、时间与进度

根据人才培养方案的要求，开榫机的实验时间为2学时，具体安排见表4-7。

表 4-7 开榫机实验时间安排表

时间	内容	执行人
0～15min	讲解开榫机的结构和操作要领	指导教师
16～30min	示范操作开榫机，开直角榫	指导教师、实验员、车间木工
31～80min	操作开榫机，开直角榫	学生
81～90min	学生在培训记录上签字，打扫卫生	学生
课后	检查整理	实验员

五、实验项目

(一) 理论讲解

1. 开榫机的结构(图 4-21)

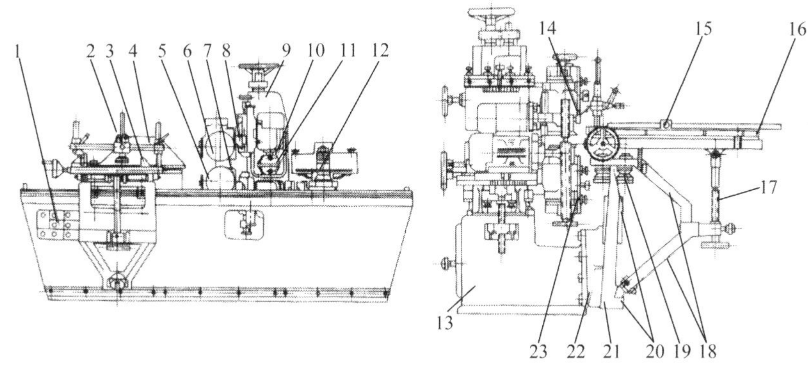

图 4-21 单面开榫机的结构

1. 电气控制板；2. 偏心垂直压紧器；3. 定位装置；4. 截头圆锯；5，6. 水平刀头；7，8. 水平刀架；9. 立柱；10，11. 垂直刀头；12. 中槽刀架；13. 床身；14，23. 垂直刀架；15. 定位装置；16. 进给小车工作台；17. 支撑丝杠；18. 滑座；19. 滚轮；20. 镶条式导轨；21. 导轨支座；22. 进给小车托架

2. 开榫机的调整(图 4-22)

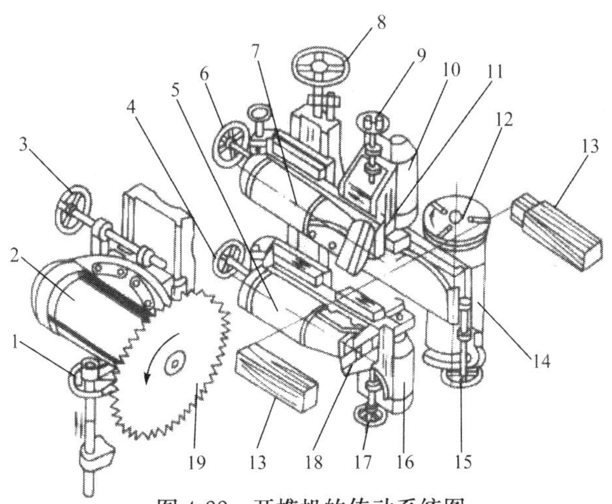

图 4-22 开榫机的传动系统图

1，3，4，6，8，9，15，17. 调整手轮；2，5，7，10，14，16. 电动机；11，18. 水平刀头；12. 中槽铣刀；13. 工件；19. 截头圆锯片

3. 安全操作规程

单头开榫机必须由经过培训的专门人员操作。

开机前应符合以下几项要求。

(1) 检查接地线是否接地，防护装置和压料装置是否完备，检查各部件的旋转零件是否固定好。操作位置是否光线明亮，无阴影。检查工作台面有无异物，如有应立即清理干净。

(2) 上机操作前做到三紧、三不、一注意。三紧：衣着紧身、紧腰、紧袖。三不：不系领带、不戴首饰、不戴手套。一注意：注意保护眼睛。

(3) 正确选用锯片，所使用锯片不得有凹凸，且要处于中心，平衡，锋利。

(4) 此机器只适用于木料加工，检查所加工木料中有无钉子、螺丝等会使锯片受损或变钝的异物。

机器运转过程中应符合以下几项要求。

(1) 当机器达到最高转速时，方可操作。

(2) 操作人员的手指应不触及机器的旋转部件，且在操作过程中不得移开碎木屑，调整机床或移碎木屑必须要先切断电源。

(3) 如发现有异常情况，应立即停机检查。

(4) 在工作过程中，如果突然停电必须将总电源关闭，以免来电后，机器运转造成人员伤害。

机器运转结束时应符合以下要求。

(1) 停机时，操作人员须等机器完全停止后才可离开。

(2) 作业后，切断电源，锁好闸箱，进行擦拭、润滑，清除木屑、刨花。

(二) 示范操作

(1) 严格按照操作规程检查和操作机器。操作时，务必要沉着、冷静，进料速度要适当。

(2) 截头圆锯的调整。

(3) 上下水平刀头的调整。

(4) 工作台的调整。

(5) 检查工件表面。

(6) 固定工件。

(7) 开启机器。

(8) 加工榫头。

(9) 检查榫头加工质量。

(10) 停机。

(三) 学生操作开榫机

(1) 严格按照操作规程检查和操作机器。操作时，务必要沉着、冷静，进料速度要适当。

(2) 截头圆锯的调整。

(3) 上下水平刀头的调整。

(4) 工作台的调整。

(5) 检查工件表面。

(6) 固定工件。

(7) 开启机器。

(8) 加工榫头。

(9) 检查榫头加工质量。
(10) 停机。

(四) 培训记录签字

实验结束时,学生务必在培训记录上签字。培训记录包括机器名称、时间、地点、培训教师、被培训人等内容。培训记录是必须设计和妥善保管的材料,一方面表明指导教师已对学生进行了培训,学生有资格操作机器;另一方面,一旦出现安全责任事故,便于追查责任,也是从制度上保障学生安全和教学质量的有力措施。

(五) 打扫卫生

车间严格按"6S"方法管理,及时打扫卫生,清除粉尘,整理在制品,分类堆放,垃圾及时清运到垃圾回收站。

六、实验结果

1. 绘制开榫机的结构图,并说明其工作原理。
2. 书写开榫机操作规程。

七、实验成绩评定

根据出勤情况、实习态度、实验报告及板材的加工质量评定实验成绩。成绩分为 5 个等级:优秀、良好、中等、通过和不通过。

实验八　封边机的结构及其操作

一、目的与要求

在木制品工程实验室(家具车间)内,认识封边机的结构,说明其功能,示范操作。学生在指导教师的协助下,操作封边机,达到懂结构并会操作的目的,锻炼安装、调整、操作封边机的实际技能,为机器维修、操作及后续的木制品生产工艺实习做准备,为毕业设计、毕业实习乃至就业奠定良好基础。

二、实验设备与材料

1. 设备

封边机,如图 4-23 所示。

2. 材料

材种:中密度纤维板。

规格:长度 600mm,宽度 400mm,厚度 18mm。

数量:10 块。

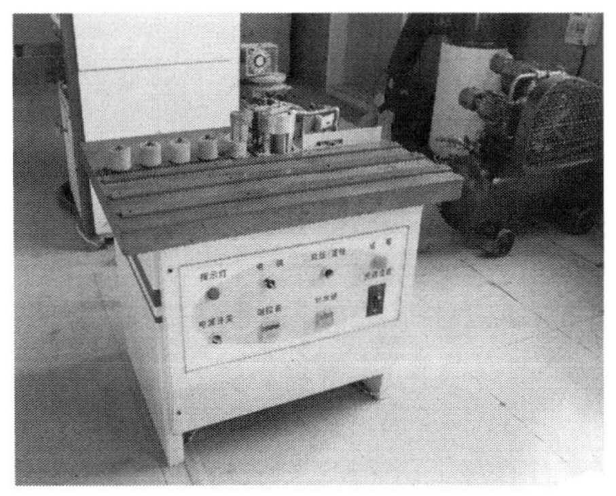

图 4-23　封边机

三、实验内容

学习封边机的结构,实际操作机器,能够独立操作机器进行板件的封边。

四、时间与进度

根据人才培养方案的要求，封边机的实验时间为 2 学时，具体安排见表 4-8。

表 4-8 封边机实验时间安排表

时间	内容	执行人
0～15min	讲解封边机的结构和操作要领	指导教师
16～30min	示范操作封边机，进行封边	指导教师、实验员、车间木工
31～80min	操作封边机，进行封边	学生
81～90min	学生在培训记录上签字，打扫卫生	学生
课后	检查整理	实验员

五、实验项目

（一）理论讲解

1. 封边机的结构（图 4-24）

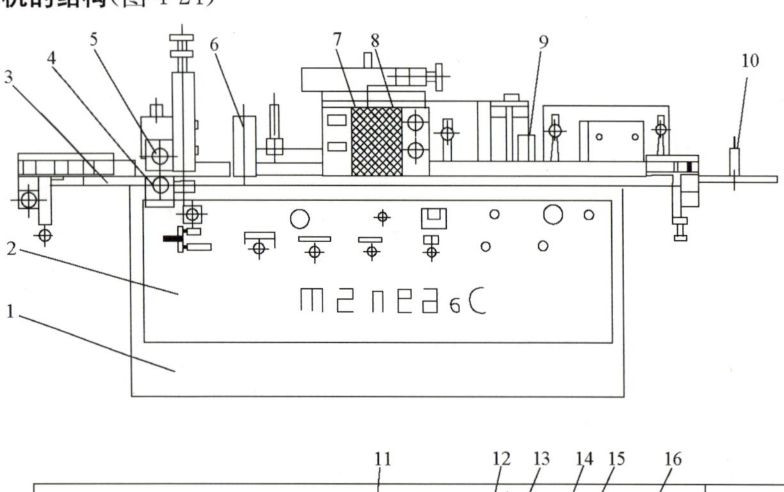

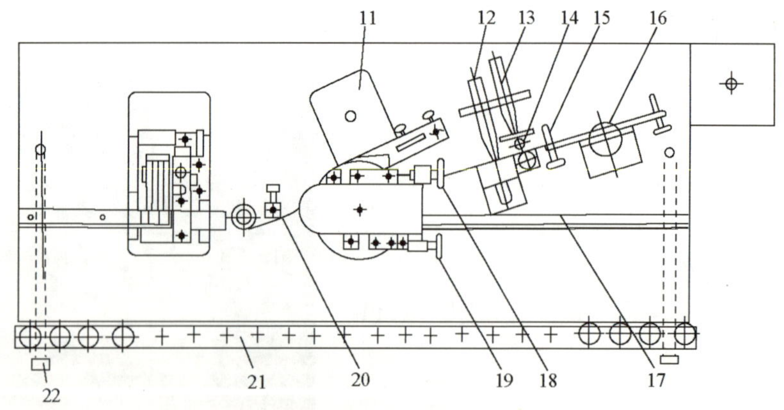

图 4-24 封边机

1. 床身；2. 操作控制板；3. 工作台；4，5. 修整刀架；6. 压贴辊；7，8. 涂胶辊；9. 送料针辊；10. 封边带安放轴；11. 胶罐；12. 剪断气缸；13. 压紧气缸；14. 偏心辊；15. 封边带宽度限位杆；16. 计量辊；17. 导尺；18，19. 涂胶量调节手轮；20. 封边带导向片；21，22. 侧向压紧架

2. 安全操作规程

本机器必须由受训人员专人操作。机器运行期间，非相关人员不得靠近机器。操作者不得穿着易被机器卷入的衣服(如领带、项链、宽松的衣服等)，长发者请将头发卷起或戴头套。

开机前应符合以下几项要求。

(1) 将机台及作业场所清理干净。

(2) 放好板材所需的封边条，检查胶罐内的胶是否充足。不足时应该根据用量适当加胶。

(3) 提前打开电源，对机器进行预热，达到正常工作温度后再进行操作。

(4) 根据工件长度，调整好平衡杆的位置；根据工件厚度，调节好上压轴和下履带之间的距离。保证工件能压稳，而又不会因太紧而压伤工件表面。

(5) 调整好封边机每把刀的精确位置，同时把胶辊清理干净，调整板压轮的高度与进料板一致。

(6) 调节压封边条的钢片，使封边条涂胶均匀、充分。

(7) 通过试机，看封边机运转是否正常。

(8) 准备好材料和辅料。

机器运转过程中应符合以下几项要求。

(1) 机器运转时，不得将手伸入传送带、切割处或碰到送料锟等运转部件。

(2) 送出料时要拿工件的中后部，若工件较重，可用左手支撑工件前中中央，右手支撑后部中央，不可拿板材角部以免受伤。严禁将手放至输送带下面。

机器运转结束时应符合以下几项要求。

(1) 应及时关闭电源，将机器清理干净，但不可用水擦洗。如金属零部件黏结的封边胶料可以用乙醇擦洗，但不能使用其他酸碱溶液洗。

(2) 涂胶辊转动部位须定期加高温润滑脂，一般工作量情况下，约每周一次，润滑脂须耐温 300℃以上。

(3) 检查空气过滤器，如有一定期水量时，通过排水阀放水。

(4) 检查油雾器，如油量偏低，须补充牌号为 32 的机油。

(二) 示范操作

(1) 严格按照操作规程检查和操作机器。操作时，务必要沉着、冷静，进料速度要适当。

(2) 将热熔胶加入胶罐。

(3) 安放封边带，根据宽度调节限位杆的高度。

(4) 开启空气压缩机。

(5) 开机。

(6) 调节涂胶量。

(7) 检查工件的边部。

(8) 封边。

(9) 检查封边质量。

(10) 停机。

(三) 学生操作封边机

(1) 严格按照操作规程检查和操作机器。操作时，务必要沉着、冷静，进料速度要适当。

(2) 将热熔胶加入胶罐。
(3) 安放封边带,根据宽度调节限位杆的高度。
(4) 开启空气压缩机。
(5) 开机。
(6) 调节涂胶量。
(7) 检查工件的边部。
(8) 封边。
(9) 检查封边质量。
(10) 停机。

(四) 培训记录签字

实验结束时,学生务必在培训记录上签字。培训记录包括机器名称、时间、地点、培训教师、被培训人等内容。培训记录是必须设计和妥善保管的材料,一方面表明指导教师已对学生进行了培训,学生有资格操作机器;另一方面,一旦出现安全责任事故,便于追查责任,也是从制度上保障学生安全和教学质量的有力措施。

(五) 打扫卫生

车间严格按"6S"方法管理,及时打扫卫生,清除粉尘,整理在制品,分类堆放,垃圾及时清运到垃圾回收站。

六、实验结果

1. 绘制封边机的结构图,并说明其工作原理。
2. 书写封边机操作规程。

七、实验成绩评定

根据出勤情况、实习态度、实验报告及板件的封边质量评定实验成绩。成绩分为 5 个等级:优秀、良好、中等、通过和不通过。

实验九　钻床的结构及其操作

一、目的和要求

在木制品工程实验室(家具车间)内,认识钻床的结构,说明其功能,示范操作。学生在指导教师的协助下,操作钻床,达到懂结构并会操作的目的,锻炼安装、调整、操作钻床的实际技能,为机器维修、操作及后续的木制品生产工艺实习做准备,为毕业设计、毕业实习乃至就业奠定良好基础。

二、实验设备与材料

1. 设备

钻床,如图 4-25 所示。

2. 材料

材种:中密度纤维板。

规格:长度 600mm,宽度 400mm,厚度 18mm。

数量:10 块。

图 4-25　钻床

三、实验内容

学习钻床的结构,实际操作机器,能够独立操作机器进行板件的钻孔。

四、时间与进度

根据人才培养方案的要求,钻床的实验时间为 2 学时,具体安排见表 4-9。

表 4-9　钻床实验时间安排表

时间	内容	执行人
0～15min	讲解钻床的结构和操作要领	指导教师
16～30min	示范操作钻床,进行钻孔	指导教师、实验员、车间木工
31～80min	操作钻床,进行钻孔	学生
81～90min	学生在培训记录上签字,打扫卫生	学生
课后	检查整理	实验员

五、实验内容

(一) 安全操作规程

未经允许或非钻床操作人员不得操作钻床。

开机前应符合以下几项要求。

(1) 工作前必须穿好工作服,扎好袖口,不准戴手套、围巾,女生发、辫应挽在帽子内。

(2) 要检查设备上的防护、保险、信号装置。机械传动部分、电气部分要有可靠的防护装置。工具和卡具是否完好,否则不准开动。

(3) 检查工作台是否夹紧在立柱上,以及主轴套筒的升降移动和电气设备的情况是否正常,接地线必须可靠接地。

机器运转过程中应符合以下几项要求。

(1) 钻床的平台要紧固,工件要夹紧。钻小件时,应用专用工具夹持,防止被加工件带起旋转,不准用手拿着或按着钻孔。

(2) 手动进刀一般按逐渐增压和减压的原则进行,以免用力过猛造成事故。

(3) 调整钻床速度、行程、装夹工具和工件时,以及擦拭钻床时要停机进行。

(4) 钻床开动后,不准接触运动着的工件、刀具和传动部分。禁止隔着机床转动部分传递或拿取工具等物品。

(5) 钻头上绕长屑时,要停机清除,禁止用口吹、手拉,应使用刷子或铁钩清除。

(6) 凡两人或两人以上在同一台机床工作时,必须有一人负责安全,统一指挥,防止发生事故。

(7) 发现异常情况应立即停机,请有关人员进行检查。

(8) 钻床运转时,不准离开工作岗位,因故离开时必须停机并切断电源。

机器运转结束时:关闭机床总闸,擦净机床,清扫工作地点。

(二) 示范操作

(1) 严格按照操作规程检查和操作机器。操作时,务必要沉着、冷静,进料速度要适当。

(2) 更换钻头。

(3) 检查压紧机构和钻削机构。

(4) 检查工件,固定工件。

(5) 开机。

(6) 钻孔加工。

(7) 检查孔的大小和位置。

(8) 停机。

(三) 学生操作钻床

(1) 严格按照操作规程检查和操作机器。操作时,务必要沉着、冷静,进料速度要适当。

(2) 更换钻头。

(3) 检查压紧机构和钻削机构。

(4) 检查工件,固定工件。

(5) 开机。

(6) 钻孔加工。

(7) 检查孔的大小和位置。

(8) 停机。

(四) 培训记录签字

实验结束时,学生务必在培训记录上签字。培训记录包括机器名称、时间、地点、培训教师、被培训人等内容。培训记录是必须设计和妥善保管的材料,一方面表明指导教师已对学生进行了培训,学生有资格操作机器;另一方面,一旦出现安全责任事故,便于追查责任,也是从制度上保障学生安全和教学质量的有力措施。

(五) 打扫卫生

车间严格按"6S"方法管理,及时打扫卫生,清除粉尘,整理在制品,分类堆放,垃圾及时清运到垃圾回收站。

六、实验结果

1. 绘制钻床的结构图,并说明其工作原理。
2. 书写钻床操作规程。

七、实验成绩评定

根据出勤情况、实习态度、实验报告及板件的钻孔质量评定实验成绩。成绩分为 5 个等级：优秀、良好、中等、通过和不通过。

实验十 宽带砂光机的结构及其操作

一、目的与要求

在木制品工程实验室(家具车间)内，认识宽带砂光机的结构，说明其功能，示范操作。学生在指导教师的协助下，操作宽带砂光机，达到懂结构并会操作的目的，锻炼安装、调整、操作宽带砂光机的实际技能，为机器维修、操作及后续的木制品生产工艺实习做准备，为毕业设计、毕业实习乃至就业奠定良好基础。

二、实验设备与材料

1. 设备

宽带砂光机，如图 4-26 所示。

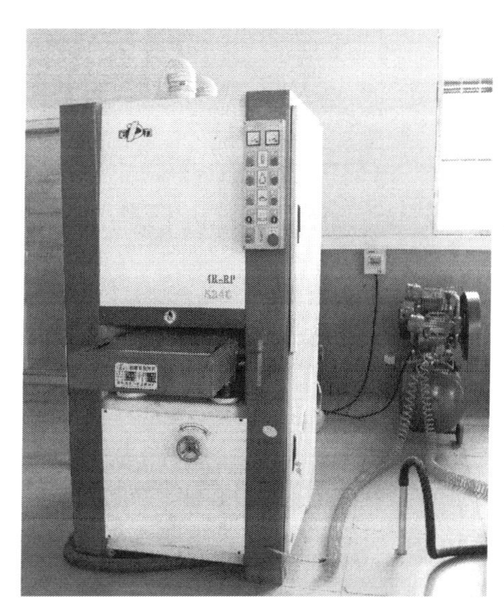

图 4-26 宽带砂光机

2. 材料

材种：中密度纤维板。

规格：长度 600mm，宽度 400mm，厚度 18mm。

数量：10 块。

三、实验内容

学习宽带砂光机的结构，实际操作机器，能够独立操作机器进行板件的砂光。

四、时间与进度

根据人才培养方案的要求，宽带砂光机的实验时间为 2 学时，具体见表 4-10。

表 4-10 宽带砂光机实验时间安排表

时间	内容	执行人
0～15min	讲解宽带砂光机的结构和操作要领	指导教师
16～30min	示范操作宽带砂光机，进行砂光	指导教师、实验员、车间木工
31～80min	操作宽带砂光机，进行砂光	学生
81～90min	学生在培训记录上签字，打扫卫生	学生
课后	检查整理	实验员

五、实验项目

(一) 理论讲解

1. 宽带砂光机的结构(图 4-27)

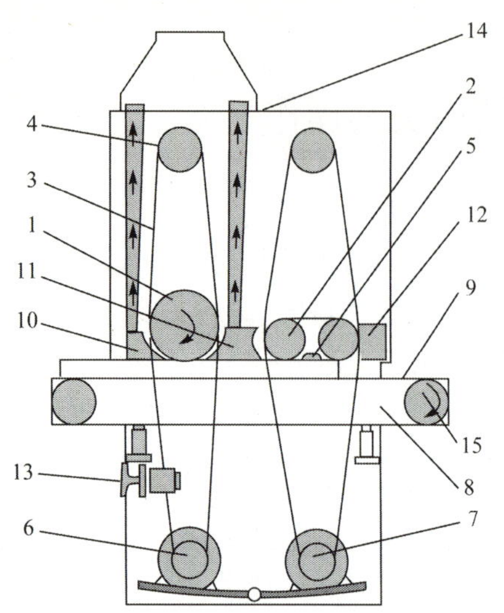

图 4-27　宽带砂光机结构示意图

1,2. 砂架;3. 砂带;4. 张紧辊;5. 压垫;6,7,13. 电动机;8. 工作台;9. 进料运输带;10,11,12. 规尺;14. 除尘管;15. 进料驱动轮

2. 安全操作规程

砂光机必须由受训人员专人操作。机器运行期间,非相关人员不得靠近机器。操作者不得穿着易被机器卷入的衣服(如领带、项链、宽松的衣服等),长发者请将头发卷起或戴头套,严禁戴手套操作机器。

开机前应符合以下几项要求。

(1) 检查电压、气压是否正常;机内有否杂物;砂带是否清洁完好;调速器油位是否正常;紧固砂架螺丝是否拧紧;红外线窗口及反光器是否干净;砂光电机皮带是否张紧合适;吸尘设备是否正常运行;接地是否良好;压缩空气润滑油是否充足。

(2) 加油润滑机器的转、摆动部位;张紧砂带并检查是否正常,砂带安装方向是否正确。

(3) 接通主电源,并检查刹车碟片是否分离,严禁抱死启动。

(4) 启动主电机前先检查砂架摆动是否正常,逐个启动主电机,待第一个主电机运转正常后再启动第二个电机,启动主电机时要观察砂带摆动情况。

(5) 测量工件的尺寸,确保工件尺寸在该机器的加工范围内。每次最大砂光深度不能超过 0.4mm,砂光工件宽度不能超过 400mm,厚度不能超过 100mm。

(6) 该机器只能加工厚薄均匀的木制工件,工件中不能含有金属、玻璃、砂石等坚硬锋利物质。

机器运转过程中应符合以下几项要求。

(1) 时刻注意机器运行情况,如有异常立即停机检查,在危及人身安全、设备安全、砂带跑偏、砂带崩烂等紧急情况必须使用急停按钮停机,正常运行状态下停机勿使用急停按钮。

(2) 操作时注意力集中,不能离开机台,机器运行时,工件一旦放在输送带上双手要立即离开,禁止伸手到机内,禁止运行时调整砂架高度。

(3) 工件要均匀摆布在输送带上使砂带和橡胶轮受力均匀,避免单边磨损,缩短砂带和橡胶轮的使用寿命。

机器运转结束时应符合以下几项要求。

(1) 按照正确程序停机,将砂纸拆下,把机器内外的粉尘清理干净,待清理完毕时,再把砂纸装上。建议工作结束后将砂带放松,避免砂带长期处于张紧状态导致逐渐松弛。

(2) 关好所有电源和压缩空气,并排放空压机及本机油水分离器内的水分。

(二) 示范操作

(1) 严格按照操作规程检查和操作机器。操作时,务必要沉着、冷静,进料速度要适当。

(2) 张紧砂带。

(3) 调整工作台高度。

(4) 确定砂光量。

(5) 检查板件表面质量。

(6) 开启电机。
(7) 送料。
(8) 砂光。
(9) 检查砂光质量。
(10) 停机。

(三) 学生操作宽带砂光机

(1) 严格按照操作规程检查和操作机器。操作时,务必要沉着、冷静,进料速度要适当。
(2) 张紧砂带。
(3) 调整工作台高度。
(4) 确定砂光量。
(5) 检查板件表面质量。
(6) 开启电机。
(7) 送料。
(8) 砂光。
(9) 检查砂光质量。
(10) 停机。

(四) 培训记录签字

实验结束时,学生务必在培训记录上签字。培训记录包括机器名称、时间、地点、培训教师、被培训人等内容。培训记录是必须设计和妥善保管的材料,一方面表明指导教师已对学生进行了培训,学生有资格操作机器;另一方面,一旦出现安全责任事故,便于追查责任,也是从制度上保障学生安全和教学质量的有力措施。

(五) 打扫卫生

车间严格按"6S"方法管理,及时打扫卫生,清除粉尘,整理在制品,分类堆放,垃圾及时清运到垃圾回收站。

六、实验结果

1. 绘制宽带砂光机的结构图,并说明其工作原理。
2. 书写宽带砂光机操作规程。

七、实验成绩评定

主要根据出勤情况、实习态度、实验报告及板件的砂光质量评定实验成绩。成绩分为 5 个等级:优秀、良好、中等、通过和不通过。

参考文献

宋魁彦 . 2001. 现代家具生产工艺与设备 . 哈尔滨:黑龙江科学技术出版社
吴智慧 . 2004. 木质家具制造工艺学 . 北京:中国林业出版社
于志明,李黎 . 2005. 木材加工装备 . 北京:中国林业出版社

第五章 胶粘剂与涂料

引　　言

在人造板及其他胶接木制品的制造过程中，胶粘剂通过物理、机械、化学作用力将两个表面结合在一起。作为木材加工工业重要的化工原料，胶粘剂的出现，不仅对节约木材资源及简化生产工艺具有重要意义，还可把各种不同性能的材料与木质材料胶粘在一起，制成具有特殊性能及用途的复合材料。胶粘剂在木材加工生产与技术进步中发挥着举足轻重的作用，其中以甲醛系（主要是脲醛树脂、酚醛树脂和三聚氰胺甲醛树脂）为代表的热固性合成树脂用量占整个木材工业用胶量的90%以上。

胶粘剂与涂料课程是以有机化学为基础，建立在高分子化学理论基础上的一门应用性质的科学。主要介绍了胶粘剂和涂料的基本知识，包括常用木材胶粘剂及涂料的种类、特点、组成成分、合成工艺及配方、应用、市场现状、发展前景等方面的内容。由于我国目前具有一定规模的木材加工工厂均设有合成树脂制造车间，因此学习本课程的任务是要解决胶粘剂合成的一般理论、质量分析、制造工艺及应用的问题。胶粘剂与涂料课程与其他课程如人造板制造工艺学、人造板表面装饰、木制品加工工艺学等有着密切的联系，直接影响人造板、表面装饰和胶接木制品的产量和质量。因此，学习本课程有助于更好地解决实际生产中的有关问题。

胶粘剂实验是胶粘剂与涂料课程的重要教学实践环节。通过合成几种常用热固性木材胶粘剂并进行基本性能的测试，培养学生实际动手操作的能力，使学生掌握树脂合成和分析测试的基本方法，也是将课堂所学理论知识付诸实践的一个良好机会。

本实验课程介绍的树脂测试方法基本参照国家标准GB/T 14074-2006《木材胶粘剂及其树脂检验方法》，根据实际实验条件某些测试方法略有改动。

实验一　脲醛树脂合成实验

一、目的与要求

脲醛树脂（urea formaldehyde，UF）是尿素与甲醛在碱性或酸性催化剂作用下，先缩聚成初期树脂，然后再在固化剂或助剂作用下，形成不溶、不熔的末期热固性树脂。固化后的脲醛树脂呈半透明状，耐弱酸和弱碱，绝缘性能好，耐磨性好。脲醛树脂胶接的木制品普遍存在甲醛释放问题，但由于其价格便宜，仍然是胶粘剂中用量最大的品种，特别是在木材加工业各种人造板的制造中，脲醛树脂及其改性产品的用量占胶粘剂总使用量的70%以上。本实验的目的与要求如下。

1. 掌握脲醛树脂的常规合成方法。
2. 了解脲醛树脂形成过程及原理。
3. 掌握脲醛树脂合成基本实验装置的搭设。

二、实验材料和设备

1. 材料

甲醛（37%）、尿素（99%）、硫酸溶液（8%）、氢氧化钠溶液（4%、25%）。

2. 仪器与设备

电动搅拌器及配套搅拌桨、三口烧瓶（1000mL）、球形冷凝管、电加热套、温度计、气泡粘度计及附带支架和空玻管、pH 计、电子天平。

三、实验方法

(1) 将 500g 甲醛溶液加入三口烧瓶，开动搅拌器，升温至 60℃。

(2) 用氢氧化钠溶液(4%)调 pH 至 8.0，加入第一批尿素 187g，升温至 90℃，保温 45min。

(3) 用硫酸溶液(8%)调 pH 至 4.75，每 15min 测一次粘度，1h 后每 5min 测一次粘度。当粘度达到 L 时，开始连续测试粘度。

(4) 粘度到达 Q～R 时，立即用氢氧化钠溶液(25%)调 pH 至 8.0，加入第二批尿素 169g；

(5) 搅拌降温至 40℃，放料，贮存。

该树脂为甲醛与尿素经加成缩聚反应合成的初期脲醛树脂，经过调胶工序(加入固化剂和其他助剂)后，可用于压制胶合板、刨花板和纤维板。

四、实验过程观察及记录

(1) 加入第一批尿素后，观察并记录反应体系温度及 pH 的变化。

(2) 90℃保温过程中，观察并记录反应体系 pH 的变化。

(3) 酸性条件下缩聚时，观察并记录反应体系 pH 及粘度的变化。

(4) 加入第二批尿素后，降温过程中观察并记录反应体系 pH 的变化。

五、树脂技术指标

外观：乳白色黏稠液体。

粘度：500～1000mPa · s。

固体含量：大于 60%。

游离醛：小于 0.15%。

pH：7.0～7.5。

贮存期：大于 40d(20℃)。

六、实验结果

撰写实验报告，格式见本章附录 3。

七、习题

1. 分别计算加入第一批和第二批尿素后，反应体系中甲醛与尿素的物质的量比？
2. 分析树脂合成过程中，酸性条件下反应体系粘度增加的原因。
3. 在实验过程中，你观察到了什么其他特别的现象？试分析产生这些现象的原因。

实验二　酚醛树脂合成实验

一、目的与要求

苯酚和甲醛在酸性或碱性催化剂作用下，通过缩聚反应生成酚醛树脂(phenol formaldehyde, PF)。在酸性催化剂作用下，苯酚过量时生成线性热塑性树脂；在碱性催化剂作用下，甲醛过量时生成体型热固性树脂。固化后的酚醛树脂呈红棕色半透明状。酚醛树脂具有良好的耐酸性能、力学性能、耐热性能，它是木材加工业主要使用胶种之一，主要用于生产各种耐水型人造板材。本实验的目的与要求如下。

1. 掌握水溶性甲阶酚醛树脂的常规合成方法。
2. 了解酚醛树脂形成过程及原理。
3. 掌握酚醛树脂合成基本实验装置的搭设。

二、实验材料和设备

1. 材料

甲醛(37%)、苯酚(100%)、氢氧化钠溶液(50%)。

2. 仪器与设备

电动搅拌器及配套搅拌桨、三口烧瓶(1000mL)、球形冷凝管、电加热套、温度计、气泡粘度计及附带支架和空玻管、pH 计、电子天平。

三、实验方法

(1) 将苯酚 300g 加入三口烧瓶，开动搅拌器，升温至 60℃。

(2) 加入 414.2g 甲醛溶液，用氢氧化钠溶液(50%)调 pH 至 10.0，缓慢升温至 90℃，90℃保温 20min。

(3) 降温至 75℃，加入 103.6g 甲醛溶液，升温至 90℃，保温 20min。

(4) 开始测粘度，粘度到达 P～Q 时，立即降温至 40℃，放料，贮存。

该树脂为甲醛与苯酚经加成缩聚反应合成的水溶性甲阶酚醛树脂，可用于压制胶合板。

四、实验过程观察及记录

(1) 加入第一批甲醛后，观察及记录反应体系温度和 pH 的变化。

(2) 加入第二批甲醛后，观察及记录反应体系温度和 pH 的变化。

(3) 开始测粘度后，观察及记录反应体系粘度的变化。

五、树脂技术指标

外观:红褐色透明黏液。

粘度:500～1000mPa · s。

固体含量:大于 45%。

游离酚:小于 1.0%。

贮存期:大于 20d(20℃)。

六、实验结果

撰写实验报告，格式见本章附录 3。

七、习题

1. 为什么将甲醛分两批加入？分别计算加入第一批和第二批甲醛后，反应体系中甲醛与苯酚的物质的量比？

2. 加入第一批甲醛后，是否观察到温度迅速上升的现象？试分析原因。

3. 在实验过程中，你观察到了什么其他特别的现象？试分析出现这些现象的原因。

实验三　树脂固体含量的测定

一、目的与要求

1. 熟悉和掌握树脂固体含量测定方法。
2. 了解相关测试设备的使用方法。

二、实验原理

固体含量是在规定的测试条件下，测得的树脂中非挥发性物质的质量百分数。一般用烘干法测试固体含量，烘干过程中加热使树脂中挥发成分蒸发，剩余物质量与原试样质量的比值，以百分数表示就是固体含量。烘干法又分为常压烘干法和减压烘干法两种。常压烘干法测固体含量一般温度较高，加热时间较长，在长时间高温下，树脂中的部分成分易发生分解，也可能使缩聚类树脂进一步缩聚，生成低分子物质，增加挥发物成分，使测得的固体含量偏低。减压烘干法测固体含量在减压条件下进行，温度较低，降低了树脂分解或进一步缩聚的可能性，具有低温、快速、准确的优点，但操作起来较常压法复杂。

本实验采用常压烘干法测试树脂固体含量。

三、实验材料和设备

1. 材料

树脂样品和干燥剂。

2. 仪器与设备

铝箔托盘[直径(60±5)mm]、恒温烘箱、分析天平(精度 0.0001g)、干燥器。

四、实验方法

(1) 将铝箔托盘洗净，放入 120℃的恒温烘箱中 30min，取出后放入干燥器冷却至少 15min。称量托盘质量，精确到 0.001g。

(2) 用称过的托盘作为载体取样，在分析天平上称取一定量树脂(酚醛树脂称取 4g；脲醛树脂和三聚氰胺甲醛树脂称取 1g，精确到 0.001g)。

(3) 将样品放入恒温烘箱中，在 120℃条件下干燥 120min。

(4) 取出托盘，放入干燥器内冷却 15min 后立即称重，精确到 0.001g。

五、结果计算

树脂固体含量(精确到 0.1%)计算公式如下。

$$C_1=[(m_3-m_1)/(m_2-m_1)]\times 100\%$$

式中，C_1 为树脂固体含量(%)；m_1 为托盘质量(g)；m_2 为托盘与干燥前树脂的总质量(g)；m_3 为托盘与干燥后树脂的总质量(g)。

六、实验结果

撰写实验报告，格式见本章附录 3。

七、习题

1. 样品从恒温烘箱中取出后,为什么要先放入干燥器内干燥至冷却后再称重?
2. 用烘干法测定的是树脂的固体含量还是树脂含量? 为什么?

实验四　树脂固化时间的测定

一、目的与要求

1. 熟悉和掌握树脂固化时间测定方法。
2. 了解相关测试设备的使用方法。

二、实验材料和设备

1. 材料

树脂样品和氯化铵溶液(化学纯,25%)。

2. 仪器与设备

平底或圆底短颈烧瓶(1000mL)、天平(精度 0.1g)、秒表、烧杯(100mL)、试管[长 150mm,内径(25±0.2)mm]、移液管(5mL、25mL)、温度计和搅拌棒。

三、实验方法

(1) 用烧杯称取 50g 试样,精确到 0.1g,用 5mL 移液管加入 2mL 25%氯化铵溶液,搅拌均匀后,立即向试管中移取 10g 调好的树脂,加入树脂时注意不要使试样粘在管壁上。

(2) 将试管放入有沸水的短颈烧瓶中,开始计时,试管中试样液面要低于瓶中沸水水面 20mm。

(3) 迅速搅拌,直到搅拌棒突然不能提起或树脂突然变硬时,按停秒表,记录时间。测定过程应在加入氯化铵溶液后 10min 内完成。

四、实验结果

撰写实验报告,格式见本章附录 3。

五、习题

1. 实验中如果采用其他种类的固化剂,是否对树脂的固化时间测定结果有影响? 试着使用其他固化剂进行固化时间的测定,然后进行比较。
2. 测试过程中注意观察树脂颜色及液面的变化,试解释发生变化的原因。

实验五　树脂粘度的测定

一、目的与要求

1. 熟悉和掌握几种树脂粘度的测定方法。
2. 了解相关测试设备的使用方法。

二、实验原理

旋转粘度计测量的粘度是动力粘度，它是基于表观粘度随剪切速率变化而呈可逆变化的原理进行测定的。

气泡粘度计用玻璃管测定粘度，在玻璃管内注入试样和一定量的空气，空气在玻璃管内形成气泡，通过比较玻璃管内气泡和标样管内气泡的上升速度计算粘度。这种粘度计结构设计非常简单，测定方便迅速，但测定结果不精确，只能得到一个大致的粘度范围，适用于在树脂合成过程中控制缩聚反应程度。

涂-4 杯粘度计是短管粘度计的一种，使一定体积的试样通过短的细管流出，测定试样流出时间而求粘度。

粘度测试以国标中介绍的测定方法为准，但工厂和实验室树脂合成过程中控制粘度时，可以采用不同的方法进行粘度测定。因此在这部分内容中介绍了几种方法。

三、实验材料和设备

1. 材料

树脂样品。

2. 仪器与设备

恒温水浴锅、温度计、旋转粘度计及附带容器、气泡粘度计及附带支架和空玻管、涂-4 杯粘度计、烧杯(150mL)和秒表。

四、实验方法

1. 用旋转粘度计测定粘度

(1) 将树脂样品置于粘度计附带容器中，将容器置于恒温水浴锅中，控温至(23±0.5)℃。

(2) 安装粘度计，选择适宜的转子和转速，使读数在刻度盘的 20%～80%。

(3) 将转子垂直浸入试样中心部位，并使液面达到转子标线，装上保护架。

(4) 开动旋转粘度计，读取旋转时，指针在圆盘上不变时的读数。

(5) 参照仪器说明书，进行粘度的计算或换算。

2. 用气泡粘度计测定粘度

(1) 将试样倒入气泡粘度计玻璃管内，用塞子塞住管口。塞上塞子后，塞子底部和试样液面之间应留有一定量的空间。

(2) 将试样玻璃管和标样玻璃管放入(23±0.5)℃恒温水浴中保温 15min。

(3) 取出玻璃管，将试样和标样玻璃管放在支架中，同时倒转 180°，比较试样玻璃管和标样玻璃管中气泡的上升速度，如果试样玻璃管中气泡上升速度介于相邻标样玻璃管中气泡上升速度之间，可就此估计出试样大致的粘度范围(介于相邻标样粘度之间)。

3. 用涂-4 杯粘度计测定粘度

(1) 将粘度计置于支架上，调整其处于水平位置，堵住粘度计下面的出口，在出口正下方放置 150mL 的烧杯。

(2) 将树脂试样放入(25±1)℃恒温水浴锅中保温 15min，取出后倒满粘度计上面的杯口，将气泡或多余的试样刮入凹槽。

(3) 连通粘度计下面的出口，使试样流出，同时按动秒表，开始计时。

(4) 当试样流丝中断时,按停秒表,记录时间,此时间即为对应的粘度值。

五、实验结果

撰写实验报告,格式见本章附录3。

六、习题

在粘度测定中,为了准确得到结果,需要注意的问题是什么?

实验六　树脂pH的测定

一、目的与要求

1. 熟悉和掌握树脂pH测定方法。
2. 了解相关测试设备的使用方法。

二、实验原理

将玻璃电极和甘汞电极浸入同一被测溶液中构成原电池,其电动势与溶液的pH有关,通过测量原电池的电动势即可得出溶液的pH。

三、实验材料和设备

1. 材料

树脂样品、蒸馏水和标准缓冲溶液。

2. 仪器与设备

pH计、恒温水浴锅、烧杯(100mL)、量筒(50mL)。

四、实验方法

(1) 按pH计说明书要求浸泡其玻璃电极,选择与树脂试样pH相近的两种标准缓冲溶液校正pH计。

(2) 用量筒量取50mL试样倒入烧杯中,将盛有试样的烧杯放入(25±1)℃恒温水浴锅中,待其温度达到平衡后,将玻璃电极用蒸馏水冲洗干净并擦干,再用试样洗涤电极,然后插入试样中进行测定。pH计上显示的稳定读数即为树脂试样的pH。

五、实验结果

撰写实验报告,格式见本章附录3。

六、习题

1. 实验中如果没有使用蒸馏水,而用普通的自来水,对实验结果有什么影响?
2. 在不同温度下测试pH,结果是否相同?为什么?

实验七　树脂水混合性的测定

一、目的与要求

1. 熟悉和掌握树脂水混合性的测定方法。
2. 了解相关测试设备的使用方法。

二、实验原理

测定在液态树脂中获得浑浊液所需水量。

三、实验材料和设备

1. 材料

树脂样品和蒸馏水。

2. 仪器与设备

磁力搅拌器、温度计、恒温水浴锅、烧杯(100mL)和滴定管(50mL,精度 0.1mL)。

四、实验方法

(1) 当试样水混合性未知时,应进行预测定以了解水混合性值所处范围。

(2) 根据预测定结果,用 100mL 的烧杯量取 10～50mL(精确至 0.1mL)试样用于测定。将试样放在恒温水浴锅中控温在(23±0.5)℃,测试前用温度计再次确认。将烧杯放在磁力搅拌器上并开动搅拌器,用滴定管加入事先恒温到(23±0.5)℃的蒸馏水。

(3) 首先加入约为达到相溶极限所需量 50%的蒸馏水,接下来分次加入所需量的 30%,然后逐滴加入蒸馏水直到混浊持续至少 30s(酚醛树脂)或杯壁上出现微细不溶物(脲醛树脂),即记录加入水的体积 V(mL)。

五、结果计算

树脂的水混合性计算公式如下。

$$W=V/V_1$$

式中,W 为水混合性(倍);V 为加入蒸馏水的体积(mL);V_1 为试样体积(mL)。

六、实验结果

撰写实验报告,格式见本章附录 3。

七、习题

树脂的水混合性是怎样受温度影响的?

实验八　树脂适用期的测定

一、目的与要求

1. 熟悉和掌握树脂适用期的测定方法。

2. 了解相关测试设备的使用方法。

二、实验原理

测定液态树脂从加入固化剂调胶后，到粘度上升到无法使用所间隔的时间。

三、实验材料和设备

1. 材料

树脂样品和氯化铵溶液（化学纯，25%）。

2. 仪器设备

恒温水浴锅、玻璃棒（长 150mm，直径 6mm）、烧杯（100mL）、天平（精度 0.1g）。

四、实验方法

（1）称取 50g 试样（精确到 0.1g）加入烧杯中，用移液管加入 2mL 25%的氯化铵（精确到 0.1mL），用玻璃棒搅拌均匀。

（2）将烧杯立即置于（25±0.5）℃的恒温水浴锅中，试样液面应在水面下 20mm 处，记录开始时间并经常观察试样粘度变化情况，直至用玻璃棒挑起树脂液时出现断丝，作为终点。记录时间（min）。

五、实验结果

撰写实验报告，格式见本章附录 3。

六、习题

1. 树脂的适用期是否受温度的影响？
2. 树脂的适用期是否受固化剂和添加剂种类的影响？

实验九　树脂贮存稳定性的测定

一、目的与要求

1. 熟悉和掌握树脂贮存稳定性的测定方法。
2. 了解相关测试设备的使用方法。

二、实验原理

测定液态树脂在一定条件下贮存时，粘度发生变化达到一定值所间隔的时间。

三、实验材料和设备

1. 材料

树脂样品。

2. 仪器与设备

恒温水浴锅、锥形瓶配胶塞（500mL）、试管（内径 16mm，长 150mm）、天平（精度 0.1g）、温度计（精度 0.2℃）。

四、实验方法

(1) 试样在进行初始粘度测定后，分别称取试样 10g(精确至 0.1g)于试管中，试样 400g(精确至 0.1g)于锥形瓶中。

(2) 将试管和锥形瓶放入恒温水浴锅中[脲醛树脂：(70±2)℃；酚醛树脂，(60±2)℃]，试样的上液面应在低于水浴液面 20mm 处。

(3) 开始计时，约 10min 后，盖紧塞子，每小时取出试管观察一次试样的流动性。每隔 1h 从锥形瓶中取出试样冷却至 20℃，测定粘度，计算粘度变化率。直至粘度增长到 200%时为止。记录此过程所用时间 t，单位为 h。

(4) 计算贮存天数：树脂粘度增长到 200%所需时间 t 即代表树脂贮存稳定性。脲醛树脂以 $t\times10$、酚醛树脂以 $t\times6$ 所得数值，即相当于密封包装的树脂在温度 10～20℃避光处贮存的天数。

五、结果计算

树脂粘度变化率计算公式如下。

$$\varphi=(\eta-\eta_0)/\eta_0$$

式中，φ 为树脂粘度变化率(%)；η 为处理后的粘度(mPa · s)；η_0 为处理前的粘度(mPa · s)。

六、实验结果

撰写实验报告，格式见本章附录 3。

七、习题

1. 树脂的贮存稳定性是否受温度的影响？
2. 树脂的贮存稳定性是否受树脂缩聚程度的影响？
3. 树脂的贮存稳定性是否受树脂水溶性的影响？

实验十　游离甲醛含量的测定

一、目的与要求

1. 熟悉和掌握氨基树脂游离甲醛含量的测定方法。
2. 了解相关测试设备的使用方法。

二、实验原理

氨基树脂游离甲醛含量测定方法根据以下反应：

$$NH_4Cl+NaOH \longrightarrow NaCl+NH_4OH$$

$$6CH_2O+4NH_4OH \longrightarrow (CH_2)_6N_4+10H_2O$$

$$NH_4OH+HCl \longrightarrow NH_4Cl+H_2O$$

在试样中加入氯化铵溶液和一定量的氢氧化钠，使生成的氢氧化铵与树脂中的甲醛反应，生成六次甲基四胺，再用盐酸滴定剩余的氢氧化铵。

三、实验材料和设备

1. 材料

树脂样品、甲基红乙醇溶液(0.1%)、次甲基蓝乙醇溶液(0.1%、0.2%)、溴甲基酚绿乙醇溶液(0.1%)、氯化铵(化学纯)、氢氧化钠、盐酸(分析纯)和无水碳酸钠(优级纯)。

2. 仪器与设备

分析天平(精度 0.0001g)、碘价瓶(250mL)、酸式滴定管(25mL)和移液管(10mL)。

四、实验方法

(1) 不同溶液的配制情况如下。

a. 0.1%混合指示剂:2 份 0.1%甲基红乙醇溶液与 1 份 0.1%次甲基蓝乙醇溶液,混合摇匀。

b. 溴甲酚绿-甲基红混合指示剂:3 份 0.1%溴甲酚绿乙醇溶液与 1 份 0.2%甲基红乙醇溶液,混合摇匀。

c. 10%氯化铵溶液:称取 10g 氯化铵溶解于 90mL 蒸馏水中。

d. 1mol/L 氢氧化钠溶液:量取 52mL 氢氧化钠饱和液注入 1000mL 容量瓶中,用不含二氧化碳的蒸馏水稀释至刻度。

e. 1mol/L 盐酸标准溶液:量取 90mL 盐酸,注入 1000mL 容量瓶中用蒸馏水稀释至刻度。

标定:称取 1.6g 于 270~300℃灼烧至恒重的无水碳酸钠,溶于 50mL 蒸馏水中,加 10 滴溴甲酚绿-甲基红混合指示剂,用 1mol/L 盐酸溶液滴定至溶液由绿色变为暗红色,煮沸 2min,冷却后继续滴至溶液呈暗红色。

盐酸浓度计算公式如下。

$$N=G/(V\times 0.052\,99)$$

式中,N 为盐酸的物质的量浓度(mol/L);G 为无水碳酸钠的质量(g);V 为滴定所耗盐酸溶液体积(mL);0.052 99 为碳酸钠的摩尔质量(g/mmol)。

(2) 称取试样 5g 于 250mL 碘价瓶中,加入 50mL 蒸馏水(或适当比例的乙醇与水混合溶剂)溶解。

(3) 加入混合指示剂 8~10 滴。如果树脂不是中性,应用酸或碱滴定至溶液为灰青色。

(4) 加入 10mL 10%氯化铵溶液,摇匀,立即用移液管加入 1mol/L 氢氧化钠溶液 10mL,充分摇匀盖紧瓶塞,在 20~25℃下放置 30min。

(5) 用 1mol/L 盐酸标准溶液进行滴定,溶液颜色由绿⟶灰青色⟶红紫色,以灰青色为终点,同时进行空白实验。

五、结果计算

树脂游离甲醛含量计算公式如下。

$$F=[(V_1-V_2)N\times 0.030\,03\times 6/(G\times 4)]\times 100\%$$

式中,F 为游离甲醛含量(%);N 为盐酸物质的量浓度(mol/L);V_1 为空白实验中所消耗的盐酸体积(mL);V_2 为滴定试样所消耗的盐酸体积(mL);0.030 03×6/4 为 1mL 1mol/L 盐酸相当于甲醛的质量(g);G 为试样质量(g)。

六、实验结果

撰写实验报告，格式见本章附录 3。

七、习题

树脂游离甲醛含量滴定实验中，有时候会出现计算结果为负值的现象，试分析发生这种情况的可能原因。

实验十一　游离苯酚含量的测定

一、目的与要求

1. 熟悉和掌握用滴定分析法测定酚醛树脂游离苯酚含量。
2. 了解相关测试设备的使用方法。

二、实验原理

树脂中未反应的苯酚，用水蒸气蒸馏法蒸出并收集，用溴量法测定，涉及的反应如下。

$$5KBr + KBrO_3 + 6HCl \longrightarrow 3Br_2 + 6KCl + 3H_2O$$

$$Ar(\text{苯酚}) + 3Br_2 \longrightarrow Ar\text{-}3Br + 3HBr$$

$$Br_2(\text{未反应}) + 2KI \longrightarrow 2KBr + I_2$$

$$I_2 + 2Na_2S_2O_3 \longrightarrow 2NaI + Na_2S_4O_6$$

三、实验材料和设备

1. 材料

树脂样品、碘化钾(分析纯)、盐酸(分析纯)、乙醇(分析纯)、溴化钾(分析纯)、溴酸钾(分析纯)、可溶性淀粉、硫代硫酸钠(优级纯)、无水碳酸钠(优级纯)、碘化汞(优级纯)、重铬酸钾(优级纯)和蒸馏水。

2. 仪器与设备

容量瓶(1000mL)、称量瓶(液体试样用 30mL 滴瓶)、蒸汽发生器(长颈平底烧瓶，2000mL)、冷凝管(60cm)、量筒(20mL)、pH 计(精度 0.1pH 单位)、分析天平(精度 0.0001g)、碘量瓶(500mL)、棕色滴定管(50mL)、移液管(25mL、50mL)、电炉、支架和夹具。

四、实验方法

(1) 溶液配制情况如下。

a. $c(1/6KBrO_3)=0.1mol/L$ 溴酸钾-$c(1/6KBr)=0.5mol/L$ 溴化钾溶液：称取 2.8g 溴酸钾和 10.0g 溴化钾用适量蒸馏水溶解，加入 1000mL 容量瓶中，稀释至刻度。

b. 0.5%淀粉指示剂：称取 1.0g 可溶性淀粉，加水 10mL，搅拌下注入 200mL 沸腾蒸馏水中，微沸 2min 后，放置待用。

c. $c(Na_2S_2O_3)=0.167mol/L$ 硫代硫酸钠标准溶液：称取 26.3g 硫代硫酸钠置于 500mL 烧杯中，加入新煮沸已冷却的蒸馏水至完全溶解后，加入 1000mL 容量瓶中，稀释至刻度，加入 0.05g 碳酸钠及 0.01g 碘化汞，贮存于棕色瓶中，静置 14d 后标定。

标定：称取 0.15g 于 120℃烘干至恒重的重铬酸钾，置于 500mL 碘量瓶中，加入 25mL 硫代硫酸钠待标液滴定，接近终点时，加入 3mL 0.5%淀粉指示剂，继续滴定至溶液由蓝色变为亮绿色。

硫代硫酸钠的浓度计算公式如下。

$$c(Na_2S_2O_3)=G/(V\times 0.049\ 04)$$

式中，c 为硫代硫酸钠标准溶液的浓度(mol/L)；G 为重铬酸钾的质量 (g)；V 为滴定所耗硫代硫酸钠待标液的体积(mL)；0.049 04 为 1/6 重铬酸钾的摩尔质量(g/mmol)。

(2) 称取试样 2g(精确至 0.0001g)置于 1000mL 圆底烧瓶中，加入 100mL 蒸馏水溶解(如稀释液 pH 不是 4.0，在搅拌下用 1∶4 盐酸水溶液逐渐将 pH 调至 4.0)。

醇溶性固体树脂，则称取 1g(精确至 0.0001g)，用移液管吸取 25mL 乙醇移入烧瓶，摇动至树脂完全溶解。

(3) 连接蒸汽发生器，冷凝器及容量瓶，搭建蒸馏装置，开始蒸馏，在 40～50min 内收集馏出液至少 500mL。

(4) 取出 1 滴蒸馏液，滴入少许饱和溴水中，如果不发生混浊即停止蒸馏。

(5) 取下容量瓶，加蒸馏水至刻度，用移液管吸取 50mL 蒸馏液移入碘量瓶中，再用移液管移入 25mL 溴酸钾-溴化钾溶液，加入 5mL 浓盐酸，迅速盖上瓶盖并用水封口，摇匀在暗处放置 15min，然后加入 1.8g 固体碘化钾，用少许蒸馏水冲洗瓶口，再放置 10min。

(6) 用硫代硫酸钠标准溶液滴定，滴定至淡黄色时，加入 3mL 淀粉指示剂，继续滴定至蓝色消失，即为终点。同时进行空白实验(如测定醇溶性树脂，需配制 2.5%乙醇水溶液，吸取 50mL 做空白实验)。

五、结果计算

树脂游离苯酚含量的计算公式如下。

$$P=[(V_1-V_2)c\times 0.015\ 68\times 1000/(m\times 50)]\times 100\%$$

式中，P 为游离苯酚含量(%)；V_1 为空白实验中所消耗的硫代硫酸钠标准溶液体积(mL)；V_2 为滴定试样所消耗的硫代硫酸钠标准溶液体积(mL)；c 为硫代硫酸钠标准溶液的浓度(mol/L)；0.015 68 为 1mL 浓度为 0.167mol/L 硫代硫酸钠标准溶液相当于苯酚的摩尔质量(g/mmol)；m 为试样质量(g)。

六、实验结果

撰写实验报告，格式见本章附录 3。

实验十二　可被溴化物含量的测定

一、目的与要求

1. 熟悉和掌握用溴量法测定水溶性酚醛树脂可被溴化物的含量。
2. 了解相关测试设备的使用方法。

二、实验原理

把树脂中的游离酚和树脂分子中能被溴化的活性基团，折算成苯酚量，以此代表树脂的可被溴化物含量，用溴量法测定。

三、实验材料和设备

1. 材料

树脂样品、碘化钾（分析纯）、盐酸（分析纯）、乙醇（分析纯）、溴化钾（分析纯）、溴酸钾（分析纯）、可溶性淀粉、硫代硫酸钠（优级纯）、无水碳酸钠（优级纯）、碘化汞（优级纯）、重铬酸钾（优级纯）和蒸馏水。

2. 仪器与设备

容量瓶（500mL）、称量瓶（液体试样用 30mL 滴瓶）、蒸汽发生器（长颈平底烧瓶 2000mL）、冷凝管（60cm）、量筒（20mL）、pH 计（精度 0.1pH 单位）、分析天平（精度 0.0001g）、碘量瓶（500mL）、棕色滴定管（50mL）、移液管（25mL、50mL）、电炉、支架和夹具。

四、实验方法

（1）溶液配制情况如下。

a. $c(1/6KBrO_3)=0.1$mol/L 溴酸钾-$c(1/6KBr)=0.5$mol/L 溴化钾溶液：称取 2.8g 溴酸钾和 10.0g 溴化钾用适量蒸馏水溶解，加入 1000mL 容量瓶中，稀释至刻度。

b. 0.5%淀粉指示剂：称取 1.0g 可溶性淀粉，加水 10mL，搅拌下注入 200mL 沸腾蒸馏水中，微沸 2min 后，放置待用。

c. $c(Na_2S_2O_3)=0.167$mol/L 硫代硫酸钠标准溶液：称取 26.3g 硫代硫酸钠置于 500mL 烧杯中，加入新煮沸已冷却的蒸馏水至完全溶解后，加入 1000mL 容量瓶中，稀释至刻度，加入 0.05g 碳酸钠及 0.01g 碘化汞，贮存于棕色瓶中，静置 14d 后标定。

标定：称取 0.15g 于 120℃烘干至恒重的重铬酸钾，置于 500mL 碘量瓶中，加入 25mL 硫代硫酸钠待标液滴定，接近终点时，加入 3mL 0.5%淀粉指示剂，继续滴定至溶液由蓝色变为亮绿色。

硫代硫酸钠的浓度计算公式同本章实验十一。

（2）称取试样 0.5g（精确至 0.0001g）置于 500mL 容量瓶中，加入蒸馏水稀释至刻度，摇匀。

（3）吸取 50mL 试液于 500mL 碘量瓶中，加入 25mL 溴酸钾-溴化钾溶液及 5mL 盐酸，迅速盖上瓶盖，用水封口，摇匀后放置暗处 15min，加入 1.8g 固体碘化钾，再放置 5min。

（4）用硫代硫酸钠标准溶液滴定至淡黄色，加入 3mL 淀粉指示剂，继续滴定至蓝色消失，即为终点。用 50mL 蒸馏水代替试样进行空白实验。

五、结果计算

树脂可被溴化物含量的计算公式如下。

$$B=[(V_1-V_2)c\times 0.015\,68\times 500/(m\times 50)]\times 100\%$$

式中，B 为可被溴化物含量（%）；V_1 为空白实验中所消耗的硫代硫酸钠标准溶液体积（mL）；V_2 为滴定试样所消耗的硫代硫酸钠标准溶液体积（mL）；c 为硫代硫酸钠标准溶液的浓度（mol/L）；0.015 68 为 1mL 浓度为 0.167mol/L 硫代硫酸钠标准溶液相当于苯酚的摩尔质量（g/mmol）；m 为试样质量（g）。

六、实验结果

撰写实验报告，格式见本章附录3。

参考文献

顾继友.2012.胶粘剂与涂料.2版.北京：中国林业出版社

韦铮.1996.胶粘剂实验.北京：北京林业大学

GB/T 14074—2006.木材胶粘剂及其树脂检验方法

Kiess E. 2010. Introduction to Laboratory Safety：Quick Reference Guide. Starkville：Mississippi State University

Kim M. 2007. Wood Adhesives and Finishes：Lecture Notes and Laboratory. Starkville：Mississippi State University

附录1 胶粘剂实验室管理规定

为规范实验操作，提高实验室的使用效率，保障实验人员安全，杜绝一切实验事故，保证实验设备合理有效利用和管理，特制订本实验室管理规定。实验室管理是所有实验人员共同的责任，每位实验人员都应对实验室的正常、高效运转尽自己的责任和义务，自觉遵守实验室的规章制度和管理办法。

第一条 胶粘剂实验室由专人管理。本实验室人员进入实验室须提前登记所需实验台和实验设备，须穿实验服，未经许可不得擅自动用其他仪器设备。外来人员进入实验室需事先征得实验室主管同意后方可入内，并认真做好登记和记录工作。

第二条 实验室内的仪器设备、材料、工具等物品要摆放整齐，布局合理。实验室应及时清理废旧物品，不堆放与实验室工作无关的物品，要有安全通道，严格做到防火、防盗、防破坏、防灾害事故及关门、关窗、关水、关电、关气。

第三条 实验人员应熟悉实验室环境、布置和各种设施的位置，在指定的位置进行实验操作。非本实验室管理和工作人员不得随便进入实验室。严禁在实验室内大声喧哗。

第四条 实验要严格按操作规程进行，并做好防护措施，防止事故发生。实验过程中严禁离开，尤其是高温高压实验。严禁在实验室内饮食、留宿和从事与科研工作无关的活动。实验室钥匙须由专人管理，不得私自配置或借与他人使用。

第五条 实验开始前要阅读和思考每一项实验任务。实验结束后须清理实验台，关闭所使用的仪器设备，切断电源、气源和水源，清理和归位各种试剂、化学药品及实验仪器，实验垃圾及时清理，保持实验室整洁。实验室内试件、样品及化学药品标明姓名及有效期，便于实验室管理，严禁存放个人物品。

第六条 实验室要加强安全用电管理，不得擅自改装、拆修电器设施；不得乱接乱拉电线，实验室内不得有裸露的电线头；电源开关箱内不得堆放物品，以免触电或燃烧；使用高压动力电时，应穿戴绝缘胶鞋和手套，或用安全杆操作；有人触电时，应立即切断电源，或用绝缘物体将电线与人体分离后，再实施抢救。

第七条 实验室严禁吸烟，杜绝任何火灾隐患，及时了解各类有关易燃易爆知识及消防知识。实验室和楼道内必须配置足够的安全防火设施。消防设备要品种合适，定期检查保养。走廊、楼梯、出口等部位和消防安全设施前要保持畅通，严禁堆放物品，并不得随意移位、损坏和挪用消防器材。

第八条 实验室中不允许使用破损的玻璃器皿。对于不能修复的玻璃器皿，应当按照废物处理。在修复玻璃器皿前应清除其中所残留的化学药品。

第九条 实验室化学药品和实验材料由专门人员负责。实验人员订购药品及材料需申请，使用实验用品务必节俭，杜绝浪费（尤其是手套、口罩、滴管等），发现此类现象应及时制止并上报，严禁将化学试剂及药品带出实验室。大量液体易燃易爆药品不能存放在实验台试剂架上。

第十条 实验室仪器的管理与维护须由专门人员负责。操作人员要爱护仪器，不清楚和未经许可严禁私自操作。实验室仪器的出借需批准，出借和归还需详细登记。保持常用仪器、设备完好无损；爱护实验设备，节约水电和化学药品。损坏仪器应及时报告。使用精密仪器时，若发现异常或出现故障，应立即停止使用并及时报告，排除故障。

第十一条 实验室卫生人人有责。实验室管理人员应定期安排卫生打扫，范围包括实验台、仪器、地面及化学药品等，完成后进行登记。

第十二条 实验室仓库应定期整理。实验人员取用物品后须及时整理，严禁存放易燃易爆物品。

第十三条 每天最后离开实验室的人员应检查水、电安全，关好门窗。确保无隐患后，方可锁门离开。值班人员要做好节假日安全保卫工作。任何人发现有不安全因素，应及时报告，迅速处理。

第十四条 任何新进实验人员，均须学习本规定后方可进入实验室。

附录 2 胶粘剂实验室安全操作守则

第一条 每位实验人员均应了解实验室中所有安全器材的存放位置和使用方法，包括：安全洗浴器、洗眼器、急救包、灭火器和灭火毯等。

第二条 进行实验要穿实验服和戴防护眼镜及口罩，必须穿不露脚指头的鞋，并把松散的头发系在后背。

第三条 不要直视试管进行观察，应从侧面观察试管中的物质。不要把试管的开口端朝向自己和周围的同学。

第四条 浓酸浓碱具有强烈腐蚀性，切勿溅到皮肤和衣服上，如不小心溅到皮肤和眼内，应立即用水冲洗，然后用 5％的碳酸钠溶液（酸腐蚀）或 5％的硼酸溶液（碱腐蚀）冲洗，最后再用水冲洗。较轻的皮肤灼伤应放在冷的流水下冲洗。

第五条 使用电器设备时，应特别细心，不要用湿手、湿物接触电源，不用时及时切断电源。

第六条 使用易燃易爆药品应严格遵守操作规程，远离火源。使用后应将试剂瓶盖紧，放阴凉处保存，如遇意外事故应及时报告老师。

第七条 实验室应保持室内整齐干净，水槽清洁。禁止将固体物投入水槽，以免造成下水道堵塞。实验室水、电使用后，应立即关闭，离开实验室时，应仔细检查水、电、门窗是否关好。晚上、节假日做某些危险实验时室内必须有两人以上，以保实验安全。

第八条 任何实验室事故，无论多小，都应立刻报告实验指导教师。

附录 3　实验报告撰写模板

1. 实验目的
2. 实验材料及设备
3. 实验方法
4. 实验过程观察及数据记录
5. 实验结果及讨论
6. 思考题与解答

第六章
人造板制造工艺学

实验一　胶合板制造实验

一、目的与要求

胶合板(plywood)是由木段旋切成单板或由木方刨切成薄木,在其表面施加胶粘剂,按相邻层单板的纤维方向互相垂直原则胶合而成的具有一定幅面尺寸的奇数层的板状材料。胶合板一般为对称结构,即胶合板对称中心平面两侧的单板,在木材性质、单板厚度、层数、纤维方向、含水率等方面都互相对称。在同一张胶合板中,可以使用单一树种和厚度的单板,也可以使用不同树种和厚度的单板,但对称中心平面两侧任何两层互相对称的单板树种和厚度要一样。面背板允许不是同一树种。胶合板通常都做成3层、5层、7层等奇数层。胶合板各层的名称是:表层单板称为表板,里层的单板称为芯板;正面的表板称为面板,背面的表板称为背板;芯板中,纤维方向与表板平行的称为长芯板或中板。在组成胶合板板坯时,面板和背板必须紧面朝外。

本实验利用脲醛树脂胶粘剂压制规格为300mm×300mm的三层普通胶合板一块,热压工艺与参数根据实验所用的胶种、固化剂和其他添加剂用量、树种、单板厚度、涂胶量、陈化时间等具体情况来设定,最后计算单板涂胶量(双面)和胶合板的压缩率。本实验目的及要求如下。

1. 熟悉和掌握胶合板的制造方法。
2. 了解热压机等常用胶合板制板设备的使用方法。
3. 能够利用课堂上讲授的理论知识进行简单的工艺设计和改进。

二、实验材料和设备

1. 材料

表板(取自胶合板厂,杨木或桉木旋切单板,含水率为10%～16%,尺寸为350mm×350mm×3mm)、芯板(取自胶合板厂,杨木或桉木旋切单板,含水率为10%～16%,尺寸为350mm×350mm×3mm)、脲醛树脂(实验室自制,固体含量为50%～55%)、面粉(填料)和氯化铵(固化剂)。

2. 仪器与设备

万能试验压机、电子天平(精度1g)、电子天平(精度0.01g)、千分尺(精度0.01mm)、磁力搅拌器、钢卷尺、排刷和记号笔。

三、实验内容与方法

胶合板制造实验按照图6-1中的工艺流程进行,具体步骤如下。

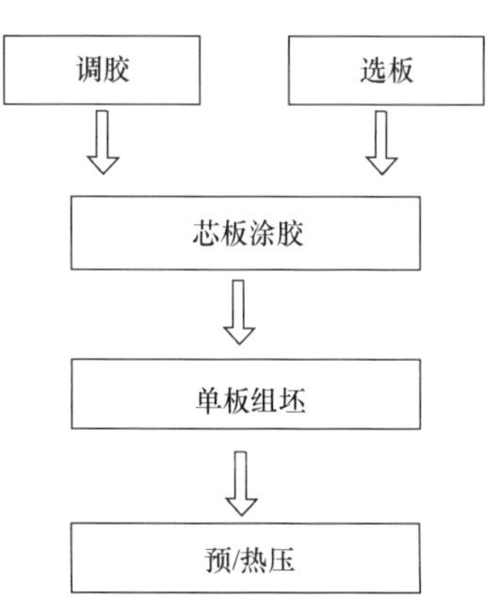

图6-1　胶合板制造工艺流程图

1. 胶粘剂调制

实验室自制的脲醛树脂按表6-1中的配比进行调制。

表 6-1 脲醛树脂调胶配方

原料	百分比/%
脲醛树脂	100
面粉	10～20
氯化铵	0.5～1

用烧杯在电子天平(精度 1g)上称取脲醛树脂 100g,面粉 10～20g,开动搅拌器,将面粉缓慢倒入脲醛树脂中,边加入面粉边搅拌,直到胶液中看不到小粒的面粉团时停止搅拌。在电子天平(精度 0.01g)上称取氯化铵 0.5～1g,配成 20%的溶液,缓慢加入胶液中,搅拌充分使之均匀混合。

调胶的时候注意,先加入面粉,搅拌均匀后再加入氯化铵,氯化铵应配成一定浓度的溶液再加入,不宜直接将固体粉末态的氯化铵加入胶液中。冬天进行实验时,可适当增加氯化铵加入量,夏天进行实验时,可适当减少氯化铵加入量。胶液的活性期一般为 3～4h,调制好的胶液应在这段时间内使用。

2. 单板准备

实验前事先将单板干燥到含水率为 6%～10%,将单板裁剪成 300mm×300mm 尺寸。选出三张板面没有明显缝隙的单板,其中一张作为芯板,其他两张作为表板。观察表板(面板、背板)的松紧面,并将表板的松紧面作上不同的标记。测量并记录芯板的长度 a 和宽度 b。在单板上选取一个位置,测出在这个位置对应的三张单板的厚度 S_1、S_2和 S_3,同时称量出三张单板的总质量 G_1。

3. 芯板涂胶

根据芯板的长度和宽度,计算出芯板的面积,根据涂胶量的一般要求(表 6-2),按照公式计算出芯板上(双面)应涂的胶重量。

$$T=(G_2-G_1)/F=(G_2-G_1)/(a\times b)$$

式中,T 为单板双面涂胶量(g/m^2);G_1为三张单板涂胶前总质量(g);G_2为芯板涂胶后三张单板总质量(g);F 为单板面积,为单板长度 a 与宽度 b 的乘积(m^2)。

表 6-2 胶粘剂种类与涂胶量

胶粘剂种类	一般涂胶量/(g/m^2)
脲醛树脂	280～320
酚醛树脂	240～280
豆胶	480～560

在电子天平(精度 1g)上称取所需的胶液,用排刷将胶液均匀地涂在芯板两面。涂胶完成后,称量并记录下涂胶后三张单板的总质量 G_2。

计算涂胶量的时候注意,计算出来的涂胶量是芯板的双面涂胶量。涂胶的时候要避免局部缺胶或胶液过多的现象。当单板表面光洁平整时,涂胶量可少些;反之涂胶量应大些。

4. 单板组坯

组坯时注意将做好标记的表板紧面朝外。组坯后的板坯要合板陈化 10～15min。陈化的目的是使胶液有足够时间润湿单板表面并铺展开，胶液中的部分水分可以蒸发或者渗入单板中，使胶粘剂粘度增加，热压时有利于形成连续的胶层，提高胶合强度。

组坯时遵循三个基本原则：①对称原则；②奇数层原则；③相邻层纹理互相垂直原则。组坯时尽量使各层单板的一边和一端对齐，这样能保证成品板材的幅面有足够大小而不致使边角出现过多缺损。

5. 热压

将陈化好的板坯放入热压机，按下列工艺条件进行热压。单位压力：0.8～1.0MPa。热压温度：105～110℃。热压时间：2.5～3.0min。

板坯所需单位压力与热压机表压力之间的换算公式如下。

$$P_{表}=[(4\times a\times b)/(d^2\times\pi)]\times P_{单}$$

式中，$P_{表}$为热压机的表压力(MPa)；a 为板坯长度(cm)；b 为板坯宽度(cm)；$P_{单}$为所需单位压力(MPa)；d 为热压机活塞直径(cm)。

热压时间到达后，开始降压卸板。降压时一定要使热压机缓慢张开或分段降压，以免降压过快发生分层鼓泡现象。

6. 观察、测量与计算

观察压制的胶合板的板面是否有分层鼓泡现象，是否有翘曲现象，是否有其他质量问题。

测量并记录下压制好的胶合板厚度 h。

胶合板的压缩率的计算公式如下。

$$R=(\sum S-h)\times 100\%/\sum S$$

式中，R 为胶合板的压缩率(%)；h 为胶合板厚度(mm)；$\sum S$ 为热压前三张单板厚度之和$(S_1+S_2+S_3)$(mm)。

四、实验结果

撰写实验报告，格式见本章附录4。

五、习题

1. 压制胶合板时，单板含水率过高或过低可能会造成什么后果？
2. 调胶时，改变添加物的种类和百分质量对胶液的性能有什么样的影响？
3. 胶合板热压时，三要素的数值如何确定？它们之间有什么关系？对胶合板质量有什么影响？
4. 胶合板的热压过程通常分为哪几部分？它们的作用分别是什么？
5. 胶合板常见的缺陷有哪些？分析造成这些缺陷的可能原因。

实验二　中密度纤维板制造实验

一、目的与要求

纤维板(fiberboard)是以木材或其他植物纤维为原料，施加或不施胶粘剂或其他添加剂，在一定温度和压力条件下压制而成的一种人造板材。纤维板生产工艺分为湿法、干法和半干法。湿法生产工艺一般不施加胶粘剂，以水作为纤维运输的载体，直接利用纤维之间相互交织产生摩擦力、纤维表面分子之间产生结合力和纤维内含物产生的胶结力等的作用制成一定强度的板材。干法生产以空气为载体输送纤维，经过干燥、施加胶粘剂、组坯、热压成板后通常不再热处理，其他工艺与湿法相同。半干法生产工艺也用气流成型，纤维不经干燥而保持高含水率，不用或少用胶粘剂。

本实验利用脲醛树脂胶粘剂以干法生产工艺压制规格为 400mm×400mm×12mm 的中密度纤维板一块，热压条件与参数由实验所用的胶种、施胶量、固化剂及其他添加剂用量、纤维含水率、纤维板密度、厚度等具体情况来设定。本实验的目的及要求如下。

1. 熟悉和掌握纤维板的制造过程及原料计算方法。
2. 了解热压机、拌胶机等常用纤维板制板设备的使用方法。
3. 能够利用课堂上讲授的理论知识进行简单的工艺设计和改进。

二、实验材料和设备

1. 材料

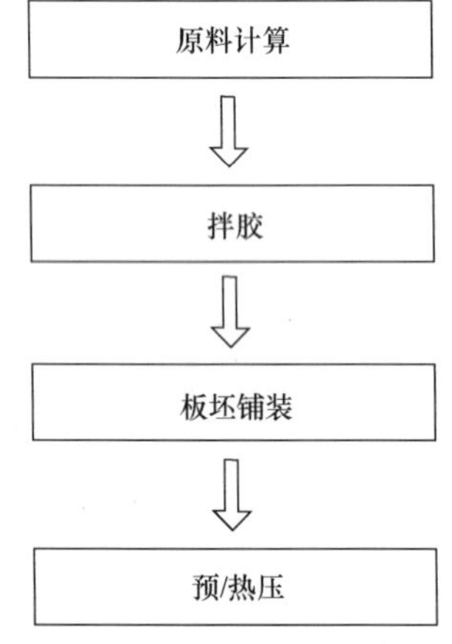

图 6-2　纤维板制造工艺流程图

木材纤维（取自省内纤维板厂，含水率约为 8%）、脲醛树脂（实验室自制，固体含量为60%～65%）、固化剂（氯化铵，浓度为 20%）、防水剂（石蜡乳液，浓度为 50%）和油酸。

2. 仪器与设备

万能试验压机、空气压缩机、拌胶机、恒流泵、20kg 电子秤（精度 1g）、电子天平（精度 0.01g）、烧杯、玻璃棒、游标卡尺、红外水分仪、热压垫板和板坯铺装框。

三、实验内容与方法

中密度纤维板制造实验按照图 6-2 中的工艺流程进行，具体步骤如下。

1. 原料用量计算

（1）根据表 6-3 确定原料用量。

表 6-3　纤维板参数取值

参数确定	一般可取值范围	本实验取值	备注
板的尺寸	根据热压机加工幅面和产品要求确定	400mm×400mm×12mm	无
板的密度	0.7～0.8g/cm³	0.75g/cm³	绝干密度
板的含水率	根据使用环境条件确定	8%	无
施胶量	8.0%～12.0%（脲醛树脂） 6.0%～8.0%（酚醛树脂）	10%	固体树脂占绝干纤维重量的百分比
固化剂用量	1.0%～2.0%	1%	占固体胶粘剂重量
防水剂用量	0.5%～1.0%	1%	占绝干纤维重量

(2) 计算中密度纤维板重量，其计算公式如下。

$$G_{板}=a\times b\times h\times\rho$$

式中，$G_{板}$为中密度纤维板重量(g)；a 为设定板的长度(cm)；b 为设定板的宽度(cm)；h 为设定板的厚度(cm)；ρ 为设定板的密度(g/cm^3)。

(3) 计算绝干纤维重量，其计算公式如下。

$$G_{干纤}=G_{板}/[1+P_{蜡}+(1+P_{固})\times P_{胶}]$$

式中，$G_{干纤}$为绝干纤维重量(g)；$G_{板}$为中密度纤维板重量(g)；$P_{蜡}$为石蜡用量百分比(%)；$P_{固}$为固化剂用量百分比(%)；$P_{胶}$为胶粘剂用量百分比(%)。

(4) 根据纤维含水率，计算实际需要湿纤维重量，其计算公式如下。

$$G_{湿纤}=G_{干纤}\times(1+M)$$

式中，$G_{湿纤}$为湿纤维重量(g)；$G_{干纤}$为绝干纤维重量(g)；M 为纤维含水率(%)。

(5) 根据设定的施胶量，计算出固体胶粘剂的用量。

$$G_{干胶}=G_{干纤}\times P_{胶}$$

式中，$G_{干胶}$为固体胶粘剂重量(g)；$G_{干纤}$为绝干纤维重量(g)；$P_{胶}$为胶粘剂施加量(%)。

(6) 根据胶液固体含量计算所需的液体胶的重量。

$$G_{液胶}=G_{干胶}/S_{胶}$$

式中，$G_{液胶}$为液体胶粘剂重量(g)；$G_{干胶}$为固体胶粘剂重量(g)；$S_{胶}$为胶粘剂固体含量(%)。

(7) 根据设定固化剂用量比例，计算固化剂实际重量。

$$G_{固}=G_{干胶}\times P_{固}/S_{固}$$

式中，$G_{固}$为固化剂重量(g)；$G_{干胶}$为固体胶粘剂重量(g)；$S_{固}$为固化剂浓度(%)；$P_{固}$为固化剂用量(%)。

(8) 根据设定防水剂用量比，计算出实际防水剂重量。

$$G_{蜡}=G_{干纤}\times P_{蜡}/S_{蜡}$$

式中，$G_{蜡}$为石蜡乳液重量(g)；$G_{干纤}$为绝干纤维重量(g)；$P_{蜡}$为石蜡施加百分比(%)；$S_{蜡}$为石蜡乳液固体含量(%)。

2. 拌胶

(1) 用电子秤称量纤维，加入拌胶机滚筒内，用电子天平称量胶粘剂、固化剂和防水剂，将固化剂与胶粘剂混合。混合时，固化剂要缓慢加入，并不断搅拌，以防局部胶液固化剂浓度过大导致快速固化。称量时，称取比计算值多 10%的原料，因为在拌胶过程中会有一些原料损失。

(2) 开动拌胶机、空气压缩机和恒流泵进行拌胶。拌胶筒的旋转速度控制在 80～120r/min，搅拌时间内应保证纤维和胶粘剂充分均匀地混合。空气压缩机的压力一般应控制在0.4～0.5MPa 为宜。胶粘剂流量控制在 40～60L/min 为宜，使胶粘剂雾化完全并与纤维充分混合。胶粘剂和防水剂分开施加，待胶液雾化施胶结束后，再进行防水剂的施加。

(3) 拌胶完成后，取少量纤维用红外水分仪快速测定含水率。拌胶后的纤维含水率应在14%以下为宜，这样既可以保证纤维板质量，防止鼓泡和分层现象，又可以缩短热压时间，提高效率。纤维含水率计算公式如下。

$$M_{后}=[M_{前}+(100/S-1)\times P]/(100+P)$$

式中，$M_{后}$为拌胶后的纤维含水率(%)；$M_{前}$为拌胶前的纤维含水率(%)；S为胶粘剂固体含量(%)；P为胶粘剂用量百分比(即胶的固体质量与绝干纤维质量百分比)(%)。

注意：拌胶后的纤维含水率忽略了固化剂带入水分的影响，因为这部分水分很少。但使用石蜡乳液代替液状石蜡作为防水剂时所带入的水分不能忽略。因此本实验中不能用此公式计算拌胶后的纤维含水率，应该用红外水分仪测定。

3. 板坯铺装

(1) 取一块金属热压垫板，在垫板表面与纤维板坯接触处喷涂少量油酸，目的是防止热压后粘板。然后将铺装框放在垫板上面，四周留同样间隙。

(2) 用电子秤称量所需要的纤维质量，将纤维铺入铺装框。铺装时，尽量使纤维分布均匀，使铺装后的板坯表面尽量平整。

(3) 铺装完成后，用游标卡尺测量铺装后板坯的高度，记录数据 d_1。

4. 预压

在板坯上面放置一块盖板，用手对盖板施加垂直向下的压力，将板坯压缩，记录压缩时板坯的最小厚度 d_2。然后移开盖板并拆除铺装框，用游标卡尺测量此时板坯的高度，记录数据 d_3。在板坯上面再放置一块相同的金属热压垫板，垫板与纤维板坯接触处同样喷涂了油酸。

5. 热压

实验开始前一小时打开热压机温控系统，将温度设定为热压目标温度，同时在控制面板设定好热压程序并设定所要压制纤维板的目标厚度。

热压条件与工艺参数根据设定的中密度纤维板的密度、厚度、施胶量、含水率等来确定，可参考表 6-4。所需单位压力与热压机压力之间的换算公式如下。

$$P_{热}=[4\times a\times b/(d^2\times \pi)]/P_{单}$$

式中，$P_{热}$为热压机的表压力(MPa)；$P_{单}$为所需单位压力(MPa)；d为热压机活塞直径(cm)；a为板坯长度(cm)；b为板坯宽度(cm)。

表 6-4　不同厚度中密度纤维板热压工艺参数

板的厚度/mm	热压温度/℃	热压时间/(s/mm)	时间分配/min	高压压力/MPa	低压压力/MPa
10	170	24～30	3(高压)-2(低压)	5～7	1.5～2.0
	180	24～30	2(高压)-2(低压)	5～7	1.5～2.0
12	170	24～30	3(高压)-3(低压)	5～7	1.5～2.0
	180	24～30	3(高压)-2(低压)	5～7	1.5～2.0
14	170	24～30	4(高压)-3(低压)	5～7	1.5～2.0
	180	24～30	3(高压)-3(低压)	5～7	1.5～2.0
16	170	24～30	4(高压)-4(低压)	5～7	1.5～2.0
	180	24～30	4(高压)-3(低压)	5～7	1.5～2.0

将压缩后的板坯连同上下热压垫板一同放入热压机两热压板之间，按下压板闭合按钮，压机压板闭合，开始启动预设的热压程序。

热压时间到达后，压机开始降压，压板自动打开。压板打开时，操作人员及其他旁观人员一定不要正面对着热压机开口处，以防止鼓泡时射伤或烫伤面部。

6. 观察、测量与计算

观察压制的纤维板板面是否有鼓泡分层现象，板面是否有斑点，是否有其他质量问题。

测量并记录纤维板的厚度。

板坯的压缩率和回弹率的计算公式如下。

$$R_{压缩}=[(d_1-d_3)/d_1]\times 100\%$$

$$R_{回弹}=[(d_3-d_2)/d_1]\times 100\%$$

式中，$R_{压缩}$为压缩率(%)；$R_{回弹}$为回弹率(%)；d_1为板坯铺装厚度(mm)；d_2为板坯压缩时的最小厚度(mm)；d_3为板坯回弹后的实际厚度(mm)。

四、实验结果

撰写实验报告，格式见本章附录4。

五、习题

1. 施胶时，防水剂与胶液一同施加或者分开施加对纤维板性能有什么影响？如果分开施加，先施加胶粘剂后施加防水剂与先施加防水剂后施加胶粘剂对纤维板性能有什么影响？
2. 为什么纤维板需要预压？
3. 纤维板热压三要素的数值如何确定？它们之间有什么关系？对纤维板质量有什么影响？
4. 纤维板的热压过程通常分为哪几部分？它们的作用分别是什么？
5. 纤维板常见的缺陷有哪些？分析造成这些缺陷的可能原因。

实验三　刨花板制造实验

一、目的与要求

刨花板(particleboard)是由木材或其他木质纤维素材料制成的碎料，在施加胶粘剂后，在一定的温度和压力条件作用下压制成的人造板材，又称碎料板。刨花板的生产方法按其板坯成型及热压工艺设备不同，分为间歇性生产的平压法和连续性生产的挤压法、辊压法。实际生产中以用平压法为主。根据刨花板结构可分为单层结构刨花板、三层结构刨花板、渐变结构刨花板、定向刨花板、华夫刨花板等。

本实验采用平压法压制规格为400mm×400mm×12mm的单层结构刨花板一块，使用脲醛树脂作为胶粘剂，热压条件与工艺参数由实验所用的胶种、施胶量、添加剂用量、刨花含水率、刨花板密度、厚度等具体情况来设定。本实验的目的及要求如下。

1. 熟悉和掌握刨花板的制造过程及原料计算方法。
2. 了解热压机、拌胶机等常用刨花板制板设备的使用方法。
3. 能够利用课堂上讲授的理论知识进行简单的工艺设计和改进。

二、实验材料和设备

1. 材料

木材刨花(取自刨花板厂，含水率约为5%)、脲醛树脂(实验室自制，固体含量为60%～65%)、固化剂(硫酸铵，浓度为20%)、防水剂(石蜡乳液，浓度为50%)和油酸。

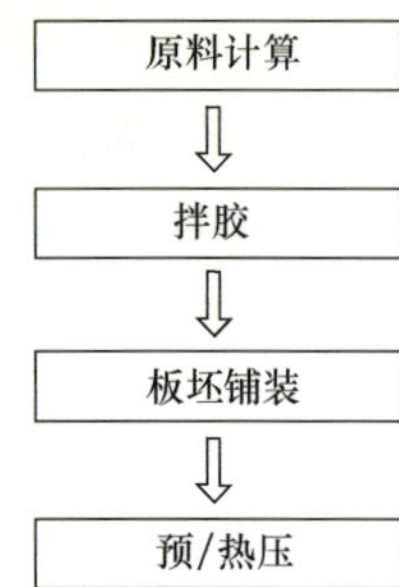

图 6-3　刨花板制造工艺流程图

2. 仪器与设备

万能试验压机、空气压缩机、拌胶机、恒流泵、20kg 电子秤(精度 1g)、电子天平(精度 0.01g)、烧杯、玻璃棒、游标卡尺、红外水分仪、热压垫板和板坯铺装框。

三、实验内容与方法

刨花板制造实验按照图 6-3 中的工艺流程进行,具体步骤如下。

1. 原料用量计算

(1) 根据表 6-5 确定原料用量。

表 6-5　刨花板参数取值

参数确定	一般可取值范围	本实验取值	备注
板的尺寸	根据热压机加工幅面和实际情况确定	400mm×400mm×12mm	无
板的密度	0.7～0.8g/cm³	0.75g/cm³	绝干密度
板的含水率	根据使用环境条件确定	8%	无
施胶量	8.0%～12.0%(脲醛树脂) 6.0%～8.0%(酚醛树脂)	9%	固体树脂占绝干纤维重量的百分比
固化剂用量	1.0%～2.0%	1%	占固体胶粘剂重量
防水剂用量	0.5%～1.0%	1%	占绝干纤维重量

(2) 计算刨花板重量,计算公式如下。

$$G_{板}=a\times b\times h\times \rho$$

式中,$G_{板}$为刨花板重量(g);a 为设定板的长度(cm);b 为设定板的宽度(cm);h 为设定板的厚度(cm);ρ 为设定板的密度(g/cm^3)。

(3) 计算绝干刨花重量,计算公式如下。

$$G_{干刨}=G_{板}/[1+P_{蜡}+(1+P_{固})\times P_{胶}]$$

式中,$G_{干刨}$为绝干刨花重量(g); $G_{板}$为刨花板重量(g);$P_{蜡}$为石蜡用量百分比(%); $P_{固}$为固化剂用量百分比(%);$P_{胶}$为胶粘剂用量百分比(%)。

(4) 根据刨花含水率,计算实际需要湿刨花重量,计算公式如下。

$$G_{湿刨}=G_{干刨}\times(1+M)$$

式中,$G_{湿刨}$为湿刨花重量(g);$G_{干刨}$为绝干刨花重量(g);M 为刨花含水率(%)。

(5) 根据设定的施胶量,计算出固体胶粘剂的用量,计算公式如下。

$$G_{干胶}=G_{干刨}\times P_{胶}$$

式中,$G_{干胶}$为固体胶粘剂重量(g);$G_{干刨}$为绝干刨花重量(g);$P_{胶}$为胶粘剂施加量(%)。

(6) 根据胶液固体含量,计算所需液体胶的重量,计算公式如下。

$$G_{液胶}=G_{干胶}/S_{胶}$$

式中,$G_{液胶}$为液体胶粘剂重量(g);$G_{干胶}$为固体胶粘剂重量(g);$S_{胶}$为胶粘剂固体含量(%)。

(7) 根据设定固化剂用量比例,计算固化剂实际重量,其计算公式如下。

$$G_{固}=G_{干胶}\times P_{固}/S_{固}$$

式中,$G_{固}$为固化剂重量(g);$G_{干胶}$为固体胶粘剂重量(g);$S_{固}$为固化剂浓度(%);$P_{固}$为固化剂用量(%)。

(8) 根据设定防水剂用量比，计算出实际防水剂重量，其计算公式如下。

$$G_{蜡}=G_{干刨}\times P_{蜡}/S_{蜡}$$

式中，$G_{蜡}$ 为石蜡乳液重量(g)；$G_{干刨}$ 为绝干刨花重量(g)；$P_{蜡}$ 为石蜡施加百分比(%)；$S_{蜡}$ 为石蜡乳液固体含量(%)。

2. 拌胶

(1) 用电子秤称量刨花，加入拌胶机滚筒内，用电子天平称量胶粘剂、固化剂和防水剂，将固化剂与胶粘剂混合。混合时，固化剂要缓慢加入，并不断搅拌，以防局部胶液固化剂浓度过大而导致快速固化。称量时，称取比实际计算值多10%的原料，因为在拌胶过程中会有一些原料损失。

(2) 开动拌胶机、空气压缩机和恒流泵进行拌胶。拌胶筒的旋转速度控制在80～120r/min，搅拌时间内应保证刨花和胶粘剂充分均匀地混合。空气压缩机的压力一般应控制在0.4～0.5MPa为宜。胶粘剂流量控制在40～60L/min为宜，使胶粘剂完全雾化并与刨花充分混合。胶粘剂和防水剂分开施加，待胶液雾化施胶结束后，再进行防水剂的施加。

(3) 拌胶完成后，取少量刨花用红外水分仪快速测定含水率。拌胶后的刨花含水率应在10%以下为宜，这样既可以保证刨花板质量，防止鼓泡和分层现象，又可以缩短热压时间，提高效率。刨花含水率计算公式如下。

$$M_{后}=[M_{前}+(100/S-1)\times P]/(100+P)$$

式中，$M_{后}$ 为拌胶后的刨花含水率(%)；$M_{前}$ 为拌胶前的刨花含水率(%)；S 为胶粘剂固体含量(%)；P 为胶粘剂用量百分比(即胶的固体质量与绝干刨花质量百分比)(%)。

注意：拌胶后的刨花含水率忽略了固化剂带入的水分的影响，因为这部分水分很少。但使用石蜡乳液代替液状石蜡作为防水剂时所带入的水分不能忽略。因此本实验中不能用此公式计算拌胶后的刨花含水率，应该用红外水分仪测定。

3. 板坯铺装

(1) 取一块金属热压垫板，在垫板表面与刨花板坯接触处喷涂少量油酸，防止热压后粘板。然后将铺装框放在垫板上面，四周留同样间隙。

(2) 用电子秤称量所需要的刨花重量，将刨花铺入铺装框。铺装时，尽量使刨花分布均匀，使铺装后的板坯表面尽量平整。

(3) 铺装完成后，用游标卡尺测量板坯的高度，记录数据 d_1。

4. 预压

在板坯上面放置一块盖板，用手对盖板施加垂直向下的压力，将板坯压缩，记录压缩时板坯的最小厚度 d_2。然后移开盖板并拆除铺装框，用游标卡尺测量此时板坯的高度，记录数据 d_3。在板坯上面再放置一块相同的金属热压垫板，垫板与刨花板坯接触处同样喷涂了油酸。

5. 热压

实验开始前一小时打开热压机温控系统，将温度设定为热压目标温度，同时在控制面板设定好热压程序并设定所要压制刨花板的目标厚度。

热压条件与工艺参数根据设定的刨花板的密度、厚度、施胶量、含水率等来确定，可参考表6-6。所需单位压力与热压机压力之间的换算公式如下。

$$P_{热}=[4\times a\times b/(d^2\times\pi)]/P_{单}$$

式中，$P_{热}$ 为热压机的表压力(MPa)；$P_{单}$ 为所需单位压力(MPa)；d 为热压机活塞直径(cm)；a 为板坯长度(cm)；b 为板坯宽度(cm)。

表 6-6　典型刨花板热压程序设定

类别:刨花板		板坯长度:400mm	板坯宽度:400mm
刨花板密度:0.759/cm^3		刨花板厚度:12mm	热压板总厚度:3mm
事件	控制	控制点参数	保持时间
1	压力	14MPa	20s
2	热压板间距	25mm	9s
3	热压板间距	22mm	5s
4	热压板间距	19mm	3s
5	热压板间距	17mm	9s
6	热压板间距	14mm	11s
7	热压板间距	13mm	11s
8	热压板间距	13mm	180s
9	压力	0MPa	10s
10	压力	0MPa	10s
11	压力	0MPa	10s
12	热压板间距	380mm	10s

将压缩后的板坯连同上下热压垫板一同放入热压机两热压板之间,按下压板闭合按钮,压机压板闭合,开始启动预设的热压程序。

热压时间到达后,压机开始降压,压板自动打开。压板打开时,操作人员及其他旁观人员一定不要正面对着热压机开口处,以防止鼓泡时射伤或烫伤面部。

6. 观察、测量与计算

观察压制的刨花板板面是否有鼓泡分层现象,板面是否有斑点,是否有其他质量问题。

测量并记录刨花板的厚度。

板坯的压缩率和回弹率的计算公式如下。

$$R_{压缩}=[(d_1-d_3)/d_1]\times100\%$$

$$R_{回弹}=[(d_3-d_2)/d_1]\times100\%$$

式中,$R_{压缩}$为压缩率(%);$R_{回弹}$为回弹率(%);d_1为板坯铺装厚度(mm);d_2为板坯压缩时的最小厚度(mm);d_3为板坯回弹后实际厚度(mm)。

四、实验结果

撰写实验报告,格式见本章附录 4。

五、习题

1. 如果压制三层结构刨花板,原料计算、拌胶、板坯铺装等工序相对于单层结构刨花板的工序有什么改变?

2. 请说明刨花板的生产过程中常用硫酸铵作为固化剂,而少用氯化铵的原因。

3. 拌胶后板坯的水分来源有几个方面?一般拌胶前刨花含水率和拌胶后板坯含水率的要求各是多少?

4. 刨花板常见的缺陷有哪些?分析造成这些缺陷的可能原因。

5. 分析刨花板中甲醛释放的可能原因及相应降低甲醛释放量的措施。

实验四　人造板密度的测定

一、目的与要求

密度对板材的物理力学性能影响很大，是人造板的主要指标之一。人造板密度分为平均密度、平面密度和局部密度。本实验测定的密度是平均密度，即人造板试件单位体积的质量，它的数值大小直接影响人造板的物理力学性能。本实验的目的及要求如下。

1. 熟悉和掌握人造板密度测定方法。
2. 了解相关测试设备的使用方法。

二、实验原理

试件进行质量恒定（恒温恒湿）处理后，称量试件质量，与其体积的比值，单位为 g/cm^3。

三、实验材料和设备

1. 材料

人造板试件：长 $a=(100\pm1)$mm，宽 $b=(100\pm1)$mm。

2. 设备

千分尺（精度 0.01mm）、游标卡尺（精度 0.1mm）和电子天平（精度 0.01g）。

四、实验内容与方法

(1) 将试件放在温度为(20±2)℃，相对湿度为 65%±5%的恒温恒湿条件下，每间隔一定时间称量试件质量，直至质量恒定。

(2) 称量每一试件质量，精确至 0.01g。

(3) 用千分尺测量在试件一面距角 25mm 的 4 个点的厚度，取 4 点厚度的算术平均值作为试件的厚度。

(4) 用游标卡尺在试件边长的中部分别测量试件的长度和宽度。

(5) 根据公式计算试件密度，结果精确至 0.01g/cm^3。

$$\rho=[G/(a\times b\times t)]\times1000$$

式中，ρ 为试件密度（g/cm^3）；G 为试件质量（g）；a 为试件长度（mm）；b 为试件宽度（mm）；t 为试件厚度（mm）。

五、实验结果

撰写实验报告，格式见本章附录 4。

六、习题

1. 平面密度指人造板内部某一厚度范围内的密度，它的大小由什么因素决定？它影响人造板哪些方面的性能？

2. 局部密度指人造板平面某一范围内的密度，它的大小由什么因素决定？它影响人造板哪些方面的性能？

3. 平均密度、平面密度、局部密度在数值上有什么关系？

实验五　人造板含水率的测定

一、目的与要求

1. 熟悉和掌握人造板含水率的测定方法。
2. 了解相关测试设备的使用方法。

二、实验原理

确定试件在干燥前后质量之差与干燥后质量之比。

三、实验材料和设备

1. 材料

人造板试件：长为(100±1)mm，宽为(100±1)mm。

2. 设备

电子天平(精度 0.01g)、鼓风干燥箱和干燥器。

四、实验内容与方法

(1) 测定含水率时，试件锯切后应立即称重，精确至 0.01g。如果不能立即称重，应避免试件含水率在锯切至称量期间发生变化。

(2) 将试件放入鼓风干燥箱，在温度(103±2)℃的条件下干燥至质量恒定(前后相隔 6h 两次称量所得的含水率之差小于 0.1%)，干燥后的试件立即取出，放置于干燥器内冷却。

(3) 试件冷却后称重，精确至 0.01g。

(4) 根据公式计算试件含水率，结果精确至 0.1%。

$$M=[(G_{前}-G_{后})/G_{前}]\times 100\%$$

式中，M 为试件含水率(%)；$G_{前}$ 为试件干燥前的质量(g)；$G_{后}$ 为试件干燥后的质量(g)。

五、实验结果

撰写实验报告，格式见本章附录 4。

六、习题

试件在干燥箱里干燥至质量恒定后，为什么取出后先要放置于干燥器内冷却？

实验六　吸水厚度膨胀率的测定

一、目的与要求

1. 熟悉和掌握人造板吸水厚度膨胀率的测定方法。
2. 了解相关测试设备的使用方法。

二、实验原理

确定试件在吸水后厚度的增加量与吸水前厚度之比。

三、实验材料和设备

1. 材料

人造板试件:长为(50±1)mm,宽为(100±1)mm。

2. 设备

千分尺(精度 0.01mm)和恒温水槽。

四、实验内容与方法

(1) 将试件放在温度为(20±2)℃,相对湿度为65%±5%的恒温恒湿条件下,直至质量恒定。

(2) 测量试件中心点厚度 h_1,测量点在试件对角线交点处。

(3) 将试件浸入 pH 为 7±1,温度为(20±2)℃的恒温水槽中,试件垂直于水平面,水面高于试件上表面,试件下表面与水槽底部平行且间隔一定距离,试件与试件之间间隔一定距离。浸泡时间根据产品标准规定而定。

(4) 浸泡完成后,取出试件,擦去表面附水,在原测试点测其厚度 h_2。测量需在 30min 内完成。每次实验应更换浸泡用水。

(5) 根据公式计算试件吸水厚度膨胀率,结果精度至 0.1%。

$$T_S=[T_{后}-T_{前}]/T_{前}\times 100\%$$

式中,T_S 为吸水厚度膨胀率(%);$T_{前}$ 为试件吸水前的厚度(mm);$T_{后}$ 为试件吸水后的厚度(mm)。

五、实验结果

撰写实验报告,格式见本章附录 4。

六、习题

1. 将试件浸入水槽时,试件为什么要和水面及水槽底部间隔一定距离?试件与试件之间为什么要间隔一定距离?

2. 在其他 pH 和温度下测定的试件吸水厚度膨胀率与本实验测定结果有什么不同?

实验七　24h 吸水率的测定

一、目的与要求

1. 熟悉和掌握人造板 24h 吸水率的测定方法。

2. 了解相关测试设备的使用方法。

二、实验原理

确定试件浸水 24h 前后质量差与试件浸水前质量之比。

三、实验材料和设备

1. 材料

人造板试件:长为(100±1)mm,宽为(100±1)mm。

2. 设备

电子天平(精度 0.01g)和恒温水槽。

四、实验内容与方法

(1) 将试件放在温度为(20±2)℃,相对湿度为 65%±5%的恒温恒湿条件件下,直至质量恒定。

(2) 称量试件质量,精确至 0.01g。

(3) 将试件浸入 pH 为 7±1,温度为(20±2)℃的恒温水槽中,试件垂直于水平面,水面高于试件上表面,试件下表面与水槽底部平行且间隔一定距离,试件与试件之间间隔一定距离。

(4) 试件浸泡 24h±15min 后,取出试件,擦去表面附着的水,在 15min 内完成称量,精确至 0.01g。每次实验应更换浸泡用水。

(5) 根据公式计算试件 24h 吸水率,结果精确至 0.1%。

$$W=[(G_{后}-G_{前})/G_{前}]\times 100\%$$

式中,W 为试件吸水率(%);$G_{前}$为试件吸水前的质量(g);$G_{后}$为试件吸水后的质量(g)。

五、实验结果

撰写实验报告,格式见本章附录 4。

六、习题

预测试件吸水速度在 24h 内的变化情况,试着画出吸水率随时间变化的曲线。

实验八　内结合强度的测定

一、目的与要求

1. 熟悉和掌握人造板内结合强度的测定方法。
2. 了解相关测试设备的使用方法。

二、实验原理

将试件固定在测试块上,将测试块安装在专用夹具上,通过专用夹具施加一个垂直于试件表面的拉力使试件破坏,计算最大破坏拉力与试件面积的比值即内结合强度。

三、实验材料和设备

1. 材料

人造板试件:长 a=(50±1)mm,宽 b=(50±1)mm。热熔胶(EVA)。

2. 设备

万能力学试验机及配套金属夹具、恒温加热台和游标卡尺(精度 0.1mm)。

四、实验内容与方法

(1) 将试件放在温度为(20±2)℃,相对湿度为65%±5%的恒温恒湿条件下,直至质量恒定。

(2) 用游标卡尺测量试件的长度和宽度,测量部位为试件的长度、宽度中心线处。

(3) 将测试块放置于恒温加热台上加热,测试块上放置适量热熔胶,待热熔胶熔化后将试件和测试块粘结在一起。每块试件上下表面各粘结一个测试块,待热熔胶完全冷却胶接牢固后开始测试。

(4) 测试时均匀加载荷,从加载开始在(60±30)s内使试件破坏,记录最大载荷值,精确至10N。

(5) 根据公式计算试件内结合强度,结果精度至0.01MPa。

$$I_B = F_{max}/(a \times b)$$

式中,I_B为试件内结合强度(MPa);F_{max}为试件破坏时最大载荷(N);a为试件长度(mm);b为试件宽度(mm)。

五、实验结果

撰写实验报告,格式见本章附录4。

六、习题

1. 测试时,如果多次出现试件与卡头之间的界面破坏,可采取什么措施解决?
2. 为什么绝大部分破坏都出现在试件的中心层附近?

实验九 静曲强度和弹性模量的测定(三点弯曲)

一、目的与要求

1. 熟悉和掌握人造板静曲强度和弹性模量的测定方法。
2. 了解相关测试设备的使用方法。

二、实验原理

三点弯曲的静曲强度和弹性模量,是在两点支撑的试件中施加载荷进行测定。静曲强度是确定试件在最大载荷作用时的弯矩和抗弯截面模量之比;弹性模量是确定试件在材料的弹性极限范围内,载荷产生的应力与应变之比。

三、实验材料和设备

1. 材料

人造板试件:长$a=[(20t\pm50)\pm2]$mm,t为试件公称厚度,试件长度a不得小于150mm,宽$b=(50\pm1)$mm。

2. 设备

万能力学试验机及配套测试组件、游标卡尺(精度0.1mm)和千分尺(精度0.001mm)。

四、实验内容与方法

(1) 将试件放在温度为(20±2)℃,相对湿度为65%±5%的恒温恒湿条件下,直至质量恒定。

(2) 用游标卡尺测量试件的宽度和厚度,宽度在试件长边中心处测量;厚度在试件对角线交叉点处测量。

(3) 调节两支座跨距为试件公称厚度的20倍,最小为100mm。测量支座间的中心距,精确至0.5mm(实验报告中要写明)。

(4) 试件平放在支座上,两端伸出支座相同的距离。

(5) 开始均匀加载,在60s内使试件破坏。同时测量试件中部绕曲变形(精确至0.1mm)和相应载荷值(精确至1%)。

(6) 根据公式计算试件静曲强度,结果精度至0.1MPa。

$$\mathrm{MOR}=3\times F_{\max}\times L/(2\times b\times t^2)$$

式中,MOR为试件静曲强度(MPa);$F_{\max}$为试件破坏时最大载荷(N);L为支座距离(mm);b为试件宽度(mm);t为试件厚度(mm)。

(7) 根据公式计算试件弹性模量,结果精度至10MPa。

$$\mathrm{MOE}=[L^3/(4\times b\times t^3)]/(\triangle F/\triangle a)$$

式中,MOE为弹性模量(MPa);L为支座距离(mm);b为试件宽度(mm);t为试件厚度(mm);$\triangle F$为载荷-挠度曲线中直线段载荷的增加量(F_2-F_1)(mm)(图6-4);$\triangle a$为试件中部变形的增加量,即在力$F_2\sim F_1$区间试件变形量(mm)(图6-4)。

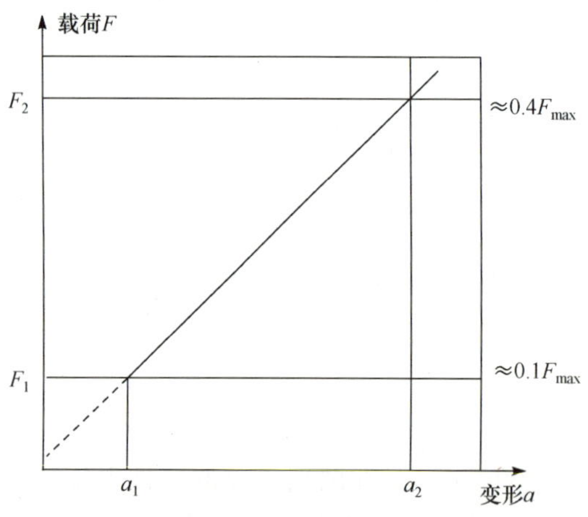

图6-4　弹性变形范围内的载荷-挠度曲线

五、实验结果

撰写实验报告,格式见本章附录4。

六、习题

1. 测试过程,试件上下表面各受何种力的作用?
2. 为什么大部分破坏都出现在试件的中部附近?

实验十 表面胶合强度的测定

一、目的与要求

1. 熟悉和掌握人造板表面胶合强度的测定方法。
2. 了解相关测试设备的使用方法。

二、实验原理

表面胶合强度是指板材表面层的刨花或纤维与下层材料之间或饰面材料与基材之间的粘接强度或粘结质量，用表面层垂直于板面最大破坏拉力与试件胶合面积之比表示。

三、实验材料和设备

1. 材料

刨花板或纤维板试件：长 $a=(50\pm1)$mm，宽 $b=(50\pm1)$mm。热熔胶。

2. 设备

万能力学试验机及配套金属卡头、游标卡尺（精度 0.1mm）。

四、实验内容与方法

(1) 将试件放在温度为(20±2)℃，相对湿度为 65%±5%的恒温恒湿条件下，直至质量恒定。

(2) 将热熔胶加热熔化后均匀涂布在金属卡头表面，迅速将此表面与试件的表面粘接在一起。

(3) 待试件冷却后，将试件装在万能试验机上，测试时均匀加载，在 60s 内使试件破坏，记录最大载荷值，精确至 1N。

(4) 根据公式计算试件表面胶合强度，结果精确至 0.01MPa。

$$\sigma_{z\perp}=F_{max}/A$$

式中，$\sigma_{z\perp}$ 为试件表面胶合强度（MPa）；F_{max} 为试件表面层破坏时的最大载荷（N）；A 为试件与卡头胶合处面积（mm^2）。

五、实验结果

撰写实验报告，格式见本章附录 4。

六、习题

试件涂布热熔胶之前，常用细砂纸对试件上下表面进行打磨处理，作用是什么？

实验十一 胶合强度的测定

一、目的与要求

1. 熟悉和掌握人造板胶合强度的测定方法。
2. 了解相关测试设备的使用方法。

二、实验原理

通过拉力载荷使试件的胶层产生剪切破坏，以确定胶合板的胶合质量。

三、实验材料和设备

1. 材料

胶合板试件：长 $a=(100\pm1)$mm，$b=(25\pm1)$mm。

2. 设备

万能力学试验机及配套金属夹具、鼓风干燥箱、恒温水槽和游标卡尺（精度 0.1mm）。

四、实验内容与方法

(1) 根据胶合板的层数制备相应的测试试件（图 6-5，图 6-6）。用游标卡尺测量试件的长度 a 和宽度 b。

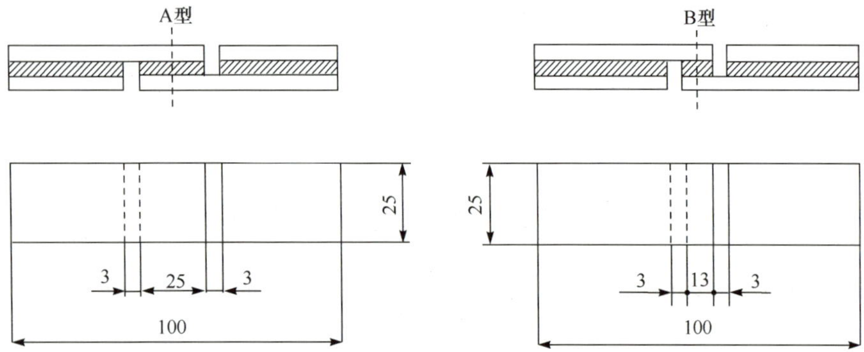

图 6-5　三层胶合板试件的形状和尺寸（单位：mm）

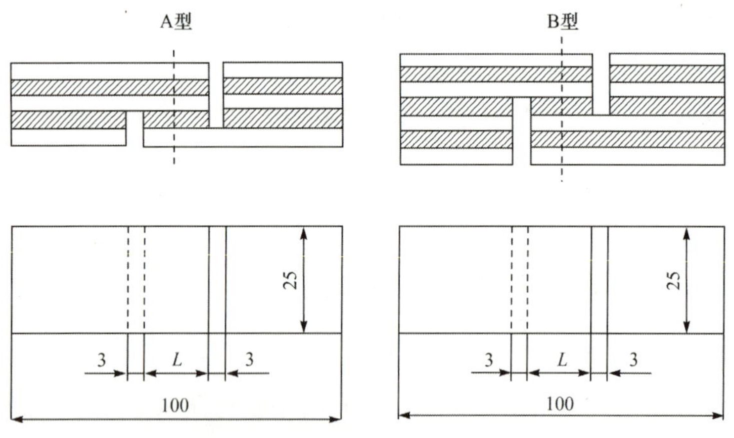

图 6-6　多层胶合板试件的形状和尺寸

A 型试件：$L=25$mm；B 型试件：$L=13$mm

(2) 对于Ⅰ类胶合板试件，将其放入沸水中浸泡 4h，然后在(60±3)℃的鼓风干燥箱中干燥 16～20h，再在沸水中浸泡 4h，然后室温冷却 15min；对于Ⅱ类胶合板试件，将其放入(60±3)℃热水中浸泡 3h，然后室温冷却 15min。

(3) 用一对配套金属测试夹具上下各夹紧试件的一端，使成一直线，试件中心应通过测试夹具的中轴线，夹持部位与试件槽口的距离应小于 5mm。

(4) 测试时匀速加载至试件破坏，加载速度为 10MPa/min。记下最大载荷值，精确至 10MPa。

(5) 根据剪断面胶层破坏情况，目测估计试件的木材破坏率，用百分比表示，精确至 10%。

(6) 根据公式计算试件的胶合强度，结果精确至 0.01MPa。

$$\sigma = F_{max}/b \times l$$

式中，σ 为试件胶合强度（MPa）；F_{max} 为最大破坏载荷（N）；b 为试件剪断面宽度（mm）；l 为试件剪断面长度（mm）。

五、实验结果

撰写实验报告，格式见本章附录 4。

六、习题

1. 测试试件时，如果试件与测试夹具不成一条直线上，或者试件中心不通过测试夹具的轴线，会如何影响测试结果？

2. 如果用此方法测试三聚氰胺改性脲醛树脂压制的胶合板的胶合强度，应该按照哪类胶合板的标准来处理试件？

实验十二　握螺钉力的测定

一、目的与要求

1. 熟悉和掌握人造板握螺钉力的测定方法。
2. 了解相关测试设备的使用方法。

二、实验原理

确定拔出拧入规定深度的自攻螺钉所需的力。

三、实验材料和设备

1. 材料

胶合板试件：长为(75±1)mm，宽为(50±1)mm。

2. 设备

万能力学试验机及配套金属卡具和夹具、游标卡尺（精度 0.1mm）、台钻。

四、实验内容与方法

(1) 握螺钉力测试分为两类：板面握螺钉力和板边握螺钉力。

(2) 试件厚度大于或等于 15mm 时，可直接测定板面和板边握螺钉力；试件厚度小于 15mm 时，只测定板面握螺钉力，或者可将两个或多个试件合成一个试件测定板面和板边握螺钉力，合成后的试件厚度不小于 15mm。

(3) 将试件放在温度为(20±2)℃，相对湿度为 65%±5%的恒温恒湿条件下，直至质量恒定。

(4) 测试板面握螺钉力时，在试件表面中心点，先用直径(2.7±0.1)mm 的钻头钻导孔，导孔深 19mm，再拧入长为 38mm，外径 4.2mm 的螺钉，拧入深度为(15±0.5)mm，导孔及拧入的螺钉必须保持和板面垂直。

(5) 试件板边握螺钉力，在试件相邻两侧面中心点处测定，导孔及螺钉拧入深度同上步。

(6) 拧好螺钉后，立即进行拔钉实验，夹具和试件接触的表面与试验机拉伸中心线垂直。螺钉与试验机拉伸中心线对准。拔钉时均匀加载，速度为 15mm/min。记下最大载荷值即为握螺钉力，精确至 10N。

五、实验结果

撰写实验报告，格式见本章附录 4。

六、习题

一般来说，同种胶粘剂压制的胶合板、纤维板和刨花板相比，它们的握钉力大小关系怎样？为什么？

实验十三　穿孔法测试人造板甲醛含量

一、目的与要求

1. 熟悉和掌握用穿孔法测试人造板甲醛含量。
2. 了解相关测试设备的使用方法。

二、实验原理

穿孔法测定人造板甲醛含量，基于下面两个步骤。

第一步：穿孔萃取是将游离甲醛从板材中全部分离出来，它分为两个过程。首先将试件浸泡在溶剂甲苯中加热，通过液-固萃取使甲醛从板材中溶解出来，然后将溶有甲醛的甲苯通过穿孔器与水进行液-液萃取，把甲醛转溶于水中。

第二步：光度法测定甲醛水溶液的浓度。在乙酰丙酮和乙酸铵混合溶液中，甲醛与乙酰丙酮反应生成二乙酰基二氢卢剔啶，在波长为 412nm 时，它的吸光度最大。

三、实验材料和设备

1. 材料

试件：长为 25mm，宽为 25mm，质量约为 200g(其中 50g 用于含水率测定)。

试剂：甲苯(分析纯)、碘化钾(分析纯)、重铬酸钾(优级纯)、碘化汞(分析纯)、硫代硫酸钠(分析纯)、无水碳酸钠(分析纯)、硫酸(ρ=1.84g/mL，分析纯)、盐酸(ρ=1.19g/mL，分析纯)、氢氧化钠(分析纯)、碘(分析纯)、可溶性淀粉(分析纯)、乙酰丙酮(分析纯)、乙酸铵(分析纯)、甲醛溶液(35%～40%，分析纯)。

2. 设备

穿孔萃取仪(包括 4 部分：冷凝管、穿孔器及附件、圆底烧瓶、液封装置)、电加热套(适用于加热 1000mL 圆底烧瓶，调温范围为 50～200℃)、电子天平(精度 0.01g，精度 0.0001g)、水银温度计(0～300℃)、鼓风干燥箱、恒温水槽、分光光度计及比色皿。

玻璃器皿:碘价瓶(500mL)、单标线移液管(0.1mL,2.0mL,25mL,50mL,100mL)、棕色酸式滴定管(50mL)、棕色碱式滴定管(50mL)、量筒(10mL,50mL,100mL,200mL,500mL)、干燥器(直径20～24cm)、表面皿(直径12～15cm)、白色容量瓶(100mL,1000mL,2000mL)、棕色容量瓶(1000mL)、带塞锥形瓶(50mL,100mL)、烧杯(100mL,250mL,500mL,1000mL)、棕色细口瓶(1000mL)、滴瓶(60mL)、玻璃研钵(直径10～12cm)和小口塑料瓶(500mL,1000mL)。

四、实验内容与方法

(1) 溶液配制情况如下。

a. 硫酸(1mol/L):量取约54mL硫酸,在搅拌下缓缓倒入适量蒸馏水中,搅匀,冷却后放置在细口瓶中。

b. 氢氧化钠(1mol/L):称取40g氢氧化钠溶于600mL新煮沸而后冷却的蒸馏水中,待全部溶解后加蒸馏水至1000mL,储于小口塑料瓶中。

c. 淀粉指示剂(1%):称取1g可溶性淀粉,加入10mL蒸馏水中,搅拌下注入90mL沸水中,再微沸2min,放置待用(此试剂使用前再配制)。

d. 硫代硫酸钠标准溶液[$c(Na_2S_2O_3)=0.1mol/L$]:在精度为0.01g的天平上称取26g硫代硫酸钠放于500mL烧杯中,加入新煮沸并已冷却的蒸馏水至完全溶解后,加入0.05g碳酸钠(防止分解)及0.01g碘化汞(防霉),然后再用新煮沸并已冷却的蒸馏水稀释成1L,盛于棕色细口瓶中,摇匀,静置8～10d再进行标定。

标定:称取在120℃下烘至恒重的重铬酸钾0.10～0.15g,精确至0.0001g,然后置于500mL碘价瓶中,加25mL蒸馏水,摇动使之溶解,再加2g碘化钾及5mL盐酸,立即塞上瓶塞,液封瓶口,摇匀于暗处放置10min,再加蒸馏水150mL,用待标定的硫代硫酸钠滴定到呈草绿色,加入淀粉指示剂3mL,继续滴定至突变为亮绿色为止,记下硫代硫酸钠用量V。

硫代硫酸钠标准溶液的浓度计算公式如下。

$$c(Na_2S_2O_3)=G/[(V/1000)\times 49.04]$$

式中,c为硫代硫酸钠标准溶液的浓度(mol/L);V为硫代硫酸钠滴定耗用量(mL);G为重铬酸钾的质量(g);49.04为重铬酸钾($1/6K_2Cr_2O_7$)的摩尔质量(g/mol)。

e. 碘标准溶液[$c(I_2)=0.05mol/L$]:在精度为0.01g的天平上称取碘13g及碘化钾30g,同置于洗净的玻璃研钵内,加少量蒸馏水研磨至碘完全溶解。也可以将碘化钾溶于少量蒸馏水中,然后在不断搅拌下加入碘,使其完全溶解后转至1L的棕色容量瓶中,用蒸馏水稀释到刻度,摇匀,储存于暗处。

f. 乙酰丙酮溶液(体积分数0.4%):用移液管吸取4mL乙酰丙酮于1L棕色容量瓶中,并加蒸馏水稀释至刻度,摇匀,储存于暗处。

g. 乙酸铵溶液(质量分数20%)在精度为0.01g的天平上称取200g乙酸铵于500mL烧杯中,加蒸馏水完全溶解后转至1L棕色容量瓶中,稀释至刻度,摇匀,储存于暗处。

(2) 将试件放在温度为(20±2)℃,相对湿度为65%±5%的恒温恒湿条件下,直至质量恒定。试件锯切后,在2h之内必须开始进行实验。

(3) 在精度为0.01g的天平上称取50g试件,测定其含水率,精确至0.1%。

(4) 在仪器使用前,穿孔器附件边管应进行保温处理,如包上石棉绳,以利于甲苯回流。

(5) 将仪器组装好，固定在铁座上，采用电加热套加热烧瓶。

(6) 称取 110g 试件(精确至 0.01g)，加入 1000mL 圆底烧瓶中，同时加入 600mL 甲苯。另将 100mL 甲苯及 1000～1200mL 蒸馏水加入穿孔器附件中，使液面距虹吸管出口 20～30mm。在液封装置的锥形瓶中加 200mL 蒸馏水。安装完毕后，确保每个接口紧密而不漏气，可涂上凡士林。

(7) 接通冷凝水，开始升温。调节加热套，使其开始加热 20～30min 后甲苯开始回流，以第一滴甲苯穿过穿孔器开始计时，萃取 120min。在此期间，保证甲苯每分钟回流速度为 70～90 滴，以防止液封锥形瓶中的水虹吸回穿孔器附件中，并保持穿孔器管中甲苯液柱一定的高度，使冷凝下来的带有甲醛的甲苯从穿孔器的底部穿孔而出并溶入水中。因甲苯密度小于 1($0.84g/cm^3$)，可浮于水面，并通过穿孔器附件的小虹吸管返回烧瓶中。

(8) 萃取结束后，移开加热套，让仪器迅速冷却，使锥形瓶中的液封水通过冷凝管回到穿孔器附件中，起到洗涤仪器上半部的作用。

(9) 开启穿孔器附件底部的活塞，将甲醛吸收液全部转至 2000mL 容量瓶中，再先后加入两份 200mL 蒸馏水清洗锥形瓶，并让它虹吸回流到穿孔器附件中。合并转移到 2000mL 容量瓶中。

(10) 将容量瓶用蒸馏水稀释到刻度，若有少量甲苯混入，可用滴管吸除后再定容、摇匀、待定量。

(11) 按照以上方法进行空白实验，使用同批甲苯，不加试件，进行萃取操作，得到萃取空白液。如果 600mL 甲苯中甲醛含量超过 0.2mg，则该甲苯不能使用。

(12) 甲醛浓度测定：量取 10mL 乙酰丙酮和 10mL 乙酸铵溶液于 50mL 带塞锥形瓶中，再准确吸取 10mL 萃取液到该烧瓶中。塞上瓶塞，摇匀，再放到(60±1)℃的恒温水槽中加热 10min，然后把这种黄绿色的溶液在避光处室温下存放约 1h。在分光光度计上 412nm 处，以蒸馏水作为对比溶液，调零。用比色皿测定萃取溶液的吸光度 A_s 和空白液吸光度 A_b。

(13) 标准曲线绘制：标准曲线是根据甲醛溶液质量浓度与吸光度的关系绘制的，其质量浓度用碘量法测定。标准曲线至少每月检查一次。

a. 甲醛溶液标定：把大约 2mL 甲醛溶液移至 1000mL 容量瓶中，并用蒸馏水稀释至刻度。甲醛溶液质量浓度按下述方法标定。

量取 20mL 甲醛溶液与 25mL 碘标准溶液(0.05mol/L)、10mL 氢氧化钠溶液(1mol/L)于 100mL 带塞锥形瓶中混合。静置暗处 15min 后，把 1mol/L 硫酸溶液 15mL 加入混合液中。多余的碘用 0.1mol/L 硫代硫酸钠溶液滴定，滴定接近终点时，加入几滴 1%淀粉指示剂，继续滴定到溶液变为无色为止。同时用 20mL 蒸馏水做平行实验。甲醛溶液质量浓度计算公式如下。

$$c_1(CH_2O)=(V_0-V)\times 15\times c_2\times(1000/20)$$

式中，c_1 为甲醛质量浓度(mg/L)；V_0 为滴定蒸馏水所用的硫代硫酸钠标准溶液的体积(mL)；V 为滴定甲醛溶液所用的硫代硫酸钠标准溶液的体积(mL)；c_2 为硫代硫酸钠溶液的浓度(mol/L)；15 为甲醛($1/2CH_2O$)的摩尔质量(g/mol)。

注意：1mL 0.1mol/L 硫代硫酸钠相当于 1mL 0.1mol/L 的碘[$c(1/2I_2)$]溶液和 1.5mg 的甲醛。

b. 甲醛校定溶液：按 a 中确定的甲醛溶液质量浓度，计算含有甲醛 15mg 的甲醛溶液体积。用移液管移取该体积数到 1000mL 容量瓶中，并用蒸馏水稀释到刻度，则 1mL 校定溶液中含有15μg甲醛。

c. 标准曲线的绘制：把0mL、5mL、20mL、50mL和100mL的甲醛校定溶液分别移加到100mL容量瓶中，并用蒸馏水稀释到刻度。然后分别取出10mL溶液，进行吸光度测量分析。根据甲醛质量浓度(0～15mg/L)吸光情况绘制标准曲线(图6-7)。斜率由标准曲线计算确定，保留4位有效数字。

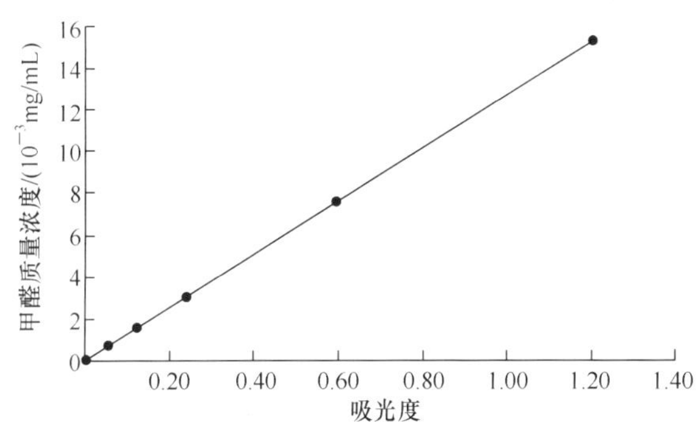

图6-7　甲醛质量浓度-吸光度标准曲线

(14) 甲醛含量计算公式如下，精确至0.1mg。

$$E=(A_s-A_b)\times f\times(100+H)\times V/G$$

式中，E为每100g试件含有甲醛的量(mg/100g)；A_s为萃取液的吸光度；A_b为空白液的吸光度；f为标准曲线的斜率(mg/mL)；H为试件含水率(%)；G为用于萃取实验的试件质量(g)；V为容量瓶体积(mL)。

五、实验结果

撰写实验报告，格式见本章附录4。

六、习题

1. 为什么试件锯切以后要在2h之内进行实验？
2. 同样萃取2h，如果甲苯回流速度过快，可能导致什么结果？
3. 为什么标准曲线至少要每周检查一次？
4. 测定甲醛浓度时，加入乙酰丙酮和乙酸铵后的黄绿色萃取液为什么要在避光处存放？

实验十四　干燥器法测试人造板甲醛释放量

一、目的与要求

1. 熟悉和掌握用干燥器法测试人造板甲醛释放量。
2. 了解相关测试设备的使用方法。

二、实验原理

在一定温度下，将一定面积的人造板试件放入密封的干燥器中，试件释放的甲醛被干燥器内一个小容器中放置的一定体积的水吸收，测定在24h内水中吸收的甲醛含量。

三、实验材料和设备

1. 材料

试件：长为(150±2)mm，宽为(50±1)mm，试件总面积包括侧面、两端和表面，应接近1800cm^2，据此确定试件数量。

试剂：碘化钾(分析纯)、重铬酸钾(优级纯)、碘化汞(分析纯)、硫代硫酸钠(分析纯)、无水碳酸钠(分析纯)、硫酸(ρ=1.84g/mL，分析纯)、盐酸(ρ=1.19g/mL，分析纯)、氢氧化钠(分析纯)、碘(分析纯)、可溶性淀粉(分析纯)、乙酰丙酮(分析纯)、乙酸铵(分析纯)、冰醋酸(分析纯)、甲醛溶液(35%～40%，分析纯)。

2. 设备

玻璃干燥器[直径 240mm，容积(11±2)L]、不锈钢丝支撑网[直径(240±15)mm，平行钢丝间距不小于 15mm]、不锈钢丝制成的试样支架(放置于干燥器中制成试件垂直向上)、温度测定装置(如热电偶，温度测量误差为±1℃)、恒温水槽、分光光度计及比色皿。

玻璃器皿：碘价瓶(500mL)、单标线移液管(0.1mL，2.0mL，25mL，50mL，100mL)、棕色酸式滴定管(50mL)、棕色碱式滴定管(50mL)、量筒(10mL，50mL，100mL，200mL，500mL)、表面皿(直径 12～15cm)、白色容量瓶(100mL，1000mL，2000mL)、棕色容量瓶(1000mL)、带塞锥形瓶(50mL，100mL)、烧杯(100mL，250mL，500mL，1000mL)、棕色细口瓶(1000mL)、滴瓶(60mL)、玻璃研钵(直径 10～12cm)、结晶皿[外径 120mm，内径(115±1)mm，高度 60～65mm]和小口塑料瓶(500mL，1000mL)。

四、实验内容与方法

(1) 溶液配制情况如下。

a. 硫酸(1mol/L)：量取约 54mL 硫酸，在搅拌下缓缓倒入适量蒸馏水中，搅匀，冷却后放置在细口瓶中。

b. 氢氧化钠(1mol/L)：称取 40g 氢氧化钠溶于 600mL 新煮沸而后冷却的蒸馏水中，待全部溶解后加蒸馏水至 1000mL，储于小口塑料瓶中。

c. 淀粉指示剂(1%)：称取 1g 可溶性淀粉，加入 10mL 蒸馏水中，搅拌下注入 90mL 沸水中，再微沸 2min，放置待用(此试剂使用前再配制)。

d. 硫代硫酸钠标准溶液[$c(Na_2S_2O_3)=0.1mol/L$]：在精度为 0.01g 的天平上称取 26g 硫代硫酸钠放于 500mL 烧杯中，加入新煮沸并已冷却的蒸馏水至完全溶解后，加入 0.05g 碳酸钠(防止分解)及 0.01g 碘化汞(防霉)，然后再用新煮沸并已冷却的蒸馏水稀释成 1L，盛于棕色细口瓶中，摇匀，静置 8～10d 再进行标定。

标定：称取在 120℃下烘至恒重的重铬酸钾 0.10～0.15g，精确至 0.0001g，然后置于 500mL 碘价瓶中，加 25mL 蒸馏水，摇动使之溶解，再加 2g 碘化钾及 5mL 盐酸，立即塞上瓶塞，液封瓶口，摇匀于暗处放置 10min，再加蒸馏水 150mL，用待标定的硫代硫酸钠滴定到呈草绿色，加入淀粉指示剂 3mL，继续滴定至突变为亮绿色为止，记下硫代硫酸钠用量 V。硫代硫酸钠标准溶液的浓度计算公式如下。

$$c(Na_2S_2O_3)=G/[(V/1000)\times 49.04]$$

式中，c 为硫代硫酸钠标准溶液的浓度(mol/L)；V 为硫代硫酸钠滴定耗用量(mL)；G 为重铬酸钾的质量(g)；49.04 为重铬酸钾($1/6K_2Cr_2O_7$)的摩尔质量(g/mol)。

e. 碘标准溶液[$c(I_2)$＝0.05mol/L]：在精度为 0.01g 的天平上称取碘 13g 及碘化钾 30g，同置于洗净的玻璃研钵内，加少量蒸馏水研磨至碘完全溶解。也可以将碘化钾溶于少量蒸馏水中，然后在不断搅拌下加入碘，使其完全溶解后转至 1L 的棕色容量瓶中，用蒸馏水稀释到刻度，摇匀，储存于暗处。

f. 乙酰丙酮-乙酸铵溶液：称取 1500g 乙酸铵于 800mL 蒸馏水或去离子水中，再加入 3mL 冰醋酸和 2mL 乙酰丙酮，并充分搅拌，定容至 1L，避光保存。3d 后该溶液须重新配置。

(2) 将试件放在温度为(20±2)℃，相对湿度为 65%±5%的恒温恒湿条件下，直至质量恒定。平衡处理时试件间隔至少 25mm。

(3) 在干燥器底部放置结晶皿，在结晶皿内加入 300mL 水温为(20±1)℃的蒸馏水。把结晶皿放入干燥器底部中央，把不锈钢丝支撑网放置在结晶皿上方。

(4) 把试件插入试样支架，然后把装有试件的支架放入干燥器内支撑网的中央，使其位于结晶皿的正上方，然后用凡士林将干燥器密封。

(5) 干燥器应平放在安静无振动的位置。在(20±0.5)℃条件下放置 24h±10min，蒸馏水吸收从试件释放出的甲醛。

(6) 放置结束后，打开干燥器，取出结晶皿。充分混合结晶皿内的甲醛溶液。用甲醛溶液清洗一个 100mL 的单标容量瓶，然后定容至 100mL 待测。用玻璃塞封上容量瓶。如果试样不能立即检测，应密封贮存于容量瓶中，保存在 0～5℃条件下不超过 30h。

(7) 进行空白实验，干燥器内不放试件，其他同上。

(8) 甲醛质量浓度测定：准确吸取 25mL 甲醛溶液到 100mL 带塞锥形瓶中，并量取 25mL 乙酰丙酮-乙酸铵溶液，塞上瓶塞，摇匀。再放到(65±2)℃的恒温水槽中加热 10min，然后把溶液放在避光处 20℃下存放(60±5)min。使用分光光度计，在 412nm 波长处测定溶液的吸光度 A_s。采用同样的方法进行空白实验，确定空白值 A_b。

(9) 标准曲线绘制：标准曲线是根据甲醛溶液质量浓度与吸光度的关系绘制的，其质量浓度用碘量法测定。标准曲线至少每月检查一次。

a. 甲醛溶液标定：把大约 1mL 甲醛溶液移至 1000mL 容量瓶中，并用蒸馏水稀释至刻度。甲醛溶液浓度按下述方法标定。

量取 20mL 甲醛溶液与 25mL 碘标准溶液(0.05mol/L)、10mL 氢氧化钠溶液(1mol/L)于 100mL 带塞锥形瓶中混合。静置暗处 15min 后，把 1mol/L 硫酸溶液 15mL 加入混合液中。多余的碘用 0.1mol/L 硫代硫酸钠溶液滴定，滴定接近终点时，加入几滴 1%淀粉指示剂，继续滴定到溶液变为无色为止。同时用 20mL 蒸馏水做空白平行实验。甲醛溶液质量浓度计算公式如下。

$$c_1 = (V_0 - V) \times 15 \times c_2 \times (1000/20)$$

式中，c_1 为甲醛质量浓度(mg/L)；V_0 为滴定蒸馏水所用的硫代硫酸钠标准溶液的体积(mL)；V 为滴定甲醛溶液所用的硫代硫酸钠标准溶液的体积(mL)；c_2 为硫代硫酸钠溶液的浓度(mol/L)；15 为甲醛($1/2CH_2O$)的摩尔质量(g/mol)。

注意：1mL 0.1mol/L 硫代硫酸钠相当于 1mL 0.1mol/L 的碘[$c(1/2I_2)$]溶液和 1.5mg 的甲醛。

b. 甲醛校定溶液：按 a 中确定的甲醛溶液质量浓度，计算含有甲醛 3mg 的甲醛溶液体积。用移液管移取该体积数到 1000mL 容量瓶中，并用蒸馏水稀释到刻度，则 1mL 校定溶液中含有 3μg 甲醛。

c. 标准曲线的绘制：把 0mL、5mL、20mL、50mL 和 100mL 的甲醛校定溶液分别移加到 100mL 容量瓶中，并用蒸馏水稀释到刻度。然后分别取出 25mL 溶液，进行吸光度测量分析。根据甲醛质量浓度(0～3mg/L)吸光情况绘制标准曲线(图 6-8)。斜率由标准曲线计算确定，保留 4 位有效数字。

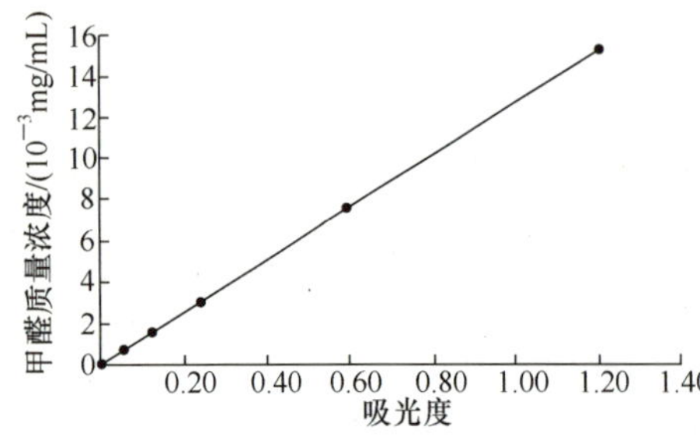

图 6-8 实验十四中甲醛质量浓度-吸光度标准曲线

(10) 甲醛溶液的浓度计算公式如下，精确至 0.1mg/L。

$$c=f\times(A_s-A_b)\times1800/A$$

式中，c 为甲醛质量浓度(mg/L)；f 为标准曲线的斜率(mg/mL)；A_s 为甲醛溶液的吸光度；A_b 为空白液的吸光度；A 为试件表面积(cm^2)。

五、实验结果

撰写实验报告，格式见本章附录 4。

六、习题

1. 为什么平衡处理时试件间隔至少 25mm?
2. 如果测试场所甲醛背景浓度过大会导致什么结果?

实验十五　气候箱法测试人造板甲醛释放量

一、目的与要求

1. 熟悉和掌握用气候箱法测试人造板甲醛释放量。
2. 了解相关测试设备的使用方法。

二、实验原理

将 $1m^2$ 表面积的样品放入温度、相对湿度、空气流速和空气置换率控制在一定值的气候箱内。甲醛从样品中释放出来，与箱内空气混合，定期抽取箱内空气，将抽出的空气通过盛有蒸馏水的吸收瓶，空气中的甲醛全部溶入水中。测定吸收液中的甲醛量及抽取的空气体积，计算出每立方米空气中的甲醛量，以毫克每立方米(mg/m^3)表示，抽气是周期性的，直到气候箱内的空气中甲醛质量浓度达到稳定状态为止。

三、实验材料和设备

1. 材料

试件：长为(500±5)mm，宽为(500±5)mm，试件表面积为 $1m^2$，有带榫舌的突出部分应去掉，试件四边用不含甲醛的铝胶带密封。

试剂：碘化钾(分析纯)、重铬酸钾(优级纯)、碘化汞(分析纯)、硫代硫酸钠(分析纯)、无水碳酸钠(分析纯)、硫酸(ρ=1.84g/mL，分析纯)，盐酸(ρ=1.19g/mL，分析纯)、氢氧化钠(分析纯)、碘(分析纯)、可溶性淀粉(分析纯)、乙酰丙酮(分析纯)、乙酸铵(分析纯)、甲醛溶液(35%～40%，分析纯)。

2. 设备

恒温恒湿箱[能保持箱内相对湿度 50%±5%，温度(23±1)℃，空气置换率至少 1 次/h]、气候箱[容积为 $1m^3$，箱体内表面应为惰性材料，不会吸附甲醛；箱内应配有空气循环系统可维持空气充分混合及试件表面的空气流速(0.1～0.3m/s，箱体上应有调节空气流量大小的入口和出口)]、空气抽样系统[包括抽样管、两个 100mL 的吸收瓶、硅胶干燥器、气体抽样泵、气体流量计、气体计量表(带温度计)]、恒温水槽、分光光度计及比色皿。

玻璃器皿：碘价瓶(500mL)、单标线移液管(0.1mL，2.0mL，25mL，50mL，100mL)、棕色酸式滴定管(50mL)、棕色碱式滴定管(50mL)、量筒(10mL，50mL，100mL，200mL，500mL)、表面皿(直径 12～15cm)、白色容量瓶(100mL，1000mL，2000mL)、棕色容量瓶(1000mL)、带塞锥形瓶(50mL，100mL)、烧杯(100mL，250mL，500mL，1000mL)、棕色细口瓶(1000mL)、滴瓶(60mL)、玻璃研钵(直径 10～12cm)、结晶皿[外径 120mm，内径(115±1)mm，高度 60～65mm]和小口塑料瓶(500mL，1000mL)。

四、实验内容与方法

(1) 溶液配制情况如下。

a. 硫酸(1mol/L)：量取约 54mL 硫酸，在搅拌下缓缓倒入适量蒸馏水中，搅匀，冷却后放置在细口瓶中。

b. 氢氧化钠(1mol/L)：称取 40g 氢氧化钠溶于 600mL 新煮沸而后冷却的蒸馏水中，待全部溶解后加蒸馏水至 1000mL，储于小口塑料瓶中。

c. 淀粉指示剂(1%)：称取 1g 可溶性淀粉，加入 10mL 蒸馏水中，搅拌下注入 90mL 沸水中，再微沸 2min，放置待用(此试剂使用前再配制)。

d. 硫代硫酸钠标准溶液[$c(Na_2S_2O_3)=0.1mol/L$]：在精度为 0.01g 的天平上称取 26g 硫代硫酸钠放于 500mL 烧杯中，加入新煮沸并已冷却的蒸馏水至完全溶解后，加入 0.05g 碳酸钠(防止分解)及 0.01g 碘化汞(防霉)，然后再用新煮沸并已冷却的蒸馏水稀释成 1L，盛于棕色细口瓶中，摇匀，静置 8～10d 再进行标定。

标定：称取在 120℃下烘至恒重的重铬酸钾 0.10～0.15g，精确至 0.0001g，然后置于 500mL 碘价瓶中，加 25mL 蒸馏水，摇动使之溶解，再加 2g 碘化钾及 5mL 盐酸，立即塞上瓶塞，液封瓶口，摇匀于暗处放置 10min，再加蒸馏水 150mL，用待标定的硫代硫酸钠滴定到呈草绿色，加入淀粉指示剂 3mL，继续滴定至突变为亮绿色为止，记下硫代硫酸钠用量 V。硫代硫酸钠标准溶液的浓度计算公式如下。

$$c(Na_2S_2O_3)=G/[(V/1000)\times 49.04]$$

式中，c 为硫代硫酸钠标准溶液的浓度(mol/L)；V 为硫代硫酸钠滴定耗用量(mL)；G 为重铬酸钾的质量(g)；49.04 为重铬酸钾($1/6K_2Cr_2O_7$)的摩尔质量(g/mol)。

e. 碘标准溶液[$c(I_2)=0.05mol/L$]：在精度为 0.01g 的天平上称取碘 13g 及碘化钾 30g，同置于洗净的玻璃研钵内，加少量蒸馏水研磨至碘完全溶解。也可以将碘化钾溶于少量蒸馏水中，然后在不断搅拌下加入碘，使其完全溶解后转至 1L 的棕色容量瓶中，用蒸馏水稀释到刻度，摇匀，储存于暗处。

f. 乙酰丙酮溶液(体积分数 0.4%)：用移液管吸取 4mL 乙酰丙酮于 1L 棕色容量瓶中，并加蒸馏水稀释至刻度，摇匀，储存于暗处。

g. 乙酸铵溶液(质量分数 20%)：在精度为 0.01g 的天平上称取 200g 乙酸铵于 500mL 烧

杯中，加蒸馏水完全溶解后转至1L棕色容量瓶中，稀释至刻度，摇匀，储存于暗处。

(2) 将试件放在温度为(23±1)℃，相对湿度为50%±5%的恒温恒湿箱内，直至质量恒定。平衡处理时试件间隔至少25mm，恒温恒湿箱内空气置换率至少1次/h，室内空气中甲醛质量浓度不能超过0.10mg/m^2。

(3) 调节气候箱内环境，设置如下条件。

温度：(23±1)℃。

相对湿度：50%±5%。

承载率：(1.0±0.02)m^2/m^3。

空气置换率：(1.0±0.05)m^3/h。

试件表面空气流速：0.1～0.3m/s。

(4) 试件平衡处理后，用不含甲醛的铝胶带将试件的四边封住，在1h内放入气候箱。试件应垂直于气候箱的中心位置，其表面与空气流动方向平行，试件之间距离不小于200mm。

(5) 在测试的第一天，不需要取样，然后从第2～5天，每天取样两次。每次取样的时间间隔应超过3h。经过前三天后，如果达到稳定状态，可停止取样。当最后4次测定的甲醛浓度的平均值与最大值或最小值之间的偏差小于5%或小于0.005mg/m^{3}时，可认为达到了稳定状态。

(6) 取样分析时，先将空气抽样系统与气候箱的空气出口相连接，两个吸收瓶中各加入25mL蒸馏水，串联在一起。启动抽气泵，抽气速度控制在2L/min左右，每次至少抽取120L气体。取样时记录检测室温度。

(7) 甲醛质量浓度定量：将两个吸收瓶的溶液充分混合。用移液管取10mL吸收液移至50mL容量瓶中，再加入10mL乙酰丙酮和10mL乙酸铵溶液，塞上瓶塞，摇匀。再放到(60±1)℃的恒温水槽中加热10min，然后把溶液放在避光处室温下存放60min。使用分光光度计，在412nm波长处以蒸馏水作为对比溶液，调零。用55mm光程的比色皿测定萃取溶液的吸光度A_s和空白液吸光度A_b。

(8) 标准曲线绘制：标准曲线是根据甲醛溶液质量浓度与吸光度的关系绘制的，其质量浓度用碘量法测定。标准曲线至少每月检查一次。

a. 甲醛溶液标定：把大约1mL甲醛溶液移至1000mL容量瓶中，并用蒸馏水稀释至刻度。甲醛溶液浓度按下述方法标定。

量取20mL甲醛溶液与25mL碘标准溶液(0.05mol/L)、10mL氢氧化钠溶液(1mol/L)于100mL带塞锥形瓶中混合。静置暗处15min后，把1mol/L硫酸溶液15mL加入混合液中。多余的碘用0.1mol/L硫代硫酸钠溶液滴定，滴定接近终点时，加入几滴1%淀粉指示剂，继续滴定到溶液变为无色为止。同时用20mL蒸馏水做空白平行实验。甲醛溶液质量浓度计算公式如下。

$$c_1=(V_0-V)\times 15\times c_2\times(1000/20)$$

式中，c_1为甲醛质量浓度(mg/L)；V_0为滴定蒸馏水所用的硫代硫酸钠标准溶液的体积(mL)；V为滴定甲醛溶液所用的硫代硫酸钠标准溶液的体积(mL)；c_2为硫代硫酸钠溶液的浓度(mol/L)；15为甲醛($1/2CH_2O$)的摩尔质量(g/mol)。

注意：1mL 0.1mol/L硫代硫酸钠相当于1mL 0.1mol/L的碘[$c(1/2I_2)$]溶液和1.5mg的甲醛。

b. 甲醛校定溶液：按a中确定的甲醛溶液质量浓度，计算含有甲醛3mg的甲醛溶液体积。

用移液管移取该体积数到 1000mL 容量瓶中，并用蒸馏水稀释到刻度，则 1mL 校定溶液中含有 3μg 甲醛。

c. 标准曲线的绘制：把 0mL、5mL、20mL、50mL 和 100mL 的甲醛校定溶液分别移加到 100mL 容量瓶中，并用蒸馏水稀释到刻度。然后分别取出 25mL 溶液，进行吸光度测量分析。根据甲醛质量浓度(0～3mg/L)吸光情况绘制标准曲线(图 6-9)。斜率由标准曲线计算确定，保留 4 位有效数字。

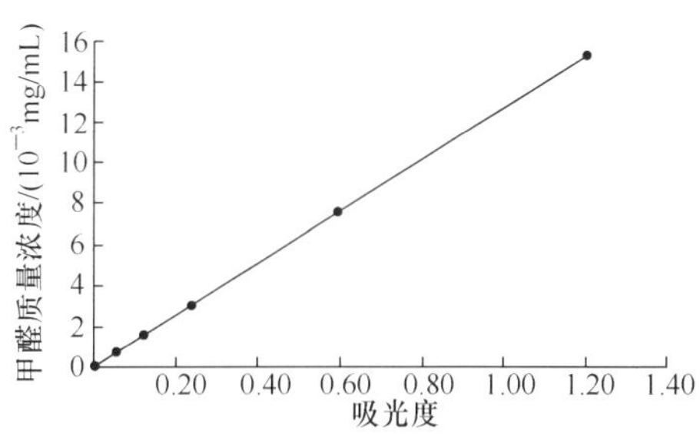

图 6-9　实验十五中甲醛质量浓度-吸光度标准曲线

(9) 吸收液中甲醛含量计算公式如下，精确至 0.1mg。

$$G = f \times (A_s - A_b) \times V_{sol}$$

式中，G 为甲醛含量(mg)；f 为标准曲线的斜率(mg/mL)；A_s 为吸收液的吸光度；A_b 为空白液的吸光度；V_{sol} 为吸收液体积(mL)。

(10) 甲醛释放量计算公式如下，精确至 0.01mg/m^3。

$$C = G/V_{air}$$

式中，c 为甲醛释放量(mg/m^3)；G 为吸收液中甲醛含量(mg)；V_{air} 为抽取的空气体积(校准到标准温度 23℃时的体积)(m^3)。当达到稳定状态，甲醛释放量是最后 4 次测定浓度的算术平均值。

五、实验结果

撰写实验报告，格式见本章附录 4。

六、习题

1. 测试试件时，为什么要用铝胶带将试件的四边密封？
2. 气候箱法的检测结果与干燥器法检测结果之间是否存在关联(建议查找相关文献)？

参考文献

顾继友，胡英成，朱丽滨．2009. 人造板生产技术与应用．北京：化学工业出版社

张洋，张德荣．2012. 人造板工艺学实验．北京：中国林业出版社

周定国．2011. 人造板工艺学. 2 版．北京：中国林业出版社

GB/T 17657—2013. 人造板及饰面人造板理化性能试验方法

附录 1　人造板实验室使用管理规定

为规范实验操作，保障人造板实验教学和科研工作的顺利开展，保证人造板实验室安全、高效、合理运行，特制定本规章制度。实验室管理是所有实验人员共同的责任，每位实验人员都应为实验室的正常、高效运转尽自己的责任和义务，自觉遵守实验室的规章制度和管理办法。

第一条　预约登记　本实验室实行预约登记制度。使用者须提前两周向有关实验管理中心提出申请，批准后方可使用。在使用过程中，履行完善的登记手续，严格遵守本实验室的使用制度。

第二条　安全预防　使用者须听从本实验室管理人员的安排，树立安全意识和预防观念，不得擅自动用实验室的设备、设施，不得擅自操作机器，杜绝安全事故。

第三条　严禁烟火　本实验室为防爆实验室，任何人不得在本实验室内吸烟、使用明火，违者按学校规定严肃处理，造成严重后果者，追究相关人员的法律责任。

第四条　保养检修　实验室管理人员应对实验室内的机器设备进行定期保养和检修，确保机器设备运转正常。

第五条　认真操作　实验时学生要听从实验指导教师安排，严格遵守机器设备操作规程，不得违规操作，确保实验质量和人身安全，从根源上杜绝一切意外事故。

第六条　及时整理　严格按“6S”管理制度管理本实验室。实验结束后，学生应把加工的工件、废料放到指定位置；整理工作台，及时向室外清运粉尘，打扫卫生，保持实验室清洁。

第七条　安全检查　实验室管理人员下班前或最后一个离开实验室的人员，应检查门窗、水、电、灯等设施的关闭情况，确认安全无误后，方可离开实验室。

附录 2　人造板实验室安全操作守则

第一条　严禁烟火　本实验室为防爆实验室，任何人不得在本实验室内吸烟、使用明火。违者，不得使用本实验室，并报有关实验管理中心，按学校规定严肃处理；造成严重后果者，追究相关人员的法律责任。

第二条　消防器材　实验室外应配置防火沙、防火铲、防火桶，实验室内要配置足够数量的灭火器，并定期检查消防器材的完好性。

第三条　消防技能　实验室管理人员应定期对学生进行应急逃生模拟训练，定期培训学生的消防技能，开展消防演习。如遇火警，在保证师生人身安全的前提下，组织人员科学施救，保护财产安全。同时，应马上报警（火警电话为 119），并及时向上级报告。

第四条　电源安全　定期检查连接机器的电源线，发现问题及时报修；移动机器设备必须先切断电源。电路或机器出现故障时，必须先切断电源后方可进行检查，并由专业人员维修。

第五条　开关安全　任何人不得擅自开启机器上的电源开关。开启前，应仔细观察，确认机器运转后不会对其他人造成意外伤害，方可开启。机器运转时，工作人员不得擅自离开工作岗位。

第六条　劳动保护　操作机器时，操作者应采取劳动保护措施，戴好耳塞、防护镜等。

第七条　定期保养　各机器每三个月保养一次，每半年全面检修一次，确保机器状态良好。

第八条　参观要求　参观者应在黄色安全线区域内参观，不得越线，严禁触摸、开启、操作机器，确保安全。

第九条　库存制度　木材、人造板、贴面材料等易燃物品随用随购，数量满足基本教学实验需要即可，不得过量存放，从源头上消除事故隐患。

第十条　门窗制度　实验室无人时应关水、关灯、切断总电源、关窗、关门。

第十一条　四防制度　实验室要加强四防（防火、防盗、防水、防事故），经常开展防火、防盗、防实验事故的宣传教育和日常检查，提高警惕，消除事故隐患，一旦发现事故隐患和不安全因素,应及时制止并上报。如有盗窃事故发生,应首先保护好现场,及时报告主管和保卫部门,不得隐瞒。

附录3　人造板实验室学生实验守则

第一条　学生(包括研究生)进入实验室必须遵守实验室各项规章制度和规定,保持室内安静。

第二条　学生应着工装进入实验室。女生应穿平底鞋进入实验室,不得穿高跟鞋。女生的长发应盘起并戴帽子,杜绝意外事故。

第三条　实验室内严禁吸烟,严禁带食物。

第四条　学生实验前必须充分预习,明确实验目的和要求。

第五条　学生上实验课不准无故缺席、迟到或早退,违者视情节轻重,进行教育或做必要处理。

第六条　学生实验期间要注意安全,严格按规程进行操作;要爱护机器设备;未经指导教师同意,不得随意乱动机器设备;机器设备出现故障时,应立即报告,不得私自维修机器。

第七条　学生必须在实验指导教师在场的情况下,在教师的指导与见证下操作机器,不得独自操作。

第八条　实验结束后,应物归原处,借物归还;实验室内任何物品不得擅自带出;做好卫生清洁和整理工作。

第九条　每次实验完毕,学生应认真完成并按时上交实验报告。

第十条　学生无故缺席实验需补做的,要缴纳相应的实验费及材料消耗费。

附录4　实验报告模板

1. 实验目的
2. 实验材料及设备
3. 实验方法
4. 实验过程观察及数据记录
5. 实验结果及讨论
6. 习题解答

第七章
人造板表面装饰

实验一　装饰单板贴面人造板

一、目的与要求

理解贴面材料——装饰单板(又称薄木)的贴面工艺,掌握装饰单板贴面人造板的工艺流程与制造方法,熟悉装饰单板贴面人造板产品质量的基本检测方法,了解装饰单板贴面人造板产品质量的影响因素。

二、实验材料与设备

1. 材料

胶粘剂:脲醛树脂胶(UF)、聚乙酸乙烯酯乳液(PVAc)。

装饰单板:厚度 0.2～0.7mm。

基材:中密度纤维板、刨花板或细木工板,厚度 8～15mm。

固化剂:氯化铵或硫酸铵。

填料:工业面粉。

2. 设备

烧杯、玻璃搅拌棒、粘度计(涂-4 杯或旋转粘度计)、剪板机(或裁纸刀、剪刀)、含水率测定仪、排刷、涂胶辊、天平(精度 0.01g,范围 0～1kg)、热压机。

三、实验方法

(一) 胶粘剂的调制

将脲醛树脂胶与聚乙酸乙烯酯乳液胶按一定的比例进行均匀混合,建议比例为脲醛树脂胶∶聚乙酸乙烯酯乳液=1∶1。混合均匀后视具体的粘度情况,将填料和固化剂添加到胶液中(工业面粉的添加量为 10%～20%,氯化铵的加入量为 0.5%～1%),充分搅拌得到分散均匀的胶粘剂以备用。

(二) 基材和装饰单板准备

1. 基材要求

细木工板的外观质量和物理力学性能应符合《细木工板》(GB/T 5849—2006)中一等品的外观质量和相应类别物理力学性能指标要求。

刨花板:优选三层或渐变结构的刨花板,其应符合《刨花板》(GB/T 4897.3—2003)中干燥状态下使用的家具及室内装修使用板的要求。

中密度纤维板:应符合《中密度纤维板》(GB/T 11718—2009)中干燥状态下使用的家具型中密度纤维板性能要求。

2. 装饰单板准备

修补:根据提供的装饰单板制品首先应进行外观检查,先截去端头的开裂和腐朽等缺陷,而后按设定图案,根据表面纹理和缺陷分布情况进行剪裁及拼接。

拼接:若装饰单板为窄条,则需要对其进行宽度方向上的拼接。有时为了满足装饰单板拼花的需要,也可采用拼接来实现。

装饰单板含水率的测定:可采用电阻式含水率测定仪进行测定。若装饰单板的含水率过高或过低均应适当调整。

装饰单板的幅面尺寸：根据所需贴面的基材实际尺寸，按照一定的加工余量进行装饰单板的裁切。

（三）涂胶与组坯

1. 涂胶

在满足胶合强度的前提下要尽量减少涂胶量，或适当提高粘度，以减少透胶。装饰单板厚度<0.4mm时，涂胶量采用100～120g/m²；当装饰单板厚度≥0.4mm时，可采用130～160g/m²的涂胶量。

涂胶时采用涂胶辊手工辊涂或排刷手工涂刷的方法。涂胶均匀，尽可能做到胶层不能太厚，也不能缺胶。

2. 组坯

当采用刨花板或中密度纤板作为基材时，为了避免其表面的刨花或纤维易因施胶后吸水膨胀而造成贴面后板材表面如橘皮样粗糙不平，可先贴一层或两层（纤维方向要纵横交错）厚度为0.6～1.0mm的单板，然后再贴装饰单板。

无论采用何种人造板作基材，在正面贴装饰单板后，其基材原有的对称结构被破坏，板材容易发生变形，因而需要在贴面后的板材背面，贴上平衡层（可以是单板或纸张）。组坯后的板坯可陈放5～10min。

（四）热压

热压工艺的选择与基材种类及厚度、装饰单板的厚度和树种、胶粘剂的种类及胶粘剂的固含量等有密切关系，通常，热压温度的选择可考虑胶粘剂的固化所需要的温度，脲醛树脂和聚乙酸乙烯酯乳液混合胶的固化温度一般为105～120℃。根据贴合的面积与选用的单位压力，计算出热压机的表压力并进行设定。

（五）后期处理

热压完成后，用裁刀去掉贴面材料的加工余量，并冷却至平衡状态。

（六）质量检测

贴面装饰后的产品，首先应观察一下有无明显缺陷，如鼓泡、粘板、污渍等，再参照（GB/T 15104—2006）《装饰单板贴面人造板》确定产品质量等级。

四、实验结果

1. 记录实测选用基材的厚度、密度、含水率及主要力学性能，实测装饰单材的厚度及含水率。
2. 测量贴面的有效面积，计算所需的胶粘剂用量。
3. 写出装饰单板饰面人造板的工艺流程，实验所用的贴面工艺参数。
4. 记录装饰单板贴面人造板的检测结果。

五、习题

1. 什么是装饰单板？其制造方法有几种？

2. 装饰单板贴面人造板出现透胶，有何解决办法？
3. 装饰单板贴面人造板采用的基材不同时，分别需要进行哪些处理？
4. 装饰单板贴面人造板的物理力学性能的检测项目有哪些？
5. 装饰单板贴面人造板工艺参数是根据什么来确定的？
6. 如何将贴面时的单位压力换算为实验所用热压机的表压力？

实验二　浸渍胶膜纸饰面人造板

一、目的与要求

熟悉浸渍胶膜纸饰面人造板的制造方法，掌握浸渍胶膜纸饰面工艺，了解影响浸渍胶膜纸饰面人造板质量的因素。

二、实验材料与设备

1. 材料

浸渍纸：三聚氰胺树脂浸渍的表层胶膜纸、三聚氰胺树脂浸渍的装饰胶膜纸、酚醛树脂浸渍的底层胶膜纸。

人造板基材：中密度纤维板或刨花板，厚度 8～15mm。

2. 设备

剪板机（或裁纸刀、剪刀）、热压机、耐磨试验机、万能力学试验机。

三、实验方法

（一）浸渍纸准备

按照人造板基材的幅面尺寸，用裁纸刀截取三种浸渍纸，注意留下加工余量。

（二）基材处理

1. 基材品种

浸渍胶膜纸贴面装饰用的基材主要是刨花板和中密度纤维板。

2. 对基材的要求

表面细致，表层结构均匀；板面必须用 80＃～100＃砂纸砂光；表面颜色均匀，无污染；厚度均匀，厚度偏差小于±0.15mm，横向挠曲度不超过 2mm；含水率为 6%～10%；平均密度一般为 0.65～0.78g/cm^3。

（三）组坯

浸渍胶膜纸饰面人造板，从上至下依次配坯通常为：表层浸渍纸、装饰层浸渍纸、基材、底层浸渍纸，基材一般采用刨花板或中密度纤维板。

（四）热压

将组坯好的板坯放置热压机的上下压板间，采用热压温度为 180～200℃，热压压力为 2～4MPa，热压时间为 30～50s 进行压制。

（五）后期处理

热压完成后，用裁刀去掉贴面材料的加工余量，并冷却至平衡状态。

（六）质量检测

三聚氰胺浸渍胶膜纸饰面人造板的质量主要是从外观质量及表面理化性能两方面衡量，参照《浸渍胶膜纸饰面人造板》(GB/T 15102—2006)，重点对浸渍胶膜纸贴面人造板的外观质量判定、表面耐污染腐蚀及表面耐磨性测定。

四、实验结果

1. 测定基材的幅面，制定热压工艺参数，并设定热压机的表压力。
2. 记录浸渍胶膜纸饰面人造板的外观质量。
3. 进行表面耐磨性测定，并记录具体磨耗值。

五、习题

1. 浸渍胶膜纸饰面人造板有哪些具体产品？
2. 评价浸渍胶膜纸的质量指标有哪些？
3. 浸渍纸饰面人造板的结构中，各层的作用是什么？
4. 如何确定浸渍纸饰面人造板的热压工艺参数？
5. 衡量浸渍纸饰面人造板质量的主要指标有哪些？
6. 浸渍纸饰面人造板是否可以采用冷压完成贴面，为什么？

实验三　聚氨酯漆涂饰人造板

一、目的与要求

熟悉聚氨酯漆(涂料)的组成及其漆膜固化特点。掌握涂饰人造板的工艺流程，熟悉聚氨酯涂料的喷涂方法及涂膜性能测定方法。

二、实验材料与设备

1. 材料

聚氨酯漆：整组，包含树脂、固化剂和稀释剂。

基材：胶合板或细木工板，厚度至少在 10mm 以上。

压敏粘胶带 ：宽度至少 50mm。

2. 设备

空气压缩机、喷枪、测微计或千分表、光泽度计、附着力测定仪。

三、实验方法

(1) 将基材先后用 300＃和 600＃砂纸砂光至手感无木毛和木刺，刷清表面并称重 G_1；预先将树脂和固化剂、稀释剂按 2∶(1.25～0.75)∶(2～1)的比例称取(聚氨酯漆有双组分与单组分之分，具体以实验提供聚氨酯漆的使用说明书为准)。以树脂质量为 100g 为基准计算，将固化剂、稀释剂加入树脂中轻轻搅动，避免出现气泡和混入水汽。

(2) 将喷枪的压缩空气管接好，调节空气的压力为0.3MPa，确定疏水器工作正常，即可将混合好的涂料倒入喷枪的盛漆容器中。

(3) 试喷两次，每次约5s，然后开始喷涂试件，喷枪口离试件约30cm，每次喷试件横、竖匀速移动喷枪各一次。喷到边缘应注意稍收喷枪，避免边缘漆膜过厚。

(4) 每次喷涂间隔15～30min，共喷涂三次。

(5) 完成喷涂后自然干燥20min，再放入50～60℃的烘箱干燥30min取出自然冷却后，称重G_2。参照《色漆和清漆漆膜厚度的测定》(GB/T 13452.2—2008)、《家具表面漆膜理化性能试验第6部分：光泽测定法》(GB/T 4893.6-2013)、《家具表面漆膜理化性能试验第4部分：附着力交叉切割测定法 》(GB/T 4893.4-2013)的具体要求，分别测定漆膜的厚度、光泽度、漆膜附着力。

四、实验结果

1. 记录基材处理过程和方法、基材表面状态、基材漆饰前后的质量(G_2-G_1)；记录树脂、固化剂和稀释剂的实际用量，并计算实际比例。观察喷涂过程中涂膜的变化、漆膜形成中涂膜的外观演变过程、颜色的变化；测定漆膜的厚度、附着力。记录实验过程中观察到的其他现象。

2. 用光泽度仪对板面进行检测时，按顺纹、横纹方向上分别测三次取平均值。

3. 用割刀在涂饰后的胶合板或细木工板制品表面，先按与木纹方向成45°切割出6条平行切割线；然后与其交叉垂直方向再切割出6条切割线，间隔均为2mm划痕(涂层在60μm以下时，划痕间隔为2mm)，形成网络图形，划痕深度刚好穿透漆膜为宜。将粘胶带方向与一组切割线平行粘在划痕表面，粘平并去除气泡，然后快速、大力撕下粘胶带，观察漆膜的破坏程度，判定其等级。

五、习题

1. 聚氨酯漆有何缺点？
2. 涂饰人造板的方法有哪些？
3. 人造板基材表面质量对涂饰效果有何影响？
4. 聚氨酯漆可以与哪些涂料进行配合使用？
5. 如何避免漆膜出现起泡、脱皮等缺陷？
6. 聚氨酯漆与聚酯漆有何区别？

参考文献

韩健．2014．人造板表面装饰工艺学．北京：中国林业出版社

张洋，张德荣，饶久平，等．2012．人造板工艺学实验．北京：中国林业出版社

GB/T 17657—2013．人造板及饰面人造板理化性能试验方法

第八章 木制品生产工艺学

引　　言

木制品生产工艺学实验是理论教学过程中重要的一环。实验课程主要是在理论指导下进一步对加工工艺、加工精度、涂饰工艺等进行具体的实际操作，同时了解材料的性能，熟悉工具、设备的使用方法及采用数据处理方法分析实验结果。通过实验，使学生做到理论结合实际，锻炼分析与解决生产实际问题的能力。

木制品生产工艺学主要讲解框架式家具、板式家具、薄板胶合弯曲家具生产工艺流程及其技术要求，具体见图 8-1、图 8-2 和图 8-3。围绕以上工艺流程的主要工序，设计本课程实验。

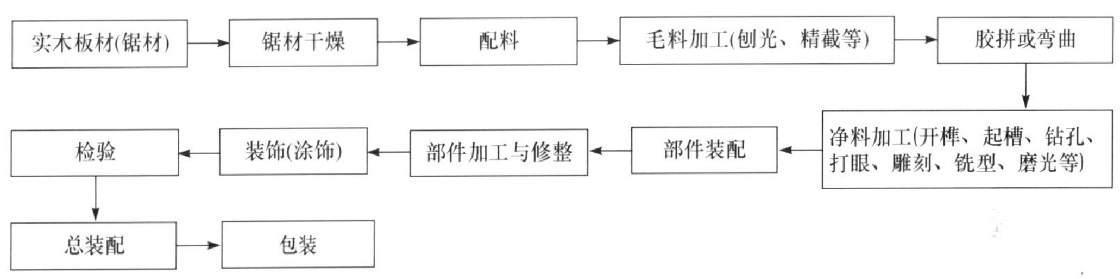

图 8-1　框架式家具生产工艺流程

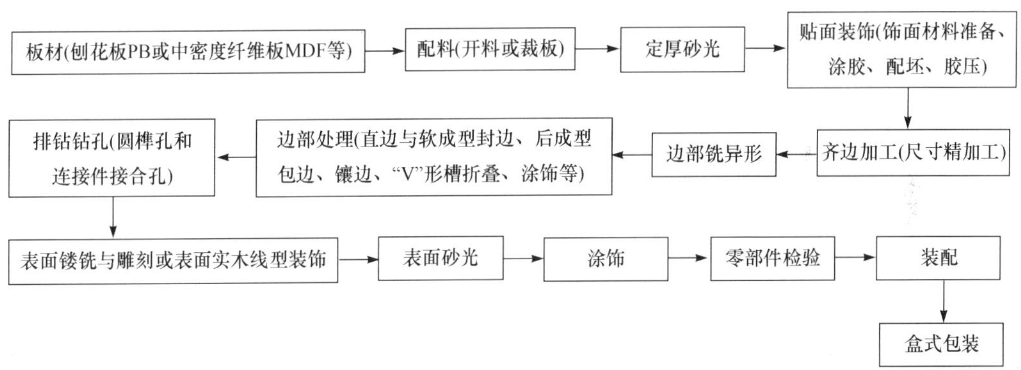

图 8-2　板式家具生产工艺流程

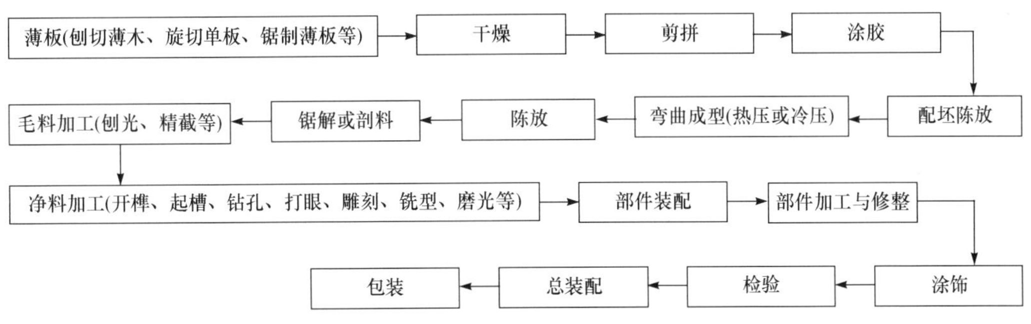

图 8-3　薄板胶合弯曲家具生产工艺流程

实验一 配料实验

一、目的与要求

在木制品工程实验室(家具车间)内,操作细木工带锯,锯制实木板材,检查加工质量,测量加工误差,计算加工精度和出材率。本实验的目的与要求如下。

1. 配制长度为600mm、宽度为200mm的板件。

2. 根据给定的实木锯材尺寸,选择合适的配料方案;采用圆锯机横截板材,测试长度尺寸,测量长度误差,计算长度加工精度。操作细木工带锯机纵剖实木板材,测量宽度尺寸,测量宽度误差,计算宽度加工精度。

二、实验设备与材料

1. 设备与工具

(1) 机械:齐全MJ105A型木工圆锯机,如图8-4所示;海湃MT345型细木工带锯机,如图8-5所示。

图8-4 圆锯机

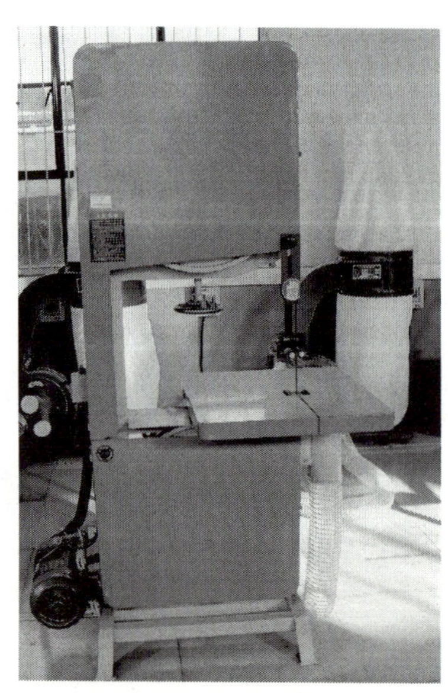

图8-5 细木工带锯机

(2) 工具:量程为3m的米尺6个,铅笔6支,长度为1m的钢板尺(精度1mm)。

2. 材料

材种:松木干燥锯材。

规格:长度2000mm左右,宽度200mm左右,厚度40mm左右。

数量:10块。

三、时间与进度

根据人才培养方案的要求,配料实验时间为2学时,具体安排见表8-1。

表 8-1 配料实验时间安排表

时间	内容	执行人
0～10min	拟定配料方案	学生
11～25min	横截锯材	实验员、学生、指导教师
26～30min	测量长度尺寸，精确到 1mm	学生
31～60min	纵剖板件	实验员、学生、指导教师
61～90min	测量宽度尺寸，精确到 1mm	学生
课后	检查整理	实验员、学生
课后	实验报告	学生

四、实验项目

（一）安全责任书签字

实验开始前，学生务必在安全责任书上签字，要求学生严格按照操作规程和前期的机械培训要求操作机械设备。

（二）理论讲解

（1）简要讲解配料方式，说明配料工艺。
（2）强调圆锯机和细木工带锯机的安全操作规程。

（三）学生拟订配料方案

（1）目标：配制长度为 600mm、宽度为 200mm 的板件。
（2）检查：根据选定的锯材原始状态，检查锯材是否存在缺陷。
（3）测量：用米尺测量锯材的长度和宽度。
（4）拟订方案：拟订下锯方案，并用钢板直尺和铅笔画线。

（四）横截锯材

（1）检查并调试圆锯机。
（2）调整靠山与锯片的距离。
（3）检查材料表面状况，确保无异物。
（4）开启开关。
（5）根据划线位置进行横截锯材。进料速度应均匀，操作人员应注意安全。
（6）锯解结束后，应及时停机。
（7）测量工件的长度，精确到 1mm；记录在笔记本上。
（8）检查工件端头的表面状况，并用相机照相和文字描述。
（9）如果发现锯制的工件不合格时，应启用备用材料重新锯制。

（五）纵剖工件

（1）检查并调试细木工带锯机。
（2）检查锯卡，根据锯材厚度调节。

(3) 检查木材表面,确认无金属等异物。
(4) 开启吸尘器。
(5) 开动细木工带锯机。
(6) 根据划线位置进行纵剖锯材。缓慢匀速进料,注意力应高度集中。
(7) 接料人员接料。
(8) 检查锯切质量。
(9) 锯切另外一边。
(10) 停机。
(11) 测量工件的宽度,精确到 1mm;记录在笔记本上。
(12) 检查工件侧面的表面状况,并用相机照相和文字描述。
(13) 如果发现锯制的工件不合格时,应启用备用材料重新纵刨。

(六) 工件编号

每个小组应对工件进行编号,并进行妥善管理,以备毛料加工实验使用。

(七) 打扫卫生

车间严格按“6S”方法管理,实验结束后应及时打扫卫生,清除粉尘,整理在制品,分类堆放,垃圾及时清运到垃圾回收站。

五、实验结果

1. 书写工艺流程。
2. 计算长度和宽度的加工误差、加工精度,评价加工质量。

六、实验成绩评定

根据出勤情况、实习态度、实验报告及板材的加工质量评定实验成绩。成绩分为 5 个等级:优秀、良好、中等、通过和不通过。

实验二　毛料加工实验

一、目的与要求

在木制品工程实验室(家具车间)内,操作平刨和压刨,加工基准边和相对边,加工基准面和相对面,检查加工质量,测量加工误差,计算加工精度和出材率。本实验的目的与要求如下。

1. 加工长度为 600mm、宽度为 195mm、厚度为 40mm 的板件。
2. 根据配料实验加工的工件(毛料),拟定合适的毛料加工方案;采用平刨刨削基准边和相对边,测试宽度尺寸,测量宽度误差,计算宽度加工精度。利用平刨刨削基准面,采用压刨刨削相对面,测量厚度尺寸,计算厚宽误差、加工精度。

二、实验设备与材料

1. 设备与工具

(1) 机械:平刨,如图 8-6 所示;压刨,如图 8-7 所示。

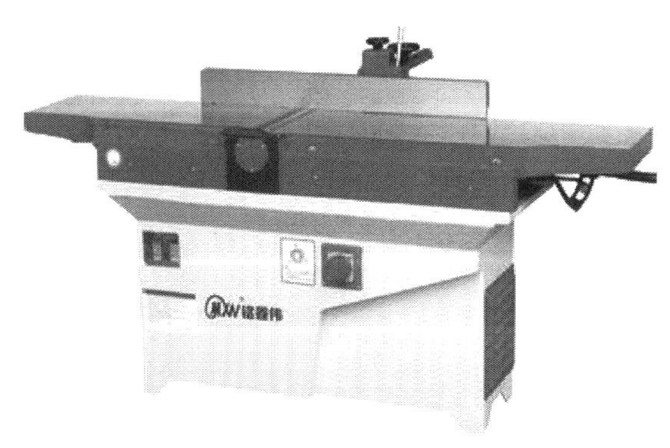
图 8-6　平刨

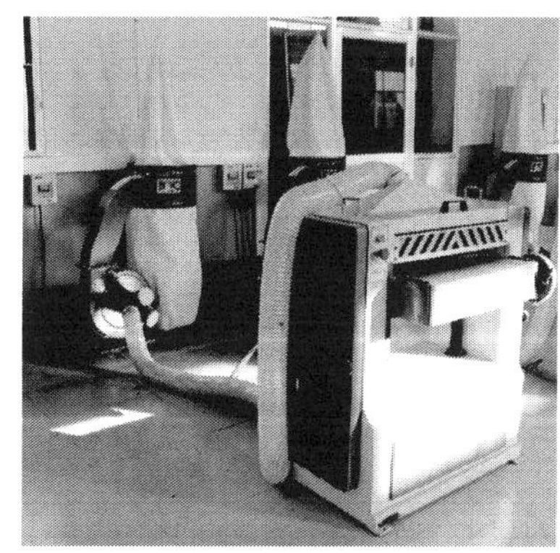
图 8-7　压刨

(2) 工具：量程为 3m 的米尺 6 个，铅笔 6 支，长度为 1m 的钢板尺（精度为 1mm）。

2. 材料

材种：松木实木毛料（配料实验加工的毛料）。

规格：长度 600mm，宽度 200mm，厚度 40mm 左右。

数量：10 块。

三、时间与进度

根据人才培养方案的要求，毛料加工实验时间为 2 学时，具体安排见表 8-2。

表 8-2　毛料加工实验时间安排表

时间	内容	执行人
0～10min	拟定刨削方案	学生
11～40min	刨削基准边和相对边	实验员、学生、指导教师
41～50min	测量宽度尺寸，精确到 1mm	学生
51～80min	刨削基准面和相对面	实验员、学生、指导教师
81～90min	测量厚度尺寸，精确到 1mm	学生
课后	检查整理	实验员、学生
课后	实验报告	学生

四、实验项目

（一）安全责任书签字

实验开始前，学生务必在安全责任书上签字，要求学生严格按照操作规程和前期的机械培训要求操作机械设备。

（二）理论讲解

(1) 简要讲解平刨和压刨的操作方法，说明刨削方案。

(2) 强调平刨和压刨的安全操作规程。

（三）学生拟订毛料加工方案

（1）目标：加工长度为600mm、宽度为195mm、厚度为40mm的板件。
（2）检查：检查毛料的表面状态，确定毛料是否有缺陷。
（3）测量：用米尺测量毛料的长度和宽度，用直尺测量毛料的厚度。
（4）拟订方案：拟订毛料加工方案，确定刨削顺序，确定一次刨削量。

（四）刨削基准边和相对边

（1）检查并调试平刨，调整前工作台的高度，前后工作台之差为0.2mm。
（2）调整靠山在工作面上的位置。
（3）检查毛料表面状况，确保无异物。
（4）开启开关。
（5）握住毛料，紧靠靠山，缓慢匀速刨削基准边。
（6）检查刨削质量。
（7）刨削相对边，检查刨削质量。
（8）测量工件的宽度，精确到1mm；记录在笔记本上。
（9）根据具体情况确定是否继续刨削相对边。当工件的宽度为195mm时，停止刨削。
（10）刨切结束后，应及时停机。
（11）检查工件两侧边的表面状况，并用相机照相和文字描述。
（12）如果发现刨削的工件不合格时，应启用备用材料重新刨削。

（五）刨削基准面

（1）检查并调试平刨，调整前工作台的高度，前后工作台之差为0.1mm。
（2）调整靠山在工作面上的位置。
（3）检查毛料表面状况，确保无异物。
（4）开启开关。
（5）握住毛料，紧靠靠山，缓慢匀速刨削基准面。
（6）检查刨削质量。
（7）测量工件的厚度，精确到1mm；记录在笔记本上。
（8）根据具体情况确定是否继续刨削基准面。
（9）基准面光滑平整时，停止刨削，及时停机。
（10）检查工件基准面表面状况，并用相机照相和文字描述。
（11）如果发现刨削的工件不合格时，应启用备用材料重新刨削。

（六）刨削相对面

（1）检查并调试压刨，调整前后压紧器、前后进给滚筒相对刀轴切削圆或工作台的位置，确定一次刨削量为0.5mm。
（2）检查毛料表面状况，确保无异物。
（3）测量毛料的厚度。
（4）开启开关。

(5) 握住毛料,缓慢匀速进料。
(6) 检查刨削质量。
(7) 测量工件的厚度,精确到 1mm;记录在笔记本上。
(8) 根据具体情况确定是否继续刨削相对面。
(9) 相对面光滑平整并且毛料厚度为 40mm 时,停止刨削,及时停机。
(10) 检查工件相对面表面状况,并用相机照相和文字描述。
(11) 如果发现刨削的工件不合格时,应启用备用材料重新刨削。

(七) 工件编号

每个小组应对所加工的工件进行编号,并进行妥善管理,以备榫头加工实验(本章实验三)使用。

(八) 打扫卫生

车间严格按"6S"方法管理,实验结束后应及时打扫卫生,清除粉尘,整理在制品,分类堆放,垃圾及时清运到垃圾回收站。

五、实验结果

1. 书写工艺流程。
2. 计算宽度和厚度的加工误差、加工精度,评价加工质量。

六、实验成绩评定

根据出勤情况、实习态度、实验报告及板材的加工质量评定实验成绩。成绩分为 5 个等级:优秀、良好、中等、通过和不通过。

实验三　榫头加工实验

一、目的与要求

在木制品工程实验室(家具车间)内,操作开榫机,加工直角榫,检查加工质量,测量加工误差,计算加工精度和出材率。本实验的目的与要求如下。

1. 加工榫头长度为 60mm、宽度为 195mm、厚度为 20mm 的直角榫。
2. 根据毛料加工实验加工的工件(净料),拟定合适的榫头加工方案;借助开榫机加工榫头,测量榫头长度、宽度和厚度尺寸,计算加工误差和加工精度,评价加工质量。

二、实验设备与材料

1. 设备与工具

(1) 机械:开榫机,如图 8-8 所示。
(2) 工具:量程为 3m 的米尺 6 个,铅笔 6 支,长度为 1m 的钢板尺(精度为 1mm);精度为 0.02mm 的游标卡尺 6 把。

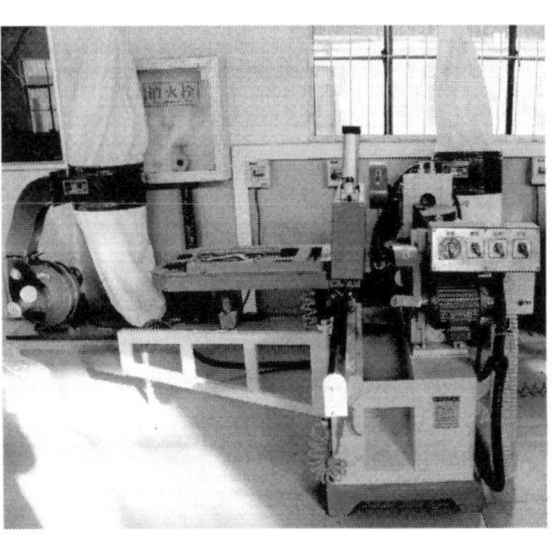

图 8-8　开榫机

2. 材料

材种:松木实木净料(毛料加工实验加工的净料)。

规格:长度 600mm,宽度 195mm,厚度 40mm。

数量:10 块。

三、时间与进度

根据人才培养方案的要求,榫头加工实验时间为 2 学时,具体安排见表 8-3。

表 8-3　榫头加工实验时间安排表

时间	内容	执行人
0～10min	拟定榫头加工方案,调试开榫机	学生
11～20min	精截净料的端头	实验员、学生、指导教师
21～70min	加工榫头	学生
71～90min	测量榫头长度、宽度和厚度	实验员、学生、指导教师
课后	检查整理	实验员、学生
课后	实验报告	学生

四、实验项目

(一) 安全责任书签字

实验开始前,学生务必在安全责任书上签字,要求学生严格按照操作规程和前期的机械培训要求操作机械设备。

(二) 理论讲解

(1) 简要讲解开榫机的操作方法,说明开榫方案。

(2) 强调开榫机的安全操作规程。

(三) 学生拟订榫头加工方案

(1) 目标:加工长度为 60mm、宽度为 195mm、厚度为 20mm 的直角榫榫头。

(2) 检查:检查净料的表面状态,确定净料是否有缺陷。

(3) 测量:用米尺测量净料的长度和宽度,用直尺测量净料的厚度。

(4) 拟订方案:拟订榫头加工方案,确定开榫技术参数。

(四) 榫头加工

(1) 严格按照操作规程检查和操作机器。操作时,务必要沉着、冷静,进料速度要适当。

(2) 截头圆锯的调整。

(3) 上下水平刀头的调整。

(4) 工作台的调整。

(5) 检查工件表面。

(6) 固定工件。
(7) 开启机器。
(8) 加工榫头。
(9) 检查榫头加工质量。
(10) 停机。

(五) 测量榫头尺寸

(1) 用游标卡尺测量榫头的厚度和宽度,计算加工误差和加工精度。
(2) 用直尺测量榫头的长度,计算加工误差和加工精度。
(3) 检查榫肩和榫颊的直角度,检查榫端的平整度,并用相机照相和文字描述。
(4) 如果发现加工的榫头不合格时,应启用备用材料重新开榫头。

(六) 工件编号

每个小组应对所加工的榫头工件进行编号,并进行妥善管理,以备后续喷涂实验使用。

(七) 打扫卫生

车间严格按"6S"方法管理,实验结束后应及时打扫卫生,清除粉尘,整理在制品,分类堆放,垃圾及时清运到垃圾回收站。

五、实验结果

1. 书写工艺流程。
2. 计算榫头长度、宽度和厚度的加工误差、加工精度,评价加工质量。

六、实验成绩评定

根据出勤情况、实习态度、实验报告及榫头的加工质量评定实验成绩。成绩分为 5 个等级:优秀、良好、中等、通过和不通过。

实验四　钻孔实验

一、目的与要求

在木制品工程实验室(家具车间)内,借助钻床进行钻孔实验,评价钻孔质量。加工图 8-9 所示的零件图,重点是孔的加工。测量孔的直径和位置,评价加工质量。

二、实验设备与材料

1. 设备与工具

(1) 机械:海湃 MJ90E 型精密裁板锯,如图 8-10 所示;宽带砂光机,如图 8-11 所示;钻床,如图 8-12 所示。

(2) 工具:量程为 3m 的米尺 6 个,铅笔 6 支,长度为 1m 的钢板尺(精度为 1mm);精度为 0.02mm 的游标卡尺 6 把。

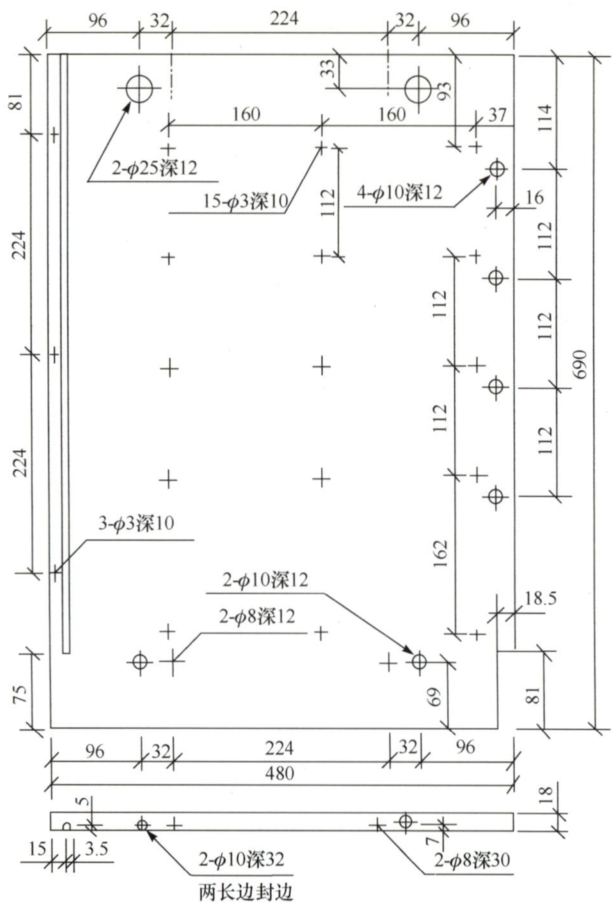

图 8-9 零件图(单位:mm)

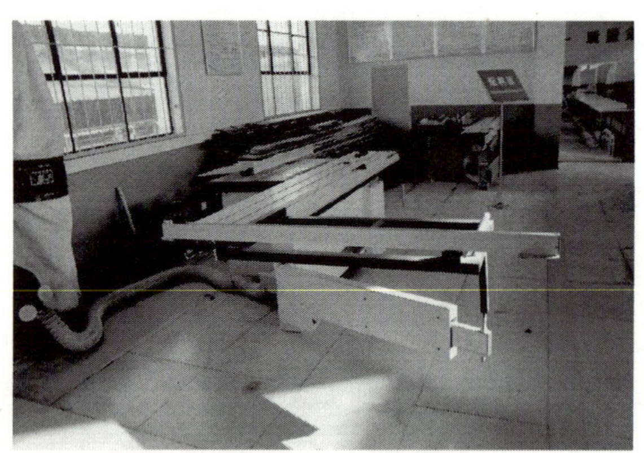

图 8-10 精密裁板锯

图 8-11 宽带砂光机

2. 材料

材种:中密度纤维板。

规格:长度 2440mm,宽度 1220mm,厚度 18mm。

数量:6 块。

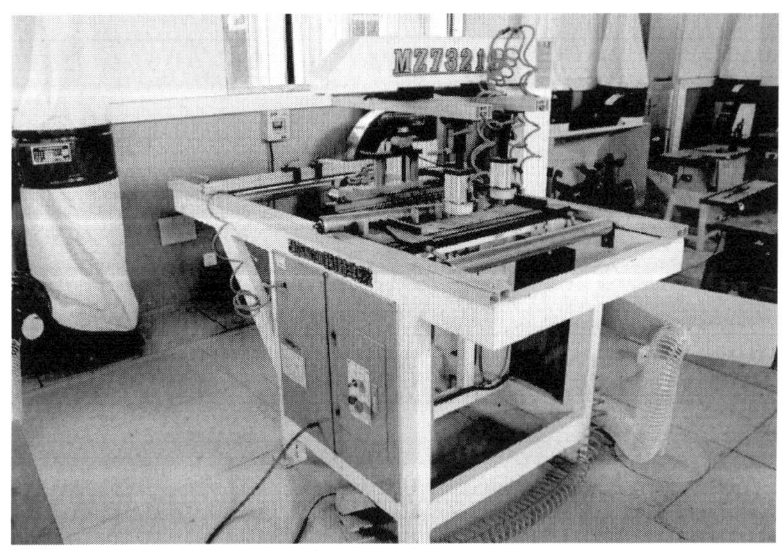

图 8-12　钻床

三、时间与进度

根据人才培养方案的要求，钻孔加工实验时间为 6 学时，分三次课上，具体安排见表 8-4、表 8-5 和表 8-6。

表 8-4　裁板和砂光实验时间安排表(第一次课)

时间	内容	执行人
0～10min	拟定裁板方案	学生
11～30min	剖分中密度纤维板	实验员、学生、指导教师
31～40min	测量板件长度、宽度和厚度	学生
41～50min	拟定砂光方案	学生
51～80min	砂光零件	实验员、学生、指导教师
81～90min	打扫卫生	学生
课后	检查整理	实验员

表 8-5　第一次钻孔实验时间安排表(第二次课)

时间	内容	执行人
0～15min	拟定钻孔方案	学生、指导教师
16～60min	直径为 3mm 的孔的加工	学生、指导教师、实验员
61～80min	直径为 10mm 的孔的加工	学生
81～90min	打扫卫生	学生
课后	检查整理	实验员

表 8-6　第二次钻孔实验时间安排表(第三次课)

时间	内容	执行人
0～20min	直径为 8mm 的孔的加工	学生
21～40min	直径为 25mm 的孔的加工	实验员、学生、指导教师
41～80min	孔的加工质量检测	学生
81～90min	打扫卫生	实验员、学生、指导教师
课后	检查整理	实验员、学生
课后	实验报告	学生

四、实验项目

（一）安全责任书签字

实验开始前，学生务必在安全责任书上签字，要求学生严格按照操作规程和前期的机械培训要求操作机械设备。

（二）理论讲解

（1）简要讲解精密裁板锯、砂光机和钻床的操作方法，说明钻孔方案。

（2）讲解配料、砂光、钻孔的技术要求。

（三）学生拟订裁板方案

（1）目标：加工长度为 690mm、宽度为 480mm、厚度为 18mm 的板件。

（2）检查：检查中密度纤维板的表面状态，确定是否有缺陷。

（3）测量：用米尺测量中密度纤维板的长度和宽度，用直尺测量其厚度。

（4）拟订方案：拟订裁板方案，确定裁板的技术参数。

（四）裁板

（1）检查并调试精密裁板锯。调整主锯片，使其高于板件上表面 1mm；调整划线锯，使其高于工作台面 0.2mm。

（2）检查中密度纤维板的表面状况，确保表面无异物。

（3）固定中密度纤维板在纵向移动工作台上。

（4）开启划线锯，开启主锯片。

（5）仔细观察，匀速向前推动纵向工作台，长度方向横截纤维板，使加工的板件长度为 690mm。

（6）剖分三次后，停机。

（7）重新定位导尺和标尺的位置，使再次剖分后的板件的宽度等于 480mm。

（8）固定中密度纤维板在纵向移动工作台上。

（9）开启划线锯，开启主锯片。

（10）推动纵向工作台，宽度方向纵剖板件，使加工的板件宽度为 480mm。

（11）停机。

(五) 测量板件尺寸

(1) 用米尺测量板件的长度和宽度,计算加工误差和加工精度。
(2) 如果发现板件的加工质量不合格时,应启用备用材料重新裁板。

(六) 工件编号

每个小组应对所加工的板件进行编号,并进行妥善管理,以备后续砂光实验使用。

(七) 学生拟订砂光方案

(1) 目标:加工长度为 690mm、宽度为 480mm、厚度为 18mm 的板件,使厚度加工误差控制在 0.02mm 以内。砂光后的板件厚度为 17.5mm。
(2) 检查:检查裁板实验加工的板件表面状态,确定是否有缺陷。
(3) 测量:用米尺测量板材的长度和宽度,用游标卡尺测量厚度。
(4) 拟订方案:拟订砂光方案,确定砂光的技术参数。

(八) 砂光

(1) 检查并调试宽带砂光机。张紧砂带,调整工作台高度,确定砂光量为 0.01mm。
(2) 检查板件表面质量。
(3) 开启电机。
(4) 送料。
(5) 砂光。
(6) 检查砂光质量。
(7) 停机。

(九) 测量板件厚度

(1) 用游标卡尺测量板件厚度,计算加工误差和加工精度。
(2) 如果发现板件的加工质量不合格时,应启用备用材料重新砂光。

(十) 工件编号

每个小组应对所加工的板件进行编号,并进行妥善管理,以备后续钻孔实验使用。

(十一) 学生拟订钻孔方案

(1) 目标:加工图 8-9 所示零件的孔。
(2) 检查:检查砂光后板件的表面状态,确定是否有缺陷。
(3) 测量:用米尺测量板件的长度和宽度,用游标卡尺测量厚度。
(4) 拟订方案:拟订钻孔方案,确定钻孔的技术参数。

(十二) 钻直径为 3mm 的孔

(1) 检查并调试钻床,安装直径为 3mm 的钻头。
(2) 检查压紧机构和钻削机构。

(3) 检查工件,固定工件。
(4) 开机。
(5) 钻孔加工。
(6) 检查孔的大小和位置。
(7) 停机。

(十三) 钻直径为 10mm 的孔

(1) 检查并调试钻床,安装直径为 10mm 的钻头。
(2) 检查压紧机构和钻削机构。
(3) 检查工件,固定工件。
(4) 开机。
(5) 钻孔加工。
(6) 检查孔的大小和位置。
(7) 停机。

(十四) 钻直径为 8mm 的孔

(1) 检查并调试钻床,安装直径为 8mm 的钻头。
(2) 检查压紧机构和钻削机构。
(3) 检查工件,固定工件。
(4) 开机。
(5) 钻孔加工。
(6) 检查孔的大小和位置。
(7) 停机。

(十五) 钻直径为 25mm 的孔

(1) 检查并调试钻床,安装直径为 25mm 的钻头。
(2) 检查压紧机构和钻削机构。
(3) 检查工件,固定工件。
(4) 开机。
(5) 钻孔加工。
(6) 检查孔的大小和位置。
(7) 停机。

(十六) 孔的加工质量检测

(1) 用游标卡尺测量测量孔的直径,计算加工误差和加工精度。
(2) 用直尺测量孔径的位置,计算加工误差和加工精度。
(3) 如果孔的加工质量不合格时,应启用备用板重新进行钻孔。

（十七）工件编号

每个小组应对所加工的板件进行编号，并进行妥善管理，以备后续封边实验使用。

（十八）打扫卫生

车间严格按"6S"方法管理，实验结束后应及时打扫卫生，清除粉尘，整理在制品，分类堆放，垃圾及时清运到垃圾回收站。

五、实验结果

1. 书写裁板、砂光、钻孔工艺流程。
2. 计算各工序的加工误差、加工精度，评价加工质量。

六、实验成绩评定

根据出勤情况、实习态度、实验报告及裁板、砂光、钻孔质量评定实验成绩。成绩分为5个等级：优秀、良好、中等、通过和不通过。

实验五　封边实验

一、目的与要求

在木制品工程实验室（家具车间）内，操作曲直线封边机，对中密度纤维板侧边进行封边，检查封边质量，测量封边误差，计算封边条封边精度和出材率。本实验的具体目的与要求如下。

1. 对长度为690mm、宽度为480mm、厚度为17.5mm的中密度纤维板板件，进行侧边封边。

2. 根据钻孔实验加工的工件，拟定合适的封边方案；借助封边机封边，测量封边条长度、宽度和厚度，计算封边条封边误差和精度，评价封边质量。

二、实验设备与材料

1. 设备与工具

（1）机械：封边机，如图8-13所示。

（2）工具：量程为3m的米尺6个，铅笔6支，长度为1m的钢板尺（精度为1mm），精度为0.02mm的游标卡尺6把。

2. 材料

材种：中密度纤维板板件（钻孔实验的材料）。

规格：长度690mm，宽度480mm，厚度17.5mm。

数量：30块。

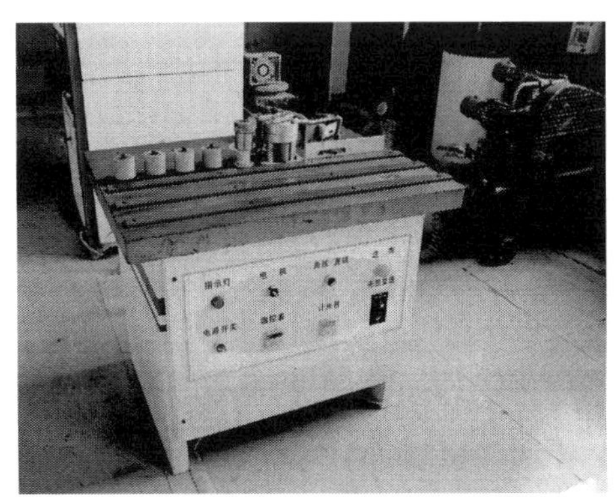

图8-13　封边机

三、时间与进度

根据人才培养方案的要求，封边实验时间为 2 学时，具体安排见表 8-7。

表 8-7 封边实验时间安排表

时间	内容	执行人
0～10min	拟定封边方案，调试封边机	学生
11～70min	封边	实验员、学生、指导教师
71～90min	测量封边条长度、宽度	实验员、学生、指导教师
课后	检查整理	实验员、学生
课后	实验报告	学生

四、实验项目

（一）安全责任书签字

实验开始前，学生务必在安全责任书上签字，要求学生严格按照操作规程和前期的机械培训要求操作机械设备。

（二）理论讲解

（1）简要讲解封边机的操作方法，说明封边方案。

（2）强调封边机的安全操作规程。

（三）学生拟订封边方案

（1）目标：对长度为 690mm、宽度为 480mm、厚度为 17.5mm 的中密度纤维板板件，进行侧边封边。

（2）检查：检查工件的表面状态，确定工件是否有缺陷。

（3）测量：用米尺测量封边条的长度，用直尺测量封边条的宽度，用游标卡尺测量封边条的厚度。

（4）拟订方案：拟订封边方案，确定封边技术参数。

（四）封边

（1）严格按照操作规程检查和操作机器。操作时，务必要沉着、冷静，进料速度要适当。

（2）将热熔胶加入胶罐。

（3）安放封边带，根据宽度调节限位杆的高度。

（4）开启空气压缩机。

（5）开机。

（6）调节涂胶量。

（7）检查工件的边部。

（8）封边。

(9) 检查封边质量。

(10) 停机。

(五) 封边质量检查

(1) 用直尺测量封边条的宽度,计算封边宽度加工误差和加工精度。

(2) 用米尺测量榫头的长度,计算封边长度加工误差和加工精度。

(3) 检查边部的封边情况,并用相机照相和文字描述。

(4) 如果发现封边质量不合格时,应启用备用材料重新封边。

(六) 工件编号

每个小组应对所封边的工件进行编号,妥善保管,以备后续喷涂实验使用。

(七) 打扫卫生

车间严格按"6S"方法管理,实验结束后应及时打扫卫生,清除粉尘,整理在制品,分类堆放,垃圾及时清运到垃圾回收站。

五、实验结果

1. 书写工艺流程。
2. 计算封边长度、宽度和厚度的加工误差、加工精度,评价加工质量。

六、实验成绩评定

主要根据出勤情况、实习态度、实验报告及封边质量评定实验成绩。成绩分为 5 个等级:优秀、良好、中等、通过和不通过。

实验六　喷 涂 实 验

一、目的与要求

学会白坯的砂磨方法,掌握喷涂技术,判断喷涂质量,为今后的专业课综合实习一(木制品生产工艺学)奠定基础。本实验的具体目的与要求如下。

1. 对长度 600mm、宽度 195mm、厚度 40mm 的实木板件进行砂磨和涂饰。
2. 对长度为 690mm、宽度为 480mm、厚度为 17.5mm 的中密度纤维板板件进行砂磨和涂饰。
3. 根据榫头加工实验和封边实验加工的工件,拟定合适的砂磨和喷涂方案;测试表面粗糙度、涂布量技术参数,评价砂磨和喷涂质量。

二、实验设备与材料

1. 设备与工具

(1) 机械:打磨房,如图 8-14 所示;水帘式喷房,如图 8-15 所示。

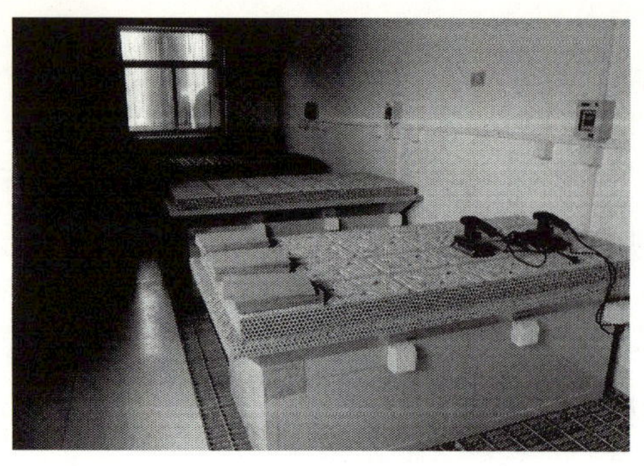

图 8-14　打磨房

图 8-15　水帘式喷房

(2) 工具：手提式砂磨机，6 个；喷枪，1 把；砂纸，120＃、240＃、320＃、400＃、600＃、800＃，每种类型各备若干；棉质碎布，若干；精度为 0.01g 的天平。

2. 材料

(1) 材种：实木板件(榫头实验的材料)和中密度纤维板板件(封边实验的材料)。

(2) 规格：实木板件，长度 600mm，宽度 195mm，厚度 40mm；中密度纤维板板件，长度 690mm，宽度 480mm，厚度 17.5mm。

(3) 数量：实木板件 12 块，中密度纤维板板件 30 块。

三、时间与进度

根据人才培养方案的要求，喷涂实验时间为 2 学时，具体安排见表 8-8。

表 8-8　喷涂实验时间安排表

时间	内容	执行人
0～10min	拟定砂磨和喷涂方案	学生
11～30min	砂磨	实验员、学生、指导教师
31～40min	测试表面粗糙度	学生、指导教师
41～80min	喷涂	实验员、学生、指导教师
81～90min	评价喷涂质量	实验员、学生、指导教师
课后	检查整理	实验员、学生
课后	实验报告	学生

四、实验项目

(一) 安全责任书签字

实验开始前，学生务必在安全责任书上签字，要求学生严格按照操作规程和前期的机械培训要求操作机械设备。

(二) 理论讲解

(1) 简要讲砂磨房的操作方法，说明砂磨方案。

(2) 讲解喷涂的技术要求，强调喷涂对漆膜质量的重要性。

（三）学生拟订砂磨方案

（1）目标：对长度600mm、宽度195mm、厚度40mm的实木板件进行砂磨。
（2）检查：检查工件的表面状态，确定工件是否有缺陷。
（3）测量：砂磨前，工件的表面粗糙度。
（4）拟订方案：拟订砂磨方案，确定砂光质量要求。

（四）砂磨

（1）严格按照操作规程检查和操作机器。操作时，务必要沉着、冷静，进料速度要适当。
（2）选择120＃砂纸装在手提式砂磨机上。
（3）顺木材纹理进行砂磨，要砂全、砂匀。
（4）用碎步擦拭工件表面的浮尘。
（5）测量砂磨后工件表面粗糙度。

（五）喷涂

（1）按照涂料和稀释剂的比例，调配封闭底漆。
（2）试喷枪，调试喷雾状态，直至雾状呈圆锥形。
（3）喷嘴与工件垂直，喷嘴距工件表面200mm，匀速喷涂工件，速度一般为0.3～1.0m/s；相邻喷路之间重叠1/3，上下涂层之间呈十字交叉喷涂。

（六）评价喷涂质量

涂层厚度是否均匀，涂饰是否完整。

（七）工件编号

每个小组应对所涂饰的工件进行编号，妥善保管，以备后续实验使用。

（八）自然干燥

把涂饰板放在自然干燥室干燥。

（九）打扫卫生

车间严格按“6S”方法管理，实验结束后应及时打扫卫生，清除粉尘，整理在制品，分类堆放，垃圾及时清运到垃圾回收站。

五、实验结果

1. 书写喷涂工艺流程。
2. 评价砂磨质量和喷涂质量。

六、实验成绩评定

主要根据出勤情况、实习态度、实验报告及喷涂质量评定实验成绩。成绩分为5个等级：优秀、良好、中等、通过和不通过。

实验七　涂层干燥时间测试实验

一、目的与要求

学会涂层干燥时间测试方法，掌握涂层干燥速度与漆膜质量的关系，为今后的专业课综合实习一(木制品生产工艺学)奠定基础。本实验的具体目的与要求如下。

1. 测试长度为600mm、宽度为195mm、厚度为40mm的实木涂饰板的干燥速度。

2. 测试长度为690mm、宽度为480mm、厚度为17.5mm的中密度纤维板涂饰板的干燥速度。

3. 根据喷涂实验的工件，拟定漆膜干燥测试方案；测试表干时间、实干时间和可打磨时间，评价漆膜干燥质量。

二、实验设备与材料

1. 设备与工具

(1) 机械：打磨房，如图8-14所示；水帘式喷房，如图8-15所示。

(2) 工具：手提式砂磨机，6个；喷枪，1把；砂纸，120＃、240＃、320＃、400＃、600＃、800＃，每种类各备若干；棉质碎布，若干；实干时间测试器；秒表；精度为0.01g的天平。

2. 材料

(1) 材种：实木板件(喷涂实验的材料)和中密度纤维板板件(喷涂实验的材料)。

(2) 规格：实木板件，长度600mm，宽度195mm，厚度40mm；中密度纤维板板件，长度690mm，宽度480mm，厚度17.5mm。

(3) 数量：实木板件12块，中密度纤维板板件30块。

三、时间与进度

根据人才培养方案的要求，涂层干燥时间测试实验时间为2学时，具体安排见表8-9。

表8-9　涂层干燥时间测试实验时间安排表

时间	内容	执行人
0～10min	拟定漆膜干燥时间测试方案	学生
11～20min	砂磨喷涂实验时已经干燥的涂饰板	实验员、学生、指导教师
21～30min	测试表面粗糙度	学生、指导教师
31～40min	喷涂第二遍封闭底漆	实验员、学生、指导教师
41～80min	测试表干时间、实干时间、可打磨时间	实验员、学生、指导教师
81～90min	评价涂层干燥时间和漆膜质量的关系	实验员、学生、指导教师
课后	检查整理	实验员、学生
课后	实验报告	学生

四、实验项目

(一) 安全责任书签字

实验开始前，学生务必在安全责任书上签字，要求学生严格按照操作规程和前期的机械培训要求操作机械设备。

（二）理论讲解

（1）讲解涂层干燥过程，强调涂层干燥对漆膜质量的重要性。

（2）简要讲解涂层表干时间、实干时间、可打磨时间的测试方法，说明涂层干燥时间测试方案。

（三）学生拟订涂层干燥时间测试方案

（1）目标：测试长度为600mm、宽度为195mm、厚度为40mm的实木涂饰板的干燥速度，测试长度为690mm、宽度为480mm、厚度为17.5mm的中密度纤维板涂饰板的干燥速度。

（2）检查：检查喷涂实验工件的表面状态，确定工件是否有缺陷。

（3）砂磨：用400＃砂纸顺木纹方向打磨第一遍封闭底漆表面。

（4）拟订表干时间、实干时间、可打磨时间的方法。

（四）喷涂

（1）按照涂料和稀释剂的比例，调配封闭底漆。

（2）试喷枪，调试喷雾状态，直至雾状呈圆锥形。

（3）喷涂第二遍封闭底漆。喷嘴与工件垂直，喷嘴距工件表面200mm，匀速喷涂工件，速度一般为0.3～1.0m/s；相邻喷路之间重叠1/3，上下涂层之间呈十字交叉喷涂。

（五）测试表干时间

（1）工件喷涂两遍封闭底漆后，立即放入自然干燥室、烤漆干燥室、恒温恒湿室等干燥场所（1、2组放在自然干燥室，3、4组放在烤漆干燥室，5、6组放在恒温恒湿室）。

（2）用指触法测试涂层表干时间。

（3）用砝码法测试涂层实干时间。

（4）用打磨方法测试涂层可打磨时间。

（六）工件编号

每个小组应对所涂饰的工件进行编号，妥善保管，以备后续实验使用。

（七）评价干燥方式和干燥时间

各组在不同干燥条件下测试涂层得干燥时间，比较干燥时间的不同，说明干燥方式对干燥速度的影响。

（八）打扫卫生

车间严格按“6S”方法管理，实验结束后应及时打扫卫生，清除粉尘，整理在制品，分类堆放，垃圾及时清运到垃圾回收站。

（九）特别说明

已经测试第二遍封闭底漆干燥时间的涂饰板，课后，实验员自己或指挥学生涂饰第一遍底漆、第二遍底漆、第一遍面漆、第二遍面漆，为后续的漆膜质量检测实验做准备。

五、实验结果

1. 书写涂层干燥时间测试步骤。
2. 评价表干时间、实干时间和可打磨时间。

六、实验成绩评定

主要根据出勤情况、实习态度、实验报告及喷涂质量评定实验成绩。成绩分为5个等级：优秀、良好、中等、通过和不通过。

实验八　漆膜质量检测实验

一、目的与要求

学会漆膜光泽度、附着力、耐磨性、耐水性的测试方法，掌握漆膜质量的评价方法，为今后的专业课综合实习一(木制品生产工艺学)、创业实践、毕业实习、毕业设计奠定基础。本实验的具体目的与要求如下。

1. 测试长度为600mm、宽度为195mm、厚度为40mm的实木涂饰板面漆漆膜质量。
2. 测试长度为690mm、宽度为480mm、厚度为17.5mm的中密度纤维板涂饰板的漆膜质量。
3. 根据涂层干燥时间测试实验的工件，拟定漆膜质量测试方案；测试漆膜光泽度、附着力、耐磨性和耐水性。

二、实验设备与材料

1. 设备与工具

(1) 测试漆膜光泽度的仪器：光电光泽仪和绒布或擦镜纸。

(2) 测试漆膜厚度和附着力的仪器和设备：漆膜厚度和附着力多用途干膜检验仪PIG或漆膜划格器。

(3) 测量耐磨性性能的仪器：漆膜磨耗仪、砂轮修整器、橡胶砂轮(JM-120，厚10mm，直径50mm)、吸尘器和天平(精度为0.001g)。

(4) 测量漆膜耐液(水)性的仪器：试液(蒸馏水)、定性滤纸(GB 1915-80)、玻璃罩(直径50mm，高25mm)、不锈钢光头镊子、观察箱和清洗液(15mL洗涤剂+1000mL蒸馏水)。

2. 材料

(1) 材种：实木板件(涂层干燥时间测试实验的材料)和中密度纤维板板件(涂层干燥时间测试实验的材料)。

(2) 规格：实木板件，长度600mm，宽度195mm，厚度40mm；中密度纤维板板件，长度690mm，宽度480mm，厚度17.5mm。

(3) 数量：实木板件12块，中密度纤维板板件30块。

三、时间与进度

根据人才培养方案的要求，漆膜质量检测实验时间为2学时，具体见表8-10。

表 8-10　漆膜质量检测实验时间安排表

时间	内容	执行人
0～10min	拟定漆膜质量检测实验方案	学生
11～20min	测试漆膜光泽度	实验员、学生、指导教师
21～40min	测试漆膜附着力	学生、指导教师
41～60min	测试漆膜耐磨性	实验员、学生、指导教师
61～80min	测试漆膜耐水性	实验员、学生、指导教师
81～90min	打扫卫生	实验员、学生、指导教师
课后	检查整理	实验员、学生
课后	实验报告	学生

四、实验项目

（一）安全责任书签字

实验开始前，学生务必在安全责任书上签字，要求学生严格按照操作规程和前期的机械培训要求操作机械设备。

（二）理论讲解

（1）讲解漆膜光泽度测试方法。
（2）讲解漆膜附着力测试方法。
（3）讲解漆膜耐磨性测试方法。
（4）讲解漆膜耐水性测试方法。

（三）学生拟订漆膜质量检测方案

（1）目标：测试长度为 600mm、宽度为 195mm、厚度为 40mm 的实木涂饰板的漆膜质量，测试长度为 690mm、宽度为 480mm、厚度为 17.5mm 的中密度纤维板涂饰板的漆膜质量。

（2）检查：检查喷涂实验工件的表面状态，确定工件是否有缺陷。

（3）漆膜光泽度测试：按 GB/T 4893.7-2013《家具表面漆膜理化性能试验》漆膜光泽度测定法测试漆膜光泽度。

（4）漆膜附着力测试：按 GB/T 4893.4-2013《家具表面漆膜理化性能试验》附着力交叉切割测定法测试漆膜附着力。

（5）漆膜耐磨性测试：按 GB/T 4893.8-2013《家具表面漆膜理化性能试验》漆膜耐磨性测定法测试漆膜耐磨性。

（6）漆膜耐水性测试：按 GB/T 4893.1-2013《家具表面漆膜理化性能试验》耐液性测定法测试耐水性。

（四）测试漆膜光泽度

1. 准备工作

在测试板上进行分区，对于 200mm×300mm 的板面而言，要分成 4 个小区。每个小区内分别选择并标明对照区域和实验区域，对于选定做耐干热和耐湿热的区域，选择的对照区域与实验区域色彩相一致，要测试实验区的光泽值，并目视实验区应无明显缺陷。

2. 检测步骤

(1) 按光电光泽仪的说明选择量程和校正仪器指针至标准板的标定值。

(2) 试件表面擦净,并取三个实验区,一个在试件中心,另两个在任意位置。

(3) 将实验测头置于实验区上,使木纹方向顺着测头内光线入射和反射方向。

(4) 记录各实验区的光泽值(读数精确至1%)。

(5) 取三实验区读数的算术平均值。

注意:每测一块试件,均须用标准板作一次校对。

3. 光泽度指标的评价方法

光泽度评价方法,见表8-11。

表8-11 漆膜光泽度评价方法

分级	光泽度/%			
	高光泽		亚光	
	原光	抛光	填孔亚光	显孔亚光
1	≥90	≥85	25～35	<14
2	80～89	75～84	15～24	15～24
3	70～79	65～74	<14	25～35
4	<69	<64	—	—

注:根据GB/T 4893.7-2013编制

4. 记录表格

记录表格,见表8-12。

表8-12 家具表面漆膜光泽度性能测定记录表

测试板编号	光泽度测试区域	区域光泽度/%	平均光泽度/%	最终等级
	Ⅰ(中心)			
	Ⅱ			
	Ⅲ			
	Ⅰ(中心)			
	Ⅱ			
	Ⅲ			
	Ⅰ(中心)			
	Ⅱ			
	Ⅲ			

(五) 测试漆膜附着力

1. 准备工作

在测试板上进行分区,对于200mm×300mm的板面而言,要分成8个小区。分别测量漆膜厚度和附着力。

2. 检测步骤

(1) 取三个实验区(尽量不选用纹理部位),实验区中心距试件边缘≥40mm,实验区间中心相距≥65mm。

(2) 每实验区的相邻部位分别测两点漆膜厚度,取其平均值。

(3) 从漆膜到底材割出一个"V"字形缺口,测量对应漆膜厚度。用2号刀或3号刀划透漆膜到基材,测量厚度。注意每格的读数。

1号刀　　厚度为20～2000μm,每格20μm。

2号刀　　厚度为10～1000μm,每格10μm。

3号刀　　厚度为2～200μm,每格2μm。

(4) 在实验区的漆膜表面切割两组互相成直角的格状割痕,每组割痕11条长35mm、间距2mm的平行割痕,所有切口应穿透到基材表面,割痕与木纹方向近似为45°。

(5) 用漆刷将浮屑弹去。

(6) 用手将透明胶压贴在实验区的切割部位。

(7) 顺对角线方向将透明胶猛揭。

(8) 在观察灯下用放大镜仔细检查漆膜损伤情况。

3. 附着力指标的评价方法

附着力评价方法,见表8-13。

表8-13　附着力指标的评价方法

分级	指标
1	割痕光滑,无漆膜剥落
2	割痕交叉处有漆膜剥落,漆膜沿割痕有少量断续剥落
3	漆膜沿割痕有断续或连续剥落
4	50%以下的切割方格中,漆膜沿割痕有大碎片剥落或全部剥落
5	50%以上的切割方格中,漆膜沿割痕有大碎片剥落或全部剥落

注:根据GB/T 4893.4-2013编制

4. 记录表格

记录表格,见表8-14。

表8-14　漆膜厚度和附着力等级记录表

测试板编号	附着力区域	区域漆膜厚度/μm			平均漆膜厚度/μm	区域附着力等级	最终附着力等级
		测试点①	测试点②	平均厚度			
	Ⅰ						
	Ⅱ						
	Ⅲ						
	Ⅰ						
	Ⅱ						
	Ⅲ						

(六) 测试漆膜耐磨性

1. 准备工作

(1) 在测试板上的一角用圆锯机裁下一个100mm×100mm的方板,注意要采取划线法,不要超过 100mm，要及时编号。

(2) 在 100mm×100mm 的方板的正中间开一个孔，孔的直径与磨耗仪的固定杆的直径相等。在开孔过程中要特别注意试件的清洁性。

2. 检测步骤

(1) 用新砂纸修整研磨轮。

(2) 记下试件编号，将试件放于磨耗仪工作盘上并固定，注意要旋紧螺母。在研磨过程中，试件不得打滑。

(3) 在磨耗仪的加压臂上加 1000g 砝码和安装上经修整后的新砂轮，臂末端加平衡砝码。

(4) 放下加压臂和吸尘嘴，开启电源、吸尘和转盘开关。

(5) 调整转数：先设置 50 转，研磨使漆膜表面呈平整均匀的磨耗圆环取出试件刷去浮屑用天平称重。记录在表 8-15 中。

表 8-15 漆膜耐磨性记录表

编号	磨 50 转后的试件重/g	再磨 100 转后的试件重/g	漆膜失重/g	判断等级	漆膜厚度/μm

(6) 继续磨 100 转后取下试件刷去浮屑再称重，前后重量之差即为漆膜失重。

(7) 调整计数器到 300 转，继续砂磨到实验结束(规定的磨转转数为 400 转，因已砂磨了 100 转，故 400－100＝300 转)。记录在表 8-15 中。

(8) 观察漆膜表面磨损情况，若漆膜轻微露白痕迹难以判断时可用洁净软布蘸少许彩色墨水涂在该部位并迅速擦去，此时在露白部位会留下墨水痕迹。

3. 耐磨性指标的评价方法

耐磨性评价方法，见表 8-16。

表 8-16 耐磨性评价方法

分级	指标
1	漆膜未露白
2	漆膜局部轻微露白
3	漆膜局部明显露白
4	漆膜严重露白

注：根据 GB/T 4893.8-2013 编制

4. 记录表格

记录表格，见表 8-15。

(七) 测试漆膜耐水性

1. 准备工作

在测试板上进行分区，对于 200mm×300mm 的板面而言，要分成 4 个小区。每个小区内分别选择并标明对照区域和实验区域。

2. 检测步骤

(1) 试件用软布擦净。

(2) 选一或两个实验区和一个对照区,实验区中心距试件边缘不小于 40mm,两实验区中心相距不小于 65mm

(3) 浸透蒸馏水的直径为 25mm 滤纸在每个实验区放上 5 层后用玻璃罩罩住。

(4) 达到 24h 后,揭去滤纸吸干残液。

(5) 静置 24h。

(6) 用清水洗净表面,并用软布擦干。

(7) 静置 30min。

(8) 观察与对照区间的差异:①放入观察箱检查变泽和印痕情况;②在室内自然光下检查变色、鼓泡和皱纹情况;③以两个实验区一致评定值为最终实验值。

3. 耐水性指标的评价方法

耐水性评价方法,见表 8-17。

表 8-17　耐水性评价方法

分级	指标
1	无杯痕
2	轻微的变泽印痕
3	轻微的变色或明显的变泽印痕
4	明显的变色、鼓泡、皱纹等

4. 记录表格

记录表格,见表 8-18。

表 8-18　漆膜耐水性记录表

编号	实验区域	变泽	印痕	变色	鼓泡	皱纹	实验区等级	最终等级
	Ⅰ							
	Ⅱ							
	Ⅲ							
	Ⅰ							
	Ⅱ							
	Ⅲ							
	Ⅰ							
	Ⅱ							
	Ⅲ							

(八) 评价漆膜质量

以漆膜光泽度、漆膜附着力、漆膜耐水性、漆膜耐磨性为依据,评价漆膜质量。

(九) 打扫卫生

车间严格按“6S”方法管理,实验结束后应及时打扫卫生,清除粉尘,整理在制品,分类堆放,垃圾及时清运到垃圾回收站。

五、实验结果

1. 书写工艺流程。
2. 以漆膜光泽度、漆膜附着力、漆膜耐水性、漆膜耐磨性为指标,评价漆膜质量。

六、实验成绩评定

主要根据出勤情况、实习态度、实验报告及喷涂质量评定实验成绩。成绩分为 5 个等级:优秀、良好、中等、通过和不通过。

参考文献

宋魁彦. 2001. 现代家具生产工艺与设备. 哈尔滨:黑龙江科学技术出版社
吴智慧. 2004. 木质家具制造工艺学. 北京:中国林业出版社
于夺福. 2002. 木材工业实用大全:人造板表面装饰卷. 北京:中国林业出版社
于志明,李黎. 2005. 木材加工装备. 北京:中国林业出版社
朱毅,李雨红. 2006. 家具表面涂饰. 哈尔滨:东北林业大学出版社
GB/T 4893. 4—2013. 家具表面漆膜理化性能试验 第 4 部分:附着力交叉切割测定法
GB/T 4893. 1—2013. 家具表面漆膜理化性能试验 第 1 部分:耐液测定法
GB/T 4983. 8—2013. 家具表面漆膜理化性能试验 第 8 部分:耐磨性测定法
GB/T 4893. 6—2013. 家具表面漆膜理化性能试验 第 6 部分:光泽测定法
GB/T 1728—79. 漆膜干燥时间测定法

第九章 素描

◎实验一　工具用法训练

◎实验二　正方体、圆柱体的结构练习

◎实验三　组合石膏几何体结构练习

◎实验四　静物结构素描练习

◎实验五　组合石膏几何体明暗素描练习

◎实验六　组合静物明暗素描练习

实验一　工具用法训练(4 学时)

一、目的与要求

1. 通过实验掌握素描的工具及用途,长短直线的画法,线条排列的正确方法。

2. 正确理解立方体、长方体、圆、圆柱体等简单几何形体的构图、起形过程及步骤。

3. 掌握几何形体的结构素描技能,为转向绘画非几何素描静物打下造型基础。

4. 通过造型艺术基础的培训,为日后的设计学习打好基础,具备手绘表现能力,能够良好表现自己的设计构思、创意表达。

二、实验材料与工具

素描纸、橡皮、铅笔、画板、画架、石膏几何体、静物等。

三、实验内容

1. 素描的工具

(1) 纸、画板、素描纸:注意纸张正反两面的质地不同。素描纸固定在画板上,画板要略有倾斜地竖在前方,远近要适当,让眼睛能看到整张素描纸,而且视线能直射在画面的中心。

(2) 笔:初学素描,常常采用铅笔,打轮廓用 3B 或 4B 铅笔,画明暗要用不同 B 数的铅笔。铅笔 B 数越多画越来越浓,因此暗部用软铅,明部用硬铅。执笔方法:用大拇指和食指把笔握稳,其余三指衬在笔下边。笔尖与画纸要保持一个斜面。只有刻画精细部位时,才像平时写字那样执笔和运笔。

(3) 绘图橡皮和软性橡皮:绘图橡皮可以修改画面,也可用来擦出白线条。需要时,橡皮的一端可以削尖。线条画得不够准确,不要忙于立即用橡皮擦掉,而应先仔细修改,再把不要的线条轻轻擦去。画的太浓的地方,可以用软性橡皮轻轻地吸淡。

(4) 其他:胶带纸或画夹、削笔刀等。

2. 素描的表现方式

(1) 线条是素描的造型因素。任何素描作品都是各种线条在平面上的运用,即在平面上将立体影像用线条的形式表现出来,线条具有丰富的表现力。

(2) 排线练习:①排线时,要方向一致,一笔一笔地画,疏密适当;②要轻起轻收,使线条两头轻,中间重,不要连笔;③排线方向要适当考虑物体的块面结构;④画暗面部分,要变换排线方向,层层加深,不要乱涂;⑤打形的线条,用手臂的摆动,明暗的线条,用手腕的力度。

(3) 透视练习:①掌握最基本的一点透视规律,也称平行透视或一点透视;②掌握成角透视规律,也称两点透视;③了解倾斜透视规律,也称三点透视。

(4) 结构素描练习:掌握规则物体与非几何物体的不同结构规律及透视规律。

(5) 明暗素描练习:掌握不同明暗效果的处理及不同质感的表现。

实验二　正方体、圆柱体的结构练习(4 学时)

一、目的与要求

目的:通过实验理解正方体、圆柱体的结构与透视。

要求:掌握正方体、圆柱体的结构和明暗关系。

二、实验材料与工具

素描纸、橡皮、铅笔、画板、石膏正方体、圆柱体、衬布等。

三、实验内容

1. 正方体

一个正方体,通常可以看到三个面,受光的亮面,背光的暗面,半明半暗灰调子的中间面。在同一个面上,明暗也往往会有些变化,特别是在明暗交界的部位。一般是靠近暗面的地方要亮一点,靠近亮面的地方要暗一点,必须仔细观察,如实表现。画好三个面,再加投影。投影往往离物体越近越深,边线也越清楚,渐远渐淡,边线也渐渐模糊。

2. 圆柱体

可以把圆柱体看作是由无数个面构成的多角柱。画圆柱体明暗,首先要找出明暗交界线,分出受光和背光两大部分,再通过观察,把亮部和暗部各分成几个明暗不同的层次,用铅笔在画面上轻轻地标出来,然后动笔画明暗,画投影和背景。最后,再从整体出发,反复比较,加浓减淡,细细调整各部分的明暗度,使之准确、和谐、统一。

实验三　组合石膏几何体结构练习(8 学时)

一、目的与要求

目的:通过实验掌握多件石膏几何体摆放在一起时,相互之间的关系。

要求:掌握石膏几何体在画面中的相互关系及在画面中的构图。

二、实验材料与工具

素描纸、橡皮、铅笔、画板、石膏几何体、衬布等。

三、实验内容

多件石膏几何体写生,要特别重视进行比较。

1. 高度比较

(1) 组合总体的高与宽的比较。

(2) 几个物体之间的大小比较。

(3) 每个物体自身的高度比较。

2. 远近比较

(1) 几个同样大小的物体,在画面中总是近的大,远的小。

(2) 视平线以下的物体,底线低的较近,高的较远。

(3) 可从遮挡与被遮挡的关系来区分物体的近和远。

3. 结构的比较

通过物体形态、理性结构、集合形体结构特征,画出看不到的结构面。

四 、习题

对组合石膏几何体进行练习,注意实验内容中的比较。

实验四　静物结构素描练习(8 学时)

一、目的与要求

目的：掌握不同静物的结构特征、质感、透视等基本形体的表现。
要求：掌握非几何静物的写生步骤及起形方法。

二、实验材料与工具

素描纸、橡皮、铅笔、画板、石膏几何体、衬布等。

三、实验内容

(1) 合理均衡的构图，大小适宜，主次分明，前后有序、饱满紧凑。
(2) 抓住物体的基本形态，透视准确。
(3) 透过物体表面看到物体的实质，画出物体看不到的地方。
(4) 运用线条的浓淡、粗细、轻重、疏密等，表现静物的结构、明暗与转折关系，注重线条的表现力。

四、习题

对静物结构进行临摹，感受实验内容。

实验五　组合石膏几何体明暗素描练习(8 学时)

一、目的与要求

目的：通过实验掌握多件石膏几何体摆放在一起时，相互之间的强弱关系。
要求：掌握多件石膏几何体在画面中的构图布局与相互之间的强弱关系。

二、实验材料与工具

素描纸、橡皮、铅笔、画板、石膏几何体、衬布等。

三、实验内容

通过仔细观察，反复比较，在作画时要处理好下列几种强弱关系。
(1) 主体要加强，宾体要减弱，主次要分明。
(2) 明暗交接的地方，明部和暗部要适当加强。
(3) 物体有远近时，近的要加强，画得清晰，远的要减弱，画得模糊些。

四、习题

对组合石膏几何体进行练习，注意实验内容中的强弱关系。

实验六　组合静物明暗素描练习(8学时)

一、目的与要求

目的:了解静物画的意义,质感分析,对多个物体进行写生练习。

要求:掌握多个组合静物的空间关系,分清主次,对多个物体进行造型练习。

二、实验材料与工具

素描纸、橡皮、铅笔、画板、石膏几何体、衬布等。

三、实验内容

(1) 静物的学习主要侧重于表现不同物体的质感特征和体量特点,通过素描造型的绘画形式,准确地表现物象的质感、量感,表达出物体的鲜明个性特征,是素描训练的基本目的。

(2) 质感造型分析:由于每个物体都是由不同的物质材料所构成的,因此诉诸人们的视觉感受就不一样,通常物体的质感主要是靠吸收光与反射光的性能反映出来,不同材质、纹理的物体,表面会产生不同特点的明暗色调的变化规律,对于不同材料和质地的物质特征,应深入地观察,综合概括其特征,学会运用不同的表现方法,通过控制准确的明暗反差,掌握灵活多样的描绘技巧,从而培养出表现物象质感、量感的绘画技能。

(3) 明暗比较:①颜色不同的物体要根据色彩性质,通过深浅度的比较,来画出明暗;②颜色相同的物体,也要根据其位置远近,受光弱强,反复进行比较,仔细辨别其明暗变化。

四、习题

对组合静物体进行写生练习,感受不同光影、不同质感、不同空间的关系。

第十章
色　　彩

实验一 水粉写生训练(16学时)

一、目的与要求

水粉静物写生通常在室内进行,在室内比较稳定的光线下,将一些经过组合的不同造型、色彩及质地的静物,运用水粉颜料进行绘画。水粉画具有操作简单、表现力较强等特点,画得比较厚时,有浑厚、凝重的感觉,近似于油画的表现效果;画得薄时,又有透明和润泽感,是一种非常独特的画种。水粉静物写生一直被各高等美术院校作为学生基础色彩训练的方式,这种训练为学生今后从事绘画创作及进行工艺设计等打下基础。

水粉静物写生之所以作为基础色彩训练课的开始,还因为它的造型既不像人物色彩写生有一定的难度,光线及颜色变化又不像风景写生难以把握,它的好处就是可以让人们在室内安静地坐下来,慢慢地细心研究。

二、材料与工具

画板、画架、静物、水粉纸、水粉笔、水粉颜料、塑料水桶、透明胶、铅笔、调色盒、美工刀。

三、水粉静物写生的要点把握

水粉静物写生要求表现出在特定的光线下,组合静物的形体、结构、色彩、空间感、质感、量感,同时,还要表现出一组静物内在的节奏美感和生动性。除了要有正确的观察方法、敏锐的感受能力外,还要求进行踏踏实实的训练和长期的积累。

水粉画的作画工具包括水粉笔、颜料、水粉纸或素描纸等,有时为了制造比较特殊的画面效果,还需要备有油画刮刀等。

四、光线及静物的设置

1. 光线

根据水粉静物写生通常在室内进行的特点,光线对室内静物放置产生的影响主要有以下三种:正面受光、侧面受光、逆光。

2. 静物的放置

水粉静物的放置除了要考虑以上的因素外,还要注意素描和色彩上的黑、白、灰关系。在摆放静物时,有时用深色衬布和较浅色的静物组合,即通常所说的暗色包围亮色,或用浅色的衬布衬托出深色的景物,即亮色包围暗色;有时又根据色调训练的需要,用邻近色组成一组静物。总之,要视训练的阶段而定,开始时可简单一些,由简入繁,在有一定素描及色彩基础后,可以把色彩布置得更加丰富一些,静物的造型也可以复杂一点。

五、构图和基本造型

在进行水粉静物写生构图时,要把表现对象(一组静物)当成一个整体来处理。通常放置好一组静物在整体上要有一种形式感。例如,整组静物的外轮廓线大体呈三角形、圆形、方形等。一组静物是一个"整体的生命"。要求在构图时要注意这些物体内在的联系,在整体的基础上还要找出其中的变化,注意层次、虚实关系,让整个构图在整体中既富有变化,又不松散。

造型时,要注意形的准确性。例如,罐子、酒瓶、酒杯这些物体两边是否对称?如画不准,首先，起稿时可以用铅笔在其中间部分轻轻画出一个十字辅助线，注意使两边相等就可以做到对称。其次，要注意透视关系，比如视点较高、较底和平视时，静物的透视关系会有很大的变化，要注意观察不同视点的透视关系。物体间的相互关系也要理解。例如，有人把罐子画得和酒瓶一样粗，水果和鸡蛋画得一样大小等，这会给人以不真实甚至滑稽的感觉。衬布的作用也很重要，衬布不仅能够体现出物体的前景和背景的关系，而且衬布的褶皱还是静物之间联系、穿插的纽带。以上都是在构图和基本造型中应特别引起注意的问题。

六、质感问题

通常，人们用来组合水粉静物写生的物体都有不同的质地，要想使对象表现得真实，不仅造型、结构要准确，还要表现出不同对象不同的质感。否则，就会把水果画得毫无“水分”，金属质感的物体画得像木头等。

根据不同质感，静物可以分为以下几种类型。

1. 陶罐、瓷器之类

通常，陶罐在画面上是一块重要的“角色”，往往颜色较深，质地粗糙，也有细腻近似瓷器的。在塑造粗糙的罐子时要注意加强块面的感觉，高光的颜色要有变化，不能一味只用白色，画表面涂釉的罐子和浅色瓷器时要注意周围环境对其的影响，如反光多、高光亮等。

2. 水果蔬菜类

水果要画得“润”一点，要注意其色彩关系，暗部透明、亮部色彩饱和，中间过渡色要衔接好。质感上要追求生动、新鲜的感觉。蔬菜如大白菜，首先要找准色彩关系，然后根据其色彩关系分面，最后在保持其整体的基础上画出细节。

3. 玻璃器皿

玻璃器皿质地细、脆、透明，可以和背景连在一起画。塑造时要先找准色彩关系，再画上最重的部分。酒瓶之类的可以画上商标，点上高光。画酒杯时，要注意里面果汁的饱和度，暗部要透明。可以用握笔较低的办法，用“扫”或“贴”的笔法，可较好地表现出其质感。

4. 刀叉、锅等金属器皿

画金属器皿时，先定好形，用笔干脆、劲挺，注意周围物体颜色对其部分颜色的影响。切忌用笔反复拖来拖去，否则容易画得“烂”。

5. 衬布

画厚布、呢绒时，先薄画一遍，等其半干时，用较重的颜色画暗部，然后再依次画一遍，注意其粗光、亚光、厚重的效果；画细布时，用笔用线要长、挺，表现其薄而轻巧的质感，尤其是丝绸更要表现得轻快而富有变化。

七、水粉静物写生技法和步骤

在色彩写生中，无论个人的习惯与偏爱如何都必须遵循绘画艺术的基本规律，也就是从画面的构图布局定位到整体表现，从重点深入再回到整体调整这样一个表现过程。唯有如此，才能有利于整体关系的把握和水粉画的技术操作。

严格而有序的作画步骤对每个学生来说都应该融入平时的写生训练之中，这样才能有效地掌握色彩写生的三个关键阶段：铺大体色阶段、深入表现阶段和整体调整阶段。现以《白瓷盘、药罐和水果》一画为例，说明水粉画静物写生的步骤要领。

步骤一：首先用单色（冷色或暖色）颜料或铅笔勾画出整组静物的布局，要求表现出大体的比例、透视、形体结构转折关系，并根据物体的主次、强弱简略概括地表现出深浅、虚实关系，也可简略地画出物体的明暗转折关系，为进一步的铺色、塑造确立准确的位置(图 10-1)。

步骤二：暖调还是冷调，灰调还是艳调；整个画面的黑、白、灰分布如何等。有了明确的认识后，便可以快速地进入铺大体色阶段，铺大体色彩关系应从主要重点物体入手，从暗部、投影等深色落笔。在铺色的过程中应把握不同物体间的色彩倾向差别，暗部、投影等深色处尽量一次铺好。这组静物的背景和衬布对比强烈(深绿、白台布)，因此应从深颜色的主体物药罐和背景画起，顺势铺出水果及盘子等物体的暗部色彩，要学会用比较的方法找出水果的色彩差异和倾向。这一步一定要注意不能在某一物体上花太多的时间，以免陷入局部的孤立刻画之中，铺大的色彩关系是该阶段的主要任务(图 10-2)。

图 10-1 步骤一

图 10-2 步骤二

步骤三：这一步是深入表现阶段。在铺好大的色彩关系之后，再从主体物开始进一步深入塑造(如药罐、白瓷盘)，并向投影、衬布延展，使其具有整体而协调的色彩，水果、绿水杯的塑造也是同样道理，只是要注意前后空间距离所形成的主次、虚实变化(如前后水果的区别)。也就是说，需要具体深入地表现各部分物体的色彩关系，表现出物体的主次、强弱、虚实的差别，表现出物体丰富的转折层次、体积和空间关系，并应表现出不同物体的质感特征。同时还需注意的是，不能在具体的刻画中忘记了整体的比较和整体的深入，切忌在某一物体上孤立进行，在画某一物体时应把该物体的色彩与其周边的背景及物体色彩进行比较、观察，然后加以表现(如画水果时，要连同它周边的色彩一起画)。这样才会使这一物体与其所处的环境色彩形成正确的色彩关系与对比关系(图 10-3)。

步骤四：这一步是调整完成阶段。在全面完整地表现对象后，因注意力过分集中，难免有顾此失彼或"画蛇添足"的情况。例如，有的地方不该强调却被强调了出来，有的应该画到位却没有画到位，因此，调整的主要任务是从大的整体关系出发，对画面进行全面检查，检查一下整体的色调及和谐的统一关系，对个别局部的细节进行调整，减弱琐碎次要的细节，加强重点物体的点睛之笔等。对高光、罐口、杯盘的边缘则需要精心表现和收拾，使画面的物体鲜明生动、和谐统一(图 10-4)。

图 10-3 步骤三

图 10-4 步骤四

另外，在水粉静物写生中，花卉写生也是不可少的。花卉静物写生较普通静物写生来说稍难一点，作画时要求更加注意整体关系，将整束花当成一个整体，用“分面”的方法加以概括；对于一簇一簇的花要采取分组处理的方法，在此基础上找出主次、黑白灰关系，切记一枝一叶地进行描绘。

八、注意事项

在水粉画写生中常出现“脏”、“乱”、“粉”、“灰”、“火”、“腻”等问题，就此作一些分析。

“脏”的原因一是对色性不熟悉，用色不当。观察景物的色彩关系没把握，用色表现犹豫，在画面上涂来涂去、重复过多，造成画面色彩缺乏明确的倾向性。二是覆盖上去的颜色过稀，色相不明确，或湿画法用得太多，使画面底色泛起造成多处颜色混合。两者都会使画面变脏。要克服“脏”的问题，从开始铺色时就应保持色相的统一纯度，用笔要果断，在技法上做到干湿有序，调色要有饱和度。

“乱”主要是色彩与色彩之间缺乏联系，没有统一色调，没有整体意识。要使画面不“乱”不“花”，必须从整体入手，把握画面大的色彩关系，用笔要整，色调要统一，景物主次要分明。

“粉”气主要是因为对白色缺乏准确的认识与掌握。在物体的受光部或暗部加白粉过多，使色相降低了纯度，显得苍白无力。克服这个问题要注意不要滥用白色，调色要准确肯定，不要混入过多的不明色相的颜色。画淡调子的作品，如画雨、雾景等时使用大量的白颜色调和，而画面又不能有“粉”气，这就要在调色过程中掌握用色的“度”，既要有画面的亮度，也要注意调色的纯度。

“灰”主要是画面色彩不明亮，缺乏冷暖对比，色彩纯度不足，补足关系不够，亮的不亮，深的不深。避免色彩“灰”，首先要根据物体的明暗对比，找准色彩关系，大胆使用纯度较高的色彩去表现。

“火”是由于画面颜色的纯度过高、冷暖对比不妥造成的。孤立地看对象，见红画红，看绿画绿，不会把景物颜色与周围环境联系起来比较。克服“火”的问题，一是要适当降低某些颜色的“火”气，二是分析色彩的冷暖关系，适当地加入补色来养活画面的“火”气，不能孤立地照抄自然颜色，要把天光、空气、环境等诸多因素考虑进去，出现“火”的地方要降低色相纯度使之变得不“火”。

“腻”是指由于色性和明度不明确，色彩的冷暖、明暗对比弱，画面物体的结构混乱、似是而非、反复涂改造成的。这主要是认识上的模糊。再者，也由于作画时谨小慎微，在表现手法上不肯定，没有力度。克服这些问题的关键是要提高绘画的认识能力及掌握表现技巧。做到下笔肯定、明确，适当强调色彩的纯度。

在写生中要避免以上几种常见问题的出现，只有经过多画、多想，在实践中不断探索和完善，相信这些弊病一定会得到解决。

九、考核方式和成绩评定

1.《色彩》课程是理论与实践相结合的课程，实验课时占的时间比理论课时多，它主要以技能考核来衡量，主要以学生作画的形式来评定。

2. 此课程是分知识点、分阶段进行，因此学生的平时作业分数评定与阶段考核相结合，并且平时的作业分数与阶段考核相比，比值相对大些。例如，平时作业分数占 40%，各阶段考核分数占 30%，期中考核占 10%，期末考核占 20%。成绩评定表见表 10-1。

表 10-1　成绩评定表

序号	项目	要求	分值	得分
1	构图	完成质量		
2	透视	完成质量		
3	形体比例	完成质量		
4	色彩关系	完成质量		
5	技法表现	完成质量		
6	整体效果	完成质量		
	合计			

实验二　水彩写生训练(12 学时)

一、目的与要求

水和彩构成了水彩画语言的基础。借助“水”和“色”的相互作用,使画面产生具有非常活泼的特性而获得诗一般的情境。水彩画因其发挥了独具的特点而产生了特殊的美学效果,这种特点的形成,与使用的工具材料和表现方法密切相关。水彩画颜料是透明和半透明的,经水调和画在纸上,以透明、流畅、水色交融见长,这一艺术特点是水彩画有别于其他画种的重要标志。通过水彩画训练,使学生了解和掌握水彩画的工具使用和表现技法,提高学生的绘画水平和造型能力。

二、材料与工具

画板、画架、静物、水彩纸、水彩笔、水彩颜料、塑料水桶、透明胶、铅笔、调色盒、美工刀。

三、水彩静物写生的要点把握

水彩画颜料的特点是透明或半透明,不具备水粉画颜料的覆盖能力,因此在作画过程中要把握以下要点:①构图要美观,造型要准确,用铅笔打好稿;②掌握水分的用量,避免水分太多造成画面乱,影响画面的美观;③严格对水彩画步骤的把握,从亮部画到暗部;④颜色不要太多,加强素描效果在画面中的体现;⑤适当运用技法,提高画面的丰富效果。具体范例见图 10-5。

图 10-5　作品范例

四、写生步骤

步骤一:用铅笔起搞。对所画物体进行整体的观察之后,应做到胸有成“图”。用铅笔起稿要具体,准确,构图适当,结构明确(图 10-6)。

步骤二:铺大调子。由上而下,由远而近,从背景开始用较淡而单纯的颜色一次完成。趁湿画出部分明暗关系,应概括、简练。从物体的受光部画起,注意色彩的冷暖变化和干湿色彩的过渡，第一遍用水宜多，色彩要概括；第二遍在物体亮部可见笔触，暗部色彩要柔和。

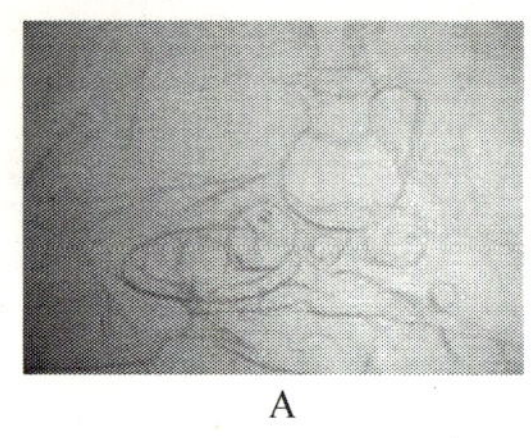
A

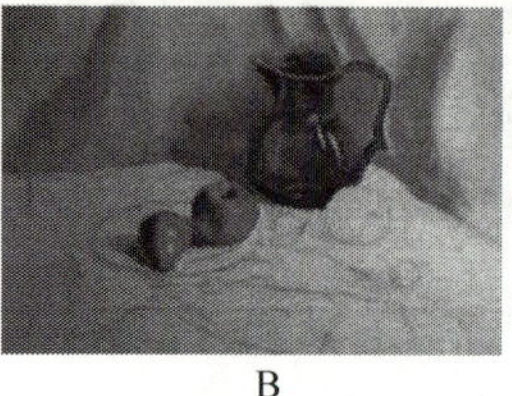
B

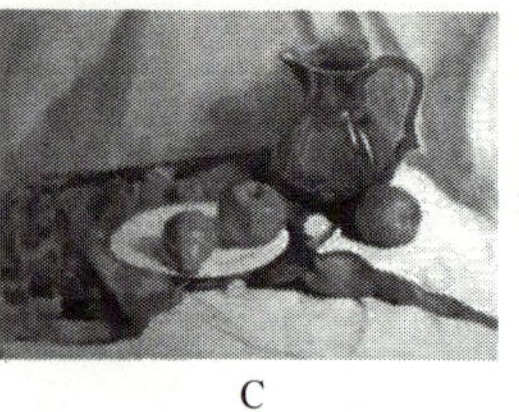
C

D

图 10-6　写生步骤范例

步骤三：调整、加工。可从两方面入手，一是从画面的宾主、虚实考虑。为了突出主题，可加强主体物冷暖和虚实处理，用干画法增强笔触变化，对背景和主要物体进行概括处理。用清水洗擦部分画面，减弱对比以利突出主体，二是从画面的冷暖色调考虑，对部分不谐调色彩进行修改加工，使整体画面处于和谐的情调之中。

五、水彩画基本技法

水彩画的技法难度较大。几百年来，前人为掌握丰富的水彩画表现能力，不断进行探求、研究和创造，并从不同的角度对其进行总结、归纳。根据用水调色的特点，基本技法有两种，一为干画法，一为湿画法。这两种方法是水彩画入门必须掌握的方法，它们可以单独使用，也可以干湿结合，灵活运用。

1. 干画法

图 10-7　干画法范例

干画法的特点就是在干底子上着色，在上好的第一遍色干透后，再加第二遍，也称分层着色法。平涂、干后重叠、并置、点彩、枯笔等着色法属于此类。由于是在“干透”的底子上层相加，因此笔触明显，形态清晰。与湿画法相比较，其表现物体的艺术效果硬朗结实、色彩丰富、明暗关系容易准确。这种技法一般用于表现出结构明显、质感坚硬、装饰性较强的绘画形象(图 10-7)。干画法的步骤方法如下。

(1) 用铅笔起稿。在进行整体观察后，要求构图适当，轮廓线尽量准确、简练，结构严谨，注意不要使铅笔、橡皮损伤纸面。

(2) 安排着色步骤要有计划性。根据水的流动规律，从上到下，从左到右，从远到近，从淡到浓，从大面积到小面积进行。

(3) 用色彩要估计到重叠后的效果，色彩宜饱满。要求用色明确，讲究用笔，第一遍、第二遍用色宜单纯透明，水分饱满，以不让画面水色失控为宜。

干后重叠可分块描绘，用于部分加工，也可用一整幅画绘制的特殊效果。例如，保龄球不宜过多涂染，形体尽量简练概括，一气呵成，否则画面可能出现呆板、单调，甚至色彩晦暗、杂乱等现象。

2. 湿画法

湿画法是最能显示水彩画艺术特征的表现技法，也是掌握水彩画技法的重难点。作画时，趁纸面水色未干时进行连续着色，注意形体的自然过渡，色彩衔接自然。湿画法利用干湿的不同程度，探求其中的水色变化，可连续使用着色法、糊里糊涂重叠及沉淀法等。作画者根据绘画经验，或轻快，或凝重，可以使画面产生很强的艺术感染力。在水彩画的基本技法中，如何在作画的过程中灵活运用水分、时间和色彩这三个要素是掌握水彩画艺术语言的重难点；因此，在研究湿画法的过程中，要使三者之间的结合起能得心应手，既要注意掌握水彩画的作画规律和步骤，又要注意经验积累和创新意识(图 10-8)。湿画法的步骤及要点如下。

图 10-8　湿画法范例

(1) 用铅笔起稿要轻而准确，对整体画面的色彩及明度关系要做到心中有数。

(2) 着色步骤要有计划，通过对画面分析，根据大的亮、灰、暗关系，可整体铺大色块，也可分区域铺色块。整体着眼，局部入手。湿画法对调色盘的运用要求较高，调色盘应尽量大些，调色盘上的颜色摆放要有规律，利于色彩的调配，尽量避免调色时手忙脚乱。调色盒的颜料要保持湿润，便于蘸色。

(3) 着色注意事项：第一遍用水较多，色彩浓度较淡；第二遍用水相对少，色彩浓度较浓。着色时要充分注意浓度及纯度相对高。为延长趁湿作画时间，可在画的背面刷一些水，并将画板摆放的角度小一些，或是将湿纸放在不吸水的画板上。

常用湿画法有如下两种。

一种是湿纸着色法。把纸反正两面全部打湿，然后把纸平放在画板上，等纸面水分不再下淌，在将干未干时即可作画。趁湿着色，利用水分的自然渗化使笔触的界限减弱，水色混合能达到一种朦胧美。湿画法在作画过程中可以把纸打湿一次或数次。正确掌握时间很重要，这种方法可使画面产生湿润、柔和、水色淋漓的效果，适合表现迷离、虚远、色彩的明暗对比较弱、若隐若现、富有诗意的画面。水彩画的很多技巧和自然肌理都能在这种画法中同时运用，如刀刮法、喷水法、撒盐法、色点滴彩法、吸色法、洗涤法等，所产生的效果是其他画种无法达到的。

另一种是把画面局部打湿的方法。此法依第一遍色为作画基础，第二遍或第三遍色湿时进行连接，颜色连接后会相互渗透，使原先的笔触发生变化，即可从浅色向重色过渡，也可从重色向浅色过渡，方法灵活，干湿程度易控制，画面色彩饱和度高，色彩明度对比强烈，主对比分明。

一幅画只用一种技法处理的不多，大部分干湿法结合使用。作画的规律是先湿后干，远湿近干，宾湿主干等，这样可使画面远近分明，主次清楚，使画面产生活泼、自然又有变化的效果。

3. 特殊技法

首先，初学者要明白，对水彩画特殊技法的研究和使用，必须建立在基础技法的基础上，即不能放松严格的基本训练，又不能墨守成规一成不变。除了干画法和湿画法之外，在水彩画中还有许多处理技巧，可使画面产生很多特殊效果，这里介绍几种常用的技法，供研究和实践。

(1) 喷水法：趁湿在平涂和渲染的画纸上喷水，使画面产生朦胧感，在修改过的画面上再喷水，即可使画面衔接更加自然。

(2) 拓印法：在较湿的画底上用蜡纸或塑料薄膜压上去，过一会揭开，可产生各种印迹，干后可顺其肌理塑造成山石或树木，此技法有用笔达不到的效果。也有用棉纱，丝瓜瓤等蘸着颜料印在画上，造成画面的轻松感，或将树叶、木板、胶合板的纹理转印到画面上，用色的浓淡，压印力度的轻重都会产生不同的效果，再加上画面上的水分的多少，干湿程度的不同，水彩画的画面效果也会产生不同的变化。

(3) 刀刮法：用硬而锐利的刀或笔杆等物在画面刮出的痕迹。会遇到三种情况：一是在较湿的底色上刮出的痕迹深于底色；二是在将干而未干的底色上刮出的痕迹浅于底色；三是在干透的纸上可刮出锐利的痕迹。刀刮所产生的效果是其他办法无法取得的，运用者要大胆而细心，严格控制落刀时间和力度，不可乱刮。

(4) 洗和吸：洗法是在画面未干和干透的底色上，用笔和海绵洗出浅色层次的物象，是利用水彩纸的底色来造型。洗涤的用处较广，一方面它可以洗出物体的层次，另一方面它可以对画面不当的地方进行洗涤修整以利再画，使画面产生柔和圆润的效果。吸主要是采用毛笔、海绵或吸水纸等有吸水性能的工具，吸去画面部分颜色，提取亮部和浅色。此法在底色较湿时运用效果较好，但用不好容易产生画面生硬或散感。

(5) 留白和用白粉：水彩画的特有语言是轻快、明畅，以纸当白可以给画面带来用白粉遮盖所无法达到的效果，因此，水彩画很注意对白纸的利用，留出来的白可以给水彩画产生晶莹剔透的效果，而用白粉提亮，色彩上虽然可以相同，但艺术效果却逊色不少。随着水彩画表现技法的拓宽，白粉在水彩画上的使用也逐渐增加，它的作用一是增加物体的质感表现，使画面更有表现力；二是使某些物体颜色更加含蓄、沉稳，弥补了画面的不足，使整幅画面更加完整。

六、注意事项

1. 注意构图要美观，造型要准确，用铅笔打好稿，用橡皮擦要轻柔，用力过大会损伤纸张，影响画面效果。

2. 注意掌握水分的用量，避免水分太多造成画面乱，影响画面的美观。

3. 注意严格把握水彩画的步骤，多分析和比较，做到心中有数，每一步都要有理由，这样才不会乱，要注意从亮部画到暗部。

4. 注意颜色不要太多，加强素描效果在画面中的体现，注重空间感的表现。

5. 注意运用技法的表现方法，不能太随意，要恰到好处，提高画面效果的丰富和生动感。

七、考核方式和成绩评定

1.《色彩》课程是理论与实践相结合的课程，实验课时占的时间比理论课时多，它主要以技能考核来衡量，主要以学生作画的形式来评定。

2. 此课程是分知识点、分阶段进行，因此学生的平时作业分数评定与阶段考核相结合，并且平时的作业分数与阶段考核相比，比值相对大些。例如，平时作业分数占 40%，各阶段考核分数占 30%，期中考核占 10%，期末考核占 20%。成绩评定表同表 10-1。

实验三　色彩设计训练(8 学时)

一、目的与要求

1. 通过写生的方式，以归纳为表现手段，获取对装饰性色彩的认识和把握，学习色彩设计造型语言。了解归纳色彩写生表现的技法，探索装饰性色彩造型的表现语言。掌握以简约的色创造出富有形式意味的装饰画面。

2. 学习归纳色彩写生造型语言，掌握平涂的归纳色彩写生造型语言。

3. 学习追求平面性艺术形式和装饰效果的手法，掌握意象性归纳色彩写生造型语言。在寻求独特的形式和表现方式中，使作品展示出新颖的风格样式。

二、材料与工具

画板、画架、静物、水彩纸、水彩笔、水彩、水粉颜料、塑料水桶、透明胶、铅笔、调色盒、美工刀。

三、归纳色彩的表现特征

归纳色彩的课题训练是通过写生的方式，以归纳为表现手段，获取对装饰性色彩的认识和把握。将自然色彩的写实性表现转换到自然色彩的装饰性表现，这是色彩造型观念的转变，也是造型方式、方法的转变，其表现特征如下。

1. 化冗繁为简约

一般自然形象具有形、色丰富而繁杂的一面，形体具有体积感和空间特征，色彩上存在固有色、光源色、环境色等因素。归纳色彩摈弃写实性表现因素，将繁杂的形、色关系通过概括、提炼、归类的删繁就简过程，并结合艺术形式语言的运用和表现，使之成为平面化具有装饰特征的艺术形象。

化繁为简是色彩归纳的必要手段和必然结果，简不是简单，艺术上的“以少胜多”常常用减法，艺术中的减法更为难能可贵。

2. 化杂乱为条理

客观的自然物象存在着庞杂无序的特点，即使井然有序也未必符合画面的艺术需要。室内的静物虽经人为摆设，也会由于角度不同而不尽如人意。

因此，在关注画面构成的基础上，对客观物象的理顺是通过概括、梳理使之达到画面的秩序化和条理化。这既体现了归纳色彩的技术要求，也从内涵上体现出一定的艺术原理，只有伴随对形式语言和风格的追求，才能得以准确把握。

3. 化如实为夸张

色彩归纳摆脱对自然物象的摹写，而采取平面手法将自然形象转化成艺术形象，夸张是实现这一目标的常用方法。夸张能强化主题，突出形、色特征，增加形式风格特点，增强艺术感染力。

归纳色彩的表现离不开对夸张手法的运用，然而只有结合画面追求的特点需要，才能使夸张具有真正的意义，才能达到理想的效果。

变形、变色是夸张的主要表现方式，也是获取画面形式意味的重要因素。通过变形、变色是摆脱客观的真实感、实现装饰效果的主要途径。

4. 化立体为平面

平面效果是装饰色彩风格的主要特征。它所具有的朴实无华和单纯、舒展的装饰美感是装饰色彩所独具的审美风格。归纳色彩是通过归纳的手法将具有三维的自然形、色转变成具有二维平面的装饰画面。因此，平面化是色彩归纳写生表现的主要特征和研究目标。

四、设计色彩的归纳方法

归纳色彩写生教学应根据不同艺术设计专业的特点，在教学内容和方法上各有不同或侧重。在表现方法上，应掌握重点，了解一般，要求学生掌握“明暗归纳”“结构归纳”“平面归纳”

“意象归纳”4 种表现方法。前三种归纳法是基本表现技法，后一种归纳法带有创造的成分。

1. “明暗归纳”

“明暗归纳”色彩写生与明暗素描、写实色彩写生方法相似，要领是对物象丰富的明暗变化采用减法进行归纳。办法是参照物象在光照下产生的“两大部”（受光部、背光部）、“三大面”（受光面、侧光面、背光面）、“五调子”（亮、灰、明暗交界线、反光、投影）的明暗变化规律，根据需要选择一项进行明暗归纳，再结合形态、色彩、空间进行归纳、提炼和程式化的处理。这种表现形式的画面效果，既有一定的光感、立体感和空间感，又富有一定的装饰意味，对于具有一定写实造型基础的学生，较为容易理解和掌握(图 10-9)。

2. “结构归纳”

“结构归纳”色彩写生与结构素描画法同理，它抛开光线对物体照射的影响，把物体作平光处理，从形态构造、体面转折着手，抓住物体轮廓线并分出大的结构转折面，注意物体固有色及其明度形成的整体对比关系，进行构形、构色、构明度及程式化的处理。这种方法绘出的画面，基本上是一种平面效果，物体略有一点凹凸感，装饰趣味较浓(图 10-10～图 10-12)。

图 10-9　明暗归纳范例

图 10-10　结构归纳范例 1

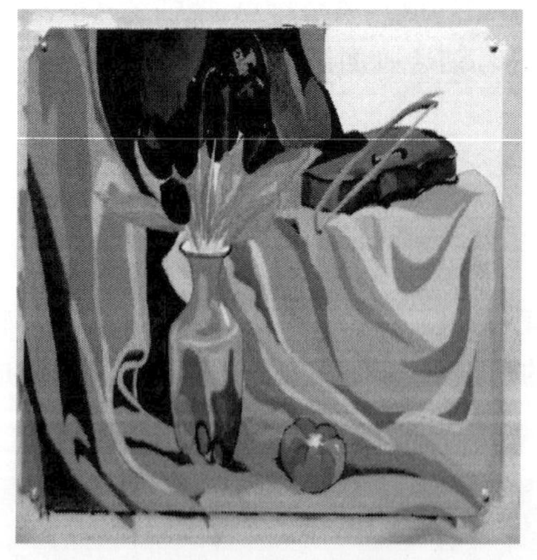

图 10-11　结构归纳范例 2

图 10-12　结构归纳范例 3

3. “平面归纳”

“平面归纳”色彩写生与纯线条表现的素描形式相似，排除物体的光色、明暗变化和结构表现，把物体的立体形态作平面处理，将丰富的色彩变化作整色提炼，是一种类似投影、剪纸效果的表现形式。注意物体的外形特征、画面的骨架感，注意各物体色相、明度、纯度的对比，把握画面色调倾向和主要色块构成，抛弃透视变化，强调平面组合，这种表现形式的画面，最具平面装饰效果(图 10-13，图 10-14)。

图 10-13　平面归纳范例 1

图 10-14　平面归纳范例 2

4. “意象归纳”

“意象归纳”意象的“意”泛指本意，是自我表意的意思；“象”指物象，即客观对象。这里的意象所体现的创意表现具有更大的自由性和包容性。意象性归纳的课题是以归纳的手法，以设定的客观对象为表现母题，通过自我感悟和审美判断的酝酿，引发种种创作构想，在寻求独特的形式和表现方式中，使作品展示出新颖的风格样式(图 10-15，图 10-16)。

图 10-15　意象归纳范例 1

图 10-16　意象归纳范例 2

五、注意事项

1. 注意构图要美观，造型要准确，用铅笔打好稿，用橡皮擦要轻柔，用力过大会损伤纸张，影响画面效果。

2. 注意掌握水分的用量，避免水分太多造成画面乱，影响画面的美观。

3. 注意严格把握水彩画的步骤，多分析和比较，做到心中有数，每一步都要有理由，这样才不会乱，要注意从亮部画到暗部。

4. 注意颜色不要太多，加强素描效果在画面中的体现，注重空间感的表现。

5. 注意运用技法的表现方法，不能太随意，要恰到好处，提高画面效果的丰富和生动感。

六、考核方式和成绩评定

1.《色彩》课程是理论与实践相结合的课程，实验课时占的时间比理论课时多，它主要以技能考核来衡量，主要以学生作画的形式来评定。

2. 此课程是分知识点、分阶段进行，因此学生的平时作业分数评定与阶段考核相结合，并且平时的作业分数与阶段考核相比，比值相对大些。例如，平时作业分数占 10%，各阶段考核分数占 10%，期中考核占 10%，期末考核占 70%。成绩评定表同表 10-1。

参考文献

白鸽. 1998. 色彩技法. 北京：北京工艺美术出版社

第十一章 构成

实验一　半立体构成(8 学时)

一、目的与要求

构思一个形象,运用切割、折屈、粘贴等多种手段,加工制作出简洁、概括、生动、有趣的浮雕形象。

二、实验材料与工具

卡纸、素描纸、色纸、铅笔、小刀、胶水等。

三、实验内容

学习仿生体构成。

四、实验方法

选择一个具象形有机物,如人物、动物、植物、建筑场景。抓住这个形象的典型特征进行概括、归纳、简化或变形夸张设计;确定各部位加工方法,如切割、折屈、粘贴等,使其产生预想效果;先将设计图案画在有一定强度和韧性的纸上,然后利用小刀、胶粘剂或其他辅助工具进行加工制作。将完成的有机形粘贴到一个自制立体画框中。具体范例见图 11-1。

A

B

C

D

E

图 11-1　作品范例

实验二　线材立体构成(8 学时)

一、目的与要求

1. 利用各种硬线材,构成造型优美、结构均衡稳定的立体形态。
2. 线织面构造要求导线有足够强度保证母线的缠绕不会使框架结构变形。
3. 每一根母线都是绷直的,不能打弯。

二、实验材料与工具

各种软硬质线材材料、胶水等。

三、实验内容

(1) 利用各种硬线材,采用多种线材构成的方式,如连续构造、线层结构、垒积构造、网架构造、框架构造、抻拉构造等,创意加工出美好的空间立体形态。

(2) 利用各种软线材,采用线织面、线索结构等构成方式,创意加工出新的形态。

四、实验方法

1. 硬线材构成

(1) 搜集或加工一些硬线材(有一定强度,能成形),如铁丝、筷子、牙签、塑料吸管、纸筒、冰糕棒、废笔芯等。

(2) 按照不同构成方式的特点,选取合适的线材进行造型构思。

(3) 加工制作。

2. 线织面构成

(1) 用一种硬线材搭建框架。

(2) 在框架上刻上锯齿小槽。

(3) 用细线进行有秩序地缠绕,形成富有层次感和韵律感的空间面层结构。

3. 线索结构

用编织线通过打结可编织出丰富多彩的形象,如中国结、鱼造型、装饰画等。具体范例见图 11-2。

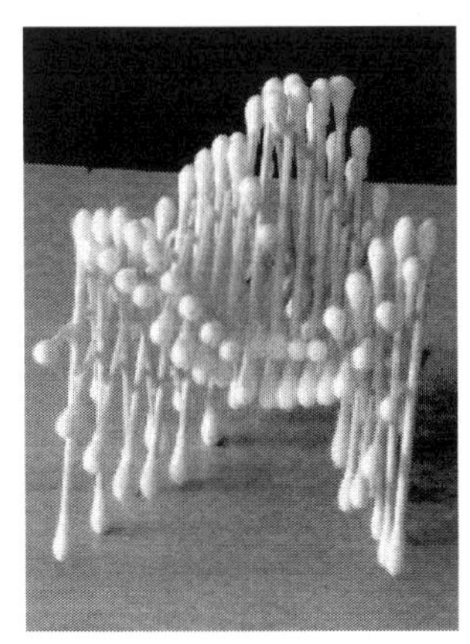

A 线层结构1

B 线层结构2

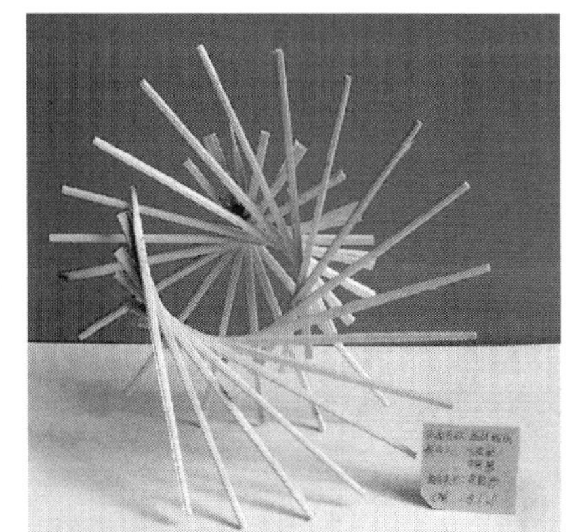

C 线层结构3

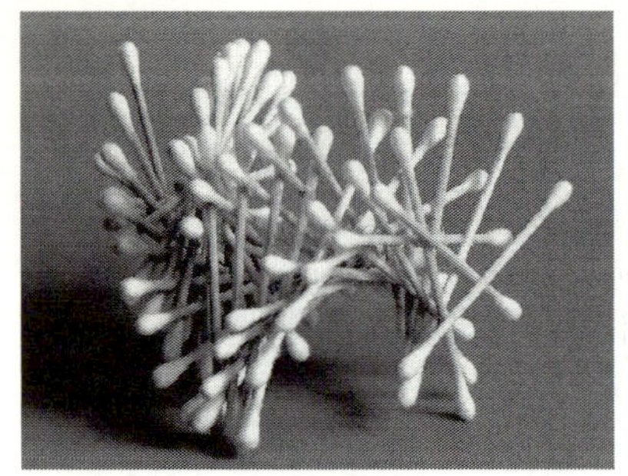

D 线层结构4

E 垒积结构1

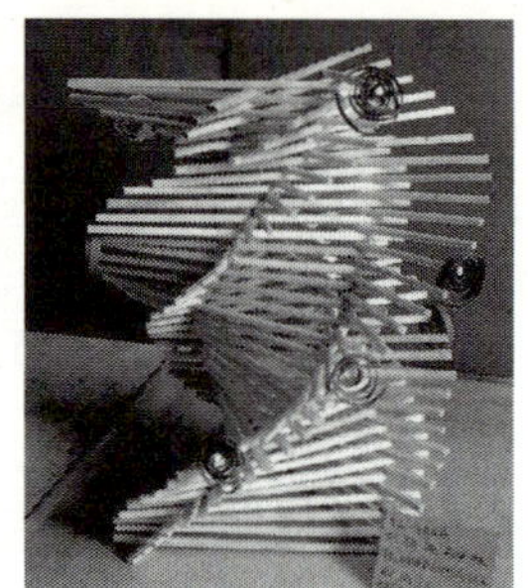

F 垒积结构2

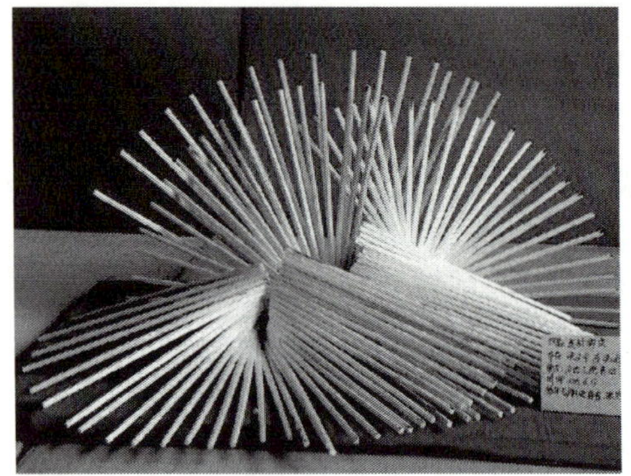

G 垒积结构3

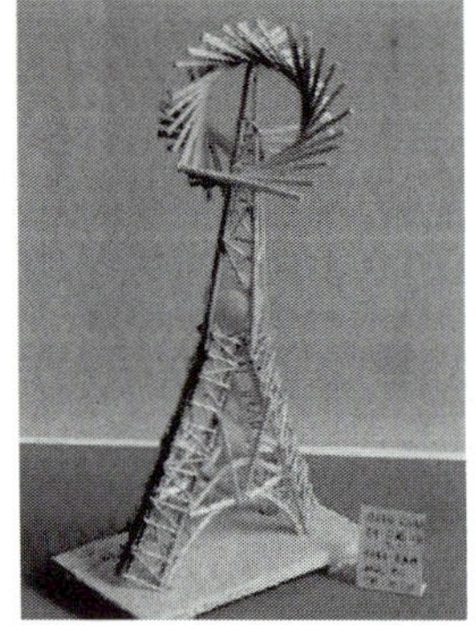

H 垒积结构4

I 垒积结构5

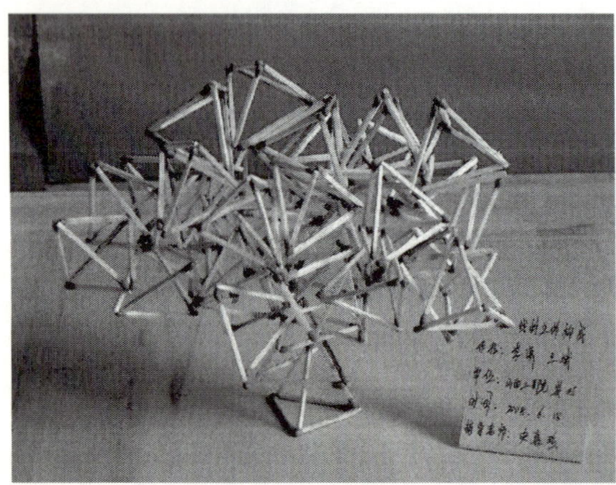

J 桁架结构

K 拉伸结构

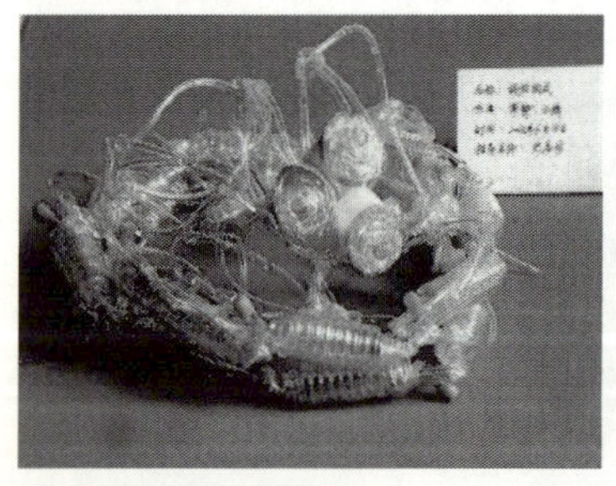

L 线索结构

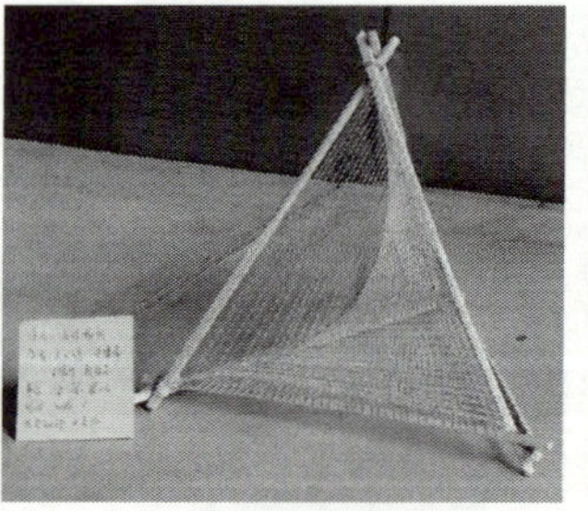

M 线织面结构1

N 线织面结构2

图 11-2　作品范例

实验三　面材构成(8学时)

一、目的与要求

1. 面材应有一定的强度和张力。
2. 无论哪种结构都应体现出造型新颖美观，结构均衡稳定。
3. 作品应全面体现材料美、结构美、手工美。

二、实验材料与工具

各种软硬质、透明、不透明面状材料、胶水、加工工具等。

三、实验内容

用各种面状材料，构成面层结构、插接结构、柱式结构、多面体及其变异结构等丰富多彩的空间立体形态。

四、实验方法

1. 面层结构

也称层面排列，是用若干具有一定强度的板材或面材，按比例有秩序地排列组合成一个具有形式美感的立体形态。排列时基本形可做大小、形状的渐变，注意组合的秩序性、节奏感、韵律感。

(1) 选择一种构成材料，并制作面状单元形态。

(2) 将单元形按照某种秩序进行排列组合，构成具有形式美感的空间立体形态(图11-3，图11-4)。

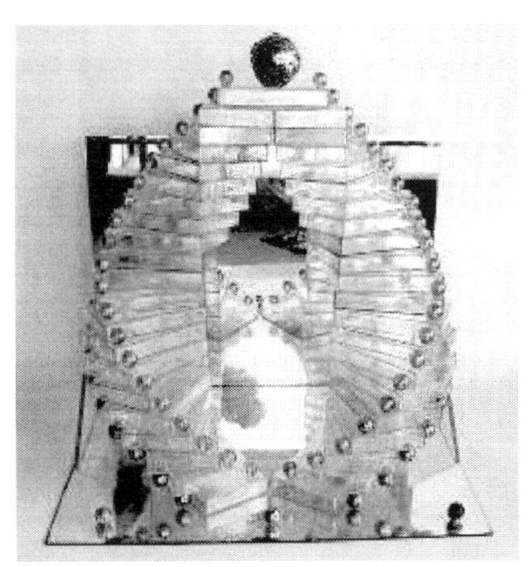

图11-3　玻璃面层结构作品范例

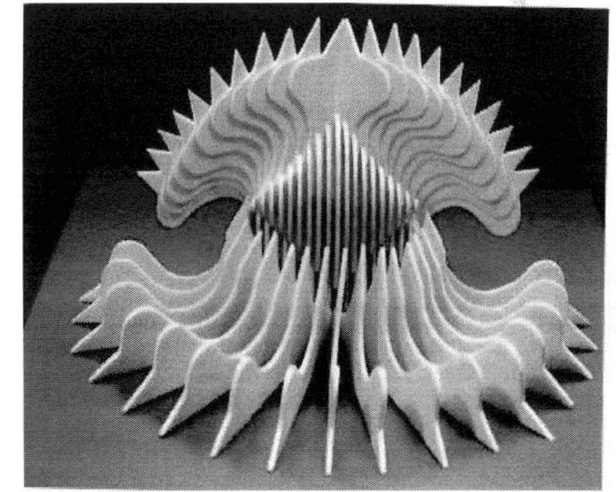

图11-4　吹塑板面层结构作品范例

2. 插接结构

常用的材料有：纸板、KT板、金属片、木片、吹塑纸、塑料板等。

(1) 设计基本形并设计插接方式。

(2) 确定插接部位的精确尺寸和位置。

(3) 以基本形为单元进行插接群化构成，或不断衍生、发展，创造出出乎想象的新形态。

(4) 注意整体造型结构的稳定和平衡(图 11-5)。

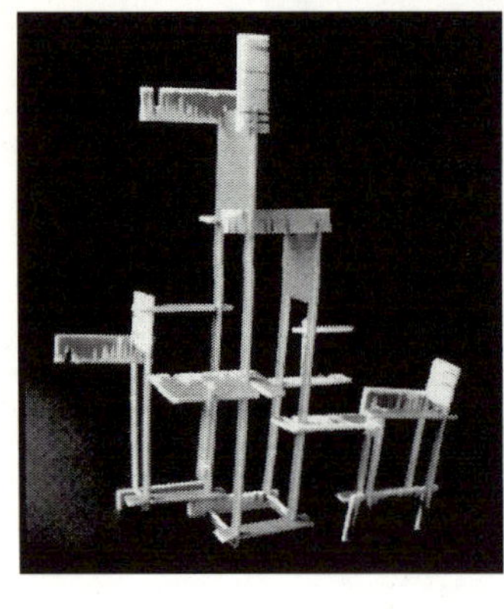
A

B

C

图 11-5　插接结构作品范例

3. 柱式结构

(1) 材料工具准备：卡纸或有一定强度的图纸，如铅笔、规尺、小刀等。

(2) 在图纸上构图、划线、划痕，然后进行折屈、切割等加工。

(3) 将处理好的浮雕形面材弯曲，首尾相连粘接在一起形成形式多样的柱式构造，特别注意柱棱、柱面、柱头等部位的设计和加工处理(图 11-6～图 11-8)。

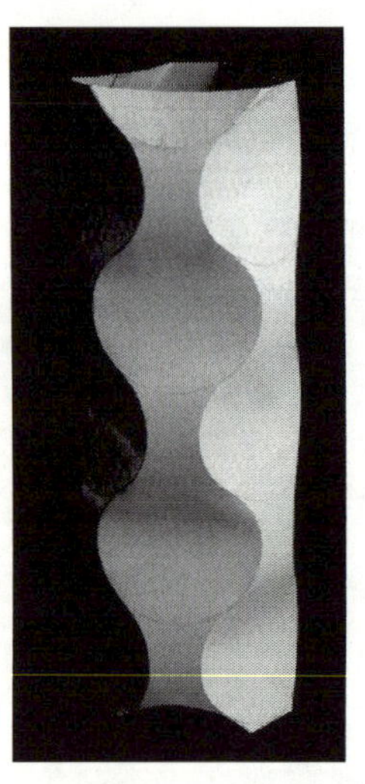
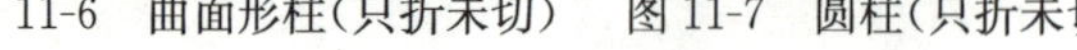
图 11-6　曲面形柱(只折未切)

图 11-7　圆柱(只折未切)

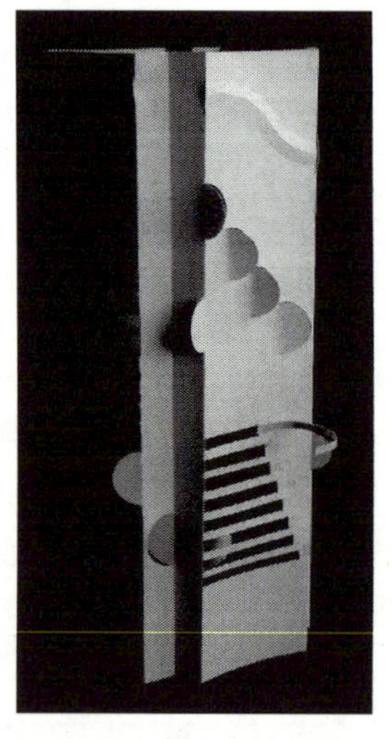
图 11-8　棱柱(切割＋折屈)

(4) 柱形变化，见图 11-9～图 11-11。

(5) 柱头变化，见图 11-12～图 11-14。

(6) 棱线变化，见图 11-15 和图 11-16。

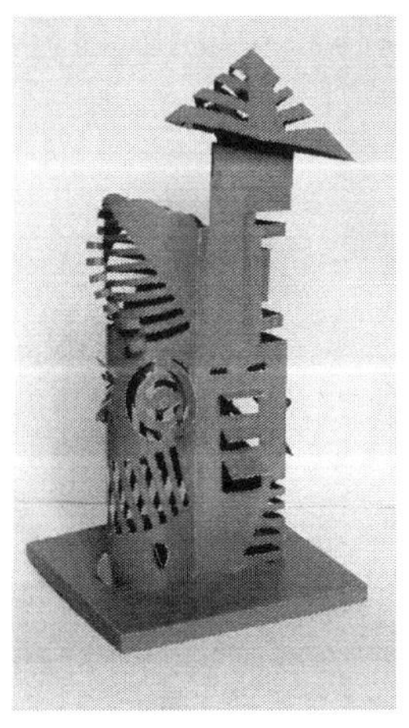

图 11-9　组合式柱形

图 11-10　由圆变方的柱形

图 11-11　方圆结合、扭曲的复杂柱形

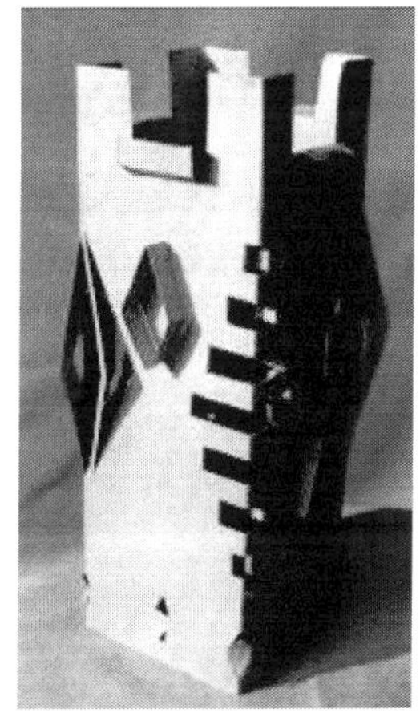

图 11-12　柱头切割、折屈形成变化

图 11-13　运用加法形成柱头变化范例 1

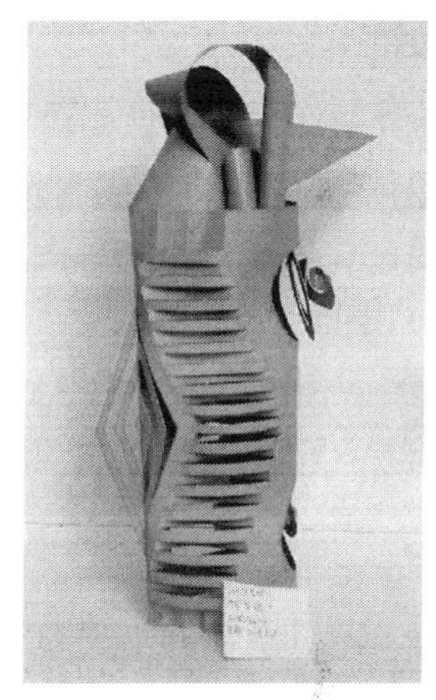

图 11-14　运用加法形成柱头变化范例 2

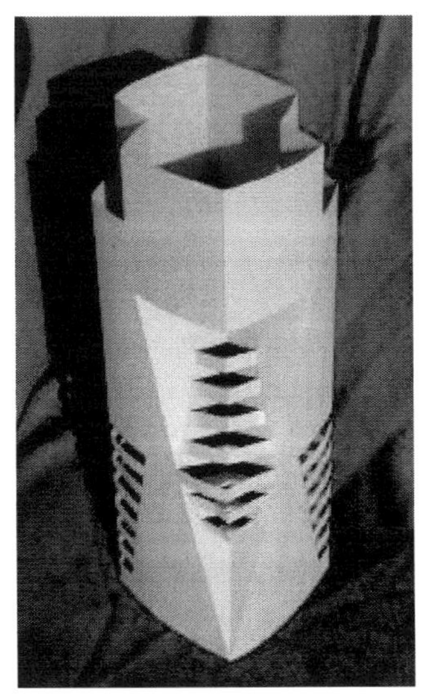

图 11-15　棱线变化范例 1

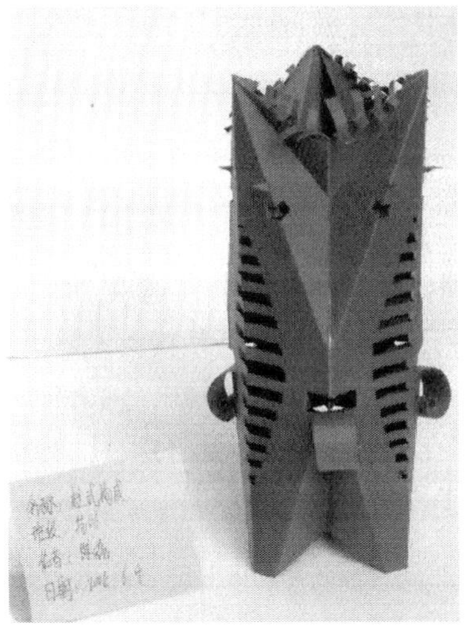

图 11-16　棱线变化范例 2

(7) 柱面变化:在柱面上进行切割、折屈、粘贴等加工而使柱体产生变化,创造个性,见图 11-17。

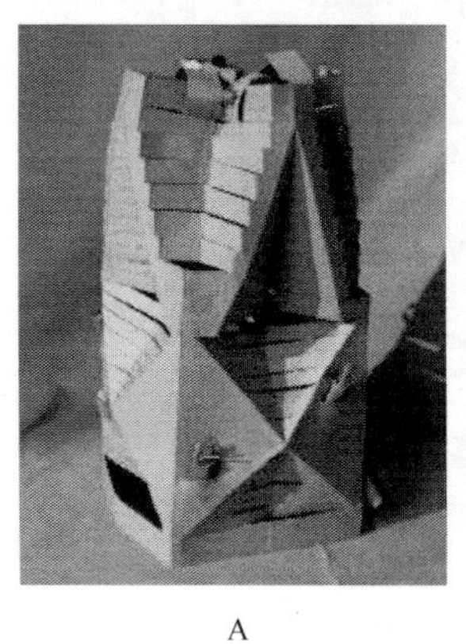

A

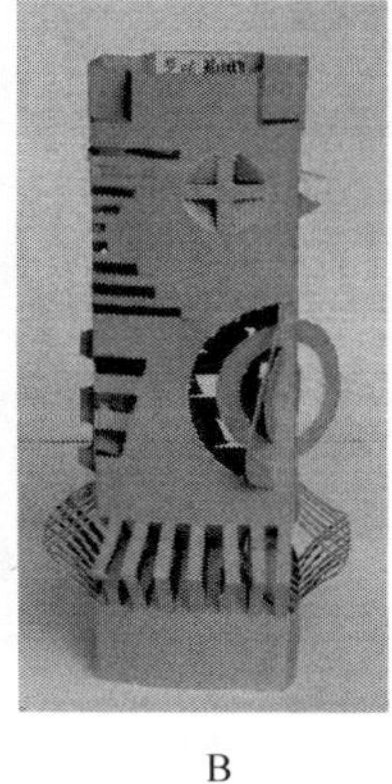

B

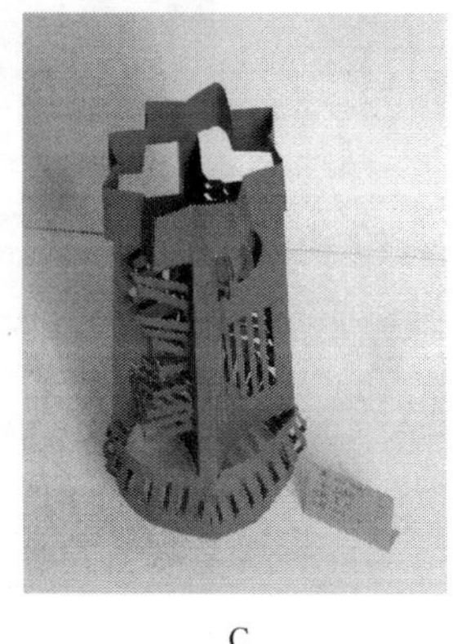

C

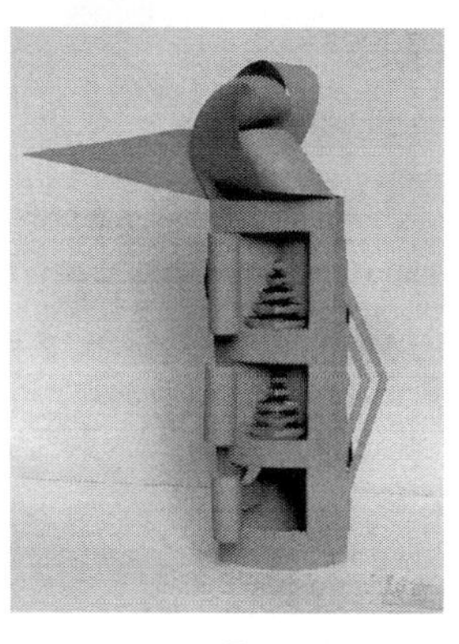

D

图 11-17 柱面变化作品范例

4. 几何多面体变异构成

(1) 多面体变异构成制作步骤:①选择一种几何体;②对几何体的顶角、棱边或面进行变形构思;③在纸上用铅笔画图,再进行划痕、切割、折屈等加工;④弯曲、粘接边缘,形成变异的几何体(图 11-18)。

A

B

图 11-18 多面体变异构成作品范例

(2) 多面体外接增形制作步骤:①加工制作几何多面体;②设计并加工制作附加的单元立体形态;③将完成的附加形态粘接到基本几何体的面或顶角上(图 11-19)。

(3) 延面接边构形制作步骤:①按照多面体的面数加工圆形;②作圆形的内切多边形,并划痕折屈;③在内切多边形上进行变化,如切割、折屈等;④将处理好的多边形组合粘接在一起构成变异的多面体(图 11-20)。

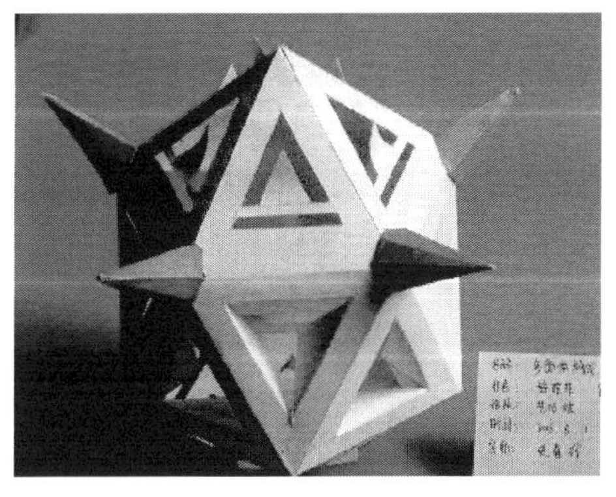

A

B

图 11-19　多面体外接增形作品范例

A

B

图 11-20　延面接边构形作品范例

实验四　块材立体构成(12 学时)

一、目的与要求

选取各种块状材料,按照美学原理和构成方法,运用加法、减法、变异等手法设计制作出新的立体形态。

二、实验材料与工具

各种块状材料,加工工具等。

三、实验内容

用各种块材,通过加法、减法、变异等手段,创意加工出具有重量感和体积感的立体空间形态。

四、实验方法

1. 搜集各种块材

搜集胶泥、橡皮泥、石膏、木板块、石块、海绵等。

2. 块材减法构成

（1）以几何单体作基本形，作表面减削、边线减削及棱角减削处理。表面的减削是指在几何体表面挖洞孔；边线的减削是指在几何体边线上作切除或挖雕（图 11-21A）。

A

B

C

图 11-21　块材减法构成作品范例

（2）切割，即对整块形体进行多种形式的分割，从而产生各种形态（图 11-21B、C）。

3. 块材加法构成

（1）构思创意。

（2）选取构成用的材料。

（3）加工各个单体。

（4）将单体组合在一起（图 11-22）。

A

B

C

D

图 11-22　加法构成作品范例

4. 块材变异构成

（1）构思创意。

（2）选取构成用的材料。

（3）用适宜工具将基本几何体进行变形加工（图 11-23）。

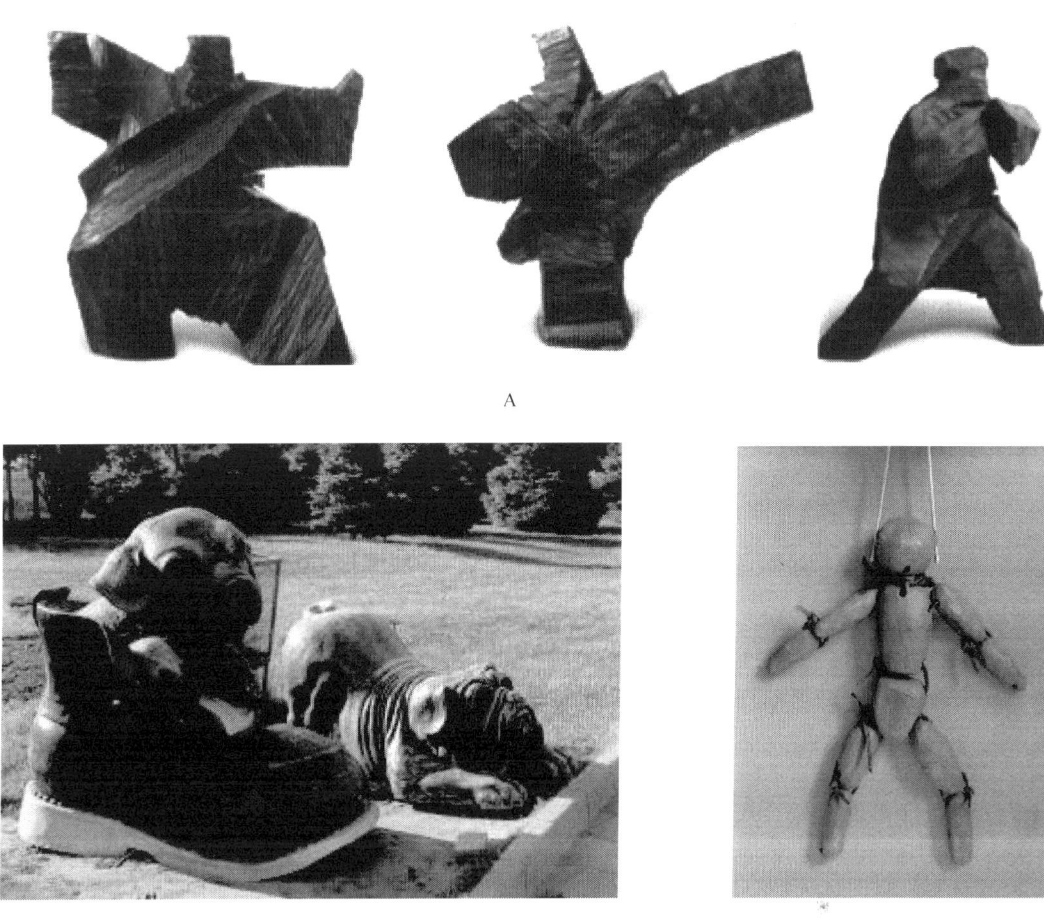

A

B　C

图 11-23　块材变异构成作品范例

第十二章
家具制图

◎实验一　家具三视图的绘制及尺寸标注

◎实验二　家具剖视图与剖面图

◎实验三　测绘学生桌和绘制家具结构装配图

◎实验四　实木家具测绘及制图

◎实验五　板式家具测绘及制图

实验一　家具三视图的绘制及尺寸标注

一、目的与要求

根据《家具制图》标准绘制家具三视图，对家具及其零部件进行尺寸标注，使学生对家具图形的表达方法有全面而深入的了解，把理论知识转化为制图能力。要求学生通过课内实验，熟悉并掌握家具三视图及尺寸标注的标准画法，从而达到规范、完整、正确地表达家具设计意图的目的。

二、实验工具

制图板、丁字尺、三角板、绘图铅笔、针管笔，制图仪器：圆规、分规、直线笔。其他工具：比例尺、曲线板、擦图片、制图模板。

三、实验方法

(1) 把图板短边作为工作边，将图幅为 A3 的制图纸固定在图板上。

(2) 丁字尺尺头应紧靠图板工作边，画水平线时应左手按住尺身，右手画线。绘制时，应注意水平线从左向右、垂直线自下而上的顺序；注意与三角板紧密配合，以保证垂直线和倾斜线角度的准确性。

(3) 绘制图框线及标题栏。

(4) 在图框线内进行绘制。家具三视图的位置是固定的，不可随意摆放；特殊尺寸应按规范进行标注。

四、实验项目

(1) 按照一定比例根据立体图绘制家具三视图(图 12-1，图 12-2)。

(2) 对绘制完成的家具三视图进行标注。

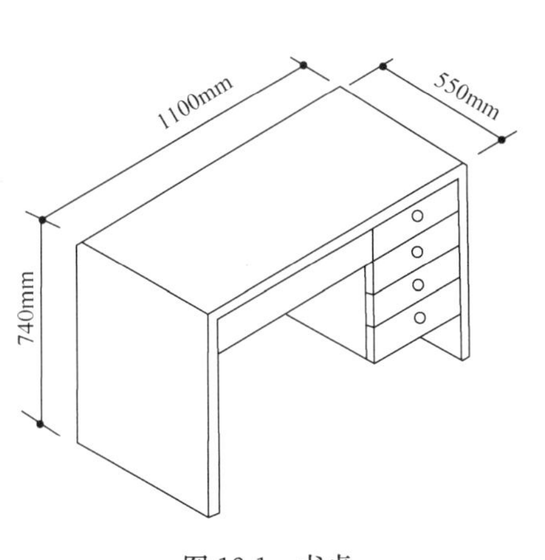

图 12-1　书桌

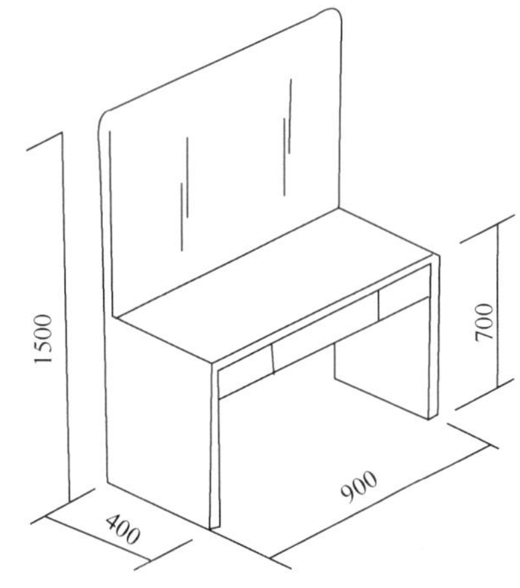

图 12-2　梳妆台(单位：mm)

五、实验结果

将视图反映的家具位置关系和三个视图间的等量关系填入表 12-1。

表 12-1　家具视图

视图名称	反映家具位置关系	视图间存在的等量关系
主视图		
左视图		
俯视图		

六、习题

1. 家具图样中有哪几种基本视图？制图时应注意什么？
2. 家具图样中表达形体外部形状一般可用什么视图来完成？
3. 简述绘制家具设计图的基本要求及尺寸标注的要求？

实验二　家具剖视图与剖面图

一、目的与要求

学习家具剖视图和剖面图等的绘制及标注方法，以及如何在实际中应用。要求学生通过课内实验较好地对内部结构比较复杂或被遮挡部分较多的家具形体，使其更准确、深入对家具零部件进行表达。掌握家具剖视图与剖面图的绘制步骤与方法，为后续课程的学习打下良好的家具图样绘制基础。

二、实验工具

制图板、丁字尺、三角板、绘图铅笔、针管笔，制图仪器：圆规、分规、直线笔。其他工具：比例尺、曲线板、擦图片、制图模板。

三、实验方法

（1）假想用一个剖切平面将家具形体沿某位置线剖切开，如图 12-3 所示。

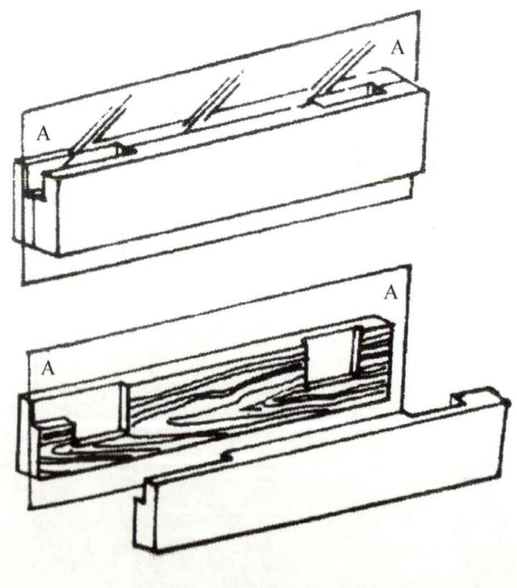

图 12-3　榫眼结构图

(2) 移去剖切平面与观察者之间的部分，将留下的部分投影到与剖切平面平行的的投影面上，绘制该投影面上的剖视图(图 12-4)。

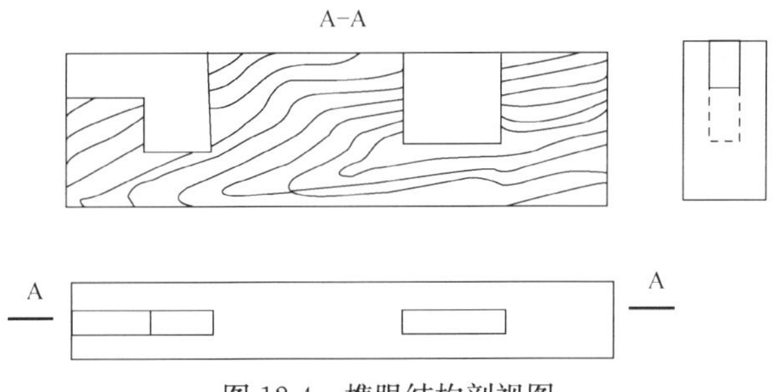

图 12-4 榫眼结构剖视图

(3) 只绘制剖切表面的形状，即剖面图。

四、实验项目

(1) 将图 12-5 和图 12-6 中一视图改为剖视图(配套习题集第 47 页第 1 题和第 4 题)。

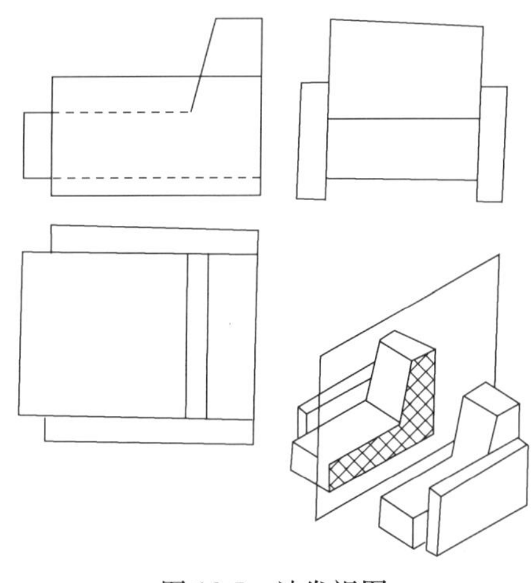

图 12-5 沙发视图

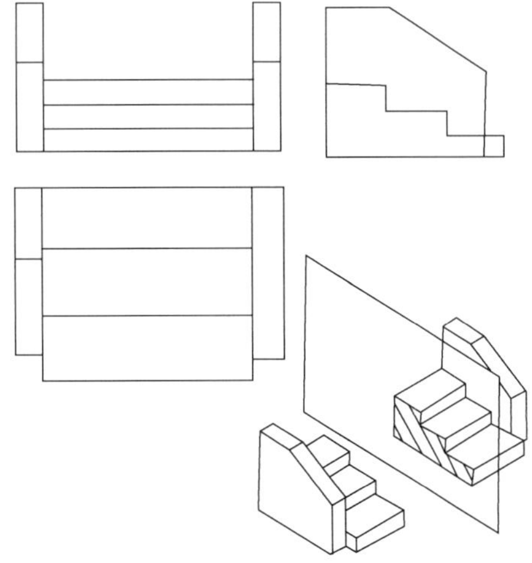

图 12-6 楼梯视图

(2) 绘制图 12-7 的重合剖面(配套习题集第 50 页第 1 题)。

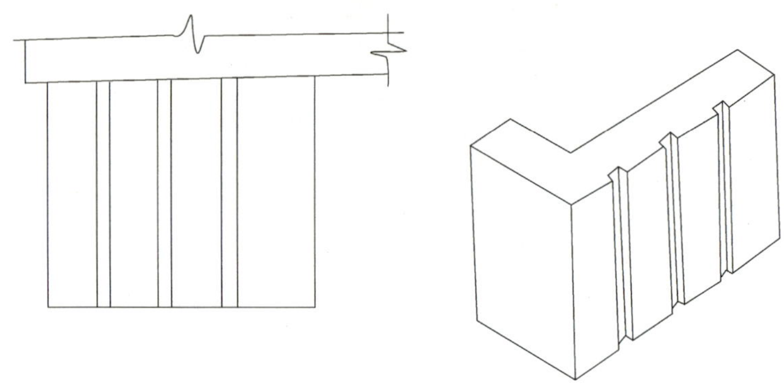

图 12-7 榫槽视图

(3) 绘制图 12-8 的移出剖面(配套习题集第 50 页第 3 题)。

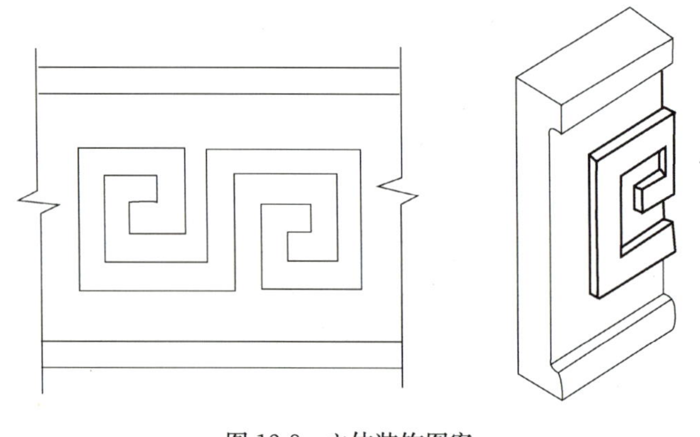

图 12-8 立体装饰图案

五、习题

1. 试述家具制图中有哪几种剖视图?并简述其绘图基本要求及特点?
2. 何为剖视图?何为剖面图(断面图)?简述其绘图要求?

实验三 测绘学生桌和绘制家具结构装配图

一、目的与要求

通过测绘学生桌和绘制家具结构装配图,加强和巩固对制图理论的综合理解与掌握,培养学生初步图解空间几何问题能力、空间分析能力、构思能力和表达能力;进一步提高对家具图样的认识与理解,提高绘图表达能力。

二、实验工具

制图板、丁字尺、三角板、绘图铅笔、针管笔,制图仪器:圆规、分规、直线笔。其他工具:比例尺、曲线板、擦图片、制图模板。

三、实验项目

(1) 使用盒尺对传统学生桌各部位尺寸进行测量，得到相关数据。

(2) 利用所学制图知识，严格按照制图规范绘制该件家具的结构装配图。

四、实验结果

(1) 测绘学生桌。

(2) 将所得数据填入表 12-2。

表 12-2　学生桌测绘

家具零部件名称	数量	材料	规格	备注

五、习题

1. 试叙述家具生产、设计中常有几类家具图样？其主要功能？
2. 试述家具结构装配图基本表达的内容？
3. 简述家具零件图、部件图和大样图与结构装配图的关系？

实验四　实木家具测绘及制图

一、目的与要求

1. 掌握办公木椅零部件测绘的基本方法。
2. 掌握家具图样的绘制。

二、实验材料与设备

材料：木质办公椅样品(榫头均未涂胶，可拆装)两个。

设备：钢卷尺、丁字尺、直角钢尺、数显游标卡尺等。

三、实验方法

(1) 根据实验要求，将木椅拆分成独立的零部件。

(2) 利用钢卷尺(或丁字尺)测量零部件较大尺寸。

(3) 利用数显游标卡尺测量家具 150mm 以下的形位尺寸。

(4) 根据测验的数据，绘制办公木椅的结构装配图、零件图等。

四、实验项目

(1) 将木椅拆分成前脚、后脚、横撑、座面、塞角等独立的零部件。
(2) 利用钢卷尺(或丁字尺)测量椅脚、撑子长度尺寸。
(3) 利用钢卷尺(或丁字尺)测量测量座面的长度、宽度尺寸。
(4) 利用数显游标卡尺测量椅脚的宽度、厚度及榫头、榫眼尺寸。
(5) 根据测验的数据,绘制椅的结构装配图、零件图等。
(6) 填写零部件规格明细表。

五、实验结果

绘制办公木质产品结构装配图、零部件图(CAD格式)一套。

六、习题

1. 实木家具主要的结合方式有哪些?
2. 如何快速准确地测量零部件的形位尺寸?

实验五　板式家具测绘及制图

一、目的与要求

1. 掌握板式家具零部件测绘的基本方法。
2. 掌握板式家具图样的绘制。

二、材料与设备

材料:板式小柜样品两个。
设备:钢卷尺、丁字尺、数显游标卡尺等。

三、实验方法

(1) 根据实验要求,将板式柜子拆分成独立的板件及五金件。
(2) 利用钢卷尺(或丁字尺)测量板件较大的尺寸。
(3) 利用数显游标卡尺测量家具系统孔、结构孔的形位尺寸。
(4) 根据测验的数据,绘制板式小柜产品的结构装配图、零件图等。

四、实验项目

(1) 根据实验要求,将板式柜子拆分成左右旁板、顶板、底板、中搁板、门、望板等。
(2) 利用钢卷尺(或丁字尺)测量板式家具各板件的长度、宽度尺寸。
(3) 利用数显游标卡尺测量柜子各板件中孔的形位尺寸及板件厚度尺寸。
(4) 根据测验的数据,绘制板式柜的结构装配图、零件图等。
(5) 填写零部件规格明细表。

五、实验结果

绘制板式小柜的产品结构装配图、零部件图(CAD 格式)一套。

六、习题

1. 板式家具与实木家具的结构形式有何不同?
2. 柜门的安装方式有哪些类型? 相应的装配五金有何不同?

第十三章 家具人体工程学

◎实验一　人体尺寸测量与统计

◎实验二　照明环境测定与分析实验

◎实验三　环境噪声测量与分析实验

◎实验四　微气候测量与分析实验

◎实验五　彩色分辨视野测试实验

◎实验六　空间位置记忆广度测试实验

◎实验七　反应时运动时测试实验

◎实验八　空间知觉测试实验

◎实验九　家具产品眼动测试实验

◎实验十　椅类家具功能尺寸测绘

◎实验十一　桌案类家具功能尺寸测绘

◎实验十二　箱柜类家具功能尺寸测绘

◎实验十三　空间评价与改进设计实验

实验一　人体尺寸测量与统计

一、目的与要求

1. 了解人体形态尺寸测量的意义。

2. 了解常见人体形态尺寸测量仪器的原理，掌握使用丈量法获取人体测量尺寸的方法，并测量人体的静态尺寸。

3. 掌握对人体测量尺寸数据进行统计分析的方法。

4. 理解人体测量尺寸对于家具设计的影响。

二、实验设备与材料

人体形态测量尺(型号 BD-Ⅱ-605)，包括：长马丁尺、中马丁尺、短马丁尺、直角规、游标卡尺、围度尺、足长测量仪。适用于人体各肢体长度、宽度、围度等形态指标的测量。人体身高体重仪、可调高度的座椅。

三、实验方法

(1) 测量人体静态尺寸，实验步骤及测量方法按照 GB/T 5703-1999《用于技术设计的人体测量基础项目》的规定进行。

(2) 测量应在呼气与吸气的中间进行。其顺序为从头向下到脚，从身体的前面，经过侧面，再到后面。测量时只许轻触测点，不可紧压皮肤，以免影响测量的准确性。

(3) 根据统计学原理求各测量尺寸的均值、方差、标准差，并计算得到第 5、50、95 常见百分位数的数值。

四、实验项目

(1) 测量姿态与项目包括人体的身高、体重、最大肩宽、坐姿肘高、两肘间距、立姿肘高、臀膝距、足长、肘-握轴距、小腿加足高等(图 13-1～图 13-3，根据实验课时安排酌情增加测量项目)。

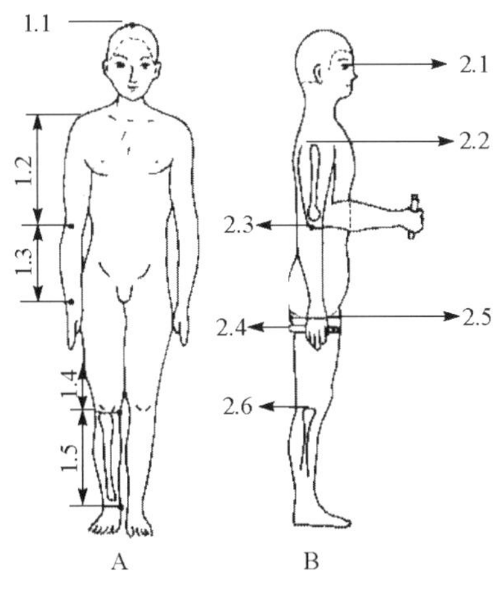

图 13-1　人体测量项目 1

1.1. 身高；1.2. 上臂长；1.3. 前臂长；1.4. 大腿长；1.5. 小腿长；2.1. 眼高；2.2. 肩高；2.3. 肘高；2.4. 手功能高；2.5. 会阴高；2.6. 胫骨点高

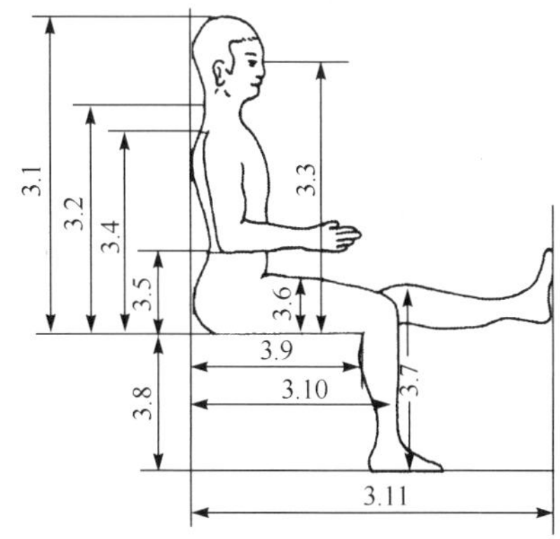

图 13-2　人体测量项目 2

3.1. 坐高；3.2. 坐姿颈椎点高；3.3. 坐姿眼高；3.4. 坐姿肩高；3.5. 坐姿肘高；3.6. 坐姿大腿厚；3.7. 坐姿膝高；3.8. 小腿加足高；3.9. 坐深；3.10. 臀膝距；3.11. 坐姿下肢长

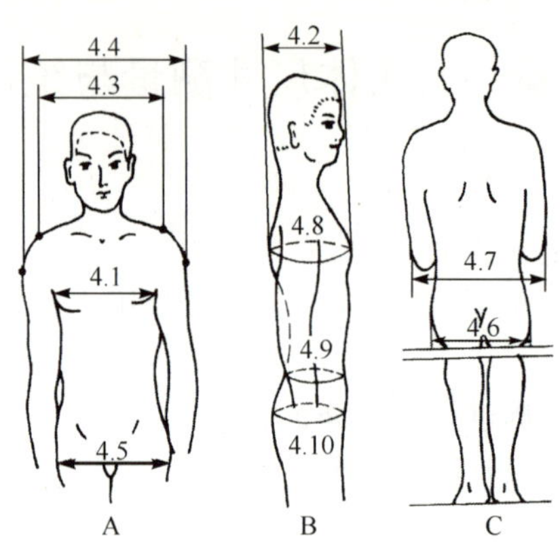

图 13-3　人体测量项目 3

4.1. 胸宽；4.2. 胸厚；4.3. 肩宽；4.4. 最大肩宽；
4.5. 臀宽；4.6. 坐姿臀宽；4.7. 坐姿两肘间宽；4.8. 胸围；4.9. 腰围；4.10. 臀围

(2) 将测量的各项静态尺寸填入表 13-1。

表 13-1　测量人体主要尺寸(mm)及体重(kg)

序号	体重	身高	最大肩宽	坐姿肘高	两肘间距	立姿肘高	臀膝距	足长	小腿加足高	肘-握轴距
均值										
方差										
标准差										
第 5 百分位数										
第 50 百分位数										
第 95 百分位数										

(3) 计算各测量项目的均值、方差、标准差，并算出第 5、50、95 百分位数数值。

均值——指样本的测量数据集中趋向的值，称为平均值。平均值表示集中趋势的变量。

$$x=\sum x/n$$

式中，n 表示观测数的个数。

方差——指样本中各数据与样本平均数的差的平方和的平均数。方差用来度量随机变量和均值之间的偏离程度。

$$s^2=\frac{1}{n-1}\sum_{n-1}^{n}(x_i-x)^2$$

式中，x 表示样本的平均数，n 表示样本的数量，x_i 表示个体。

标准差——指方差的平方根。它反映组内个体间的离散程度，表明一系列变化数距平均值的分布状况或离散程度。

$$s=\sqrt{\frac{1}{n-1}\sum_{n-1}^{n}(x_i-x)^2}$$

式中，x 表示样本的平均数，n 表示样本的数量，x_i 表示个体。

百分位数——将一组数据从小到大排序，并计算相应的累计百分位，则某一百分位所对应数据的值就称为这一百分位的百分位数。

$$p=x\pm sk$$

式中，x 表示样本的平均数，s 表示标准差，k 表示百分比变化系数。1%～50%取"－"号，51%～99%取"＋"号。常见百分比变化系数如表 13-2 所示。

表 13-2　常见百分比变换系数

百分位	5%	10%	20%	25%	50%	75%	80%	90%	95%
百分比变换系数	1.645	1.282	0.842	0.674	0.000	0.674	0.842	1.282	1.645

五、实验结果

1. 试述本实验的实验目的、实验仪器、实验内容等。
2. 将测量的各项静态尺寸填入表 13-2，并进行相关统计特征值的计算。

六、习题

1. 如何进行人体测量尺寸数据主要特征值的统计与计算？如何利用平均值、标准差计算百分位数。
2. 讨论以人体尺寸数据作为参考依据，进行室内或家具设计时还需考虑哪些因素？

实验二　照明环境测定与分析实验

一、目的与要求

1. 学习环境照明测量仪器的使用，掌握环境照明测量的工作原理及基本方法。
2. 学习照明环境测定与评价分析的基本方法。
3. 根据国家环境照明相关标准，评价照明环境优劣，分析影响照明条件的因素，并提出改进措施。

二、实验设备与材料

光电照度计(型号 TES-1330A，以下同)、皮卷尺、钢卷尺、直尺各一把。

三、实验方法

照度计(图 13-4)用以测量光照强度，即物体表面所得到的光通量与被照面积之比。照度计由受光元件和电流表两部分组成，受光元件通常是由硒光电池或硅光电池组成，当光照到光

图 13-4 照度计

敏元件上以后，光敏元件将光能转换成电能，以勒克司(lx)为分度的电流表指示出光照度值。具体使用方法如下。

(1) 打开电源(POWER)。

(2) 打开光检测器盖，并将受光器放在测量位置，面向光照方向。

(3) 选择适合测量量程。如果显示屏左端显示"1"，表示照度过量，需要按下量程键(RANGE 键)，调整量程。

(4) 照度计开始工作，并在显示屏上显示照度值。

(5) 显示屏上显示数据不断变动，当显示数据比较稳定时，按下"HOLD"键，锁定数据。

(6) 读取并记录读数器中显示的观测值。观测值等于读数器中显示数字与量程值的乘积。例如，屏幕上显示 200，右下角显示状态为"×2000"，照度测量值为 400 000lx。

(7) 再按一下"HOLD"键，取消锁定功能。

(8) 测量位置每次观测时，连续读数三次并记录，取三次的平均值为最终测量值。

(9) 测量工作完成后，按下电源开关键，切断电源，盖上光检测器盖，并放回盒里。

四、实验项目

1. 求等照度曲线

连续移动照度计，测定出某一照度值的等照度点，并将其连线。

采取连续测定的方法，照度计的受光器面向上，以 85cm 的高度连续移动，选择其照度相等的点，记下各点坐标，然后在被测地平面图中作等照度曲线。测量时注意不要受测量者自身身影的影响，并要避开直射日光。同时要考虑外部因素的各种影响(如测量时天气、时间等因素)。作等照度曲线时要注意对外部条件的变化的记录，并予以注明。

2. 求照度均匀度

在被测房间内均匀取点，以 85cm 高度，受光器面向上进行测定，分别求出自然采光、人工照明及自然采光和人工照明结合情况下的各照度值，然后计算房间内照度均匀度。

原始记录可采用表格法，如表 13-3 所示。数据整理也可采用表格法，如表 13-4 所示。其中 E_{max} 是最高照度值，E_{min} 是最低照度值，$\bar{E}$ 是平均照度值，A_u 照度均匀度。

表 13-3 原始数据记录

测量点数	1	2	3	4	5	6	7	8	9
自然采光									
自然+人工									
人工照明									

表 13-4 照明环境主要照度参数

主要参数	E_{max}	E_{min}	$\bar{E}$	A_u
自然采光				
自然+人工				
人工照明				

照明均匀度计算公式如下。

$$A_u=\frac{E_{max}-\bar{E}}{\bar{E}}\leqslant\frac{1}{3}$$

同时满足：

$$A_u=\frac{\bar{E}-E_{min}}{\bar{E}}\leqslant\frac{1}{3}$$

3. 求墙面、地面和工作面的反射率

测定自然采光条件下各点的明照度与暗照度。

受光器背靠所测面，面向光源所测照度为明照度；再将受光器面向所测面，背向光源慢慢往后移动，至指针暂时不动或变动较小时所指照度为暗照度。然后求出各点反射率。

反射率按如下公式计算。

$$反射率=\frac{暗照度}{明照度}\times100\%$$

将测得数据填入表 13-5 中。

表 13-5　各表面明暗照度和反射率

	明照度	暗照度	反射率
墙面			
地面			
工作面			

五、实验结果

1. 试述本实验的实验目的、实验仪器、实验内容等。
2. 绘制等照度曲线。
3. 计算最高照度值、最低照度值、平均照度值和照度均匀度。
4. 计算墙面、地面和工作面反射率。
5. 参照有关标准，对所测量的照明场所的照明环境进行评价。

六、习题

1. 影响室内照明的因素有哪些？
2. 如何改进所测定环境的照明条件？

实验三　环境噪声测量与分析实验

一、目的与要求

1. 学习使用声级计，掌握环境噪声测量的工作原理及基本方法。
2. 掌握测定机器噪声和环境噪声的方法，并能对复合噪声源进行频谱分析。
3. 根据有关规定和标准，评价噪声的性质和对人危害的程度，提出改善建议。

二、实验设备与材料

声级计、秒表、卷尺、微风仪、温度计等。

三、实验方法

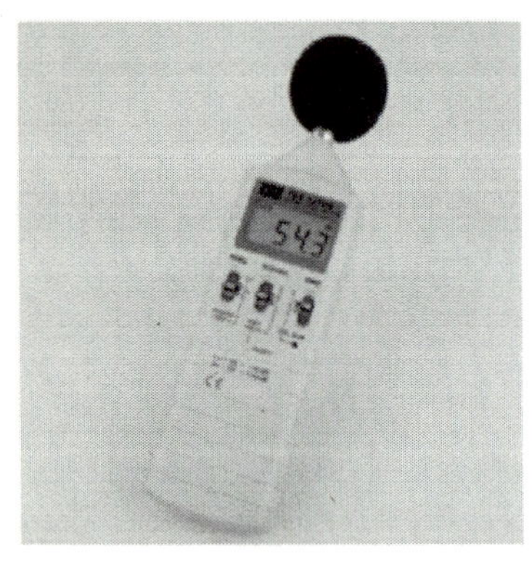

图 13-5　声级计

声级计又称噪声计(图 13-5)，是一种用于测量声音的声压级或声级的仪器，是声学测量中基本的测量仪器，广泛应用于机器制造、建筑设计、环境设计、交通运输、环境保护、医疗卫生及国防工程等各个领域，成为重要且必备的声学测量仪器。具体使用方法如下。

(1) 打开声级计携带箱，取出声级计，套上传感器。

(2) 将声级计置于 A 状态，检测电池，然后校准声级计。

(3) 对照表(一般常见的环境声级大小参考)，调节测量的量程。

(4) 下面就可以使用快(测量声压级变化较大的环境的瞬时值)、慢(测量声压级变化不大的环境中的平均值)、脉冲(测量脉冲声源)、滤波器(测量指定频段的声级)各种功能进行测量。

(5) 根据需要记录数据，同时也可以连接打印机或者其他电脑终端进行自动采集。整理器材并放回指定地方。

四、实验项目

进行机器噪声和环境噪声的声压级测定，具体方法如下。

1. 测量条件

在测量过程中，首先排除干扰，排除背景噪声。背景噪声是指被测的声源停止发声后的周围环境噪声，在现场测量前应测量环境噪声，再在同一位置上测量总噪声源的声级，如果总噪声源的声级与背景噪声相差 10dB 以上，这时背景噪声忽略不计。如果两者相差 3～9dB，应按表 13-6 对总噪声源进行修正，以求出实际声源的噪声。例如，测得本底噪声为 70dB，总噪声为 74dB，两者差值为 4dB，查得修正值为－2dB，于是测量结果应为 74－2＝72dB。

表 13-6　排除背景噪声的修正值

总噪声与背景噪声之差/dB	3	4～5	6～9	≥10
修正值	－3	－2	－1	0

排除反射声的影响，选测点时，要把传声器放在远离反射物的地方。还应考虑风速对测量结果准确性的影响。

2. 测点选择

测量车间噪声对操作人员的影响时，把测点选在工作的地方，以人耳高度为准选择数个点，测量时操作人员需离开。若车间各处声级差别小于 3dB (A) 时，只需在车间内选择 1～2 个测点；若差别大于 3dB(A)时，则需按声级大小将车间划分成若干个区域，划分的原则是小于 3dB (A) 时，每个区域选择测点 1～3 个。

测量机器的噪声和频谱时，测点与机器的距离、机器的尺寸有关，其关系如表 13-7 所示。测点高度以机器的一半高度为准，但最低不小于 50cm。至于工厂环境噪声测量，传声器要距地面 1.2～1.5m。

表 13-7　测点距离与机器尺寸的关系

机器尺寸/mm	300	500	1000	大型或特大型
测点与机器的距离/mm	300	500	1000	1000～5000

3. 声级计选择和读数方法

一般工厂噪声测量以 A 声级为主，同时把 C 声级作为参考。如果为了分析噪声的成分和性质还要进行噪声的频谱测量。

读数方法，对于车间噪声测量一般使用慢档，环境噪声测量可使用快档。观测时间一般取 2～5s，对于稳定噪声的偶然变化可不考虑。

4. 记录数据

测定过程需记录噪声源的声级及各频带的声压级，详细记录所用仪器名称和型号，测试对象的型号和功率等参数，环境噪声及频谱，测点位置，测试环境等，并对噪声测量所得数据进行分析和比较，见表 13-8～表 13-10。此外还要记录气象条件，如风速、温度、湿度、气压等情况。

表 13-8　噪音测试基本信息

<table>
<tr><td rowspan="2">测量仪器</td><td>型号</td><td>名称</td><td colspan="3">校准方法</td></tr>
<tr><td></td><td></td><td colspan="3"></td></tr>
<tr><td rowspan="2">被测仪器</td><td>型号</td><td>名称</td><td>功率</td><td>转数</td><td>安装方式</td></tr>
<tr><td></td><td></td><td></td><td></td><td></td></tr>
<tr><td rowspan="2">房间概况</td><td colspan="2">体积(长×宽×高)</td><td colspan="3">吸声情况</td></tr>
<tr><td colspan="2"></td><td colspan="3"></td></tr>
</table>

表 13-9　稳定噪声记录表

<table>
<tr><td rowspan="3">声源及测点位置</td><td>声源名称</td><td>声级 dB(A)</td><td colspan="10">声源与测点距离 dB(A)/m</td></tr>
<tr><td rowspan="2"></td><td rowspan="2"></td><td></td><td></td><td></td><td></td><td></td><td></td><td></td><td></td><td></td><td></td></tr>
<tr><td></td><td></td><td></td><td></td><td></td><td></td><td></td><td></td><td></td><td></td></tr>
<tr><td>测点位置</td><td colspan="2"></td><td colspan="10">噪声测定曲线
dB(A)
m</td></tr>
</table>

表 13-10　频谱分析记录表

机器名称：　　　型号：

测试记录	测试次数	声级/dB		倍频程声压级								
		A 声级	C 声级	31.5	63	125	500	1K	2K	4K	8K	16K

五、实验结果

1. 试述本实验的实验目的、实验仪器、实验内容等。
2. 整理测量数据与记录。
3. A/C 声级测定，噪声的频谱分析。

六、习题

1. 通过测定的频谱特性和主观感觉分析所测噪声的特点？
2. 结合本实验内容，谈谈如何控制噪声及减少噪声对人的影响？

实验四　微气候测量与分析实验

一、目的与要求

1. 掌握微气候环境测定仪器的原理及使用方法。
2. 掌握对微气候环境的测定方法，对其进行正确评价，找出不良条件及影响因素，对其进行改善。
3. 掌握微气候环境对人体的影响及相互关系。
4. 通过改变微气候环境条件，掌握微气候环境对人工作效率的影响。

二、实验设备与材料

温度计、干湿表、风速计等。

三、实验方法

1. 温度测定

空气温度是影响微气候条件的重要因素，气温过高或过低对人体都有着不良的影响。空气温度可采用普通温度计直读，也可用半导体温度计测定。测试时，在被测地取多点分别进行测试，每点测三次，求其均值。

2. 相对湿度测定

空气湿度是表示大气干燥程度的物理量，也是指空气中水汽的含量。

采用通风干湿表测相对湿度，通风干湿表由两支相同的水银温度计和一个通风器组成。水银温度计中，一支为干球温度计，另一支为湿球温度计，并将水银球外包棉纱。首先将通风干湿表悬挂好，并将湿球纱布包好，用水润湿，再将通风器发条上紧，待其转动 4min 后进行读数，根据干、湿温度计的读数差值和湿球温度计读数，可在相对湿度查算表(表 13-11)中查出相对湿度。按规定的测定点，分别按 1.5m 高度测各点相对湿度。每点测三次，后求均值。

表 13-11　相对湿度查算表

干湿温度差/℃	干球温度/℃										
	35	35.5	36	36.5	37	37.5	38	38.5	39	39.5	40
0.5	97	97	97	97	97	97	97	97	97	97	97
1.0	93	93	94	94	94	94	94	94	94	94	94
1.5	90	90	90	90	91	91	91	91	91	91	91
2.0	87	87	87	87	87	88	88	88	88	88	88
2.5	84	84	84	84	84	85	85	85	85	85	85
3.0	81	81	81	81	82	82	82	82	82	82	82
3.5	78	78	78	79	79	79	79	79	79	79	80
4.0	75	75	76	76	76	76	76	76	77	77	77
4.5	72	73	73	73	73	73	74	74	74	74	74
5.0	70	70	70	70	70	71	71	71	71	72	72
5.5	67	67	67	68	68	68	68	69	69	69	69
6.0	64	64	65	65	65	65	66	66	66	66	67
6.5	61	62	62	62	63	63	63	63	64	64	64
7.0	59	59	60	60	60	60	61	61	61	62	62
7.5	56	57	57	57	58	58	58	59	59	59	60
8.0	54	54	55	55	55	56	56	56	57	57	57
8.5	51	52	52	53	53	53	54	54	54	55	55
9.0	49	49	50	50	51	51	51	52	52	52	53
9.5	47	47	48	48	48	49	49	50	50	50	51
10.0	44	45	45	46	46	47	47	47	48	48	48
10.5	42	43	43	44	44	44	45	45	46	46	46
11.0	40	40	41	41	42	42	43	43	44	44	44
11.5	38	38	39	39	40	40	41	41	42	42	42
12.0	36	36	37	37	38	38	39	39	40	40	40
12.5	34	34	35	35	36	36	37	37	38	38	38
13.0	32	32	33	33	34	34	35	35	36	36	37
13.5	30	30	31	31	32	32	33	33	34	34	35
14.0	28	28	29	29	30	30	31	31	32	32	33
14.5	26	26	27	27	28	29	29	30	30	31	31
15.0	24	24	25	26	26	27	27	28	28	29	29
15.5	22	23	23	24	24	25	26	26	27	27	28
16.0	20	21	21	22	23	23	24	24	25	25	26
16.5	18	19	20	20	21	21	22	23	23	24	24
17.0	17	17	18	19	19	20	20	21	22	22	23
17.5	15	15	16	17	18	18	19	19	20	21	21
18.0	13	14	15	15	16	17	17	18	18	19	20
18.5	11	12	13	14	14	15	16	16	17	17	18
19.0	10	11	11	12	13	13	14	15	15	16	17
19.5	8	9	10	10	11	12	12	13	14	14	15
20.0	7	7	8	9	10	10	11	12	12	13	14
20.5	5	6	7	7	8	9	10	10	11	12	12
21.0	3	4	5	6	7	7	8	9	9	10	11

3. 风速测定

采用热球式电风速仪测定室内风速，该仪器由测头和测试仪表两部分组成。使用时，先将开关扭至“满度”，调“满度”旋钮使表针指在满度位置。再将开关扭至“零位”，将测头封闭并竖举调“零位”旋钮，使表针指零。然后抽出测头放在测定位置，以红点方向迎向风流，此时表头读数查校正曲线后即为实际风速。按规定的测定点，分别测各点风速。每点测三次，求其均值。

四、实验项目

微气候环境测定，改变微气候环境条件，观察和分析微气候环境对生产效率的影响。

(1) 将室内分为 4 个区域，取对角线的交点作为测定点。一组被测试者分散在不同位置准备进行某种作业行为。例如，将一堆材料从桌面搬到地面等。每个作业者配备一个时间测定及记录人员。

(2) 不启动空调和风扇，测定各点温度、湿度；记录完成作业行为所需时间。

(3) 在室内放 6 桶水，用于调节室内湿度。

(4) 打开空调，将温度调节到 20℃，测定温度、湿度和风速，持续一段时间后，测定作业行为所需时间，询问作业者感受。

(5) 利用空调将温度调整到 22℃、24℃、26℃、28℃，分别测定各温度、湿度和风速。测定作业行为所需时间，询问作业者感受。

(6) 在利用空调将温度调整到 22℃、24℃、26℃、28℃的情况下，分别打开风扇，将风扇风力调整为强风、中风、弱风三种状态，分别测定各温度、湿度和风速。测定作业行为所需时间，询问作业者感受。

(7) 关闭仪器，记录数据，并进行数据处理。

五、实验结果

1. 试述本实验的实验目的、使用仪器、实验内容和实验步骤。
2. 整理统计测定点记录数据和作业行为所需时间等数据。
3. 分析微气候环境变化对人的生理、心理感受及作业效率的影响。
4. 设计利于该种作业行为的适宜微气候条件。

六、习题

1. 微气候环境评价方法及适用条件。
2. 如何改进微气候环境，应注意什么？
3. 微气候环境是如何影响作业效率的？哪个因素的影响大？

实验五　彩色分辨视野测试实验

一、目的与要求

1. 了解人眼对不同颜色的视野范围及概念。
2. 学习使用彩色分辨视野计测定各种彩色和白色的视野范围。

二、实验设备与材料

BD-Ⅱ-108 型彩色分辨视野计、计时器、卡片、多种彩色灯具。

三、实验方法

BD-Ⅱ-108 型彩色分辨视野计，用于测定各种彩色和白色的视野范围。有以下部分构成：底座、半圆弧、注视点、下巴托、滑轮、分度销、标尺、视野图、圆盘(图 13-6)。具体描述如下。

(1) 一个可以转动的黑色半圆弧。直径 480mm，弧长 +90°～－90°。弧背面以中点为 0°，左右分别有 10°、20°…90°刻度，表示视点位置。

(2) 视点：位于在弧上能滑动的装置中。可分别呈现不同大小和颜色。视点直径分别为 10mm、6mm、5mm、3mm、1.5mm，颜色分别为红、黄、绿、蓝和白色。

(3) 在弧的中心有一黄色注视点。

(4) 固定头部的下巴支架。被试者的左眼或右眼固定于中心位置。

(5) 一个与弧同轴的圆盘位于视野计的背面，圆盘上有放视野图纸的装置。并附有记录用的标尺。

(6) 视野图纸以中点为 0°，左右分别标有 10°、20°…90°的同心圆，并有标有 0°～360°位置的放射线。随机附视野图纸 10 张。

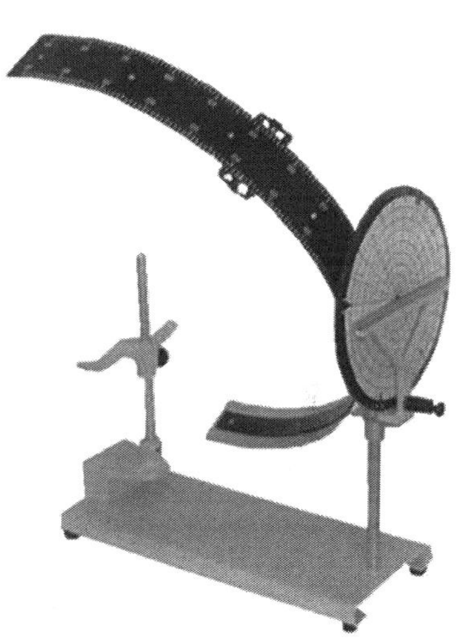

图 13-6　彩色分辨视野计

四、实验项目

1. 对不同强度下的同种色彩的视野范围进行测定

被试者坐于视野计前，闭上左眼，下巴放在仪器支架上，用右眼注视正前方黄色注视点，实验过程中不能转动眼睛。

主试者将同心圆调节到最大的色圈位置，选择一种颜色。将分度销拔出，将弧放到 0°～180°的位置上，然后将分度销插入。将弧上的滑轮放在被试者最右侧的半个弧，远离被试者的位置，然后逐渐由远离的位置向内侧转动。到被试者刚刚看到该颜色为止，记录此处的立体角大小。

调整同心圆大小及弧的角度，进行同样的测试，分别记录被试者刚刚看到该颜色的立体角并绘图。

2. 对相同强度下的不同色彩的视野范围进行测定

被试者坐于视野计前，闭上左眼，下巴放在仪器支架上，用右眼注视正前方黄色注视点，实验过程中不能转动眼睛。

主试者将同心圆调节到最大的色圈位置，选择一种颜色。将分度销拔出，将弧放到 0°～180°的位置上，然后将分度销插入。将弧上的滑轮放在被试者最右侧的半个弧，远离被试者的位置，然后逐渐由远离的位置向内侧转动。到被试者刚刚看到该颜色为止，记录此处的立体角大小。

将同心圆中的颜色依次变为黄、蓝、红、绿色，进行同样的测试，分别记录被试者刚刚看到该颜色的立体角并绘图。

3. 不同背景颜色下的色彩视野范围

打开红色的彩灯，置于被试者上方，避免直视，重复实验项目 1 和 2。

五、实验结果

1. 试述本实验的实验目的、实验内容、实验仪器等。

2. 分别绘制被试者在对不同强度下的同种色彩的视野范围图、在相同强度下的不同色彩的视野范围图、不同背景颜色下的色彩视野范围图。

3. 比较左眼和右眼彩色视野的异同。

4. 比较个人和小组同学的差别，分析差异因素。

5. 比较刺激大小对于视野的影响。

注意：在视野图上做记录要特别注意(图 13-7)，当刺激在左边时，所测得的结果应记录在图纸的右边；刺激在右边应记在图纸的左边。因为彩色视野图是表明对人体外部的不同彩色的可见范围，而不是视网膜上不同的彩色区域，所以视野图与视网膜上左右部位是相反的，上下部位是颠倒的。

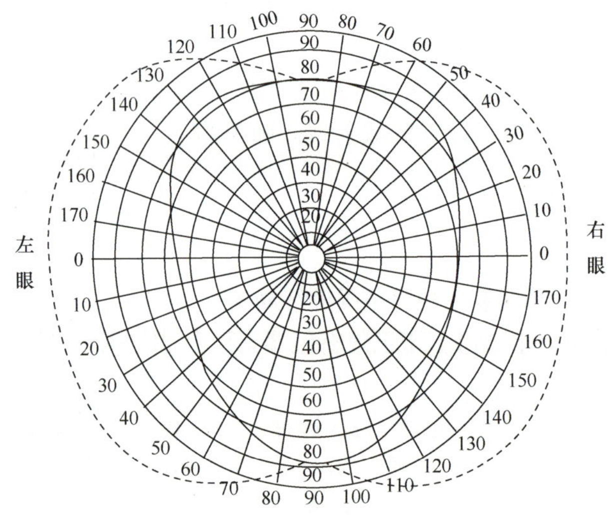

图 13-7 视野范围图

六、习题

1. 不同的色彩的视野是否相同？

2. 影响色彩视野的因素都有哪些？

3. 不同的背景颜色会不会对色彩的视野范围产生影响？影响规律是什么？

实验六 空间位置记忆广度测试实验

一、目的与要求

1. 学习测量空间位置记忆广度的方法，测量人对空间方位的知觉能力和短时记忆能力。
2. 理解影响空间位置记忆广度的因素。

二、实验设备与材料

BD-Ⅱ-409 型空间位置记忆广度测试仪(图 13-8)。

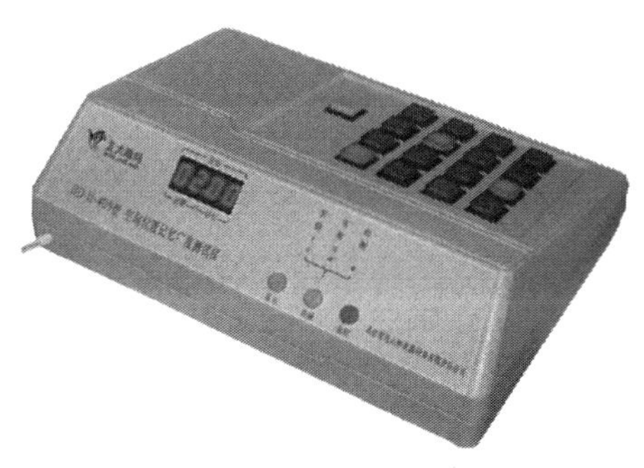

图 13-8 空间位置记忆广度测试仪

三、实验方法

BD-Ⅱ-409 型空间位置记忆广度测试仪采用单片机控制刺激自动呈现，呈现时间精确，能自动计算空间位置记忆广度，直接显示测试结果，操作简便，体积小巧，携带方便。仪器由主试面板、被试面板、控制器等部分组成。

1. 主试面板

主试面板设有四位数码管实时显示计分、计错、计位。按动“显示”键可观察计分、计错、计位的数值。“功能”选择键及功能指示灯用于选择仪器的三个功能。被试面板设有 16 个带灯的方键，排成 4×4 方阵，随机显示空间位置刺激组。设有一个启动键控制仪器的工作。

2. 仪器设有两种实验功能

实验Ⅰ：设有 14 个位组的一套编码，可实现 3～16 位空间位置刺激组的顺序显示。相同位长的三个空间位置刺激组称为一个位组，空间位置刺激组随机组合。

实验Ⅱ：设有 8 个位组的一套编码，可实现 3～10 位空间位置刺激组的同时显示。相同位长的三个空间位置刺激组称为一个位组，空间位置刺激组随机组合。

仪器测试结果的统计规则如下。

(1) 计分规则：基础分为 2.0 分，答对一个刺激组计 0.33 分，答对三个刺激组(一个位组)计 1 分。答对全部位组计满分。实验Ⅰ为 16 分，实验Ⅱ为 10 分。

(2) 计位规则：起始位长为 2(2 位)，每测试完一个位组，位长加 1，如在一个位组中，只答对一个刺激组，也认为被试者正确地记忆了该位组的位长。

(3) 被试者的空间位置记忆广度 F 由仪器自动计算：$F=2.0+X/3$，其中 X 是被试者正确反应次数。

四、实验项目

1. 空间位置记忆广度的测定

(1) 插上电源插头，打开电源开关。仪器自动选择实验Ⅰ，使实验Ⅰ灯亮，四位数码管显示基础分：02.00。

(2) 功能选择：按“功能”选择键来选择工作方式，仪器的相应功能指示灯亮，其变化规律是“实验Ⅰ”、“实验Ⅱ”、“检测”三个功能循环。

(3) 显示选择:为了使四位数码管既能显示计分,又能显示计错、计位,因此设置了“显示”键。加电或复位后仪器显示的是“计分”。在实验过程中或停机蜂鸣后,若想看被试者出错次数及记忆位长,只要按一下“显示”键,此时数码管小数点灭,高两位显示错误次数,低两位显示记忆位长。如再按一下“显示”键,数码管又显示计分。

(4) 实验Ⅰ:当主试者选择好“实验Ⅰ”后,让被试者注意 4×4 方阵,并按下“启动”键,测试开始。每一空间位置刺激组按随机数顺序点亮对应方灯,各方灯亮间隔一秒,同一刺激组呈现完后,仪器响“嘟”的蜂鸣声。被试者听到“嘟”声,立即按照灯亮顺序按灭方灯,被试者反应正确,仪器自动计 0.33 分。被试者必须等此刺激组的方灯全部点亮后才能按键回答,否则按键无效,而且待应该应答时会出错。被试者再按下“启动”键,仪器马上又提取下一个刺激组,被试者再次回答。如三个刺激组都答对,计 1 分,位长+1。再按“启动”键,仪器提取下一位组的第一个刺激组。如果被试者反应错误,仪器响一下蜂鸣,方灯全灭,并计错一次。再按“启动”键,仪器马上提取下一个刺激组。如此循环,直到仪器出现停机长蜂鸣,测试结束。在每一位组的三次反应中,有一次以上反应正确,实验继续。三次反应都错或 14 个位组全部测试完,实验结束,仪器响长蜂鸣,并显示被试成绩。主试者此时可按动“显示”键观察记录被试成绩,安排下一个测试内容。

(5) 实验Ⅱ:当主试选择好“实验Ⅱ”后,让被试注意 4×4 方阵,并按下“启动”键。1s 后,每一空间位置刺激组按随机数同时点亮对应方灯。2s 后方灯全灭,并响一“嘟”声。被试者按照记住的刺激组灯亮位置去按亮对应方灯,按键时无顺序要求,反应正确,对应灯亮。当按完该刺激组全部灯 1s 后,被按亮的灯全灭,仪器自动计 0.33 分。被试者必须等点亮的方灯全灭后才能按键回答,否则按键无效。被试者看到灯全灭后再按下“启动”键,仪器马上又提取下一个刺激组,被试者再次回答。如三个刺激组都答对,计 1 分,位长+1。再按“启动”键,仪器提取下一位组的第一个刺激组。如果被试者反应错误,16 个方灯全亮,响一下蜂鸣,1s 后灯全灭,计错一次。再按“启动”键,仪器马上提取下一个刺激组。如此循环,直到仪器出现停机长蜂鸣,测试结束。在每一位组的三次反应中,有一次以上反应正确,实验继续。三次反应都错或 10 个位组全部测试完,实验结束,仪器响长蜂鸣,并显示被试成绩。主试者此时可按动“显示”键观察记录被试成绩,安排下一个测试内容。

五、实验结果

1. 试述本实验的实验目的、实验内容、实验仪器等。

2. 统计实验结果,分别计算每一被试者在实验Ⅰ和实验Ⅱ的得分及出错次数,填入表 13-12中,分析出错原因。

表 13-12　空间位置记忆广度记录表

实验	分数(F)	位数	出错次数
Ⅰ			
Ⅱ			

3. 比较个人和小组同学的差别,分析差异因素。

六、习题

1. 试述测试空间位置记忆广度有什么实际意义,影响空间位置记忆广度的因素?
2. 空间位置记忆广度能否通过训练得到提高?

实验七 反应时运动时测试实验

一、目的与要求

检验优势手反应时和运动时是否相关，学习测量反应时与运动时的方法。

二、实验设备与材料

BD-Ⅱ-513 型反应时运动时测试仪。

三、实验方法

BD-Ⅱ-513 型反应时运动时测试仪。本仪器设有 4 种实验。具体如下。

实验Ⅰ：测试反应时及 8 个方位键的运动时。

实验Ⅱ：测试反应时及 6 个不同距离的运动时。

实验Ⅲ：测试在定时 1min 或 0.5min 内的敲击次数。

实验Ⅳ：测试正确完成一套规定的编码敲击动作所需要的总时间、反应时、运动时、运动完成时和敲击总次数。编码方式为 153426 或 514362。

实验Ⅰ采用被试专用键盘箱。1 个反应键，8 个方向的运动键，反应键与运动键之间距离 140mm，面板 16°倾斜(图 13-9)。各键上都有指示灯。

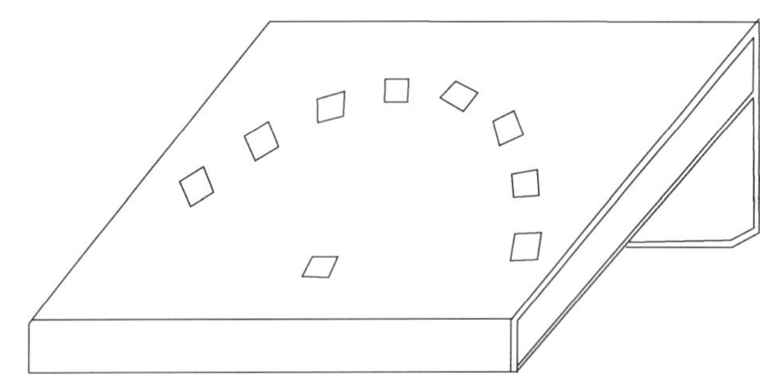

图 13-9 被试专用键箱示意图

实验Ⅱ、Ⅲ、Ⅳ采用被试者专用敲击板。其由一块带指示灯的中央板、6 块敲击板及一个敲击棒组成(图 13-10)。敲击板左右各三块，左三块编号为 1、2、3，右三块编号为 4、5、6。

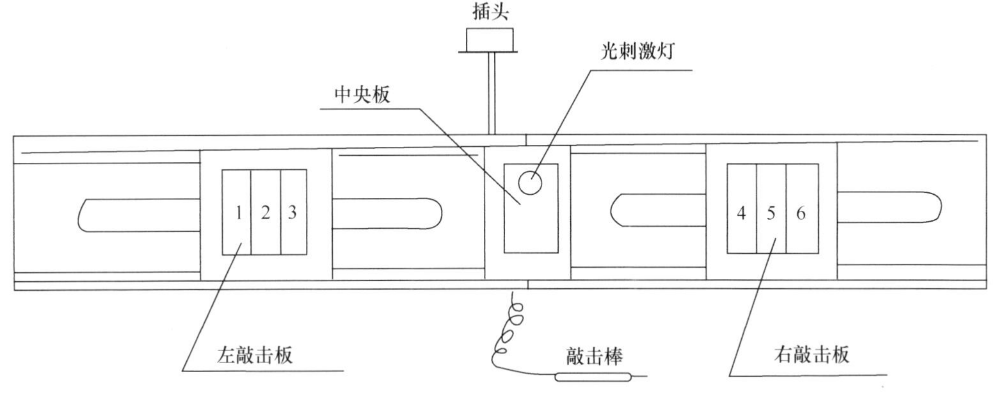

图 13-10 敲击板示意图

在敲击板的内侧设有标尺，主试者可按实验要求，调节各板的左右距离。总长度 800mm，可折叠。

控制箱前面板为主试面板(图 13-11)，设有 7 个数码管，指示反应时间、次数等。设有表示显示内容的指示灯。后面板中央为被试专用键盘箱或敲击板的连线插座，下方设有微型打印机(选配件)的输出插座。

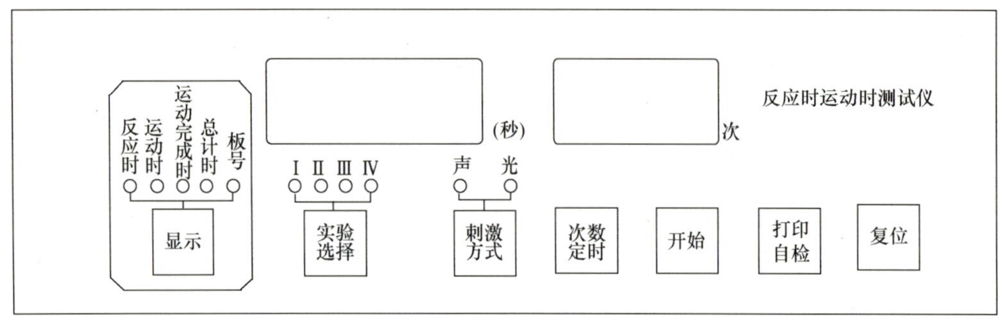

图 13-11 仪器主试面板图

四、实验项目

依实验内容，先把被试专用键盘箱或敲击板上的插头与仪器后面板上的插座插好。如配用微型打印机，则先接专用电源，再将打印机电缆插头插入机壳背面左方的插座中。接通电源，打开电源。

1. 实验Ⅰ

(1) 选用被试专用键盘箱，主试面板“实验选择”键上方的“Ⅰ”指示灯亮。

(2) 选择刺激方式：按“刺激方式”键，键上方的“光”灯亮，表示光刺激呈现；“声”灯亮，表示声音刺激呈现；“声”、“光”灯全亮，则声、光刺激同时呈现。

(3) 仪器初始设定的实验次数为 10 次。按“次数”键，可以增加相应设定的次数，每按键一下，增加 10 次，最大 90 次。次数显示窗相应显示设定值。如设定值 00，则表明设定的实验次数不限，实验结束由手动控制。

(4) 主试者按“开始”键，实验开始。

(5) 被试者用食指按下键箱面板下方中央的“反应”键，进入预备状态，否则会声光闪烁报警，提示被试者按下“反应”键。

(6) 按下并经过预备等待后，依刺激方式，反应键指示灯亮或刺激声响或二者同时呈现，被试者应立即抬起食指，同时观察 8 个“运动”键哪一个指示灯亮，迅速用食指将亮灯的键压下，灯灭，即完成一次实验。从反应声或光刺激开始至抬起食指的时间即为被试者的反应时，同时抬起食指至按运动键的时间为被试者的运动时。被试者在实验过程中，如果错按“运动”键，则蜂鸣器报警，被试者应迅速纠正按下亮灯的反应键，仪器记下一次错误次数，可供打印输出。其运动键方位完全随机选定。实验过程中，实时显示实验次数、反应时、运动时。

(7) 被试者每次实验后，必须马上返回按下“反应”键。回到第(5)步，准备下次实验。如设定的实验次数不为 00，则实验次数达到相应次数后，长声响，实验自动结束；如设定为 00，则按“打印”键，实验结束。

(8) 显示平均反应时与平均运动时。可按“显示”键分别显示，对应其键上指示灯亮。

(9) 按“打印”键，如已连接打印机，则打印输出实验结果，打印出刺激方式(Mode)、实验次数(EXP. N)、错误次数(ERR. N)、反应时(Reaction time)及运动时(Motion time)的累加值(Σ)、平均值(AV)。

(10) 实验重新开始，必须按“复位”键，回到第(2)步。

(11) 注意事项：在实验过程中，规定被试者只能用一个食指进行实验操作，不得一指按“反应”键，另一指按“运动”键。工作时不宜在强光下实验。

2. 实验Ⅱ

(1) 选用敲击板，调整中央板至中间位置，左右敲击板调整至适当距离，并记录其位置值。可按主试面板“实验选择”键，使其上方的“Ⅱ”指示灯亮。

(2) 选择刺激方式：按“刺激方式”键，键上方的“光”灯亮，表示光刺激呈现；“声”灯亮，表示声音刺激呈现；“声”、“光”灯全亮，则声、光刺激同时呈现。

(3) 仪器初始设定的实验次数为 10 次。按“次数”键，可以增加相应设定的次数，每按键一下，增加 10 次，最大 90 次。次数显示窗相应显示设定值。如设定值 00，则表明设定的实验次数不限，实验结束由手动控制。

(4) 主试者按“开始”键，实验开始。

(5) 被试者用优势手拿好敲击棒，把敲击棒点在中央板上等待，进入预备状态，否则会声光闪烁报警，提示被试者敲击棒点在中央板上。

(6) 经过预备等待后，依刺激方式，中央板上指示灯亮或刺激声响或二者同时呈现。被试者受声或光刺激后立即抬起敲击棒，并用敲击棒去敲旁边的金属板，要求反应和动作又快又准。究竟去敲左边还是右边的那一块敲击板，由被试者自定或主试者规定。此时，被试者已做完了一次实验。实验过程中，实时显示实验次数、反应时、运动时。被试者接受声或光刺激到抬起敲击棒所用的时间为反应时；被试者抬起敲击棒到敲击棒敲击到旁边的金属板上所用时间为运动时。

(7) 被试者每次实验后，必须马上返回把敲击棒点在中央板上等待。回到第(5)步，准备下次实验。如设定的实验次数不为 00，则实验次数达到相应次数后，长声响，实验自动结束；如设定为 00，则按“打印”键，实验结束。

(8) 显示平均反应时与总平均运动时及各板的平均运动时。可按“显示”键分别显示，对应键上方指示灯亮。显示各板的平均运动时时，次数窗口显示“板号”，并且显示键上方的“板号”指示灯亮。如此板没有进行运动时实验，显示“————”。

(9) 按“打印”键，如已连接打印机，则打印输出实验结果，打印出刺激方式(Mode)、实验次数(EXP. N)、反应时(Reaction time)、各板号(P)运动时(Motion time)的平均值(AV)与次数(N)及总的平均运动时(Σ)。

(10) 实验重新开始，必须按“复位”键，回到第(2)步。

3. 实验Ⅲ

(1) 选用敲击板，调整中央板至中间位置，左右敲击板调整至适当距离，并记录其位置值。

(2) 按主试面板“实验选择”键，使其上方的“Ⅲ”指示灯亮。

(3) 选择实验开始信号：按“刺激方式”键，键上方的“光”灯亮，表示光刺激呈现；“声”灯亮，表示声音刺激呈现；“声”、“光”灯全亮，则声、光刺激同时呈现。

(4) 选择实验定时时间：按“次数/定时”键，时间显示窗口会显示“30.00”或“60.00”(秒)，即 0.5min 或 1min。

(5) 主试者按“开始”键,实验开始。

(6) 被试者用优势手拿好敲击棒,把敲击棒点在中央板上等待,进入预备状态,否则会声光闪烁报警,提示被试者敲击棒点在中央板上。

(7) 经过预备等待后,依刺激方式,中央板上指示灯亮或刺激声响或二者同时呈现。被试者受声或光刺激后立即抬起敲击棒,并用敲击棒去敲旁边的金属板,要求反应和动作又快又准。主试者可规定好左右敲击的程序。例如,规定左边敲 1 号板,右边敲 4 号板,或左右任意敲。左输入与右输入是互锁的。例如,当你敲左击板时,只接收第一次敲击信号后就被锁住,并开放右击板,当敲击右击板的第一下后,也被锁住,并开放左击板,因此必须轮流敲击。

(8) 被试者按照规定的程序尽快左右敲击,直到定时时间到,长声响,停止敲击,实验自动结束。实验过程中,实时计时显示。

(9) 显示定时时间与敲击总次数及各板的敲击次数,可按“显示”键分别显示。显示各板的敲击次数时,时间窗口显示“板号”,并且显示键上方的“板号”指示灯亮。

(10) 按“打印”键,如已接打印机,则打印输出实验结果,打印出刺激方式(Mode)、定时时间(Time)、各板号(P)的敲击次数(N)与总次数(Σ)。

(11) 实验重新开始,必须按“复位”键,回到第(2)步。

4. 实验Ⅳ

(1) 选用敲击板,调整中央板至中间位置,左右敲击板调整至适当距离,并记录其位置值。

(2) 按主试面板“实验选择”键,使其上方的“Ⅳ”指示灯亮。

(3) 选择刺激方式:按“刺激方式”键,键上方的“光”灯亮,表示光刺激呈现;“声”灯亮,表示声音刺激呈现;声、光灯全亮,则声、光刺激同时呈现。

(4) 被试者熟悉敲击编码:153426 或 514362(参看敲击板示意图编号),从两种编码中选择一种,并记住。选择何组编码由第一个敲击是左或右自动确定。

(5) 主试按“开始”键,实验开始。

(6) 被试者用优势手拿好敲击棒,把敲击棒点在中央板上等待,进入预备状态,否则会声光闪烁报警,提示被试者敲击棒点在中央板上。

(7) 经过预备等待后,依刺激方式,中央板上指示灯亮或刺激声响或二者同时呈现。被试者受声或光刺激后立即抬起敲击棒,并且一次敲击一组编码。如果敲错,会蜂鸣报警,应及时改正,改正方法是如果左击错时,必须右边敲一下,再从左纠正。同样右击错时,必须左敲一下,再从右纠正。

(8) 当正确敲完一组编码,计时立即停止,长声响。此时可按“显示”键分别显示被试者的成绩:反应时、运动时、运动完成时、总计时及敲击总次数。

反应时:被试者接到声或光刺激信号,到抬起敲击棒的时间。

运动时:从抬起敲击棒到敲击第一块板的时间。

运动完成时:从敲第一块板到正确敲完一组编码的时间。

总计时:从启动到停止的总时间。

敲击总次数:把敲击在左右击板上的正确和错误的次数累计。敲击总次数可用来判断敲击的准确度,一次正确敲击次数为 6 次。

(9) 按“打印”键,如已连接打印机,则打印输出实验结果,打印出刺激方式(Mode)、编码类型(Code)、反应时(Reaction time)、运动时(Motion time)、运动完成时(Perfect time)、总计时(Total time)、敲击总次数(N)及准确率(Accuracy)。

(10) 实验重新开始,必须按“复位”键,回到第(2)步。

五、实验结果

1. 试述本实验的实验目的、实验内容、实验仪器等。

2. 统计实验结果,分别计算每一被试者在实验Ⅰ和实验Ⅱ的得分及出错次数,分析出错原因。填入表13-13～表13-16。

3. 比较个人和小组同学的差别,分析差异因素。

表 13-13　实验Ⅰ数据记录表

被试者姓名	优势手(左/右)	刺激源(声/光)	敲击次数	反应时平均值	运动时平均值

表 13-14　实验Ⅱ数据记录表

被试者姓名	优势手(左/右)	刺激源(声/光)	敲击次数	反应时平均值	运动时平均值

表 13-15　实验Ⅲ数据记录表

被试者姓名	优势手	刺激源(声/光)	定时时长(60s/30s)	敲击总次数	正确率/%

注:正确率=正确敲击次数/敲击总次数×100%

表 13-16　实验Ⅳ数据记录表

被试者姓名	优势手	编码	反应时	运动时	完成时	总计时	总次数

六、习题

1. 你认为一个人的工作效率与他的反应速度是否有关？为什么？如何用实验来检验？
2. 一个优秀的短跑运动员是他的起跑快还是跑的速度快，还是二者兼有？

实验八　空间知觉测试实验

一、目的与要求

实验研究刺激的空间结构特征，测定辨别复杂图形的反应时间。通过测定辨别复杂图形的反应时，来测试被试者的空间知觉能力。

二、实验设备与材料

BD-Ⅱ-112 型空间知觉测试仪。

三、实验方法

BD-Ⅱ-112 型空间知觉测试仪。该仪器的灯光显示器可以随机显示条形、块形、不规则形三种图案，每种图案有两大类，每类有 4 种图形，见图 13-12。测试中，被试者应尽快确定刺激类型 A、B、C、D 和被试键上 1、2、3、4 的对应关系。

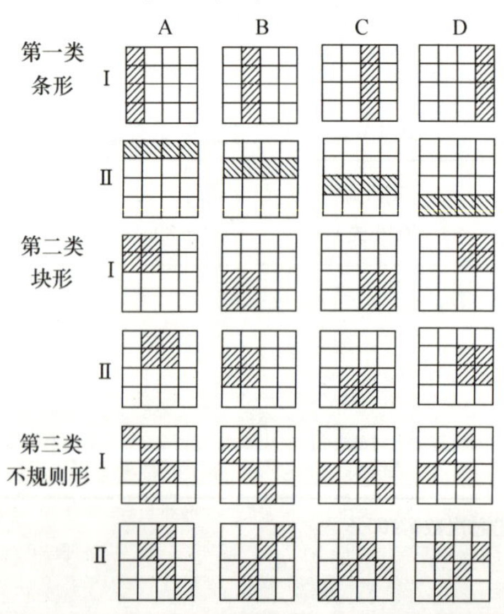

图 13-12　灯光显示器随机显示的刺激类型

四、实验项目

空间位置记忆广度的测定方法如下。

(1) 支好折叠的灯光显示器。将被试键盘的五芯插头插入仪器侧面的插座中。

(2) 接通并打开电源。被试者手握键盘,坐在灯光显示器前。

(3) 主试者按面板的“图案”键,选择实验采用的灯光刺激类型。每按一下,对应键上方的指示灯将变化一个,亮灯的位置表示选择的如图 13-12 所示的那一行灯光刺激类型。

(4) 按“开始”键,实验开始。仪器将随机确定一种被试键对应灯光类型的方式。即确定这次实验的被试键中的 1、2、3、4 将对图 13-12 所示的 A、B、C、D 那列图案进行反应。

(5) 每次实验,被试面上方的灯先亮黄色,提示预备。灯灭后,图案刺激呈现,开始计时,被试者应迅速确定按下被试键的某一个,如符合确定的反应方式,反应正确,被试面上方灯将亮绿色,计时停止。如不符合确定的反应方式,反应错误,被试面上方灯将亮红色,被试者应马上按其他键,直到反应正确,亮绿色为止,这时才停止计时。反应错误将计一次错误次数。被试者应该努力确定此图案为那键正确反应的。

(6) 稍休息后,又将亮黄灯预备后,出现图案,被试者进行反应。仪器显示实验的次数。

(7) 按“打印/结束”键,实验结束。如选配微型打印机,应连接好打印电缆,并打开打印机专用电源。仪器将显示最后出现错误的次数及此次后的平均反应时。通常,至少连续三次反应正确才能表明被试者对这类图案的空间位置与结构已经掌握。最后一次错误表示被试者从不清楚结构特点到发现结构特点的“临界点”,这与图案的复杂程度有关。

(8) 按“图案”或“开始”键,将进行新的实验。按“复位”键可以在任何时候中断实验,并清除数据。

五、实验结果

1. 试述本实验的实验目的、实验内容、实验仪器等。
2. 统计实验结果,填入表 13-17。

表 13-17　数据记录表

被试者	刺激类型	测试次数	错误次数	平均反应时

3. 比较个人和小组同学的差别,分析差异因素。

六、习题

1. 思考本实验的实验原理?
2. 你认为实验中三类图案的空间知觉认识程度与性别、年龄因素有无关系?

实验九　家具产品眼动测试实验

一、目的与要求

1. 了解眼动仪的构造和原理。
2. 熟悉眼动仪的操作。
3. 理解眼动仪对于产品视觉特征评价的作用及意义。

二、实验设备与材料

Tobbii 眼动仪、TobiiStudio 分析软件、笔记本电脑、家具图片一组。

三、实验方法

眼动仪使用方法如下。

(1) 打开电源,启动笔记本电脑。

(2) 启动"Tobii Studio",熟悉常见眼动仪设置。

(3) 创设新的实验方案,命名,将家具图片用鼠标拖入标注界面内。

(4) 点击"Calibration",调整坐姿直至水平条块呈绿色,竖直条块值为 50～60。

(5) 检测眼动水平,双眼追踪屏幕上的小球运动轨迹;查看眼动水平,当双眼个点轨迹均在规定范围内,正式开始测验。

(6) 再次调整坐姿直至水平条块呈绿色,竖直条块值为 50～60。

(7) 正式开始眼动实验,观看屏幕上的家具图片。

(8) 实验结束,点击"Replay"按钮,进入眼动回放界面。

(9) 查看眼动结果,进行数据分析。

四、实验项目

首先通过眼动仪采集被试者相关视觉信息,包括视点数据(gaze data,GZD)、有效视点数据(fixation data, FXD)、事件数据(event data, EVD)、兴趣区域数据(AOI data, AOI)、兴趣区列表(AOI list, AOIL)、综合眼动数据(combined data, CMD)及热点图(hotspot plot)、视点图(gaze plot)、视频(眼动轨迹 AVI 视频)。并利用这些视觉信息建立相关视觉评级指标。

1. 总注视次数和时间

根据实验方案不同,可以选择兴趣区域数据或有效视点数据,并计算某一区域被试者总注视次数和注视时间。

2. 平均注视时间和次数

在人的视觉关注时间大致相同的情况下,按照平均注视时间和平均注视次数可将视觉行分为多次短暂关注、少次较长时间关注、平均关注和混乱关注 4 种模式,不同的关注模式反映了不同的心理变化。

3. 视点轨迹

视点轨迹是视点图(gaze plot)结合有效视点统计分析的结果,主要反映受众的观察顺序。观察顺序不仅受人的视觉次序定势的影响,造型也会对其产生不同程度的引导作用。例如,造型的运动感、韵律感等不同,人的视点轨迹也不同。

4. 首视点个数

根据兴趣区域或有效视点数据对受试者开始一段时间内眼动行为中视点分布状况进行反映，主要用于确定宣传表现形式吸引人关注的优先级，家具产品中可用于视觉首要因素及其部位的确定。

5. 合并热点图

主要是将各个样本的热点图(hotspot plot)原始数据整合而得到，即综合热点图。热点图反映了注视点和视线活动在屏幕上的总体情况，是通过统计所有被试者的视线活动情况的数据而绘制出来的图像。从该图中，可以很直观地看出家具不同部位的受关注程度。

五、实验结果

1. 试述本实验的实验目的、实验内容、实验仪器等。
2. 眼动指标数统计表及分析(表 13-18)。

表 13-18　眼动指标数统计表

家具照片及序号	注视人数	注视时间/ms	平均注视时间/(ms/次数)	注视次数	首视点个数

3. 热点图分析：从热点图中可以看出被试者在某一区域停留时间的长短和集中程度，红色代表注视时间长，绿色代表注视时间较短。R 为被试人数的百分比；TFFθ 为首次进入时间，表示被试者观看不同区域的眼动顺序，时间越短说明该区域的可寻性(被找到的几率)越大；OLθ 为平均观察时间，以时间来计算，代表每个区域的注视时间；ARA 为在某些兴趣区域的注视停留时间，该数值是由刺激呈现时间的最大值与平均观察时间来确定的。
4. 视线扫描路径分析：视线扫描路径主要是呈现注视点的路径与直径变化。

六、习题

1. 影响实验准确性的关键因素有哪些，如何避免?
2. 当被试者出现视觉或身体疲劳时候，测试眼动指数是否有变化?

实验十　椅类家具功能尺寸测绘

一、目的与要求

1. 了解并逐渐熟悉椅子的人体工程学尺寸。
2. 测量并绘制椅子的外观尺寸及主要结构尺寸，与相关文献资料进行对比，分析现有家具产品的优缺点。
3. 应用人体工程学的理论和知识提出椅子尺寸改进优化方案，使设计适合人的生理(人体尺寸、解剖学特征)、心理、感知、认知、行为习惯和情感等因素，具有使用上的舒适性、健康性、安全性、方便性、高效率等人体工程学特征。

二、实验设备与材料

卷尺、直尺、游标卡尺、椅子实物、A4 绘图纸、铅笔、橡皮、针管笔、中性笔等绘图工具。

三、实验方法

1. 测量法

利用卷尺、直尺、游标卡尺等测量工具测量家具尺寸。

2. 计算与分析评价法

利用已有相关人体工程学文献资料分析目标类型家具的功能尺寸、舒适性、宜人性等人体工程学特性。

3. 优化设计

根据分析评价结果，利用优化设计方法，在所有可行方案中寻求最佳设计方案，提出优化改进意见和方案。

优化设计时可参考人体工程学相关国家标准、家具相关国家与行业标准。

四、实验项目

（一）家具产品的尺寸测绘

利用卷尺、直尺、游标卡尺等测量工具测量目标家具，主要测量外观尺寸、主要结构尺寸等。并根据测量出来尺寸进行绘制，按照家具制图要求，绘制到绘图纸上。

1. 座高＝小腿腘窝高＋鞋跟高－适当余量

休息用安乐椅 330～370mm，工作椅 400～480mm，高度可调座椅 380～500mm，高度可调座椅可以是无级或间隔 20mm 为一档的有级调节。

适当的座高应使大腿保持水平，小腿垂直，双脚平放于地面。座面不能过高，否则小腿悬空时，大腿受椅面前缘压迫，使坐者感到不适，长时间这样坐着血液循环受阻，小腿麻木肿胀。因此，座高一般按低身材人群设计，建议座面前缘应比人体膝窝高度低 3～5cm，且有半径为 2.5～5cm 的弧度。座面也不能太低，否则腿长的人骨盆后倾，正常的腰椎曲线被拉直，致使腰酸不适。

2. 座宽＝坐姿臀宽＋衣服厚度＋活动余量

一般靠背椅的座宽为 380～450mm，扶手椅的座宽为 460～510mm。

座宽必须能容纳身材粗壮的人。对单人使用的座椅，参考尺寸是臀宽，以女性群体尺寸上限为设计根据，对成排相邻放置的座椅，如剧场观众椅，则座宽应以肘间距的群体上限位为设计基准，以避免拥挤压迫感。座宽也不能太大，如长时间坐姿作业，双臂应得到应有的支承，如座宽太大，则肘部必须向两侧伸展以寻求支承，这样会引起肩部疲劳。

3. 座深＝坐深＋衣服厚度－适当余量

休息用安乐椅 400～450mm，工作椅 360～430mm。

座深指椅面前缘至后缘的距离，该尺寸不能太大，正确的座深应使靠背方便地支持腰椎部位。如座深大于身材矮小者的大腿长（臀部至膝窝距），座面前缘将压迫膝窝处压力敏感部位，这样若要得到靠背的支持，则必须改变腰部正常曲线，或者坐者向座缘处移动以避免压迫膝窝，但此时却得不到靠背的支持。因此，为适应绝大多数使用者，座深应按较小百分位的群体设计，这样身材矮小者坐着舒适，身体高大者只要小腿能得到稳定的支持，也不会在大腿部位引起压力疲劳。

4. 座面倾角

休息用安乐椅 5°～15°，高度休息椅为 10°～15°，工作椅 0°～4°，可调座椅可以是无级或间隔为 1°～2°为一档的有级调节。

休息椅座面倾角大，有利于身心松弛，座面倾角与靠背倾角构成近于平躺的休息姿势。对工作座椅而言，因作业面一般在身体前侧，如座面过分后倾，脊椎因身体前屈作业而会被拉直，破坏正常的腰椎曲线，形成一种费力的姿势，因此倾角不能太大。

5. 靠背的宽度与高度

靠背宽度＝肩宽＋适当余量，一般为 380～440mm。

靠背高度＝坐姿肩高－适当余量，腰部支撑点一般为 310～360mm；背部支撑点一般为 360～410mm。

6. 靠背角度

休息用安乐椅 105°～125°，高度休息椅为 115°～125°，工作椅 95°～105°，可调座椅可以是无级或间隔为 1°～2°为一档的有级调节。

7. 扶手高

扶手高＝坐姿肘高－适当余量。

一般为 200～250mm，对于带坐垫的座椅，扶手高度一般在坐垫下沉量高度以上的 210～220mm 位置。

（二）数据分析比较与方案优化改进

根据测绘出来的家具尺寸数据及相关人体工程学文献资料进行比较分析，分析舒适性、宜人性等人体工程学特性。根据分析评价结果，用设计草图来进行表达，并作简要的文字说明，用以构思家具创新设计的可能性，在所有可行方案中寻求最佳设计方案，提出优化改进意见和方案。最后确定设计方案，并进行设计成果表达，以设计图纸、文字说明进行优化设计内容及方案表达。

五、实验结果

1. 实验目的、实验内容、实验仪器等。
2. 家具尺寸测量图（图纸类型：三视图、轴测图、大样图等）。
3. 计算分析目标家具的人体工程学尺寸及说明。

六、习题

1. 简述椅类家具功能尺寸、家具结构尺寸和家具外观尺寸之间的关系？
2. 家具的功能尺寸与人体形体测量尺寸之间有何关系，如何在椅类家具设计中体现出人体工程学的应用？

实验十一　桌案类家具功能尺寸测绘

一、目的与要求

1. 了解并逐渐熟悉桌案类家具的人体工程学尺寸。

2. 测量并绘制桌案类家具的外观尺寸及主要结构尺寸，与相关文献资料进行对比，分析现有家具产品的优缺点。

3. 应用人体工程学的理论和知识提出椅子尺寸改进优化方案，使设计适合人的生理（人体尺寸、解剖学特征）、心理、感知、认知、行为习惯和情感等因素，具有使用上的舒适性、健康性、安全性、方便性、高效率等人体工程学特征。

二、实验设备与材料

卷尺、直尺、游标卡尺、桌案实物、A4 绘图纸、铅笔、橡皮、针管笔、中性笔等绘图工具。

三、实验方法

1. 测量法

利用卷尺、直尺、游标卡尺等测量工具测量。

2. 分析评价计算法

利用已有相关人体工程学文献资料分析目标类型家具的功能尺寸、舒适性、宜人性等人体工程学特性。

3. 优化设计

根据分析评价结果，利用优化设计方法，在所有可行方案中寻求最佳设计方案，提出优化改进意见和方案。

优化设计时可参考人体工程学相关国家标准、家具相关国家与行业标准。

四、实验项目

（一）家具产品的尺寸测绘

利用卷尺、直尺、游标卡尺等测量工具测量目标家具，主要测量外观尺寸、主要结构尺寸等。并根据测量出来尺寸进行绘制，按照家具制图要求，绘制到绘图纸上。

坐式用桌案类家具造型设计的基本尺度要求：坐式用桌案类家具是以人坐下时的坐骨支撑点（椅坐高）作为尺度基准，设计桌案家具的功能尺寸。该类家具包括餐桌、炕桌、写字桌、课桌、阅览桌、绘图桌、办公桌、会议桌、梳妆台和茶几等。

站立用桌案类家具造型设计的基本尺度要求：站立式用桌案类家具包括讲台、售货台、收银台、陈列台、工作台、操作台、供案、花几等。这类家具以人的脚后跟（地面）作为尺度基准，设计桌案的功能尺寸。不同的作业精细程度决定作业面的高度。

1. 桌面高度

正确而舒适的桌高应该与坐具的坐高保持一定的尺度配合关系，而桌椅高差始终是按照人体坐高的比例来核算的。因此，设计桌高的合理方法是桌高＝坐高＋桌椅高差（约 1/3 坐高）（图 13-13）。

2. 桌面尺寸

尺寸应以人坐时手可达到的水平工作范围为基本依据，并考虑桌面可能放置物品的性质及其尺寸大小。如果是多功能的或工作时尚需配备其他物品，则应考虑在桌面上加附加装置。双人平行或对坐的桌子，应考虑双人动作幅度互不影响。考虑对话中的卫生需要，对坐桌面还应适当加宽。

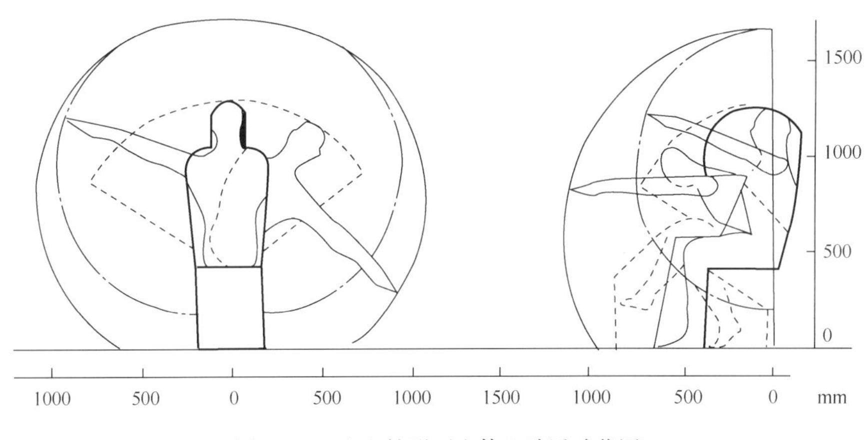

图 13-13　坐立情形下人体上肢活动范围

设计阅览桌、学习桌、课桌、绘图桌等桌面，最好应有 15°的斜度或是可调设计，能使人获取最佳且舒适的视域。

设计餐桌、会议桌类家具，应以人体占用桌边缘的宽度考虑桌面尺寸，舒适的宽度是按照 600～700mm 计算的，通常可缩减到 550～580mm。

3. 桌下净空高

为保证下肢能在桌面下放置与活动，桌面下的净空高度应高于双腿交叉时的膝高，并使膝高有一定的上下活动余地。因此，桌面与抽屉下缘的距离不能超过桌椅高差的一半(120～160mm)，进而保证抽屉下缘距离椅坐面至少 178mm。至于桌下净空的宽度和深度应保证双腿自由活动和伸展即可，除此之外没有特殊要求。

4. 台面高度

站立用工作台高度根据工作性质和人站立时自然屈臂的肘高来确定。按我国人体平均身高，工作台高以 910～965mm 为宜，对于要用力工作的台面高度可适当降低 20～50mm (图 13-14)。

图 13-14　工作性质与工作台高度

5. 台面尺寸

主要由所需的表面尺寸、表面放置物品状况、室内空间、布置形式而定，没有统一规定。一般根据不同的使用功能做专门设计。对于营业柜台通常兼采写字台、工作台两者的基本要求进行综合设计。

6. 台下净空高

站立用的工作台下部不需要留有腿部活动的空间，通常作为收藏物品的柜体处理。但是，考虑到人靠近台面边缘可省时省力的工作，则在工作台底部设置放脚的空间，一般内凹高度80mm，深度50～100mm，宽度200～400mm。

（二）数据分析比较与方案优化改进

根据测绘出来的家具尺寸数据及相关人体工程学文献资料进行比较分析，分析舒适性、宜人性等人体工程学特性。根据分析评价结果，用设计草图来进行表达，并作简要的文字说明，用以构思家具创新设计的可能性，在所有可行方案中寻求最佳设计方案，提出优化改进意见和方案。最后确定设计方案，并进行设计成果表达，以设计图纸、文字说明进行优化设计内容及方案表达。

五、实验结果

1. 实验目的、实验内容、实验仪器等。
2. 家具尺寸测量图（图纸类型：三视图、轴测图、大样图等）。
3. 计算分析目标家具的人体工程学尺寸及说明。

六、习题

1. 试述桌案类家具功能尺寸、家具结构尺寸和家具外观尺寸之间的关系？
2. 家具的功能尺寸与人体形体测量尺寸之间有何关系，如何在桌案类家具设计中体现出人体工程学的应用？

实验十二　箱柜类家具功能尺寸测绘

一、目的与要求

1. 了解并逐渐熟悉箱柜类家具的人体工程学尺寸。
2. 测量并绘制箱柜类家具的外观尺寸及主要结构尺寸，与相关文献资料进行对比，分析现有家具产品的优缺点。
3. 应用人体工程学的理论和知识提出椅子尺寸改进优化方案，使设计适合人的生理（人体尺寸、解剖学特征）、心理、感知、认知、行为习惯和情感等因素，具有使用上的舒适性、健康性、安全性、方便性、高效率等人体工程学特征。

二、实验设备和材料

卷尺、直尺、游标卡尺、箱柜实物、A4绘图纸、铅笔、橡皮、针管笔、中性笔等绘图工具。

三、实验方法

1. 测量法

利用卷尺、直尺、游标卡尺等测量工具测量。

2. 分析评价计算法

利用已有相关人体工程学文献资料分析目标类型家具的功能尺寸、舒适性、宜人性等人体工程学特性。

3. 优化设计

根据分析评价结果，利用优化设计方法，在所有可行方案中寻求最佳设计方案，提出优化改进意见和方案。

优化设计时可参考人体工程学相关国家标准、家具相关国家与行业标准。

四、实验项目

（一）家具产品的尺寸测绘

利用卷尺、直尺、游标卡尺等测量工具测量目标家具，主要测量外观尺寸、主要结构尺寸等。并根据测量出来尺寸进行绘制，按照家具制图要求，绘制到绘图纸上。

1. 高度

根据人垂直方向的活动范围，高度尺度划分为以下三个区域。

第一区域从地面到人站立时手臂下垂指尖的垂直距离（约 603mm 以下），该区域存储不便，视域差，人们必须蹲着操作。一般存放不常用的、较重或不洁的物品。

第二区域以人肩为轴从垂手指尖到手臂上举伸展的距离（603～1870mm），该区域存储方便，视域好。一般存放常用的、取放频率高的物品。

第三区域超高空间（约 1870mm 以上），该区域存储很不方便，视域也差。一般存放不常用的、较轻的物品（图 13-15）。

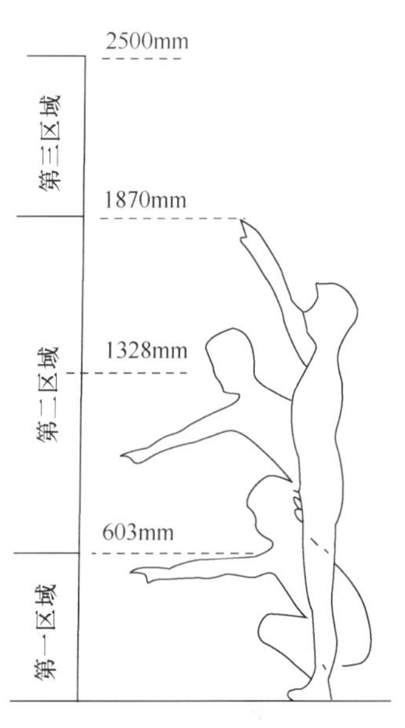

图 13-15　柜体高度区域划分

在第一、第二存储区域可根据人们动作范围及存储物品种类设置搁板、抽屉、挂钩等。但应注意搁板层间高、抽屉内高、挂钩高度与相应物品的尺寸关系，以及存取方式。通常，第一区域设置抽屉、拉门、移门/开门、下翻门。第二区域设置拉门、移门/开门，还可在视线以下可设置下翻门、抽屉，在视线以上，可设置上翻门。而第三区域设置拉门、移门/开门、上翻门。

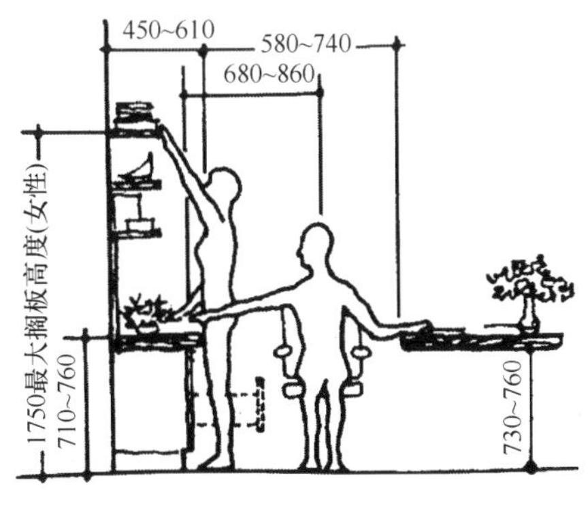

图 13-16　柜类家具与人体尺度关系（单位：mm）

另外，对于室内固定的壁橱高度，一般与室内净高一致；悬挂柜、架的高度还必须考虑柜、架下有一定的活动空间（图 13-16）。

2. 宽度和深度

储存类家具的宽度和深度是由存放物品的种类、数量和存放方式及室内空间的布局等因素来确定，并在很大程度上取决于材料的尺寸。一般，柜体宽度常用 800mm 为基本单元；深度上衣柜为 550～600mm，书柜为 300～450mm，橱柜为 200～350mm。这些尺寸是综合考虑了储存物品的尺寸和制作时板材的出材率等因素。

3. 常见搁板、抽屉、门的高度设计尺寸与使用范围(表 13-19)

表 13-19 常见搁板、抽屉、门的高度设计尺寸与使用范围

项目	适用范围/mm	舒适范围/mm	
		站姿	站姿
搁板(地面到搁板上表面的距离)	100～2200	700～1700	400～1300
抽屉(地面到抽屉面板上缘的距离)	100～1500	700～1300	400～900
拉门(地面到门板拉手的距离)	300～2100	800～1600	
移门(地面到门板拉手的距离)	300～2100	700～1800	
上翻门(地面到门板上缘的距离)	500～2000	900～1800	
下翻门(地面到门板上缘的距离)	100～1500	800～1400	

(二) 数据分析比较与方案优化改进

根据测绘出来的家具尺寸数据及相关人体工程学文献资料进行比较分析,分析舒适性、宜人性等人体工程学特性。根据分析评价结果,用设计草图来进行表达,并作简要的文字说明,用以构思家具创新设计的可能性,在所有可行方案中寻求最佳设计方案,提出优化改进意见和方案。最后确定设计方案,并进行设计成果表达,以设计图纸、文字说明进行优化设计内容及方案表达。

五、实验结果

1. 实验目的、实验内容、实验仪器等。
2. 家具尺寸测量图(图纸类型:三视图、轴测图、大样图等)。
3. 计算分析目标家具的人体工程学尺寸及说明。

六、习题

1. 试述储存类家具功能尺寸、家具结构尺寸和家具外观尺寸之间的关系?
2. 家具的功能尺寸与人体形体测量尺寸之间有何关系,如何在储存类家具设计中体现出人体工程学的应用?家具设计为何要考虑人体极限尺度和活动最佳区域?

实验十三 空间评价与改进设计实验

一、目的与要求

1. 通过实际调研和文献资料分析,立足建立良好的人-机-环境关系的思想,分析评价空间环境。

2. 应用人体工程学的理论和知识提出空间的改进优化方案,使空间环境设计适合人的生理(人体尺寸、解剖学特征)、心理、感知、认知、行为习惯和情感等因素,具有使用上的舒适性、健康性、安全性、方便性、高效率等人体工程学特征。

二、实验设备与材料

钢卷尺、皮卷尺、游标卡尺、照度仪、微风仪等。

三、实验方法

1. 测量法

利用钢卷尺、皮卷尺、游标卡尺、照度仪、微风仪等测量工具测量。

2. 分析评价法

利用已有相关人体工程学文献资料分析评价目标类型室内空间的功能尺寸、舒适性、宜人性等人体工程学特性。

3. 优化设计

根据分析评价结果，利用优化设计方法，在所有可行方案中寻求最佳设计方案。

四、实验项目

1. 学校内某空间的设计现状调研

在学校内选定调研对象(如专业教室、实验室、自习室等)，广泛设计调研，设计体验，收集设计现状的有关资料。调研收集有关使用者的信息(如人体尺寸、使用方式、使用感受等)，测量使用环境相关数据(如功能尺寸数据、环境照度、通风状况等)。在对设计现状进行调研时，需要认真测量，细致观察，认真记录，要注意图片的收集、记录和整理，同时查阅相关文献去获取必要的信息。

2. 调研资料综合分析与评价

查找与分析的人体工程学问题要全面、深刻，不可遗漏。分析要有依据，避免用概念化的词语进行描述。例如，尺寸分析要说明合理与不合理的依据，对于公共空间尺寸设计不能直接套用个人的人体尺寸来衡量和确定设计功能尺寸。通过对收集信息资料的分析与评论，明确其中蕴涵的人体工程学问题，总结好人体工程学设计的相关因素，再从宜人性设计的角度，对其进行设计宜人性的评价。

3. 基于调研与评价的优化改进

在调研与评价基础上进行方案改进优化的构思，用设计草图来进行表达，并作简要的文字说明。要进行多种方案的构思，以便有对比分析，并取舍或综合，需要平衡各种设计因素来完成设计，不能顾此失彼，本实验并非完全针对于人体工程学的设计，所有改进设计应该有较好的形式美感和整体设计感。最后确定设计方案，并进行设计成果表达，以设计图纸、文字说明进行优化设计内容及方案表达。

五、实验结果

1. 实验目的、实验内容、实验仪器等。
2. 实地调研与人体工程学问题分析。要求图文并茂，从设计现状的功能尺寸合理性角度、人的认知角度、行为习惯角度、人的解剖生理学角度等作人体工程学分析与阐述。
3. 设计方案的草图构思与分析。
4. 设计方案的最终表达与设计说明(平立面图、效果图、局部尺寸大样图等)。

六、习题

1. 人体工程学在室内空间设计上的应用具体体现在哪些方面?
2. 人体工程学在室内空间设计上的优化作用有哪些?

参 考 文 献

陈玉霞，周毅，郭勇，等. 2012. 眼动技术在现代家具创新设计中的应用研究. 安徽农业大学学报，39(2)：306-310

丁玉兰. 2004. 人因工程学——工业工程系列教材. 上海：上海交通大学出版社

高天一. 2014. 人因工程学实验指导书. 大连：大连海洋大学

郭伏. 2010. 人因工程学实验指导书. 沈阳：东北大学

郭伏，钱省三. 2006. 人因工程学. 北京：机械工业出版社

张萍. 2008. 人机工程学实验指导书. 合肥：合肥工业大学

张萍，殷晓晨. 2009. 人机工程学. 合肥：合肥工业大学出版社

周鹏生. 2009. 眼动实验中的操作和数据统计. 中国现代教育装备，2009 (9)：43-45

Sanders M S，McCormick E J. 2002. 工程和设计中的人因学. 7 版. 北京：清华大学出版社

第十四章 家具造型设计

◎实验一　以点为主要造型元素进行家具创意设计

◎实验二　儿童家具创意设计

◎实验三　系列家具创意设计

◎实验四　家具造型改良性设计

◎实验五　家具造型原创性设计

◎实验六　成套家具设计

实验一　以点为主要造型元素进行家具创意设计

一、目的与要求

凭借训练、技术知识、经验及视觉感受而赋予材料、结构、构造、形态、色彩、表面加工及装饰以新的品质和规格的设计。

二、实验材料与工具

A4 绘图纸、铅笔、橡皮、中性笔、直尺、彩铅、马克笔。

三、实验方法

(1) 通过以点(线、面)为主要造型元素进行家具创意设计，能够独立进行家具产品设计并绘制图纸。

(2) 根据所选题目，在设计草图中选出功能结构最合理、造型最新颖的产品，做精细化作业，形成最终设计方案。

四、实验项目

(1) 提交两三款造型及功能方案草图及基本视图，多角度表现设计创意与造型效果。

(2) 附设计说明，分析各种人文、环境因素，详细阐述设计思路与各细节考虑。

(3) 通过设计说明、设计创意草图推敲过程、效果图等展示设计作品。

五、习题

1. 点有哪些性质？作为最基本的造型元素有何作用？
2. 线在造型设计应用中有哪些性格特征及表现形式？
3. 在家具造型设计中，面的种类及性格？

实验二　儿童家具创意设计

一、目的与要求

通过儿童家具创意设计训练，能够扎实掌握一件家具产品从无到有的所有程序环节，凭借训练、技术知识、经验及视觉感受而赋予材料、结构、构造、形态、色彩、表面加工及装饰以新的品质和规格的设计，达到通过课内实验重点提高学生在方案构思、设计制作和报告撰写等方面能力的目的。

二、实验材料与工具

A4 绘图纸、铅笔、橡皮、中性笔、彩铅、马克笔。

三、实验方法

(1) 根据儿童生理及心理特点，充分考虑各种颜色、材料、卡通造型的综合使用及制造工艺性。

(2) 根据所选题目,在设计草图中选出功能结构最合理、造型最新颖的产品,做精细化作业,形成最终设计方案。

四、实验项目

(1) 提交两三款儿童家具造型及功能设计方案草图及基本视图,多角度表现设计创意与造型效果。

(2) 附设计说明,分析各种人文、环境因素,详细阐述设计思路与各细节考虑。

(3) 电脑建模终选方案,并渲染 300dpi A4 幅面。绘制该方案的外观基本尺寸图并附细节与材料说明。

(4) 通过设计说明、设计创意草图推敲过程、效果图等展示设计作品。

五、习题

1. 试述儿童家具的特点?
2. 儿童家具设计除造型美观外,还应考虑哪些安全因素?

实验三　系列家具创意设计

一、目的与要求

从家具设计的标准化、系列化、通用化入手,并从绿色空间及可持续发展设计等概念角度出发进行设计训练,侧重体现家具设计的文化内涵。

二、实验材料与工具

A4 绘图纸、铅笔、橡皮、中性笔、彩铅、马克笔。

三、实验方法

(1) 具有鲜明的系列家具特征。在考虑功能的前提下尽量使各个单件家具的形态一致或相似,并使其色彩、材质和装饰格调相一致以形成统一的视觉形象。

(2) 根据所选题目,在设计草图中选出功能结构最合理、造型最新颖的产品,做精细化作业,形成最终设计方案。

四、实验项目

(1) 提交两三款系列家具造型及功能设计方案草图及基本视图,多角度表现设计创意与造型效果。

(2) 手绘创意方案草图 20 张并附简单文字说明,终选方案尺寸图并附细节与材料说明。

(3) 从中选定 4 款单体家具效果图(折合 A4 图纸)一张,整套家具与室内结合效果图(A4 图纸)一张。

(4) 通过设计说明、设计创意草图推敲过程、效果图等展示设计作品。

五、习题

1. 系列家具有哪些形态构成特征?

2. 系列家具可以分为哪几类？

实验四　家具造型改良性设计

一、目的与要求

家具造型改良设计是对原有家具产品进行优化、充实和改进的再开发设计。本实验的目的与要求具体如下。

1. 熟练掌握前期设计调查的方法，能针对现有产品作出深入、正确的分析，查找出现有产品存在的问题和缺陷，并能提出有效的改进建议。

2. 熟悉并掌握产品改良设计的方法，通过从多个角度观察、思考产品存在的不足，训练学生的设计思维能力。

3. 培养学生的创新设计能力，鼓励学生运用新材料、新结构改善产品的功能或造型。

二、实验材料与工具

1. 材料

A3 或 A2 制图纸、水粉纸或水彩纸等。

2. 工具

(1) 绘图铅笔、针管笔、水粉笔、水彩笔、马克笔等。

(2) 电脑硬件：可满足绘图要求的计算机及基本外设。

(3) 电脑软件：3DS MAX、Photoshop、AutoCAD 等设计软件及相应的操作系统。

三、实验方法

1. 确定改良设计家具目标和前期设计调查

前期设计调查，内容包括深入了解产品现状，包括产品的市场销售情况，产品性能及其他与改良设计相关的要素，深入查找现有产品存在的问题，设计调查可按照如下步骤进行。

(1) 制定调查目标。

(2) 确定调查项目。

(3) 设计调查方案：包括调查方法、工具、样本及调查表等内容。

(4) 实施调查：根据设计调查方案，对需要改良设计的产品进行调查。

(5) 调查资料整理：将调研过程中获得的资料进行分类、整理。

(6) 调查资料分析：对资料进行分析，并得出相关结论。

2. 根据设计调查结果提出改良建议

从以下几个方面考虑对产品的改良。

(1) 对产品功能的改进。例如，在现有产品的基础上作增加功能，提升附加值的改良设计；在会议椅上增加活动写字板；在床头靠板上增加床头灯、CD 音乐播放器的多功能设计等。

(2) 对产品造型上的改良。

(3) 对产品结构上的改良。

(4) 利用新材料替代旧材料，提高产品档次。

3. 制定产品改良设计概念

设计概念要明确以下几方面的内容。

(1) 改良设计的目标。

(2) 改良后产品的目标使用人群

(3) 改良完成后产品将具有哪些特点。

4. 方案草图设计

根据改良设计概念设计 3～5 款方案草图，并对草图方案进行设计评估，选出最终的设计方案，并进行方案细化设计。对草图方案进行设计评估要考虑以下几项内容。

(1) 设计方案是否与改良设计概念相符合。

(2) 与其他同类产品相比，改良后的产品造型是否具有特色。

(3) 改良设计是否利于生产。

5. 改良设计中常用设计方法

(1) 模仿创造法：在原有基础上，模仿引发思路，然后进行创造性构思。

改变——改变形状、颜色、结构、用途、制作方法、使用状态、环境、方法、目标、意义。例如，在风格、色彩、肌理、线型、表面装饰等方面加以变换和改进。

增扩(缩减)——增加(减少)功能、重量、体积、长度、宽度、强度。例如，家具某些尺寸缩小，板厚、断面等；某些尺寸扩大，某些尺寸或整体尺寸扩大，如装饰边线、隔板加宽加深、柜体加高。

替代——用其他结构、材料、技术、形式、型号、功能、原理替代现有要素。例如，玻璃、金属、塑料凳取代木材，拆装结构取代卯榫结构，机械取代手工，批量生产取代单件生产，新的形态取代旧的。

颠倒——颠倒上下、左右、前后、内外、表里、正负、顺序。

分解——化大为小、转整为零、化复杂为简单、化过程为阶段、去繁就简、突出造型。

组合——积小成大、积少成多、集部分为整体，将结构、功能、形体、步骤进行组合。

协调——对不协调的人机关系改进。

(2) 缺点列举法：发掘和收集原有缺点问题和不足，列举出来，改进重点，进行改进。

(3) 优点列举法：列举出所有优点，系统研究，极度扩展与发挥。

(4) 特性列举法：对对象进行特性分析，从整体到部分、从性能到状态、从内容到形式、从功能到审美等一一列举，保留优点，去掉缺点，针对问题探讨改进方法。首先列出产品特性：名词表达产品名称，形容词表达状态、外观、性能；动词表达功能特性。从各个特性出发，逐一对比国内外同类产品，通过提问，诱发可用于改良设计的创造性思维，通过检验、评价，最终确定改良方案。

6. 可行性分析

在设计评估的基础上，对改良设计方案进行可行性分析，分析可以从以下几个方面考虑。

(1) 产品的预期市场需求。

(2) 改良产品的结构、功能情况。

(3) 产品生产成本分析。

7. 完成产品改良设计

运用绘图铅笔、针管笔、水粉笔、水彩笔、马克笔等手绘工具绘制产品三视图、单体效果图等；或运用 3DS Max 、Photoshop 等软件制作设计效果图。

8. 完成并提交产品改良设计报告

四、实验项目

(1) 家具造型改良设计对象调研报告的实施与撰写。

(2) 家具造型改良设计方案构思与草图表达。

(3) 家具造型改良设计详细方案图纸表达。

五、实验结果

1. 家具造型改良设计对象的调研报告，1500 字以上，包括调查目标、确定调查项目、设计调查方案、整理与分析、结论与建议。

2. 家具造型改良设计方案图，包括改良前家具产品的效果图与三视图，改良设计草图，改良后家具产品的三视图、单体效果图、场景效果图。

六、习题

1. 家具改良设计对于家具产品开发的意义？

2. 家具改良设计与市场上所谓抄款现象之间的区别？

实验五　家具造型原创性设计

一、目的与要求

家具造型原创性设计是一种针对人的潜在需求，一种针对新材料、新工艺、新技术的创造性家具产品开发设计。本实验的具体目的与要求如下。

1. 深入理解、掌握家具产品设计的步骤与方法，使学生具备初步的家具产品开发设计能力。

2. 训练学生制定产品设计计划的能力。

3. 强化学生对产品形态、色彩等关键设计要素的综合分析、设计能力。

二、实验材料与工具

1. 材料

A3 或 A2 制图纸，水粉纸或水彩纸等。

2. 工具

(1) 绘图铅笔、针管笔、水粉笔、水彩笔、马克笔等。

(2) 电脑硬件：可满足绘图要求的计算机硬件及基本外设。

(3) 电脑软件：3DS MAX、Photoshop、AutoCAD 等设计软件及相应的操作系统。

三、实验方法

1. 制定产品设计计划表

根据家具产品设计整体要求与目标，按照设计程序制定家具产品设计计划表，并充分考虑以下问题。

(1) 设计计划总体时间安排必须符合设计要求规定的时间范围。

(2) 设计时间节点的安排要科学合理。

(3) 各设计时间节点段要完成的工作内容必须标注准确、清晰、明了。

2. 前期设计调研分析

设计调研需按如下步骤与内容进行。

（1）制定调查目标。

（2）确定调查内容，调查内容应包括以下几方面：①产品目标使用人群的消费特点及消费习惯；②市场竞争对手的销售策略及产品的设计诉求；③市场竞争对手设计推出的新产品种类与特点；④市场其他相关产品的设计特点分析与归纳。

（3）设计调查方案：确定调查方法、调查工具、调查样本等调查方案具体内容。

（4）实施调查：根据设计调查方案，对制定的调查内容进行调查。

（5）调查资料整理：将调研过程中获取的相关调查资料进行分类、整理。

（6）调查资料分析：对分类整理出的调查资料进行分析，并得出相关结论。

3. 分析同类或相关家具产品的造型设计特征

运用产品形态符号学或语义学等方法分析同类产品的造型设计特征，并预测造型发展趋势。例如，应用产品形态符号学方法分析同类产品的造型设计特征，从产品和用户的核心出发，并对相关的、或近或远的使用环境、社会、文化背景进行多面貌、多层次、不同程度地浏览、观察、体验和重点思考，进而发现设计方向，探索概念产品化的可能性和预测相关产品的流动倾向。可以采用下列某一具体方法进行。

（1）口语分析法：选取典型用户进行口语描述或访谈，或通过焦点小组在一起头脑风暴的方法，可以快速、直接地就目标产品问询来了解符号认知和操作的问题。

（2）现场观察法：在真实的典型工作环境系统下进行观察，以用户的操作行为和操作顺序的研究为主。

（3）眼动仪测试法：将被试者观察设计物的眼睛轴线、眼动轨迹记录下来，并通过电脑屏幕、分析软件进行数据分析，得到包括视线位置、注视次数、兴趣区域、柱状图、热点图、AVI视频等多种分析。

应用产品形态语义学方法分析同类产品的造型设计特征，首先要在概念上进行选择，从而明确评价的方向；一般将概念或意念用可判断的方式进行表达，以语言文字进行说明，拟订一系列对比较为强烈的形容词供评判时参考；其次是选定适当的区分尺度。其具体的方法如下。

（1）选择符合评价要求的两对对比较为强烈的形容词，确定每对形容词之间的区分尺度，并组成形态语意区分坐标系。

（2）收集各种同类产品的实物图形，并根据形容词区分尺度给每个产品打分，然后根据打分结果将产品放入坐标系中相应的位置。

（3）根据每个产品上市时间的先后顺序画出箭头，就可以总结出市场现有产品的造型设计特点及造型演变过程，并在此基础上预测产品造型设计的发展趋势。

4. 确定设计目标

确定设计目标，提出设计概念，并明确以下几方面的内容。

（1）产品设计的目标。

（2）产品设计的目标使用人群。

（3）产品的特征描述，包括形态特征、人体工程学要求及功能特点等。

5. 方案草图设计

根据设计概念设计3～5款方案草图，并对草图方案进行设计评估，选出最终的设计方案，并进行方案细化设计。对草图方案进行设计评估要考虑以下几项内容。

（1）设计方案是否与设计概念相符合。

（2）与其他同类产品相比，产品造型设计是否具有特色。

(3) 产品是否利于生产。

6. 优化设计

根据评估结论,选择其中的一个方案进行优化设计。优化设计的目的是修改评估中发现的问题,调整涉及不合理的部分,让设计更加符合市场和生产要求。

7. 色彩设计分析

进行色彩设计分析,并制定产品色彩计划,具体实施步骤如下。

(1) 情况调查阶段。对于既有优秀相关家具产品色彩进行调查与分析,重点在于与竞争对手之间的差异性分析,步骤如下。

色彩意象调查方法,测试选定色彩的具体联想、抽象联想等心理方面的象征意义。可以选择其中最基本的方法——自由联想法。用多个色彩及色彩关系和多张语言卡片来测量色彩形象,让受测者先看色彩,然后再列举自己的联想。例如,由红色可想到哪些事物,自由地一连串地列举出来的方法,可以由联想的内容来探知被调查者的心理趋向。进而得出分析相关家具产品的配色方案优劣。

(2) 表现概念阶段。根据对客观情况的调查分析来构思相应的表现概念,以突出产品特点,进而彰显企业形象。将各种形象概念与色彩形象在尺度表上作出客观合理的定位,明确家具产品色彩形象和企业色彩形象关系。

(3) 计划实施阶段。细化色彩计划体系,融入产品整体构思,并对选定的色彩样本进行调查与测试,以判断是否合乎表现的产品及企业形象概念。将所得到的结果应用于现有产品的色彩设计上,作出具体的产品色彩模型。对产品模型和产品色彩作出评价,对色彩进行修正。

8. 绘制效果图

完成产品设计,并运用绘图铅笔、针管笔、水粉笔、水彩笔、马克笔等手绘工具绘制产品三视图、单体效果图等;或运用 3DS Max 、Photoshop 等软件制作设计效果图。

9. 完成设计

完成并提交家具产品原创性设计报告。

四、实验项目

(1) 家具造型原创性设计报告的实施与撰写,包括家具产品设计计划表、前期设计调研分析报告、同类产品的造型设计特征分析。

(2) 家具造型原创性设计方案构思与草图表达。

(3) 家具造型改良设计详细方案图纸表达。

五、实验结果

1. 家具造型原创性设计报告,2500 字以上,包括家具产品设计计划表、前期设计调研分析报告、同类产品的造型设计特征分析等。

2. 家具原创性设计方案图,包括设计草图,家具产品的三视图、单体效果图、场景效果图等。

六、习题

1. 试述家具原创性设计的特征?

2. 如何从一个构思概念发展到一个原创性设计?

实验六　成套家具设计

一、目的与要求

成套家具设计是家具商业化设计的主要表现形式，也是本专业学生进入行业后从事家具设计的主要工作内容。成套家具设计将立足于家具造型设计的基本理论和家具造型设计的主要方法，并强调设计任务的选题、调研、构思、细化、评价，直至设计任务的最终实现系统化、整体化设计，而非是单独造型设计的本身而已。

要求独立完成整套家具产品(可从卧室家具、客厅家具、厨房家具、书房家具、办公家具、酒店家具等类型中，任意选一种完成)的设计任务，包括家具造型设计、材料的选用等；结构选择或设计、工艺选择或设计、材料成本核算等；绘制出产品单体三视图与效果图、产品整体场景效果图、装饰细节效果图、结构装配图、零件图、工艺流程图，并书写设计说明书(其中根据课程性质，主要强调构思、造型部分的完成，其余设计部分，请根据整体教学计划构成进行挑选)。

二、实验材料与工具

1. 材料

A3 或 A2 制图纸、水粉纸或水彩纸等。

2. 工具

(1) 绘图铅笔、针管笔、水粉笔、水彩笔、马克笔等。

(2) 电脑硬件：可满足绘图要求的计算机硬件及基本外设。

(3) 电脑软件：3DS MAX、Photoshop、AutoCAD 等设计软件及相应的操作系统。

三、实验方法

1. 选择设计对象

从卧室家具、客厅家具、厨房家具、书房家具、办公家具、酒店家具等成套家具类型中选择一种完成，要求 5 个单体家具以上。

2. 任务下达与准备

(1) 根据选择成套家具类型，调查整理相关信息。

(2) 根据设计项目内容安排时间进度。

3. 市场调研与设计策划

(1) 设计任务分解。

(2) 成套家具设计程序与方法确认。

(3) 产品项目设计导向。

(4) 相关家具市场考察(项目企业实地考察)。

(5) 经典设计与案例剖析。

4. 成套家具产品设计定位与创意设计表达

(1) 构思家具创意，并进行设计表达。

(2) 设计构思的推进与综合。

(3) 造型要素的收集与提炼。

5. 成套家具产品细节与深化设计

(1) 家具材料的选择与搭配。

(2) 家具涂装的选择与搭配。

(3) 家具软装的选择与搭配。

(4) 家具装饰图案细节的选择与搭配。

(5) 家具结构方式的选择与设计。

(6) 家具工艺方式的选择与设计。

6. 设计方案的细化与完善

(1) 完善方案,细化设计细节。

(2) 设计方案表达,设计效果图、产品三视图等。

(3) 家具产品整体、细节、装饰的尺寸、比例、体量的确认与表达。

(4) 家具产品色彩、质感、编织等细节的确认。

7. 产品方案的评价与优化

(1) 产品方案的评价。

(2) 产品方案的优化改进。

(3) 详细方案的出图。

8. 模型或样板制作(根据课时与实验条件而定)

四、实验项目

(1) 成套家具研发设计方案构思与草图表达。

(2) 成套家具研发设计方案详细图纸表达。

五、实验结果

成套家具研发设计方案图,包括设计草图、设计说明(500字以上)、图纸目录、家具产品的三视图、单体效果图、场景效果图等。

六、习题

1. 简述成套家具与系列家具之间的关系?
2. 为什么说成套家具设计是家具商业化设计的常态?
3. 成套家具设计与室内设计中某空间的家具设计和选择有什么区别?

第十五章
家具结构设计

◎实验一　家具种类、材料、零部件与配件识别

◎实验二　家具零部件结构测绘

◎实验三　实木家具结构设计

◎实验四　板式家具结构设计

实验一　家具种类、材料、零部件与配件识别

一、目的与要求

认识家具零部件的名称，观察家具零部件的主要特征如位置、作用、形状等。认识家具制造常用材料，认识家具制造常用的五金配件，认识家具常见连接结构形式。理解家具材料使用范围与作用、五金配件的功能与结构特征。掌握并熟悉上述特征以巩固课堂讲授的理论知识，奠定家具造型设计的基础知识与常识。本实验的具体目的与要求如下。

1. 学习家具不同分类方法，识别家具主要种类。
2. 识别家具生产常用材料。
3. 识别家具主要零部件及其位置、作用和形状。
4. 识别家具主要五金配件。
5. 体会家具主材的物理性能与家具造型设计、技术设计的关系。
6. 识别理解各类家具五金配件的功能及结构特征。

二、实验材料与设备

1. 家具实物与图片

(1) 家具实物：实木家具、板式家具、板木家具、软体家具、金属家具等。

(2) 家具图片：实木家具、板式家具、板木家具、软体家具、金属家具等的图片。

2. 家具材料与五金配件样品

(1) 主材：实木、中密度纤维板、刨花板、胶合板、藤材、竹材等。

(2) 装饰材料：薄木、封边条、镶边条等。

(3) 五金配件及模型：锁、连接件、铰链、滑动装置、位置保持装置、高度调整装置、支承件、拉手、脚轮及脚座 9 类家具五金配件及模型。

三、实验方法

(1) 认识家具材料或五金配件。

(2) 结合家具实物和家具图片，认识家具零部件和五金配件，联想实际并分析体会家具材料和五金配件的性能及结构形式。

(3) 分析体会家具材料或五金配件与家具造型设计、家具结构设计甚至家具工艺设计之间的关系。

四、实验项目

各观察项目参照图 15-1～图 15-3(可以拓展到其他家具种类)。

(1) 家具主要种类辨识：根据不同家具种类分类标准，认识家具主要种类。

(2) 家具材料辨识：认识常见家具材料，观察外观特征，理解在家具上使用范围和生产加工特点等。

(3) 家具主要零部件辨识：认识家具主要零部件，观察所处位置、常见形态及装饰作法等。

(4) 家具主要配件辨识：锁、连接件、铰链、滑动装置、位置保持装置、高度调整装置、支承件、拉手、脚轮及脚座 9 类家具五金配件。

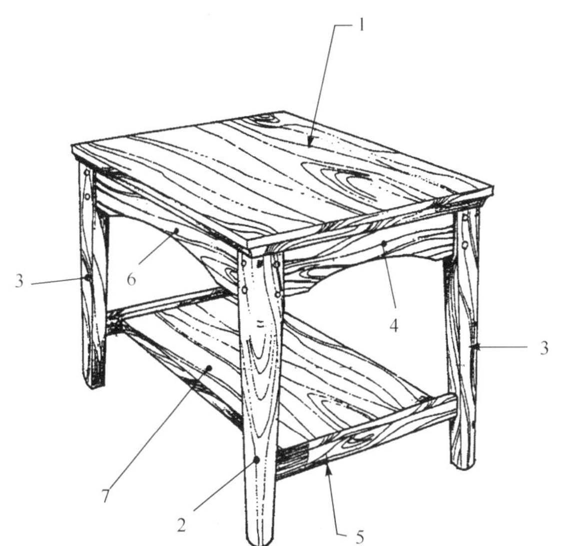

图 15-1　桌几类零部件名称

1. 面板;2,3. 脚; 4,6. 望板;5. 拉档; 7. 底板

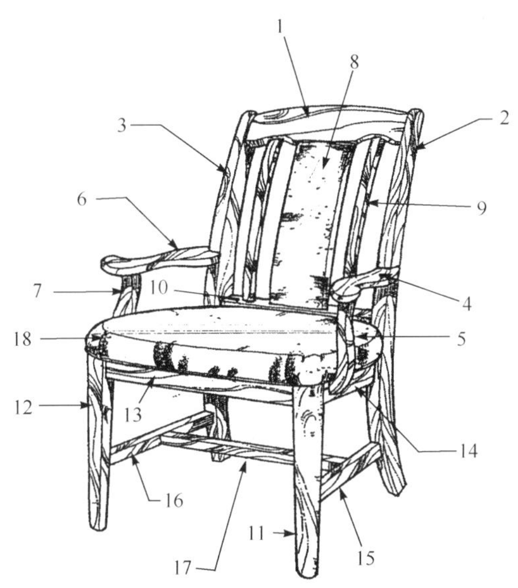

图 15-2　椅类零部件名称

1. 帽头(搭脑);2,3. 后脚;4,6. 扶手;
5,7. 扶手支柱;8. 椅背板;9. 椅背条;
10. 背档;11,12. 前脚;13. 前档;14. 侧档;
15,16. 拉档;17. 下横档;18. 座面板

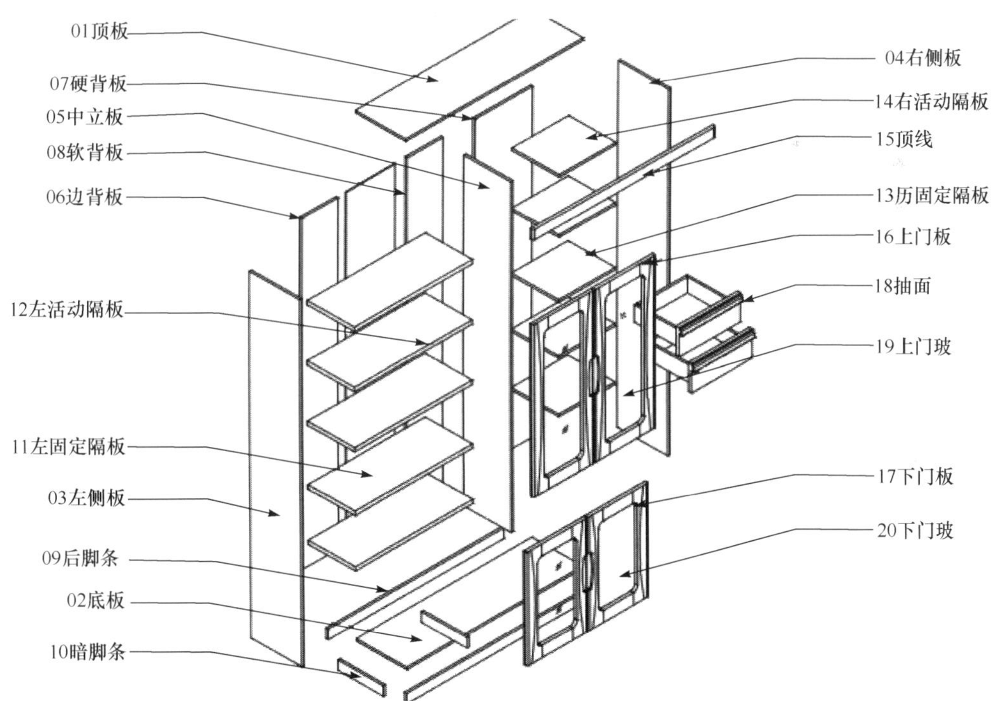

图 15-3　柜类零部件名称

五、实验结果

1. 选择一种家具类型，画出其透视图并注明出上面零部件的名称(按照设计制图标准绘制)。

2. 总结出家具材料、配件的种类，分析其作用(表 15-1)。

表 15-1 家具材料与配件的种类及其作用

序号	种类	使用位置	作用
1	实木		
2	胶合板		
3	中密度纤维板		
4	刨花板		
5	封边条		
6	镶边条		
7	饰面板		
8	印刷装饰纸		
9	锁		
10	连接件		
11	铰链		
12	滑动装置		
13	位置保持装置		
14	高度调整装置		
15	支承件		
……	……		

六、习题

1. 请按照至少两种以上的家具种类分类标准进行分类，并详细列举出每种分类标准下的具体家具种类。

2. 请以某种具体家具五金配件为例，阐述家具五金配件对于家具造型设计的形态影响？

3. 了解熟悉 GB/T 28202—2011《家具工业术语》。

实验二 家具零部件结构测绘

一、目的与要求

家具造型设计与家具结构有着密切的关系，家具结构直接影响着家具造型，而家具造型设计过程中也需要对于家具结构方式予以高度重视和考虑。任何种类家具都是由若干个零部件依照一定的接合关系装配而成的。通过家具零部件结构的了解认识可以强化对家具造型设计的理解，进而为家具造型设计提供更加切合实际和更加高效合理的技术基础。本实验的具体目的与要求如下。

1. 通过实物模型和样板分析，熟悉家具的接合方法。
2. 掌握方材接长，拼板结构的接合形式。
3. 掌握木框结构的角接合和中档接合。
4. 掌握箱框结构的嵌板固定形式。
5. 掌握脚架结构的接合形式。
6. 学习家具局部结构的表达方法与技法。

二、实验材料与设备

(1) 家具结构模型：方材接长、拼板、木框、箱框、脚架等。
(2) 实验仪器：直尺、游标卡尺、绘图板、绘图笔、绘图纸、丁字尺、三角板、圆规等。

三、实验方法

(1) 实验前熟悉常见家具的结构形式。
(2) 对照结构件实物分析榫接合形式（直角榫、燕尾榫、圆棒榫、指接榫、明榫、暗榫、开口榫、闭口榫等）。
(3) 对照结构件实物分析榫在家具中的应用部位与作用。
(4) 测量并绘制家具零部件结构。

四、实验项目

(1) 方材接长、拼板、木框、箱框、脚架等家具局部结构模型的测量。
(2) 方材接长、拼板、木框、箱框、脚架等家具局部结构模型的绘制。

五、实验结果

1. 观察家具零部件结构实物模型，理解零部件结构关系，选择其中两种家具零部件结构实物模型，测量模型所有尺寸并记录，在A3绘图纸上绘制出这两种家具零部件结构实物模型的结构图（包括零部件三视图和透视图）。
2. 尺寸标注符合榫接合的技术要求。
3. 按家具制图标准绘制，要求布图均匀，图面整洁，字体规范。
4. 位置关系表达清晰准确。

六、习题

1. 简述实木框架式家具结构的接合方式有哪些？
2. 怎么理解家具结构对于家具造型的影响，请举例说明？

实验三　实木家具结构设计

一、目的与要求

掌握实木家具结构基本类型，直角榫、燕尾榫及圆榫相关技术要求。根据家具的材料及功能需求，合理设计家具零部件的结构形式。

二、实验材料与设备

(1) 材料：松木指接板、松木锯材与方材、圆棒榫、二合一联结件、白乳胶等。

(2) 设备：木工平刨、木工压刨、圆锯机、木工钻床、钢卷尺、直角钢尺、游标卡尺、橡皮锤等。

三、实验方法

(1) 利用所提供的材料，制作木质单屉小桌一个(轮廓尺寸 W600×D500×H730，脚 60×60，其余分组自行设计与制作，绘制出相应的结构装配图与零部件图)。

(2) 主要构件之间的结合方式可选用直角榫、圆棒榫或金属连接件接合。

(3) 利用实验室的平刨、压刨、圆锯、钻床等设备进行配料、毛料与净料加工。

(4) 抽屉采用金属或木质滑道均可。

四、实验项目

(1) 根据设计的家具零件图，利用圆锯进行配料。

(2) 利用平刨、压刨进行桌脚、望板、抽屉各板件等刨光、定厚加工。

(3) 对于榫结合的桌子，在望板等相应零件上加工出直角榫头，注意满足相关的技术要求。并利用钻床在脚上加工出相应的榫眼。

(4) 对于圆棒榫结合的桌子，根据设计图纸，在相连接的零件上加工出对应的连接孔位，注意孔的深度、直径与使用圆棒的配合关系，满足圆棒榫结合的技术要求。

(5) 对于采用二合一金属连接件结合的桌子，根据设计图纸，在相连接的零件上加工出对应的连接孔位，注意孔的位置、深度、直径与连接件规格的配套。

(6) 根据设计图纸，确定抽屉的面板与旁板，旁板与底板的连接方式，加工出相应的榫头、榫眼，底板嵌槽，结构简单的也可用射钉配合胶粘剂快速装配。

(7) 根据抽屉的安装方式，采用金属滑道或木质拖底滑道。

(8) 利用多余的材料，加工出木质塞角若干，以备结合增强使用。

(9) 利用钻床加工出望板、塞角等零件上的盲孔。

(10) 根据不同结合方式的相应技术要求，完成桌脚、望板、面板及抽屉的装配。根据产品的实际强度状况，选装木质塞角。

(11) 对不同结构形式的小课桌强度评价。

五、实验结果

1. 三类不同结合的木质小课桌图纸。
2. 三类不同结合的木质小课桌产品。

六、习题

1. 榫结合与圆棒榫结合的主要技术要求有哪些？
2. 实验中三种不同的结点设计，强度有何差异？
3. 木质塞角对家具整体强度的贡献是否明显？

七、实验报告

查阅相关资料，结合每一组的实验过程，分析实验过程中存在的问题与相应改善措施，撰写总体实验报告。

实验四　板式家具结构设计

一、目的与要求

熟悉 32mm 系统在板式家具生产中的应用；掌握板式家具板件之间主要的结合方式。

二、实验材料与设备

(1) 材料：饰面 MDF(18mm 和 3mm)、PVC 封边条、热熔胶、柜体用三合一偏心连接件、搁板用二合一连接件、搁板销、暗铰链、金属直角加强件等。

(2) 设备：板式推台锯、直线封边机、多排钻、台钻、手电钻等。

三、实验方法

(1) 分组设计板式双层小柜一个(参考尺寸 H650×W450×D400)。

(2) 面板与旁板的位置关系：第一组，面板在旁板之上，两端略外伸；第二组，面板在旁板之上，两板端部平齐；第三组，面板在旁板之内，旁板端高于面板。

(3) 搁板可选用三种不同结合方式：第一组，通用的三合一连接件；第二组，搁板专用的二合一连接件；第三组，搁板销(包括有定位孔和无定位孔两类)。

(4) 柜门可选用三类铰链：90°直臂、90°小弯(带阻尼与无阻尼两类)与 90°大弯。

(5) 背板采用嵌装或射钉固定两类。

(6) 利用金属加强构件对柜体结构进行补强处理。

(7) 利用偏心连接件、圆棒榫进行柜体装配。

四、实验项目

(1) 根据实验目的与要求，将双层板式柜图纸细化，绘制零件图。

(2) 利用推台锯的进行面板、旁板、门板、底板与望板等配料加工。

(3) 利用直线封边机对相关板件进行封边处理，注意封边数量的差异。

(4) 根据旁边、顶板、搁板与底板等孔位的实际情况，调整多排钻钻排的位置与安装钻头的数量，进行相关板件的系统孔、结构孔的加工。

(5) 根据暗铰链的类型，利用普通木工钻床，对门板进行铰杯孔的加工。

(6) 利用圆锯进行背板的嵌槽的加工，深度 5mm。

(7) 利用偏心连接件及圆棒榫等进行家具的主体装配，注意装配的顺序性，尤其是背板与中搁板。

(8) 根据拉手的安装要求，在门板上画线，确定钻孔中心位置。利用台钻加工拉手的安装孔和通孔，直径一般为 5mm。

(9) 将拉手装在门板上后，将门安装到柜体旁板的框架上。对暗铰链相应的螺钉进行调整，使门的垂直度、分缝等满足要求。

(10) 柜体底部旁板与底板结合处安装金属直角加强件。

(11) 测量柜体底部两旁板的对角线,检查安装的精确度。

五、实验结果

1. 三个实验柜体实物。
2. 家具柜结构装配图、零件图若干套。

六、习题

1. 板式家具的配料设备主要有哪些?
2. 中搁板的不同连接方式对柜体的强度有何影响?
3. 三种不同形式的柜门后期调整难度是否相近?

七、实验报告

查阅相关资料,结合每一组的实验过程,分析实验过程中存在的问题与相应改善措施,撰写总体实验报告。

第十六章
木材科学与工程专业认识

一、目的与要求

《木材科学与工程专业认识实习》是学生在学习专业基础课和专业课之前，对人造板、家具及木制品的产品、车间、机械、工艺等内容进行见习，为以后的专业基础课和专业课的学习奠定基础。具体要求如下。

1. 严格遵守纪律，注意安全，杜绝任何事故。
2. 以严肃认真的态度对待实习，以主人公的责任感完成实习。
3. 要求完成实习报告一份，侧重于专业知识的收获和体会。

二、内容

参观胶合板、中密度纤维板、刨花板、家具、木门等企业，认识相关的机械，了解产品工艺，熟悉相关的知名企业，增强学生学习专业的热情，增加学习的主动性和积极性。

三、时间与进度

根据人才培养方案的要求，木材科学与工程专业认识实习的时间为一周，完成时间为第三学期第八周。地点为知名人造板、家具、木门企业。具体安排见表 16-1。

表 16-1 木材科学与工程专业认识实习安排表

时间	内容	地点
星期一	人造板及家具产品参观	当地知名家具卖场、建材市场
星期二	胶合板、建筑模板参观	所在省份知名胶合板企业 学校校外教学科研就业基地
星期三	中密度板产品及工厂参观	所在省份知名中密度纤维板企业 学校校外教学科研就业基地
星期四	家具产品及工厂参观	所在省份知名家具企业 学校校外教学科研就业基地
星期五	木门产品及工厂参观	所在省份知名木门企业 学校校外教学科研就业基地

四、纪律要求

1. 实习期间，不准请假，缺课不补；不参加实习者，不评定实习成绩。
2. 增强预防意识，杜绝安全事故。
3. 班干部要以身作则，认真负责，带领全班同学做好实习工作。

五、实验项目

（一）理论讲解

1. 木材工业内涵

山东省木材工业涵盖胶合板、刨花板、纤维板、贴面板、家具、木门、地板、条柳编等产业类型，以人造板材为主、家具产品为辅。2012 年全省人造板产量达 5594.93 万 m^3，家具企业实现主营业务收入 1085 亿元，是木材工业大省。规模以上企业总数约 2754 家，设备利用率为 74.7%，产品利润率为 17.3%。大而不强、初级产品多、产能过剩、产品附加值低是山东省木材工业的特点。

随着经济危机影响的深入，原料短缺，工人工资上涨，税率高、融资困难，专业人才匮乏，设备陈旧，工艺落后，管理粗放，废水、废气、有机挥发物、甲醛、粉尘、噪音污染环境，产品技术含量低，市场竞争力差，企业盈利能力弱等，这些因素都制约着产业发展。

企业应借助校园招聘、网站招聘、短期招聘等形式招聘人才，通过商业贷款、政府贴息贷款、工人入股投资等途径筹措资金，引进数控设备提高机械自动化和智能化水平，借助 ISO9001 质量体系认证和 ISO14001 环境管理体系认证实行精细化管理，加大环保设施投入，推广"清洁生产"，开展以产品创新为龙头、以工艺创新为依托的研发活动，开发适销对路的高附加值新产品，促进产业健康、稳定、可持续发展。

政府应成立山东省木材工业工程技术中心，开展技能培训，提高员工素质；组建山东省人造板及木制品质检站，加强板材产品质量检测，推进品牌建设工程，打造山东名牌；制定技术研发创新奖励机制，设立家具及人造板专项研发基金，搭建企业与科研机构的产学研合作平台，开展专项科技难题攻关研究；培植龙头企业，建立国家级木材工业示范园，引领产业发展。

2. 木材特性及其干燥

在讲解木材优缺点、宏观特征和微观识别特征、含水率、干缩湿胀、力学性质和环境学特性的基础上，提出木材干燥技术，分析木材干燥方法，剖析干燥窑的结构和种类，阐明干燥基准。

3. 人造板

人造板部分包括胶合板、纤维板、刨花板的材料、机械和生产工艺等内容。

(1) 胶合板：胶合板的原材料包括单板和胶粘剂，单板包括杨木、桐木、桉木、柳木等树种，胶粘剂包括脲醛胶、酚醛胶和三聚氰胺树脂胶。胶合板的层数包括 3、5、7、9、11、13、17、19、25 层，常见层数为 7、11 层。成品包括普通胶合板、建筑模板、单板层积材等种类，常规幅面尺寸为 1220mm×2440mm。主要设备包括旋切机、拼接机、烘干机、涂胶机、铺装机、冷压机、热压机、裁边锯、宽带砂光机等。胶合板的工艺流程是指将原木旋切成单板，经涂胶、配坯、热压而制造成胶合板的工艺过程，如图 16-1 所示。

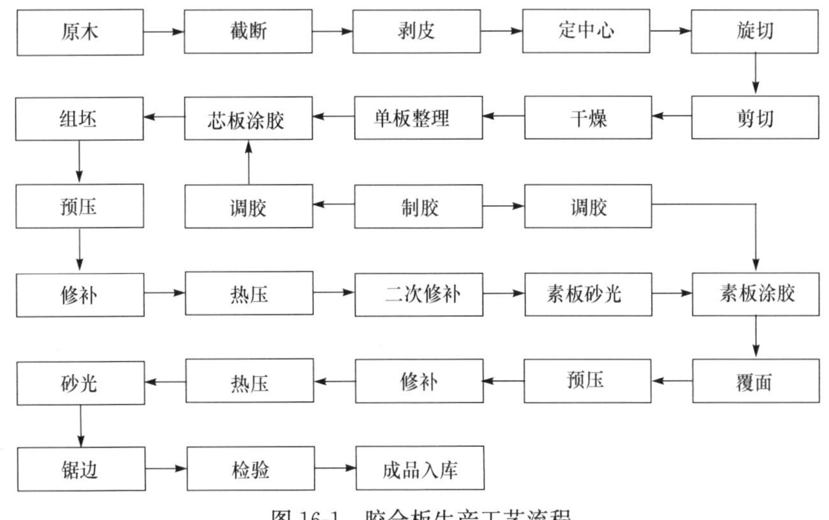

图 16-1　胶合板生产工艺流程

(2) 纤维板:纤维板的原材料包括纤维和胶粘剂,纤维为杨木纤维,胶粘剂为脲醛胶和酚醛胶。主要产品按密度分类,纤维板分为高密度纤维板和中密度纤维板,高密度纤维板主要用作强化地板的基材,中密度纤维板主要用于家具和木门制造、室内装修;按原料分类,主要为杨木纤维密度板,常规幅面尺寸为 1220mm×2440mm,厚度为 8mm、12mm、15mm、18mm。设备包括蒸煮罐、热磨机、干燥机、干燥旋风分离器、石蜡熔化及施加设备、胶料调配及施加设备、铺装料仓、纤维铺装机、连续预压机、连续热压机、辊筒运输机、横截锯、翻板机、堆垛机、砂光机等。纤维板的工艺流程是指将木材经削片、热磨、拌胶、铺装、热压等工序制造成纤维板的工艺过程,如图 16-2 所示。

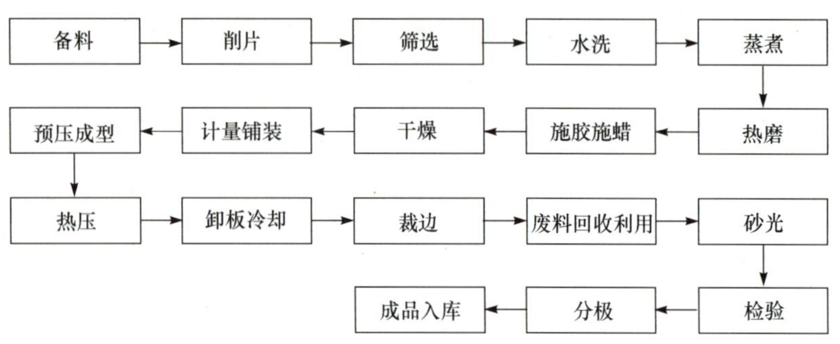

图 16-2 纤维板生产工艺流程

(3) 刨花板:刨花板的刨花主要是杨木和桐木刨花,胶粘剂为脲醛胶。刨花板为细-粗-细的三层配坯结构,表面为细刨花板,中间为粗刨花板。成品的幅面尺寸一般为 1220mm×2440mm。按原料分类,刨花板分为杨木刨花板、松木刨花板、桐木刨花板、柳木刨花板、桦木刨花板等种类。按用途分类,刨花板分为普通刨花板、定向刨花板,普通刨花板主要用于室内装修和家具制造;定向刨花板在建筑上的应用越来越广泛,主要用于木结构,是未来刨花板应用的重要领域。目前,刨花板主要用于家具制造,而家具用刨花板的厚度为 18mm 和 16mm,因此,企业生产的刨花板的常规幅面尺寸为 1220mm×2440mm,厚度为 18mm 和 16mm。主要设备包括削片机、皮带运输机、滚筒干燥机、自动调供胶系统、铺装机、预压机、热压机、料仓、锅炉、纵横锯边机、晾板架、宽带砂光机等。刨花板的工艺流程是指将木材经刨片、干燥、拌胶、铺装、热压等工序制造成刨花板的工艺过程,如图 16-3 所示。

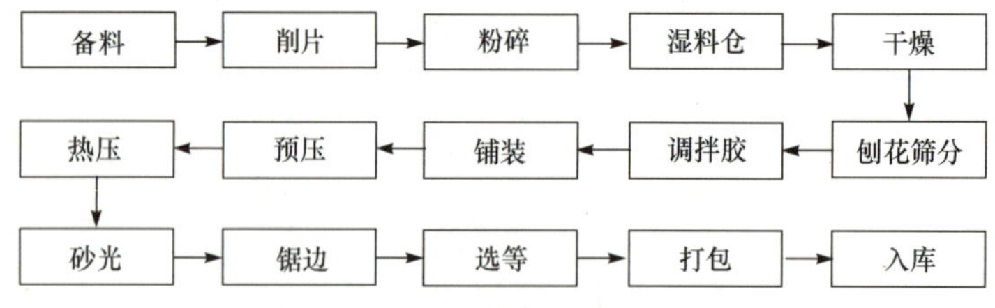

图 16-3 刨花板生产工艺流程

4. 家具

家具部分包括原材料、结构、造型、机械、工艺等内容。

(1) 原材料:家具的原材料包括实木、纤维板、刨花板、胶合板、细木工板、贴面材料、胶粘剂、涂料等种类。实木有红橡、白橡、水曲柳、榆木、核桃木、楸木、桐木、橡胶木、榉木、樱桃木、柞木、白蜡木、胡桃木、海棠木、椴木、桦木、印茄木、乌金木、红酸枝、花梨木、紫檀木、鸡翅木、交趾黄檀、奥氏黄檀、大叶紫檀、老挝酸枝、樟子松、辐射松、红松、落叶松、云杉、杉木等种类。纤维板幅面尺寸为 1220mm×2440mm,厚度为 5mm、9mm、12mm、15mm、18mm、25mm。刨花板幅面尺寸为 1220mm×2440mm，厚度为 12mm、15mm、16mm、18mm。胶合板幅面尺寸为 1220mm×2440mm，厚度为 5mm、9mm、12mm、15mm、18mm、20mm。细木工板幅面尺寸为 1220mm×2440mm，厚度为 12mm、15mm、16mm、18mm、25mm。天然薄木包括白橡、红橡、水曲柳、红胡桃、白枫、沙比利等，厚度为 0.25mm、0.30mm、0.40mm、0.50mm 等。其他的贴面材料包括木纹纸和浸渍纸等。胶粘剂包括三聚氰胺改性脲醛树脂胶、白乳胶、有机硅胶、水性乙烯基聚氨酯胶、环氧树脂胶等种类。胶粘剂一是用于家具表面贴面，二是用于家具的榫结合和钉结合，作为两者的辅助结合方式。贴面时，常用脲醛胶和白乳胶混合的双液胶，也可只用白乳胶；拼板时，常用白乳胶。涂料包括聚氨酯漆、聚酯漆、硝基漆、丙烯酸涂料、UV 漆、水性涂料等类型。

(2) 结构：家具结构主要讲解框架结构、板式结构、弯曲家具结构，重点突出板式结构的特征及其 32mm 系统。按种类分为柜类、实木桌椅框架、床类、明式家具结构等。其中，柜类家具的结构包括底座、顶(台面)板、底板与旁板、隔板、搁板、背板、柜门、抽屉、拉手、挂衣棍等。板式家具的核心是 32mm 系统，32mm 系统是依据单元组合理论，以 32mm 为模数，通过模数化、标准化的"接口"来构筑家具的一种结构与制造体系。32mm 系统是以旁板为核心，旁板是家具中最主要的骨架部件。预钻孔包括结构孔和系统孔两类，位置在 32mm 方格网点，系统孔孔径为 5mm，孔深 13mm；结构孔孔径 5mm、8mm、10mm、15mm、25mm 等。

(3) 造型：家具造型设计是指对家具的形态、质感、色彩、装饰及构图等方面进行综合处理，构成完美的家具形象。在阐明构成家具形态要素(点、线、面、体)、色彩、肌理、装饰的基础上，分析了构成家具形式美的法则(比例与尺度、统一与变化、均衡与稳定、节奏与韵律、模拟与仿生)。

(4) 机械：家具机械主要包括完成锯、刨、铣、雕、砂、车、压、钻、涂饰等操作机械，具体如下。

锯：数控跑车带锯、木工带锯、细木工带锯、线锯、圆锯机、推拉锯、双端锯、精密推台锯、全自动电脑数控开料锯。

刨：平刨、压刨、双面刨、四面刨。

铣：单轴立式铣床、双轴立式铣床、单轴镂铣机、双轴镂铣机、双头圆锯立铣机、仿型铣。

封：手动曲线封边机、曲直线封边机、全自动直线封边机。

剪：双刀式液压薄木剪切机。

拼：自动单板纵向拼缝机、拼板机、纵向接木机。

涂：单板涂胶机、双面涂胶机。

砂：宽带砂光机、直线双边砂光机、立卧砂磨机、压砂机、风轮砂光机、手动打磨机、平砂机、双边曲面砂光机、立式双面砂光机、直线曲缘砂光机。

雕：龙门式自动换刀雕刻机、数控加工中心。

车：数控车床、木工仿形车床、背刀车床等。

钻：单排钻、双排钻、三排钻、四排钻、六排钻等。

压：冷压机、热压机、贴面压机、真空热压成型机。

开榫：双端长方榫头开榫机、梳齿榫开榫机、单头直榫开榫机、自动燕尾榫机、圆榫机、圆棒切断机、立式单轴榫槽机、履带式双端开榫机、自动双头铣榫机、全自动指接线。

涂饰：水帘式喷房、全封闭式无尘喷涂房、数控喷漆系统、自动喷漆干燥线、台车式喷漆流水线、静电喷涂吊装线、精密辊涂机、红外线干燥机、UV 干燥机、微波干燥机、底漆砂光机、粉尘清除机等。

除尘：单桶布袋吸尘机、双桶布袋吸尘机、中央除尘系统。

(5) 工艺：家具工艺是指在讲解实木家具生产工艺流程的基础上，阐述板式家具生产工艺和薄板胶合弯曲工艺，详见图 16-4～图 16-6。

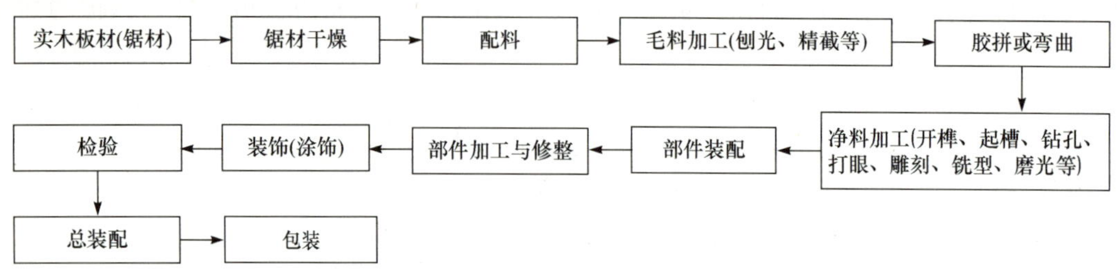

图 16-4 框架式家具制造工艺流程

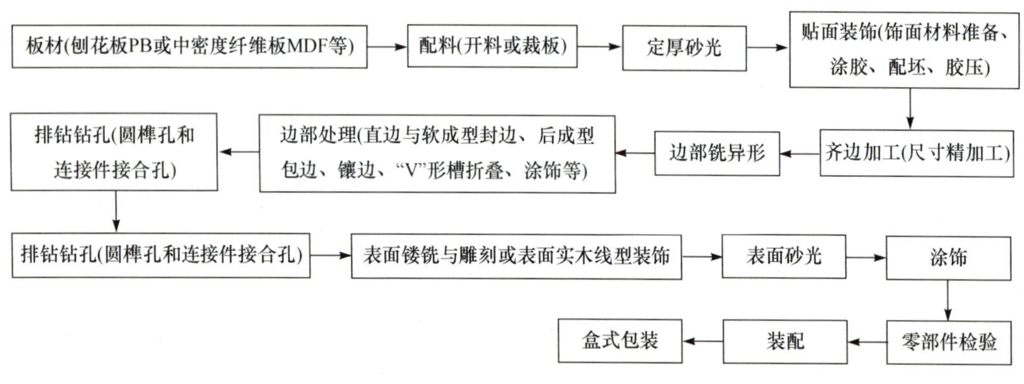

图 16-5 板式家具制造工艺流程

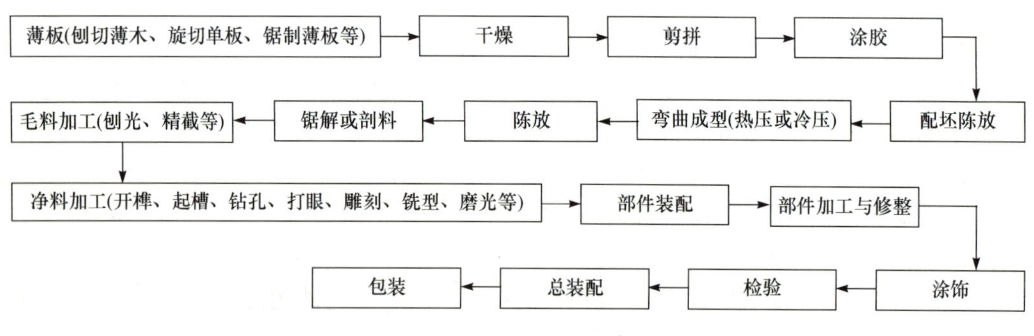

图 16-6 薄板胶合弯曲家具制造工艺流程

(二) 实习动员

实习开始前，应召开专门的实习动员会，说明实习的目的、意义和要求，阐明实习参观的内容，强调安全和纪律。学生应按时出发和归队，在企业参观时应遵守企业制度，服从企业管理，认真记笔记，耐心听解，积极提问，上好专业实习的第一堂课。

(三) 人造板及家具产品参观过程

市场是产业发展的导向标，学习专业应从市场开始。在参观当地知名家具及建材市场时，应积极主动认识木材、胶合板、纤维板、刨花板、细木工板、装饰板、家具、木门、地板等实物，了解国内知名品牌，熟悉市场行情，掌握价格信息。

（四）胶合板企业参观过程

在胶合板企业参观时，应注重认识胶合板的原料，主动学习单板的实物状态、仓库管理等知识；了解胶粘剂的制胶过程，感官识别脲醛胶、酚醛胶的颜色、气味等内容。在涂胶配坯工段，应仔细观察拌胶、涂胶、配坯过程，观看工人配坯的结构和动作。在冷压和热压工段，应认真查看冷压机和热压机的型号，领悟冷压和热压的重要性，询问冷压和热压的温度、压力、时间等技术要素。在锯裁工段，应观察锯切的机器设备、锯切动作及工人的工作效率。在砂光工段，应仔细观看宽带砂光机的型号和技术参数，了解砂纸型号和砂削量，比较砂光前后的表面质量。

（五）纤维板企业参观过程

纤维板企业是设备高度自动化的企业。在参观过程中，学生务必增强安全意识，切实遵守参观纪律，不得超越车间地面上黄色警示线，不得用手触碰机器，以免发生意外和生产线自动停机。

纤维板车间理论上可以做到无尘车间，机器控制是智能化控制。在参观过程中，学生应仔细观察连续式生产线的运行动作，分析各段的功能，注意纤维从毛坯到成品的压制过程，判断板材锯裁的机械动作，说明晾板架的作用，比较砂光前后的厚度和表面质量。

参观前后，应告知学生纤维板生产用到的人才培养方案中的课程内容及其名称，具体为：大学物理、有机化学、无机及分析化学、高分子材料导论、机械制图与CAD、机械设计基础、计算机文化基础、C语言程序设计、电工电子学、热工理论、木材学、木材干燥、胶粘剂与涂料、木工加工机械、人造板制造工艺学、人造板表面装饰等课程，激发学生学习基础课、专业基础课及专业课的兴趣。

（六）刨花板企业参观过程

观察各个车间的布局和功能，弄清刨花料场的堆料方式，了解刨花的物理状态和含水率状况，观看生产线各部分的名称和作用，见习各段机械的运动状态和形式，熟悉各工段的技术参数，重点掌握拌胶系统、铺装系统、热压系统的工作原理及机械组成。

（七）家具企业参观过程

在参观企业产品展厅时，应学习产品的种类、造型、结构及文化内涵，思考展示设计的合理性，感悟展示文化对家具产品营销的作用。同时，应思考一个问题：这些家具是如何制造出来的？

在车间参观时，应联系展厅产品的造型和结构，熟悉制造家具的机械，掌握生产工艺。注意车间内在制品的摆放位置和前后顺序，观察工人操作的动作，见习企业文化，记录企业内的警示性标语，感悟安全第一和质量第一的内涵。需要指出的是，在参观过程中，学生应绝对服从现场讲解人员的指挥，严格按指定的行进路线参观，不得超越黄线，不得进入操作区，不得靠近正在运转的机器，不得指挥现场操作工人的操作。

参观前后，应告知学生家具设计与制造用到的人才培养方案中的课程内容及其名称，具体为：机械制图与CAD、机械设计基础、计算机文化基础、C语言程序设计、电工电子学、热工理论、木材学、木材干燥、胶粘剂与涂料、家具制图、家具效果图制作、Photoshop、家具人体工程学、家具发展史、家具造型设计、家具结构设计、家具机械、木制品生产工艺学等课程，激发学生学习基础课、专业基础课及专业课的兴趣。

（八）木门企业参观过程

认识木门生产和营销的特殊性，木门是定制产品，顾客先付费用企业再生产产品。参观时，学生应掌握木门的种类、材料、结构、机械、工艺，观察配料工艺，掌握精密裁板锯的操作要领；观看门板表面的装饰过程，记录机械的型号和名称，了解操作动作；见习表面雕刻过程，学习雕刻机的型号和操作方法；了解喷漆过程，琢磨技术要求；弄清干燥房干燥条件，说明干燥工序对漆膜质量的重要性；见证包装过程，领悟按类摆放产品的道理，观察包装箱表面的信息，掌握零库存的概念。

（九）书写实习报告

实习报告是对木材科学与工程专业认识实习的一次全面总结，是标志性的学习成果。实习报告要求书写认真，格式规范，文字简练，用词准确，逻辑性强，内容应全面。内容应包括在实习过程中学到的产品种类、人造板的材料、机械、工艺等；家具结构、家具造型、家具机械、家具制造工艺等内容，还应包括个人对专业认识的体会和个人思想收获等方面的内容。

六、实习成绩评定

主要根据出勤情况、实习态度和实习报告的完成质量评定实习成绩。成绩分为 5 个等级：优秀、良好、中等、通过和不通过。实习报告应手写，不得抄袭；抄袭者成绩不通过。不通过者，次年跟着下一年级重新实习，重新书写实习报告。

参考文献

顾继友. 1999. 胶粘剂与涂料. 北京：中国林业出版社
华毓坤. 2002. 人造板工艺学. 北京：中国林业出版社
彭亮. 2001. 家具设计与制造. 北京：高等教育出版社
宋魁彦. 2001. 现代家具生产工艺与设备 . 哈尔滨：黑龙江科学技术出版社
吴智慧. 2004. 木质家具制造工艺学. 北京：中国林业出版社
吴智慧. 2005. 家具设计. 北京：中国林业出版社
于志明，李黎. 2005. 木材加工装备. 北京：中国林业出版社

第十七章

木材干燥课程设计

一、设计目的与要求

通过综合运用所学知识来设计木材干燥室的结构类型及结构布置，巩固所学的基本结构知识，培养学生独立分析和解决工程实际问题的能力，训练学生设计的基本技能。在进行干燥室构思和设计中，增强干燥室外部结构和内部设备配备的合理性与可行性，做出比较经济合理、切实可行的方案与设计。具体要求如下。

1. 根据设计任务书制定整体设计方案。
2. 按设计任务正确计算相关参数。
3. 在计算时应考虑干燥工艺、使用、维护、经济和安全等问题。
4. 独立完成绘图，视图正确，图面整洁，并能合理注明有关技术要求。
5. 设计说明书书写工整，计算正确。
6. 根据设计内容编写设计说明书一份，CAD 绘制干燥室总装图（三视剖面图）一张，A3 幅面，要求表达清楚完整。

二、设计内容

1. 干燥方式和室型的选择。
2. 干燥室数量的计算。
3. 热力计算。
4. 气体动力计算。
5. 进气道和排气道的计算。
6. 绘制干燥室剖面图和干燥车间平面布置图。

三、设计条件

某家具厂每年必须干燥 6000m^3 成材，要求最终含水率 $w=8\%$，拟建木材干燥车间。该厂有蒸汽设备，有电能供应；地下水位低于 1.2m；厂内运输轨距为 1m。建厂地点的气候条件：冬季最低温度为−12℃；年平均温度为 20℃；全年最冷月份平均温度为 4℃。全年被干燥的规格如表 17-1 所示。

表 17-1　干燥板材的规格

树种	材种	厚度/mm	宽度/mm	长度/m	初含水率/%	终含水率/ %	材积/m^3
松木	板材	30	110	4	80	8	2000
松木	板材	40	150	2	80	8	1000
水曲柳	板材	30	110	4	100	8	2000
水曲柳	板材	40	150	2	100	8	1000

四、设计进度

根据人才培养方案的要求，木材干燥课程设计教学实习的时间为一周。具体安排如表 17-2 所示。

表 17-2　木材干燥课程设计教学实习进度安排表

时间		内容	地点
星期一	上午	根据设计任务书制定整体设计方案	校内教室
	下午		
星期二	上午	按设计方案正确计算相关参数编写设计说明书	校内教室
	下午		
星期三	上午	根据设计说明书绘制 CAD 图纸	校内教室
	下午		
星期四	上午	根据设计说明书绘制 CAD 图纸	校内教室
	下午		
星期五	上午	CAD 图纸的最后完善	校内教室
	下午	17:00 交设计说明书和图纸	校内教室

五、实习成绩评定

主要根据出勤情况、课程设计态度和报告的完成质量评定实习成绩。成绩分为 5 个等级：优秀、良好、中等、通过和不通过。课程设计不得抄袭；抄袭者成绩不通过。不通过者，次年跟着下一年级重新实习，重新进行课程设计。

参考文献

高建民. 2008. 木材干燥学. 北京：科学出版社

王喜明. 2007. 木材干燥学. 北京：中国林业出版社

第十八章
创业实践 1

一、目的与要求

依据创业实践大纲要求，学生自行选题，指导教师随时协助，给予技术支持。通过实践课的学习和训练，要求每个学生都能熟练掌握常用木材标本制作的工作流程和操作技术，编制木材检索表，达到学生能够独立识别木材的水平。

木材标本制作可以作为学生们创业实践的一门理想的课程。学生可以在教师的指导下，根据生源所在地的木材树种或当地木材市场上常见的木材材种，以独立或小组合作的形式，进行木材标本制作创业实践，培养学生创新精神和实践能力，全面提升学生的创新实践能力。

二、实践内容

收集生源所在地的木材树种或当地木材市场上常见的木材材种，制作木材标本，并进行识别。

1. 调查生源所在地的木材树种或当地木材市场上的材种及其价格。
2. 收集材料(实物)5～10种。
3. 制作实木标本。
4. 制作微观切片。
5. 描述收集的木材的宏观特征和微观特征。
6. 编制收集的木材标本识别检索表。

三、建议完成形式及时间

完成形式：自主选择题目，提交实习报告和制作的木材标本及切片。该实践环节需要半年至一年。

四、指导方案

(一) 调查

1. 制定调查表

调查表应包括调查的地点、时间、树种、人员等内容，详见《木材市场调查表》。

木材市场调查表

填表人姓名：______________办公电话：______________手机号码：______________

调查人姓名：______________办公电话：______________手机号码：______________

一、自然属性

1. 企业所在地区：___________省___________市_________________(县、区)
2. 企业名称：______________________________组织机构代码：___________

   通讯地址：______________________________邮政编码：___________

   企业性质：______________________________企业网址：___________

   注册资金：______________________________成立时间：___________

   占地面积：_________________ m^2；厂房面积：___________ m^2

3. 企业法定代表人:__________办公电话:__________手机号码:__________

二、主要产品

1. 名称:__________等级:__________产地或来源:__________
规格:长度__________mm,宽度__________mm,厚度__________mm;
单价(进价):__________元/m^3;单价(卖价):__________元/m^3;
前一年销售量:__________m^3;前一年销售额:__________万元,
前一年利润额:__________万元,前一年利润率为__________%。
调查年份的销售量:__________m^3;调查年份的销售额:__________万元,调查年份的利润额:__________万元,调查年份的利润率为__________%。
2. 名称:__________等级:__________产地或来源:__________
规格:长度__________mm;宽度__________mm;厚度__________mm;
单价(进价):__________元/m^3;单价(卖价):__________元/m^3;
前一年销售量:__________m^3;前一年销售额:__________万元,
前一年利润额:__________万元,前一年利润率为__________%。
调查年份的销售量:__________m^3;调查年份的销售额:__________万元,调查年份的利润额:__________万元,调查年份的利润率为__________%。
3. 名称:__________等级:__________产地或来源:__________
规格:长度__________mm;宽度__________mm;厚度__________mm;
单价(进价):__________元/m^3;单价(卖价):__________元/m^3;
前一年销售量:__________m^3;前一年销售额:__________万元,
前一年利润额:__________万元,前一年利润率为__________%。
调查年份的销售量:__________m^3;调查年份的销售额:__________万元,调查年份的利润额:__________万元,调查年份的利润率为__________%。
4. 名称:__________等级:__________产地或来源:__________
规格:长度__________mm;宽度__________mm;厚度__________mm;
单价(进价):__________元/m^3;单价(卖价):__________元/m^3;
前一年销售量:__________m^3;前一年销售额:__________万元,
前一年利润额:__________万元,前一年利润率为__________%。
调查年份的销售量:__________m^3;调查年份的销售额:__________万元,调查年份的利润额:__________万元,调查年份的利润率为__________%。
5. 名称:__________等级:__________产地或来源:__________
规格:长度__________mm;宽度__________mm;厚度__________mm;
单价(进价):__________元/m^3;单价(卖价):__________元/m^3;
前一年销售量:__________m^3;前一年销售额:__________万元,
前一年利润额:__________万元,前一年利润率为__________%。
调查年份的销售量:__________m^3;调查年份的销售额:__________万元,调查年份的利润额:__________万元,调查年份的利润率为__________%。
6. 名称:__________等级:__________产地或来源:__________
规格:长度__________mm;宽度__________mm;厚度__________mm;

单价(进价):__________元/m^3;单价(卖价):__________元/m^3;
前一年销售量:__________ m^3;前一年销售额:__________ 万元,
前一年利润额:__________万元,前一年利润率为__________%。
调查年份的销售量:__________ m^3;调查年份的销售额:__________万元,调查年份的利润额:__________万元,调查年份的利润率为__________%。

7. 名称:__________ 等级:__________产地或来源:__________
规格:长度__________ mm; 宽度__________ mm;厚度__________ mm;
单价(进价):__________元/m^3;单价(卖价):__________元/m^3;
前一年销售量:__________ m^3;前一年销售额:__________ 万元,
前一年利润额:__________万元,前一年利润率为__________%。
调查年份的销售量:__________ m^3;调查年份的销售额:__________万元,调查年份的利润额:__________万元,调查年份的利润率为__________%。

8. 名称:__________ 等级:__________产地或来源:__________
规格:长度__________ mm; 宽度__________ mm;厚度__________ mm;
单价(进价):__________元/m^3;单价(卖价):__________元/m^3;
前一年销售量:__________ m^3;前一年销售额:__________ 万元,
前一年利润额:__________万元,前一年利润率为__________%。
调查年份的销售量:__________ m^3;调查年份的销售额:__________万元,调查年份的利润额:__________万元,调查年份的利润率为__________%。

9. 名称:__________ 等级:__________产地或来源:__________
规格:长度__________ mm; 宽度__________ mm;厚度__________ mm;
单价(进价):__________元/m^3;单价(卖价):__________元/m^3;
前一年销售量:__________ m^3;前一年销售额:__________ 万元,
前一年利润额:__________万元,前一年利润率为__________%。
调查年份的销售量:__________ m^3;调查年份的销售额:__________万元,调查年份的利润额:__________万元,调查年份的利润率为__________%。

10. 名称:__________ 等级:__________产地或来源:__________
规格:长度__________ mm; 宽度__________ mm;厚度__________ mm;
单价(进价):__________元/m^3;单价(卖价):__________元/m^3;
前一年销售量:__________ m^3;前一年销售额:__________ 万元,
前一年利润额:__________万元,前一年利润率为__________%。
调查年份的销售量:__________ m^3;调查年份的销售额:__________万元,调查年份的利润额:__________万元,调查年份的利润率为__________%。

三、人员情况

1. 企业员工
总人数:__________人;其中,管理人员__________人;普通工人__________人;技术人员__________人;其他人员__________人。

2. 学历构成
博士__________人;硕士__________人;本科__________人;中专(高中)__________人;

初中________人；小学________人；其他________人。

3. 年龄分布

18 岁以下________人；18～40 岁________人；41～50 岁________人；50～60 岁________人；60 岁以上________人。

4. 性别

男________人；女________人。

5. 籍贯情况

本县________人；其他：________人；山东省________人；外省________人。

6. 工资待遇

普通工人________元/月；技术人员________元/月；中层管理人员________元/月；高层管理人员________元/月。

四、设备

主要设备清单按表 18-1 填写。

表 18-1　主要设备清单

序号	名称	型号	数量/(个/台)	使用状态
1				
2				
3				
4				
5				
6				
7				
8				
9				
10				
11				
12				
13				
14				
15				
16				
17				
18				
19				
20				

五、主要工艺流程

____

____

____

六、存在问题

1. 人员：

2. 资金：

3. 管理：

4. 设备：

5. 技术：

6. 环保：

7. 研发：

七、解决措施

1. 人员：

2. 资金：

3. 管理：

4. 设备：

5. 技术：

____

6. 环保：____

____

____

7. 研发：____

____

____

8. 培训措施：____

____

____

八、需要国家提供的政策支持

____

____

____

____

调查时间：__________年__________月__________日

填表人姓名：__________办公电话：__________手机号码：__________

调查人姓名：__________办公电话：__________手机号码：__________

---

2. 调查

学生利用第三学年寒假进行实地调查，仔细询问市场商家情况，认真调查木材的等级、规格、来源、价格等信息，如实填写调查表。

3. 分析

认真分析调查表，确定制作木材标本的树种和规格及其数量。原则上每种树种标本原材料材积是标本成品的 10 倍。标本尺寸：长度 150mm；宽度 75mm；厚度 40mm。最后加工的每种木材的标本数量为 5～10 块。建议确定当地销售的或者有代表性的木材材种 5～10 种。

（二）购买原材料

1. 种类

建议购买当地销售的或者有代表性的木材材种 5～10 种，材积参照上面确定的大小。需要说明的是，在购买时最好采用倍数配料的方法购买。

2. 锯制

与商家商议，具体确定购买的幅面尺寸。最好加工成符合木材标本尺寸的毛料，便于携带。必要时，可以用快递或者物流运输到学校。

（三）干燥原材料

木材原材料放在小型干燥窑中干燥，直至木材含水率达到 12%为止。

（四）制作实木标本

1. 配料

(1) 配料方案：根据原材料和标本的幅面尺寸确定合理的锯料方案，标本的设计尺寸是：长度 150mm；宽度 75mm；厚度 40mm。具体尺寸可以视情况而定。

(2) 剖料：在木制品工程实验室采用细木工带锯剖分原材料，注意加工余量。

2. 毛料加工

(1) 基准面加工：采用平刨加工基准面，加工过程中注意用力的均匀性，注意操作的安全性。

(2) 相对面加工：采用压刨加工相对面，建议少量多次刨削，确保加工质量。

(3) 加工精度要求：长度、宽度的加工精度为 0.5mm，厚度加工精度为 0.2mm。

(4) 加工质量：加工的平面和侧面表面应光洁。

（五）观察标本的宏观特征

1. 观察

借助放大镜描述标本的年轮、木射线、轴向薄壁组织、颜色、气味、滋味等宏观特征。

2. 描述特征

采用专业术语描述木材的宏观特征，明确早材、晚材、年轮、木射线、轴向薄壁组织等特征。

3. 拍照

借助数码相机，拍摄清晰的木材宏观照片。

（六）制作木材微观切片

1. 软化

在恒温水浴锅内软化木材。

2. 制作切片

采用木材切片机剖切微观切片。

（七）观察木材微观特征

1. 观察

在显微镜下观察木材的微观特征，记录管孔、木射线、轴向薄壁组织等微观特征。

2. 照相

借助带有摄像功能的显微镜，拍摄木材的微观照片。

（八）编制木材的宏观和微观识别特征

根据上述材料，针对每种树种，编制图文并茂的木材宏观和微观识别特征鉴定书。

（九）编制木材标本识别检索表

根据上述材料，结合木材学的宏观识别特征和微观识别特征，采用二分法编制所收集木材(5～10 种)的识别检索表。

（十）实物木材的标注

上交 5～10 种标本，每种标本的数量 10 块。必要时，标本上可用激光雕刻机标注木材的名称和制作者的名字。需要指出的是，雕刻制作者的名字一方面是为了感谢制作者的贡献，另一方面增加制作者的责任心。另外，学生可以多制作一套标本供自己收藏，以示纪念。

（十一）创业报告

采用学术论文报告的形式，书写创业报告，内容涵盖调查情况、标本制作过程及质量状况、木材的宏观和微观识别特征、木材识别检索表等，力争图文并茂，语言规范，逻辑性强。

五、成绩考核与评定

根据实习报告和制作的木材标本及切片综合评定成绩。采用五级分制，分为优秀、良好、中等、及格、不及格五级。

1. 实习报告：①叙述简明扼要、文字流畅、字迹清楚、图表符合要求；② 报告要反映实习的实际情况，也要有较详细的分析；③阐明实习的主要收获、体会和对今后实习提出改进及建议。

2. 木材标本达到要求。上交 5～10 种标本，每种标本的数量 10 块。

第十九章

创业实践 2

一、目的与要求

综合运用木材学、木材加工装备、家具发展史、家具造型设计、家具结构设计、木制品生产工艺、CAD、3D MAX 等课程知识，设计并制造一件具有文化内涵的小型家具或木制工艺品为载体，培养学生独立创业能力，铸造创新和创业的基本技能，为以后创业奠定良好的基础。本实验的具体目的与要求如下。

1. 设计的家具或木制工艺品应有积极向上的文化内涵，充分体现木制品的文化价值，并具有一定的市场销售价值，力争产生经济效益。
2. 绘制设计效果图，并配有设计说明。
3. 绘制家具或木制工艺品的三视图、结构图、零部件图，书写技术要求。
4. 拟定家具或木制工艺品的工艺流程图，并注明所用的机械。
5. 制作家具或木制工艺品实物一件。
6. 书写创业实践报告一份。

二、实践内容

设计并制作一件富有文化内涵的小型家具或木制工艺品。

三、时间与进度

根据人才培养方案的要求，创业实践 2 的完成时间为第七学期的 1～8 周。由学生课下完成，指导教师审核方案并进行有针对性的指导。木制品工程实验室为学生制作样品提供协助。

四、实验项目

（一）选题

文化创新是设计创新的一个有效途径，实用是家具的价值体现，因此在选题时应注意实用性和创新性。选题内容可以为书柜、雕刻件、椅子、抽纸盒、中国馆模型、金字塔模型、手机架、收纳盒、笔筒等小件物品。

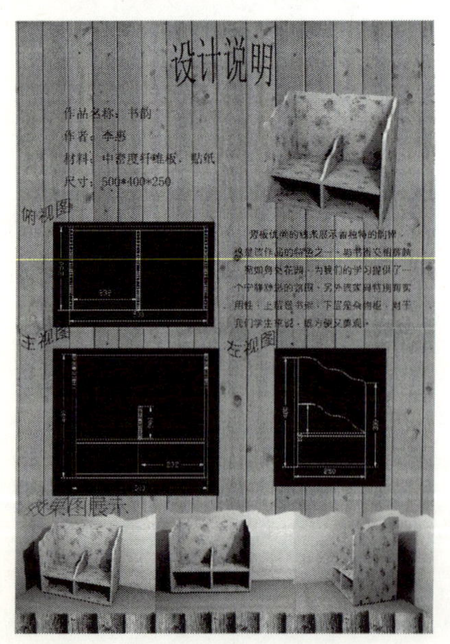

图 19-1　书韵（图纸）

（二）设计表达

绘制设计效果图，并配有设计说明。具体案例见图 19-1。

（三）技术图纸绘制

设计方案确定后，按照《家具制图》标准绘制家具或木制工艺品的三视图、结构装配图、零部件图，书写技术要求。结构装配图是最重要的图纸，应能清晰地表达各个零部件的装配关系、尺寸大小；零件图是最基本的图纸，是技术工人生产的重要依据。技术要求是加工的质量要求，描述应清晰准确。

（四）工艺流程图

工艺流程图是加工过程中工序管理的依据，工艺的制定应当科学、合理。在充分考虑机器设备实际情况的前提下，依据技术图纸科学有针对性地设计工艺流程。在填写工艺卡片时，应标明详细的技术参数和加工余量，并表明机器设备的名称和型号。

（五）实物制作

根据工艺流程图和工艺卡片，在加工车间加工家具或木制品的零部件。在加工过程中，应认真调试机器设备，仔细操作，确保安全和加工质量。实物制作应以学生自己动手制作为主，必要时指导教师、实验员、车间木工给予协助。具体案例详见图 19-2 和图 19-3。

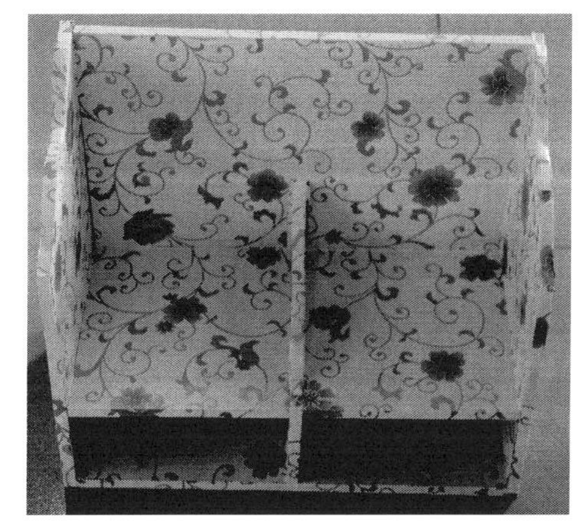

图 19-2　书韵(实物)

图 19-3　八骏图(实物)

（六）实践报告

实践报告是对创业实践 2 的归纳总结，是技术性档案材料。实践报告主要包括设计思想、设计图纸(含效果图、三视图、结构图、零件图、装配图)、工艺流程图、工艺卡片、机器等内容，重要专业知识的收获。内容应完整，格式应规范，语言精练，逻辑性强。

五、实习成绩评定

根据提交的报告和设计图纸(含效果图、三视图、结构图、零件图、装配图、工艺流程图等)，结合实物的制作质量，给予综合评价。成绩按 5 个等级(优、良、中、及格、不及格)评分。

参考文献

彭亮. 2001. 家具设计与制造. 北京：高等教育出版社
宋魁彦. 2001. 现代家具生产工艺与设备. 哈尔滨：黑龙江科学技术出版社
吴智慧. 2004. 木质家具制造工艺学. 北京：中国林业出版社
吴智慧. 2005. 家具设计. 北京：中国林业出版社

第二十章

专业课综合实习一（木制品生产工艺学）

一、目的与要求

专业课综合实习一(木制品生产工艺学)是学生在学习木材切削原理与刀具、木材加工装备课程、家具结构、家具造型设计、木制品生产工艺学之后，对木工机械、家具结构、家具生产工艺等内容进行操作实习，增强动手能力，达到学以致用的目的，为以后的综合实习、毕业实习和毕业设计专业课的学习奠定基础。本实验具体的目的与要求如下。

1. 学生务必认真严肃地对待实验，手机应关机或静音，不得随身携带；违者，不得参加实验，并责令离开实验现场。

2. 学生应着装整齐、穿紧身衣服或者工作服，女生不得穿高跟鞋进入车间，长发应盘起。在实验前，学生必须签订安全责任书。

3. 指导教师务必严格要求学生，遵守纪律，注意安全，杜绝任何事故。

4. 以小组为单位进行实验，每组 7～10 人为宜。

二、实习内容

图 20-1　方凳实物图

设计实木小方凳，绘制家具结构装配图、装配(拆装)立体图、部件图、零件图等内容，编写工艺路线图、材料明细表、工艺卡等全套技术文件，制作一个实木小方凳(图 20-1)。

三、实验设备与材料

1. 设备与工具

(1) 机械：齐全 MJ105A 型木工圆锯机、海湃 MT345 型细木工带锯机、平刨、压刨、开榫机、海湃 MJ90E 型精密裁板锯、宽带砂光机、封边机、打磨房、水帘式喷房、自然干燥房。

(2) 工具：量程为 3m 的米尺，6 个；铅笔，6 支；长度为 1m 的钢板尺，精度为 1mm。

2. 实木锯材

(1) 材种：松木干燥锯材。

(2) 规格：长度 2000mm 左右，宽度 200mm 左右，厚度 40mm 左右。

(3) 数量：10 块。

3. 细木工板

(1) 材种：杨木细木工板。

(2) 规格：长度 2440mm，宽度 1220mm，厚度 18mm。

(3) 数量：3 块。

4. 其他材料

水性封闭底漆、底漆、面漆、120＃水砂纸、320＃水砂纸、600＃水砂纸、800＃水砂纸、1000＃水砂纸。

四、时间与进度

根据人才培养方案的要求，专业课综合实习一(木制品生产工艺学)实习时间为一周，具体安排见表 20-1。

表 20-1　专业课综合实习一安排表

时间	内容	地点
星期一	设计一个实木小方凳，绘制技术图纸	木制品工程实验室
星期二	加工凳腿	木制品工程实验室
星期三	加工凳面，装配	木制品工程实验室
星期四	涂饰	木制品工程实验室
星期五	涂饰，内业，书写实习报告	校内教室

五、实验项目

(一) 安全责任书签字

实验开始前，学生务必在安全责任书上签字，要求学生严格按照操作规程和前期的机械培训要求操作机械设备。

(二) 理论讲解

(1) 简要讲解实木家具生产工艺流程，说明工艺卡的编制方法。

(2) 强调各工序的加工质量。

(三) 学生拟定实习方案

(1) 技术图纸：根据实物图，绘制家具图纸(零件图、部件图、结构图、立体装配图)。

(2) 工艺流程：参照《木制品生产工艺学实验》及实木家具的工艺流程，制订方凳的工艺流程，编写配料、毛料加工、净料加工、装配、涂饰等各工序的工艺卡。

(3) 加工方凳：依据图纸和工艺卡，加工凳腿和凳面，装配后进行涂饰。

(四) 加工过程

(1) 根据设计的家具(凳子)零件图，选择合适的锯材方料、板材。

(2) 根据设备实际加工精度，确定合理的加工余量。

(3) 对待加工的材料进行画线，注意节子与板边位置。

(4) 对相关的机床进行必要的检查，确认工作状态良好；设备启动运转正常后，才能进行相关材料的加工。

(5) 根据凳面规格，利用板式推台锯进行凳面配料。

(6) 根据凳脚与撑子的尺寸，利用木工圆锯对松木方材相应配料，利用平刨和压刨等毛料进行基准面与相对面加工。

(7) 利用卧式钻床对需要加工榫眼的 4 个凳脚进行榫眼加工，注意加工的基准面不能放反。

(8) 利用锯机或开榫机对 8 个撑子进行榫头加工。

(9) 利用台钻加工凳子上排横撑的装配用盲孔，短边一个，长边两个，深度约为横撑厚度的 1/2。

(10) 在榫头与榫眼内涂胶，组装框架。双面涂胶，不可太多。装配后检查框架的相邻边垂直度，必要时进行相应调整。

(11) 从框架底部利用木螺钉将凳面与框架好。

(12) 用 320＃水砂纸对凳子进行表面砂光。

(13) 利用滑石粉和水，调配腻子，粘度适中。对主孔隙处用刮刀乱涂腻子，干燥 2h 左右。

(14) 用 400＃砂纸磨平腻子，并刷子扫净粉尘。

(15) 喷涂第一遍封闭底漆：在干燥房干燥 4h，用 400＃砂纸砂磨。

(16) 喷涂第二遍封闭底漆：在干燥房干燥 4h，用 400＃砂纸砂磨。

(17) 喷涂第一遍底漆：在干燥房干燥 4h，用 600＃砂纸砂磨。

(18) 喷涂第二遍底漆：在干燥房干燥 4h，用 600＃砂纸砂磨。

(19) 喷涂第一遍面漆：在干燥房干燥 4h，用 800＃砂纸砂磨。

(20) 喷涂第二遍面漆：在干燥房干燥 4h。

（五）方凳编号

每个小组应对所加工的方凳进行编号，以组为单位放置在车间内，以备评定成绩使用。

（六）打扫卫生

车间严格按“6S”方法管理，实习结束后应及时打扫卫生，清除粉尘，整理在制品，分类堆放，垃圾及时清运到垃圾回收站。

六、实习报告

1. 整理图纸。

2. 书写工艺卡片。

3. 实验报告应手写，不得抄袭；抄袭者成绩不通过。不通过者，次年跟着下一年级重新实验，重新书写实验报告。

七、实验成绩评定

主要根据出勤情况、实习态度、实验报告及方凳的加工质量评定实验成绩。成绩分为 5 个等级：优秀、良好、中等、通过和不通过。

参 考 文 献

宋魁彦. 2001. 现代家具生产工艺与设备. 哈尔滨：黑龙江科学技术出版社

吴智慧. 2004. 木质家具制造工艺学. 北京：中国林业出版社

于志明，李黎. 2005. 木材加工装备. 北京：中国林业出版社

第二十一章
专业课综合实习二
（人造板制造工艺学或家具设计）

一、目的与要求

对于材料工程方向的学生而言，实习过程中，要求学生深入到人造板生产车间，熟悉各类人造板的生产工艺过程，了解从原料进入车间开始到最后成板以后的后期处理及包装贮存这一系列工序中每个具体工序的工艺条件，掌握各个工序里的主要生产设备、机械运输设备、气力输送设备与贮存装置的类型、结构、操作、特点、选用、管理维护等知识，在课堂理论学习的基础上加深对人造板工业化生产的认识。

对于家具设计方向的学生而言，通过该实践教学环节的设计训练，使学生熟练掌握各类家具的造型设计及美学法则，独立进行家具造型设计和绘制家具造型效果图、草图、大样图及文字表达；了解实践生产中家具造型设计与表达方法；具备进行家具结构设计的能力；具备绘制家具结构装配图、零部件图、大样图的能力；提升学生综合分析和解决问题的能力；学会从功能、技术、结构、形式、环境等方面综合考虑家具设计。

本实验具体的目的与要求如下。

1. 严格遵守企业的安全要求和各项规章制度。注意企业的防火要求，未经技术人员许可，不得擅自动用任何生产设备。

2. 严格遵守学校规定的实习纪律。认真完成实习任务，实习过程中不早退，不无故缺席。实习过程中做好实习笔记，实习完成后按要求提交实习报告。

3. 学生必须认真、如实撰写习报告，不得抄袭。

二、实习内容

1. 材料工程方向

学习和了解胶合板、纤维板、刨花板的制造工艺及主要设备。

a. 胶合板制造工艺

(1) 了解胶合板生产的工艺流程：原木⟶锯断⟶剥皮⟶定心⟶旋切⟶剪切⟶干燥⟶芯板⟶涂胶⟶组坯⟶预压⟶热压⟶砂光⟶齐边⟶检验⟶成品入库。

(2) 胶合板主要生产设备：旋切机、单板剪切机、单板修补机、单板拼接机、干燥机、涂胶机、预压机、热压机、砂光机等。

(3) 了解主要工序的工艺条件，主要生产设备、机械运输设备、气力输送设备与贮存装置的类型、结构、操作、特点、选用、管理维护。主要生产设备的基本工作原理和工作状况，在线质量控制、产品质量检测、产品分等标准、企业生产的产品类型及其用途等。

b. 纤维板制造工艺

(1) 了解纤维板生产的工艺流程：原木⟶锯断⟶剥皮⟶削片/刨片⟶筛选⟶蒸煮⟶热磨⟶施胶⟶干燥⟶板坯成型⟶预压⟶热压⟶横截/齐边⟶砂光⟶检验⟶成品入库。

(2) 纤维板主要生产设备：削片机、刨片机、热磨机、拌胶机、干燥系统、成型机、预压机、热压机、纵横截锯、翻板冷却机、砂光机等。

(3) 了解主要工序的工艺条件，主要生产设备、机械运输设备、气力输送设备与贮存装置的类型、结构、操作、特点、选用、管理维护。主要生产设备的基本工作原理和工作状况，在线质量控制、产品质量检测、产品分等标准、企业生产的产品类型及其用途等。

c. 刨花板制造工艺

(1) 了解刨花板生产的工艺流程：原木⟶锯断⟶剥皮⟶刨片⟶筛选⟶干燥⟶

施胶──→板坯──→铺装──→预压──→热压──→横截/齐边──→砂光──→检验──→成品入库。

(2) 刨花板主要生产设备:刨片机、拌胶机、干燥系统、铺装机、预压机、热压机、纵横截锯、翻板冷却机、砂光机等。

(3) 了解主要工序的工艺条件,主要生产设备、机械运输设备、气力输送设备与贮存装置的类型、结构、操作、特点、选用、管理维护。主要生产设备的基本工作原理和工作状况,在线质量控制、产品质量检测、产品分等标准、企业生产的产品类型及其用途等。

2. 家具设计方向

(1) 设计一件家具,手绘家具设计创意草图 3～5 张,与指导教师共同商议确定设计方案。

(2) 严格按照国家制图标准绘制该件家具的三视图、零件图、部件图、大样图、结构装配图等,附设计说明。

(3) 制作家具模型。

(4) 撰写实习报告。

三、实验设备与材料

1. 设备与工具

(1) 机械:齐全 MJ105A 型木工圆锯机、海湃 MT345 型细木工带锯机、平刨、压刨、开榫机、海湃 MJ90E 型精密裁板锯、宽带砂光机、封边机、打磨房、水帘式喷房、自然干燥房、热压机。

(2) 工具:量程为 3m 的米尺,6 个;铅笔,6 支;长度为 1m 的钢板尺,精度为 1mm。

2. 材料

中密度板、胶合板、乳白胶、圆榫、金属连接件、喷漆、木纹纸。

四、时间与进度

根据人才培养方案的要求,专业课综合实习二(人造板制造工艺学或家具设计)实习时间为一周,各专业方向只进行本专业方向的实习,具体安排见表 21-1 和表 21-2。

表 21-1　专业课综合实习二(材料工程方向)安排表

时间	内容	地点
星期一	胶合板制造工艺实习	人造板工艺实验室
星期二	纤维板制造工艺实习	人造板工艺实验室
星期三	刨花板制造工艺实习	人造板工艺实验室
星期四	胶合板物理力学性能检测	人造板质量检测实验室
星期五	纤维(刨花)板物理力学性能检测	人造板质量检测实验室

表 21-2　专业课综合实习二(家具设计方向)安排表

时间	内容	地点
星期一	确定设计方案,绘制家具草图	家具与木制品实验室
星期二	绘制家具三视图、零件图、部件图、大样图、结构装配图等,附设计说明	家具与木制品实验室
星期三	制作家具模型	家具与木制品实验室
星期四	制作家具模型	家具与木制品实验室
星期五	撰写实习报告	家具与木制品实验室

五、实习报告

实验报告应手写，不得抄袭；抄袭者成绩不通过。不通过者，次年跟着下一年级重新实习，重新书写实习报告。

六、实验成绩评定

主要根据出勤情况、实习态度、实验报告评定实验成绩。成绩分为 5 个等级：优秀、良好、中等、通过和不通过。

参考文献

宋魁彦. 2001. 现代家具生产工艺与设备. 哈尔滨：黑龙江科学技术出版社

吴智慧. 2004. 木质家具制造工艺学. 北京：中国林业出版社

于志明，李黎. 2005. 木材加工装备. 北京：中国林业出版社

张洋，张德荣. 2012. 人造板工艺学实验. 北京：中国林业出版社

第二十二章

专业课综合实习三（木材切削、木材加工装备）

一、目的与要求

专业课综合实习三是学生在学习木材切削原理与刀具、木材加工装备课程之后，对刀具、木工机械的结构、操作规程等内容进行操作实习，增强动手能力，达到学以致用的目的，为以后的木制品生产工艺专业课的学习奠定基础。具体要求如下。

1. 学生务必认真严肃地对待实验，手机应关机或静音，不得随身携带；违者，不得参加实验，并责令离开实验现场。

2. 学生应着装整齐、穿紧身衣服或者工作服，女生不得穿高跟鞋进入车间，长发应盘起。在实验前，学生必须签订安全责任书。

3. 指导教师务必严格要求学生，遵守纪律，注意安全，杜绝任何事故。

4. 以小组为单位进行实验，每组 7～10 人为宜。

二、实习内容

操作细木工带锯机、精密裁板锯、圆锯机、压刨、钻床、砂光机等机械，分析上述机械的结构，绘制精密裁板锯、宽带砂光机的机械结构图，归纳总结上述机械的操作规程。

三、实验设备与材料

1. 设备与工具

(1) 机械：齐全 MJ105A 型木工圆锯机、海湃 MT345 型细木工带锯机、平刨、压刨、开榫机、海湃 MJ90E 型精密裁板锯、宽带砂光机、封边机、开榫机。

(2) 工具：量程为 3m 的米尺，6 个；铅笔，6 支；长度为 1m 的钢板尺，精度为 1mm。

2. 实木锯材

(1) 材种：松木干燥锯材。

(2) 规格：长度 2000mm 左右，宽度 200mm 左右，厚度 40mm 左右。

(3) 数量：10 块。

3. 中密度纤维板

(1) 材种：杨木中密度纤维板。

(2) 规格：长度 2440mm，宽度 1220mm，厚度 18mm。

(3) 数量：6 块。

四、时间与进度

根据人才培养方案的要求，专业课综合实习三实习时间为一周，具体安排见表 22-1。

表 22-1 专业课综合实习三安排表

时间	内容	地点
星期一	操作细木工带锯机、精密裁板锯，分析机械结构	木制品工程实验室
星期二	操作压刨、钻床，分析机械结构	木制品工程实验室
星期三	操作开榫机、宽带砂光机，分析其结构	木制品工程实验室
星期四	操作压机和封边机，分析其结构	木制品工程实验室
星期五	内业，书写实验报告	校内教室

五、实验项目

(一) 安全责任书签字

实验开始前,学生务必在安全责任书上签字,要求学生严格按照操作规程和前期的机械培训要求操作机械设备。

(二) 理论讲解

(1) 简要讲解木材家具机械,说明各机械的操作规程。

(2) 强调规范操作,注意安全。

(三) 细木工带锯操作

学习细木工带锯机的结构,调整上锯轮,更换锯条,调节锯卡位置,实际操作机器,能够独立操作机器锯制板材。

(1) 更换锯条,检查锯条的完整情况。

(2) 调节上锯轮,张紧锯条。

(3) 检查锯卡,根据锯材厚度调节。

(4) 检查传动三角皮带、电动机及传动部件、按钮开关、安全罩、吸尘装置,确认状态良好时方可进行下一步操作。

(5) 检查木材表面,确认无金属等异物。

(6) 开启吸尘器。

(7) 开动细木工带锯机。

(8) 确定剖料位置。

(9) 缓慢匀速进料,注意力应高度集中。

(10) 接料人员接料。

(11) 检查锯切质量。

(12) 锯切另外一边。

(13) 停机。

(四) 精密裁板锯操作

学习精密裁板锯的结构,调整主锯片和划线锯,更换锯片,实际操作机器,能够独立操作机器锯制板材。

(1) 调整主锯片高于工作台面的距离。

(2) 调整划线锯高于工作台面的距离。

(3) 检查中密度纤维板的表面状况,确保表面无异物。

(4) 固定中密度纤维板在纵向移动工作台上。

(5) 开启划线锯,开启主锯片。

(6) 仔细观察,匀速向前推动纵向工作台。

(7) 当划线锯片锯割中密度纤维板时,应轻微用力向前推动;当主锯片锯解中密度纤维板时,应注意板子的均衡与稳定,注意用力的大小和方向。锯解速度应适当,不宜过快。

(8) 锯解中密度纤维板时,辅助人员应注意接料。在接料过程中,应高度注意安全。

(9) 停机。

(五) 圆锯机操作

学习圆锯机的结构,更换锯片,实际操作机器,能够独立操作机器锯制板材。
(1) 调整靠山与锯片的距离。
(2) 检查材料表面状况,确保无异物。
(3) 开启开关。
(4) 进料速度应均匀。
(5) 锯解板件时,辅助人员应注意接料。在接料过程中,应高度注意安全。
(6) 锯解结束后,应及时停机。

(六) 平刨操作

学习平刨的结构,调整前后工作台,实际操作机器,能够独立操作机器刨削板材。
(1) 调整前工作台的高度,前后工作台之差不可太大。
(2) 检查材料表面状况,确保无异物。
(3) 成前弓步站姿,用力握住板件。
(4) 开启开关。
(5) 刨切速度应均匀。
(6) 刨切结束后,应及时停机。

(七) 压刨操作

学习压刨的结构,调整前后工作台,实际操作机器,能够独立操作机器刨削板材。
(1) 前后压紧器、前后进给滚筒相对刀轴切削圆或工作台的位置调整。
(2) 刀轴和切削刃平行于工作台的调整。
(3) 工作台不同高度位置水平度的调整。
(4) 前后压紧器和前后进给滚筒压紧力的调整。
(5) 进料时,用力应适当。
(6) 接料人员站位应错开工件的进给方向,防止意外事故发生。
(7) 刨削时,一次刨削量应适当,采用少量多次刨削。
(8) 刨削结束时,及时停机。

(八) 单轴铣床操作

学习单轴铣床的结构,安装并调整铣刀,实际操作机器,能够独立操作机器铣削工件。
(1) 选用合适的模具。
(2) 装夹工件。
(3) 开启铣床。
(4) 缓慢均速进料。
(5) 检查铣削质量。
(6) 停机。

(九) 开榫机操作

学习开榫机的结构,调整截头圆锯、上下水平刀头、工作台,实际操作机器,能够独立操作机器开榫头。

(1) 截头圆锯的调整。

(2) 上下水平刀头的调整。

(3) 工作台的调整。

(4) 检查工件表面。

(5) 固定工件。

(6) 开启机器。

(7) 加工榫头。

(8) 检查榫头加工质量。

(9) 停机。

(十) 封边机操作

学习封边机的结构,实际操作机器,能够独立操作机器进行板件的封边。

(1) 将热熔胶加入胶罐。

(2) 安放封边带,根据宽度调节限位杆的高度。

(3) 开启空气压缩机。

(4) 开机。

(5) 调节涂胶量。

(6) 检查工件的边部。

(7) 封边。

(8) 检查封边质量。

(9) 停机。

(十一) 钻床操作

学习钻床的结构,实际操作机器,能够独立操作机器进行板件的钻孔。

(1) 更换钻头。

(2) 检查压紧机构和钻削机构。

(3) 检查工件,固定工件。

(4) 开机。

(5) 钻孔加工。

(6) 检查孔的大小和位置。

(7) 停机。

(十二) 宽带砂光机操作

学习宽带砂光机的结构,实际操作机器,能够独立操作机器进行板件的砂光。

(1) 张紧砂带。

(2) 调整工作台高度。

(3) 确定砂光量。
(4) 检查板件表面质量。
(5) 开启电机。
(6) 送料。
(7) 砂光。
(8) 检查砂光质量。
(9) 停机。

(十三) 工件编号

每个小组应对所加工的工件进行编号,以组为单位放置在车间内,以备评后续实验使用。

(十四) 打扫卫生

车间严格按"6S"方法管理,实习结束后应及时打扫卫生,清除粉尘,整理在制品,分类堆放,垃圾应及时清运到垃圾回收站。

六、实习结果

实习报告一份,包括机械结构图、操作规程等内容。

七、实验成绩评定

主要根据出勤情况、实习态度、实验报告评定实验成绩。成绩分为 5 个等级:优秀、良好、中等、通过和不通过。

参考文献

宋魁彦. 2001. 现代家具生产工艺与设备. 哈尔滨:黑龙江科学技术出版社
吴智慧. 2004. 木质家具制造工艺学. 北京:中国林业出版社
于志明,李黎. 2005. 木材加工装备. 北京:中国林业出版社

第二十三章
综合实习

一、目的与要求

综合实习是学生在学习完专业基础课和专业课之后，对人造板、家具及木制品的产品、车间、机械、工艺等内容进行生产实习，为以后的毕业设计、毕业实习及求职面试奠定基础。这是非常重要的实习，是对学生所学专业知识和意志品质的综合考验。本次实习的要求如下。

1. 实习企业的选择

(1) 生产实习单位应具有中、大型规模和现代化的技术水平，拥有较多类型的木工机械设备，生产技术较先进，工艺路线较清晰。

(2) 实习单位的选择应尽量涵盖木材工业主要领域，如制材生产、板式家具生产、实木制品生产、木地板生产、人造板制造等。如条件具备，可增加木工机械和木工刀具制造企业，使学生能了解木工机械设备及木工刀具的设计制造过程，扩大知识面，为今后从事相关行业工作打下坚实基础。

2. 对指导教师的要求

(1) 指导实习的教师应具有较强的责任心、认真刻苦、身体健康。实习中要强调教书育人，加强对学生的思想教育工作。

(2) 实习教师应具有一定的专业理论知识和较好的实践能力。能认真组织实习活动，讲解现场技术问题，并与生产企业相互配合，完成实习全部过程。指导学生记录实习笔记、撰写实习报告等。实习结束后，对学生实习成绩给出实事求是的评定。

(3) 实习教师应能合理搭配，具有一定的社交能力和组织能力。坚持原则，关心学生的实习、生活等，做学生的良师益友。

(4) 实习结束后及时向学校教务部门提交学生的实习成绩单。

3. 对学生的要求

(1) 要求学生明确实习目的，认真学习实习大纲，提高对实习的认识，严格遵守纪律，注意安全，杜绝任何事故。

(2) 要求学生以严肃认真的态度对待实习，以主人公的责任感完成实习。按规定记录实习笔记，撰写实习报告，收集相关资料。

(3) 实习过程中要严格遵守实习企业和学校的一切规章制度，严格服从实习带队老师的安排，同时要注意安全。一切言行要注意文明礼貌，要维护学校的声誉。

(4) 虚心向工人师傅和工程技术人员学习，尊重知识，敬重他人，甘当“小学生”。及时整理实习笔记、学习报告等，不断提高分析问题、解决问题的能力。

(5) 实习结束后，应在规定时间内交齐实习笔记、实习报告等。实习报告，侧重于专业知识的收获和体会。

二、实习内容

在胶合板、中密度纤维板、刨花板、家具、木门等企业参加短期生产实习，掌握机械、人造板生产工艺、家具造型、家具结构、家具制造工艺、生产管理、企业管理等内容，锻炼学生从事木材工业生产的实际技能，增强学生对实际生产状况的认识，增加学生求职面试的本领。

三、实习方式

实习方式为集中实习，固定在一家企业实习。材料工程方向的学生选定人造板企业实习，家具设计方向的学生选定在家具或者木门企业实习。地点为知名人造板、家具、木门企业。分别由人造板和家具方向的专业教师带队实习，和企业指导教师共同完成指导工作。

四、时间与进度

根据人才培养方案的要求，木材科学与工程专业认识实习的时间为三周，完成时间为第六学期第 17～19 周。

五、纪律要求

1. 参与实习的所有学生要明确实习任务和实习目的，在参观实习时，要按照厂区工作人员的要求规范，安全实习。
2. 安全第一。学生应学会自己管理自己、服从厂方工作人员和指导教师的管理，严格遵守工厂和车间的各项规章制度，遵守实习单位的保密制度。
3. 进入实习现场不准穿凉鞋，男生不许穿背心、短裤，女生不许穿裙子，但必须要戴帽子。
4. 观看机床工作过程时要注意不要跨越车间中的黄线，另外要站在机床的侧面，同时要注意叉车等运输设备，防止碰伤，避免围观而影响生产。
5. 实习中途休息时，不要聚集在车间门口或车间主干道上。
6. 观察设备加工过程时，未经允许不得动用设备和刀具、工具等，更不得随意开动车间的机器设备。出现问题时，必须保护现场，并立即请示报告。
7. 在实习期间，学生应认真记录每天的实习笔记（日志），作为实习结束后撰写实习报告的依据。
8. 严格遵守学校和实习企业的各项规章制度。
9. 实习期间，不准请假，缺课不补；不参加实习者，不评定实习成绩。
10. 增强预防意识，杜绝安全事故。
11. 班干部要以身作则，认真负责，带领全班同学做好实习工作。

六、学习项目

（一）实习动员

实习开始前，召开专门实习动员会，说明实习的目的、意义和要求，阐明实习内容，强调安全和纪律。学生应按时上下班，遵守企业制度，服从企业管理，认真操作，保质保量完成部分生产任务，积极思考，争取创新性地解决生产中碰到的实际问题。

（二）胶合板企业实习要点

胶合板的原材料包括单板和胶粘剂，单板包括杨木、桐木、桉木、柳木等树种，胶粘剂包括脲醛胶、酚醛胶和三聚氰胺树脂胶。胶合板的层数包括 3、5、7、9、11、13、17、19、25 层，常见层数为 7、11 层。成品包括普通胶合板、建筑模板、单板层积材等种类，常规幅面尺寸为 1220mm×2440mm。主要设备包括旋切机、拼接机、烘干机、涂胶机、铺装机、冷压机、热压机、裁边锯、宽带砂光机等。胶合板的工艺流程是指将原木旋切成单板，经涂胶、配坯、热压而制造成胶合板的工艺过程（图 23-1）。

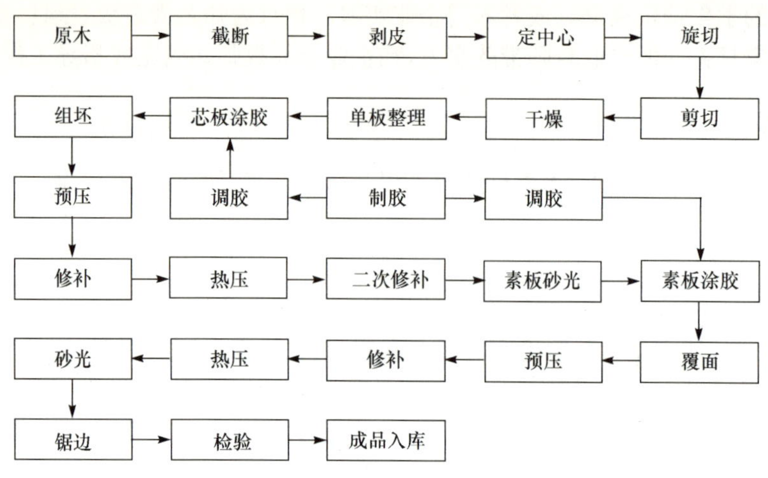

图 23-1　胶合板生产工艺流程

在胶合板企业实习时，应熟知单板的实物状态、仓库管理等知识；掌握胶粘剂的制胶过程，学会识别脲醛胶、酚醛胶的颜色、气味等内容。在涂胶配坯工段，认真学会拌胶、涂胶、配坯过程，参与配坯结构。在冷压和热压工段，熟练操作冷压机和热压机，掌握冷压和热压的温度、压力、时间等技术要素。在锯裁工段，自己动手锯切板件。在砂光工段，调整宽带砂光机的砂带，确定合理的砂削量，实际砂光板件，评价板件的砂光质量。全方位学习现场管理，注意车间内的物流，熟知生产节拍，掌握质量检测标准，学会仓库管理。

（三）纤维板企业实习要点

纤维板的原材料包括纤维和胶粘剂，纤维为杨木纤维，胶粘剂为脲醛胶和酚醛胶。产品主要按密度分类，纤维板分为高密度纤维板和中密度纤维板，高密度纤维板主要用作强化地板的基材，中密度纤维板主要用于家具和木门制造、室内装修；按原料分类，主要为杨木纤维密度板，常规幅面尺寸为 1220mm×2440mm，厚度为 8mm、12mm、15mm、18mm。设备包括蒸煮罐、热磨机、干燥机、干燥旋风分离器、石蜡熔化及施加设备、胶料调配及施加设备、铺装料仓、纤维铺装机、连续预压机、连续热压机、辊筒运输机、横截锯、翻板机、堆垛机、砂光机等。纤维板的工艺流程是指将木材经削片、热磨、拌胶、铺装、热压等工序制造成纤维板的工艺过程(图 23-2)。

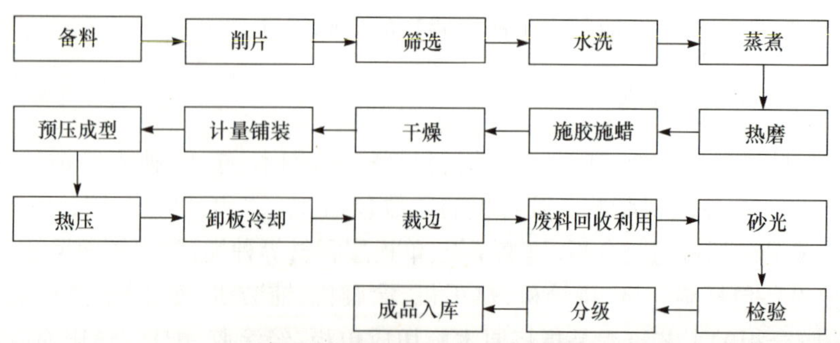

图 23-2　纤维板生产工艺流程

熟知原材料的种类、来源、物理状态、价格，计算堆积量和日消耗量，掌握料厂管理知识。热磨工段实习时，学会热磨机的操作方法，掌握纤维热磨温度。拌胶工段，学生应掌握胶粘剂和石蜡的配比及配制方法，学会操作拌胶机。铺装工段，学习铺装机的铺装原理，学会用计算机调整纤维的量，调节铺装厚度，掌握热压温度、湿度、时间，检测铺装质量。在锯裁工序，掌握锯裁圆锯机的结构，运行轨迹，学会操作。在晾板工序，熟悉晾板架的工作原理，掌握晾板时间。砂光工序，学习砂光机的机械结构、操作方法，学会更换砂带、调整砂光量，评价砂光质量，实际进行砂光操作。

（四）刨花板企业实习要点

刨花板的刨花主要是杨木刨花和桐木刨花，胶粘剂为脲醛胶。刨花板为细-粗-细的三层配坯结构，表面为细刨花板，中间为粗刨花板。成品的幅面尺寸一般为 1220mm×2440mm。按原料分类，刨花板分为杨木刨花板、松木刨花板、桐木刨花板、柳木刨花板、桦木刨花板等种类。按用途分类，刨花板分为普通刨花板、定向刨花板，普通刨花板主要用于室内装修和家具制造；定向刨花板在建筑上的应用越来越广泛，主要用于木结构，是未来刨花板应用的重要领域。目前，刨花板主要用于家具制造，而家具用刨花板的厚度为 18mm 和 16mm，因此，企业生产刨花板的常规幅面尺寸为 1220mm×2440mm，厚度为 18mm 和 16mm。主要设备包括削片机、皮带运输机、滚筒干燥机、自动调供胶系统、铺装机、预压机、热压机、料仓、锅炉、纵横锯边机、晾板架、宽带砂光机等。刨花板的工艺流程是指将木材经刨片、干燥、拌胶、铺装、热压等工序制造成刨花板的工艺过程（图 23-3）。

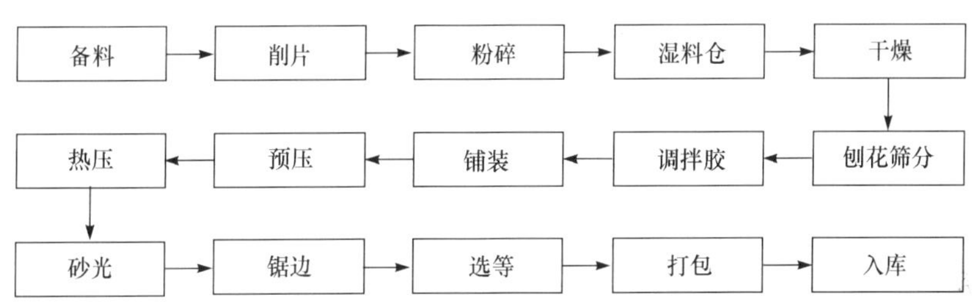

图 23-3　刨花板生产工艺流程

熟知刨花的种类、来源、物理状态、价格，计算堆积量和日消耗量，掌握料厂管理知识。在刨片工段实习时，学会刨片机的操作方法，掌握刨花的物理状态。在干燥工段，学会锅炉的操作方法，熟悉滚筒式干燥机的干燥温度、干燥时间、干燥质量、干燥能力，判断干燥质量，学会操作干燥机。在拌胶工段，学生应掌握胶粘剂和石蜡的配比及配制方法，学会操作拌胶机。在铺装工段，学习铺装机的铺装原理，学会调整纤维的量，调节铺装厚度，掌握热压温度、湿度、时间，检测铺装质量。在锯裁工段，掌握圆锯机的结构，学会操作。在冷却工段，熟悉冷却架的工作原理，掌握冷却时间。在砂光工段，学习砂光机的机械结构、操作方法，学会更换砂带、调整砂光量，评价砂光质量，实际进行砂光操作。

（五）家具企业实习要点

家具企业实习包括原材料、结构、造型、机械、工艺等内容。

1. 原材料

家具的原材料包括实木、纤维板、刨花板、胶合板、细木工板、贴面材料、胶粘剂、涂料等种类。实木有红橡、白橡、水曲柳、榆木、核桃木、楸木、桐木、橡胶木、榉木、樱桃木、柞木、白蜡木、胡桃木、海棠木、椴木、桦木、印茄木、乌金木、红酸枝、花梨木、紫檀木、鸡翅木、交趾黄檀、奥氏黄檀、大叶紫檀、老挝酸枝、樟子松、辐射松、红松、落叶松、云杉、杉木等种类。纤维板幅面尺寸为1220mm×2440mm，厚度为5mm、9mm、12mm、15mm、18mm、25mm。刨花板幅面尺寸为1220mm×2440mm，厚度为12mm、15mm、16mm、18mm。胶合板幅面尺寸为1220mm×2440mm，厚度为5mm、9mm、12mm、15mm、18mm、20mm。细木工板幅面尺寸为1220mm×2440mm，厚度为12mm、15mm、16mm、18mm、25mm。天然薄木包括白橡、红橡、水曲柳、红胡桃、白枫、沙比利等，厚度为0.25mm、0.30mm、0.40mm、0.50mm等。其他的贴面材料包括木纹纸和浸渍纸等。胶粘剂包括三聚氰胺改性脲醛树脂胶、白乳胶、有机硅胶、水性乙烯基聚氨酯胶、环氧树脂胶等种类。胶粘剂一是用于家具表面贴面，二是用于家具的榫结合和钉结合，作为两者的辅助结合方式。贴面时，常用脲醛胶和白乳胶混合的双液胶，也可只用白乳胶；拼板时，常用白乳胶。涂料包括聚氨酯漆、聚酯漆、硝基漆、丙烯酸涂料、UV漆、水性涂料等类型。

2. 结构

家具结构主要讲解框架结构、板式结构、弯曲家具结构，重点突出板式结构的特征及其32mm系统。按种类分为柜类、实木桌椅框架、床类、明式家具结构等。其中，柜类家具的结构包括底座、顶(台面)板、底板与旁板、隔板、搁板、背板、柜门、抽屉、拉手、挂衣棍等。板式家具的核心是32mm系统，32mm系统是依据单元组合理论，以32mm为模数，通过模数化、标准化的“接口”来构筑家具的一种结构与制造体系。32mm系统是以旁板为核心，旁板是家具中最主要的骨架部件。预钻孔包括结构孔和系统孔两类，位置在32mm方格网点，系统孔孔径为5mm，孔深13mm；结构孔孔径5mm、8mm、10mm、15mm、25mm等。

3. 造型

家具造型设计是指对家具的形态、质感、色彩、装饰及构图等方面进行综合处理，构成完美的家具形象。在阐明构成家具形态要素(点、线、面、体)、色彩、肌理、装饰的基础上，分析了构成家具形式美的法则(比例与尺度、统一与变化、均衡与稳定、节奏与韵律、模拟与仿生)。

4. 机械

家具机械主要包括完成锯、刨、铣、雕、砂、车、压、钻、涂饰等操作机械，具体如下。

(1) 锯：数控跑车带锯、木工带锯、细木工带锯、线锯、圆锯机、推拉锯、双端锯、精密推台锯、全自动电脑数控开料锯。

(2) 刨：平刨、压刨、双面刨、四面刨。

(3) 铣：单轴立式铣床、双轴立式铣床、单轴镂铣机、双轴镂铣机、双头圆锯立铣机、仿型铣。

(4) 封：手动曲线封边机、曲直线封边机、全自动直线封边机。

(5) 剪：双刀式液压薄木剪切机。

(6) 拼：自动单板纵向拼缝机、拼板机、纵向接木机。

(7) 涂：单板涂胶机、双面涂胶机。

(8) 砂：宽带砂光机、直线双边砂光机、立卧砂磨机、压砂机、风轮砂光机、手动打磨机、平砂机、双边曲面砂光机、立式双面砂光机、直线曲缘砂光机。

(9) 雕：龙门式自动换刀雕刻机、数控加工中心。

(10) 车：数控车床、木工仿形车床、背刀车床等。

(11) 钻：单排钻、双排钻、三排钻、四排钻、六排钻等。

(12) 压：冷压机、热压机、贴面压机、真空热压成型机。

(13) 开榫：双端长方榫头开榫机、梳齿榫开榫机、单头直榫开榫机、自动燕尾榫机、圆榫机、圆棒切断机、立式单轴榫槽机、履带式双端开榫机、自动双头铣榫机、全自动指接线。

（14）涂饰：水帘式喷房、全封闭式无尘喷涂房、数控喷漆系统、自动喷漆干燥线、台车式喷漆流水线、静电喷涂吊装线、精密辊涂机、红外线干燥机、UV 干燥机、微波干燥机、底漆砂光机、粉尘清除机等。

（15）除尘：单桶布袋吸尘机、双桶布袋吸尘机、中央除尘系统。

5. 工艺

家具工艺在讲解实木家具生产工艺流程的基础上，阐述了板式家具生产工艺和薄板胶合弯曲工艺，详见图 23-4～图 23-6。

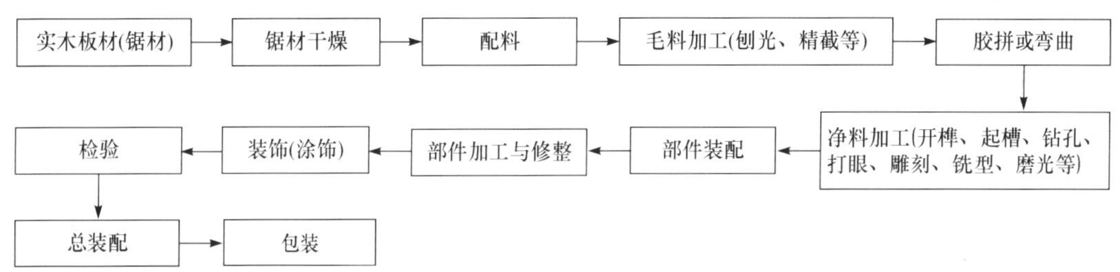

图 23-4　框架式家具制造工艺流程

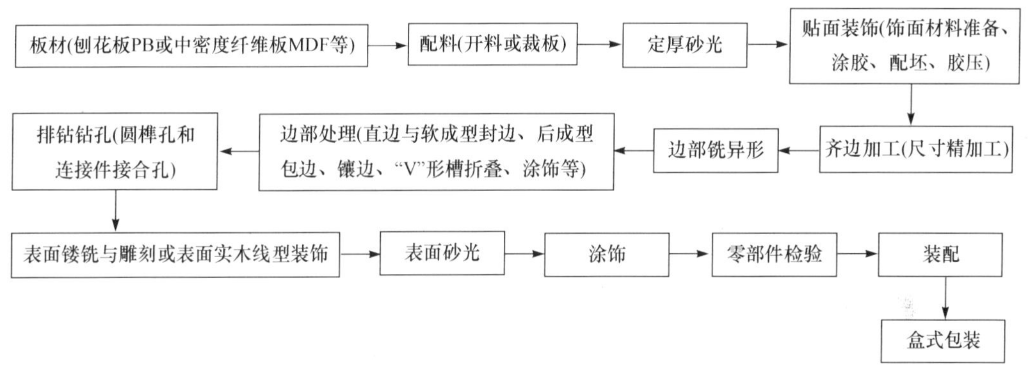

图 23-5　板式家具制造工艺流程

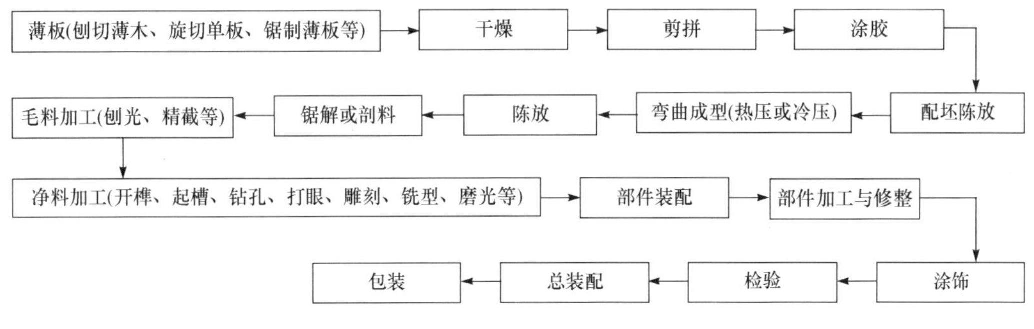

图 23-6　薄板胶合弯曲家具制造工艺流程

6. 实习要点

学会操作家具机械，懂得家具结构，实际从事家具生产活动，熟悉车间管理。善于与工人进行沟通，积极主动从事辅助性生产活动。配料车间，学生应掌握原材料的名称、规格、数量，操作细木工带锯、精密裁板锯、平刨、压刨，掌握毛料加工的技术要求，学会评价加工质量。净料加工车间，操作开榫机、雕刻机、钻床、宽带砂光机、车床、封边机等，熟知加工要求及质量标准。涂饰车间，练习喷涂，掌握喷漆技巧，熟悉干燥工艺，仔细砂磨漆膜，判断漆膜表面质量。学习车间生产管理，领悟企业文化。

（六）木门企业实习要点

实习时，学生应掌握木门的种类、材料、结构、机械、工艺，观察配料工艺，掌握精密裁板锯的操作要领；练习门板贴面技术，记录机械型号和名称，进行机器操作；学习表面雕刻过程，掌握雕刻机的操作方法；练习喷漆过程，掌握技术要求；记录漆膜干燥条件，判断漆膜表面质量；实际包装家具的零部件，练习包装技巧，分类堆放家具，掌握包装箱箱面信息。

（七）设备实习要点

设备实习内容包括制材机械设备、实木家具生产设备、板式家具设备、木地板生产设备和人造板机械等。

1. 制材设备

（1）了解制材车间所用设备的类型、作用、型号、技术参数、设备安装位置等。

（2）观察跑车带锯机和再剖带锯机的工作过程，了解带锯机的操作要点。

（3）观察带锯机主机和跑车实物，对照教材中锯机和跑车结构图，加深对锯机结构原理的理解，训练看图能力。

（4）了解带锯机和跑车的维护、维修要点，设备的润滑方式、所用润滑剂的类型、润滑周期等。

（5）了解制材工业中所用带锯条的类型、锯齿的角度参数、尺寸参数等。

（6）了解带锯条修磨的基本过程及锯条修磨设备的类型及作用，锯条的刃磨周期、刃磨方式等。

（7）了解制材车间中木料输送设备（皮带输送机、辊筒输送机、链式输送机、叉车等）的类型、作用及各类输送设备的应用特点；了解各工段间物料的输送方式并分析其优缺点。

2. 板式家具生产设备

（1）了解板式家具车间所用设备的类型、作用、型号、技术参数等。

（2）观察车间中各类设备的数量（如锯板机、封边机、排钻等）及各设备的布置方式，了解每台设备在车间中的具体作用，并分析车间设备配置方式的合理性与存在的问题。

（3）观察电子开料锯和推台锯的工作过程，了解电子开料锯上工作台的类型、工件的定位方式、安全防护装置等；了解所用锯片的类型、齿形参数、锯齿形状、锯片刃磨周期等。

（4）观察封边机的工作过程，了解所用封边机的封边方法、组成单元、应用特点；结合教材内容加深理解封边机各组成部分的结构原理（封边条送进压合、封边条前后截断、上下铣边等）；了解封边机上所用刀具的类型。

（5）观察排钻床的工作过程，了解排钻床的结构原理、钻排数量及间距的调整、工件夹紧、进给方式、钻孔深度控制方式等；了解所用钻头的类型、参数。

（6）观察压机的工作过程，了解车间中所用压机的类型（冷压、热压）、加压方式、加热方式等。

（7）观察车间中加工中心的工作过程，了解所用加工中心的类型（3 轴、4 轴或 5 轴）、刀库类型（链条式、盘式）、换刀方式、刀库容量、所用刀具类型、刀柄类型。

(8) 了解车间中各类设备的维护、维修要点，设备的润滑方式、所用润滑剂的类型、润滑周期等。

(9) 了解车间内气力除尘系统的布局情况：包括机床吸料器的类型、各管道的布置、连接、除尘器及风机的类型等。

(10) 了解车间中物料输送设备（皮带输送机、辊筒输送机、链式输送机、叉车等）的类型、作用及各类输送设备的应用特点；了解各工段间物料的输送方式并分析其优缺点。

3. 实木家具生产设备

(1) 了解实木制品车间所用设备的类型、作用、型号、技术参数等。

(2) 观察车间中各类设备的数量（如圆锯机、刨床、铣床、开榫机、砂光机等）及各设备的布置方式，了解每台设备在车间中的具体作用，并分析车间设备配置方式的合理性与存在的问题。

(3) 观察圆锯机的工作过程，了解圆锯机进料方式，结合教材加深对圆锯机结构原理的认识和理解；了解所用锯片的类型、齿形参数、锯齿形状、锯片刃磨周期等。

(4) 观察平刨床、压刨床和双面刨床的工作过程，结合教材加深对刨床结构原理的认识和理解；了解平刨床和压刨床的工作台调整方式、压刨进给滚筒和压紧器的调整方法；了解所用双面刨床的类型（先平后压、双压刨）；了解刨床上所用刀轴的类型、装刀方式、刀片刃磨方式和刃磨周期等。

(5) 观察木工铣床的工作过程，结合教材加深对镂铣机和下轴式铣床结构原理的认识和理解；了解铣床上主轴调整方式；了解铣床上所用刀具的类型、形状、装刀方式、铣刀的刃磨方式和刃磨周期等。

(6) 观察开榫机的工作过程，结合教材加深对开榫机结构原理的认识和理解；了解开榫机的调整方式；了解所用刀具的类型、形状、装刀方式、刀具的刃磨方式和刃磨周期等。

(7) 观察钻床的工作过程尤其是多轴钻床，结合教材加深对钻床结构原理的认识和理解；了解多轴钻床的传动方式、孔间距的调整方式；了解所用钻头的类型、形状、安装方式、钻头的刃磨方式和刃磨周期等。

(8) 观察木工磨削设备的工作过程，结合教材加深对磨削设备结构原理的认识和理解；了解窄带砂光机的应用场合及应用特点；了解宽带砂光机的应用特点、砂架类型及砂架组合方式、砂带轴向窜动装置的类型、进料速度调整方式、工作台升降方式等；了解砂带的类型及砂带的安装、保存方法等。

(9) 观察车间中所用加工中心的工作过程，了解所用加工中心的类型（3 轴、4 轴或 5 轴）、刀库类型（链条式、盘式）、换刀方式、刀库容量、所用刀具类型、刀柄类型。

(10) 了解车间中各类设备的维护、维修要点，设备的润滑方式、所用润滑剂的类型和润滑周期等。

(11) 了解车间内气力除尘系统的布局情况：包括机床吸料器的类型、各管道的布置、连接、除尘器及风机的类型等。

(12) 了解车间中物料输送设备（皮带输送机、辊筒输送机、链式输送机、叉车等）的类型、作用及各类输送设备的应用特点；了解各工段间物料的输送方式并分析其优缺点。

4. 木地板生产设备

(1) 了解实木地板和强化地板生产车间所用设备的类型、作用、型号、技术参数等。

(2) 观察车间中各类设备的数量（如双端铣、四面刨等）及各设备的布置方式，了解每台设备在车间中的具体作用，并分析车间设备配置方式的合理性与存在的问题。

(3) 观察双端铣的工作过程，结合教材加深对双端铣结构原理的认识和理解；了解双端铣上刀头的数量、所用刀具的类型、刀具的刃磨方式和刃磨周期等。

(4) 观察四面刨的工作过程，结合教材加深对四面刨结构原理的认识和理解；了解四面刨上刀轴的数量及刀轴的布置方式、进给机构的类型；了解各刀轴的调整方式、所用刀具的类型、形状、装刀方式、刃磨方式和刃磨周期等。

(5) 了解地板车间中各类设备的维护、维修要点，设备的润滑方式、所用润滑剂的类型和润滑周期等。

(6) 了解地板车间内气力除尘系统的布局情况：包括机床吸料器的类型、各管道的布置、连接、除尘器及风机的类型等。

(7) 了解地板车间中物料输送设备(皮带输送机、辊筒输送机、链式输送机、叉车等)的类型、作用及各类输送设备的应用特点；了解各工段间物料的输送方式并分析其优缺点。

5. 胶合板生产机械设备

(1) 了解胶合板生产车间所用设备的类型、作用、型号、技术参数等。

(2) 观察车间中各类设备的数量(如旋切机、剪板机、涂胶机、压机等)及各设备的布置方式，了解每台设备在胶合板生产中的具体作用，并分析车间设备配置方式的合理性与存在的问题。

(3) 观察旋切机的工作过程，结合教材加深对旋切机结构原理的认识和理解；了解旋切前木段的定心方法；了解车间中有卡轴旋切机的类型、卡轴箱类型(机械式或液压式；单卡轴或双卡轴)、主传动系统类型、进刀座和进给箱的类型；了解无卡轴旋切机的结构原理；了解旋切机上旋刀的安装方式、刀具的刃磨方式和刃磨周期等；结合车间实际，分析有卡轴旋切机和无卡轴旋切机各自的应用特点和对单板厚度控制方式。

(4) 观察单板剪切设备的类型，了解剪板机与单板干燥机的连接方式。

(5) 观察单板干燥机的工作过程，了解车间中所用单板干燥机的类型及性能特点。

(6) 观察单板涂胶机的工作过程，了解所用涂胶机的类型、结构原理；了解涂胶机的供胶方式和涂胶量调整方式。

(7) 观察压机的工作过程，结合教材加深对压机结构原理的认识和理解；了解预压机和热压机的异同点；了解热压机的加热加压方式；了解热压机的闭合方式及特点；了解热介质管道与热压板的连接方式；了解热压机液压系统的类型，液压系统中各液压元件的性能参数，分析压机液压系统的特点；观察压机上电接触压力表，弄清表上各指针的作用，了解热压过程中如何实现自动补压。

(8) 观察胶合板后期加工过程，了解锯边机及所用锯片的类型；了解砂光机的类型及所用砂带的安装调整方法、砂带类型和砂削量的控制。

(9) 了解胶合板生产车间中各类设备的维护、维修要点，设备的润滑方式、所用润滑剂的类型和润滑周期等。

(10) 了解胶合板生产车间中物料输送设备(皮带输送机、辊筒输送机、链式输送机、叉车等)的类型、作用及各类输送设备的应用特点；了解各工段间物料的输送方式并分析其优缺点。

6. 纤维板生产机械设备

(1) 了解纤维板生产车间所用设备的类型、作用、型号、技术参数等。

(2) 观察车间中各类设备的数量(如削片机、木片分选设备、压机、砂光机、裁边机等)及各设备的布置方式，了解每台设备在纤维板生产中的具体作用，并分析车间设备配置方式的合理性与存在的问题。

(3) 观察削片机的工作过程，了解企业所用削片机的类型、工作原理及应用特点。

(4) 了解企业中所用木片分选设备的类型及工作原理。

(5) 观察纤维分离工序，了解木片清洗方法；对照教材分析热磨机的结构原理；了解热磨机工作时一些工艺参数（进料量、蒸煮时间和温度、蒸煮前后木片的含水率等）的控制方法；了解所用热磨机进料螺旋的类型、实现防止反喷的方法、料位探测装置的类型及原理、研磨装置的动力配置、磨片加压方式、磨盘上磨片的类型及安装、磨片的材质及使用寿命；了解热磨机的开机顺序等。

(6) 观察板坯铺装工序，了解板坯铺装成型方法；了解铺装头的结构及工作原理。

(7) 观察板坯预热压工序，了解板坯压制成型过程中所用的设备类型；了解所用热压机的类型（多层压机、连续压机）。若是多层压机，了解所用多层压机的结构原理，压机的层数、加热加压方式、闭合方式（是否有同时闭合，同时闭合机构的工作原理）等；了解热压机液压系统的类型，液压系统中各液压元件的性能参数，分析压机液压系统的特点，了解装、卸板机的工作原理；若是连续压机，了解连续压机的类型（连续平压、连续辊压），压机的加压方式（多个小油缸或少量大油缸），压力和温度的控制方式，钢带的材质、使用寿命及运行速度等。

(8) 观察纤维板后续加工，了解纤维板纵、横向裁边机的类型，裁边机的控制方式及所用锯片的类型和锯片刃磨周期等；了解所用宽带砂光机的类型、砂架的数量、应用特点及所用砂带的类型。

(9) 了解纤维板生产车间中各类设备的维护、维修要点，设备的润滑方式、所用润滑剂的类型和润滑周期等。

(10) 了解纤维板生产车间中物料输送设备（气力输送设备、皮带输送机、辊筒输送机、链式输送机、叉车等）的类型、作用及各类输送设备的应用特点；了解各工段间物料的输送方式并分析其优缺点；了解纤维板生产中气力输送的应用及所用分离装置的类型、数量等。

（八）书写实习日记和实习报告

1. 实习日记

实习日记是实习过程中记录在现场所观察的内容和学习的知识。它反映了在生产实习中的收获和体会的深入程度，对反映生产实习效果起着重要作用。因此要求学生必须每天认真记录，记录内容可参考基本要求和在现场看到的具体内容。实习日记尽量用图或表格表示。

2. 实习报告

实习报告是对综合实习的一次全面总结，是标志性的学习成果。实习报告要求书写认真，内容全面，格式规范，文字简练，用词准确，逻辑性强。内容应包括在实习过程中学到的产品种类、人造板的材料、机械、工艺等；家具结构、家具造型、家具机械、家具制造工艺等内容，还应包括个人对专业认识的体会和个人思想收获等方面的内容。

实习报告要用 A4 纸按规定格式撰写，其内容应包括如下几部分。

(1) 实习名称、地点、时间。

(2) 实习目的及要求。

(3) 实习单位概况。

(4) 具体的实习内容，包括车间中主要设备的名称、作用、型号、技术参数；车间设备的布置情况(可用简图表示);主要设备的结构原理及所用刀具的类型、刀具的刃磨周期,设备保养、维护要点;各工序间物料的传输方式;车间设备配置的合理性与局限性分析,并尽可能提出改进意见。

(5) 总结本次实习的感想、体会和收获。

七、实习成绩评定

主要根据出勤情况、实习态度和实习报告的完成质量评定实习成绩。实习报告上交电子版和纸质版。成绩分为5个等级:优秀、良好、中等、通过和不通过。

根据实习大纲的范围,理论联系实际的要求,参照实习报告并结合平时表现对每个学生进行考核平分,作为实习成绩。

(1) 优秀:全面完成实习大纲要求,实习报告质量较高,能较好地运用理论知识分析生产中存在的问题,有一定的独到见解。

(2) 良好:较全面完成实习大纲要求,实习报告质量较好,能运用理论知识分析生产中存在的问题,能正确回答主要问题。

(3) 中等:能完成实习大纲要求,实习报告质量一般,尚能运用理论知识分析生产中存在的问题,基本能正确回答主要问题。

(4) 通过:基本上能完成实习大纲要求,尚能回答实习中主要问题。

(5) 不通过:未完成实习大纲要求和实习报告,不能回答实习中主要问题。

参考文献

顾继友. 1999. 胶粘剂与涂料. 北京:中国林业出版社

郭明辉,候清泉,佟达,等. 2013. 木工机械选用与维护. 北京:化学工业出版社

华毓坤. 2002. 人造板工艺学. 北京:中国林业出版社

庞庆海. 1997. 人造板机械设备. 哈尔滨:东北林业大学出版社

彭亮. 2001. 家具设计与制造. 北京:高等教育出版社

宋魁彦. 2001. 现代家具生产工艺与设备. 哈尔滨:黑龙江科学技术出版社

吴智慧. 2004. 木质家具制造工艺学. 北京:中国林业出版社

吴智慧. 2005. 家具设计. 北京:中国林业出版社

于志明,李黎. 2005. 木材加工装备. 北京:中国林业出版社

第二十四章
毕业(生产)实习及报告

一、目的与要求

毕业(生产)实习是木材科学与工程专业教学过程中的一个十分重要的实践性教学环节，是培养学生实践能力和实际操作技能的重要手段，是培养学生理论联系实际的能力，实现培养目标必需的教学过程。通过实习，加强学生对胶合板、刨花板、纤维板、细木工板、贴面板、地板、木门、家具生产制造、设备、生产管理、材料、结构、造型等专业知识与技能的培养和训练。掌握材料及其木制品系统设计的方法和步骤；掌握制造过程所需要的机械设备、材料、生产管理等方面的内容；掌握机械的性能及操作方法，从而提高学生实践动手能力。

二、实习内容

实习单位应为胶合板、刨花板、纤维板、细木工板、贴面板、地板、木门、家具等木材工业企业。学生参与实习单位的生产，重点实习以下内容。

（一）材料工程方向

(1) 实习单位的生产概况、组织机构、管理机构、人员编制情况。

(2) 实习单位生产车间的经济指标：生产规模、产品品种、产品规格、数量比例、产品成本及构成、利润情况、原材料、辅助材料、能源电力的消耗定额和实际消耗。

(3) 实习单位生产工艺流程及设备概况：①掌握实习单位生产工艺流程，观察生产工艺设备布置，研究其合理性；②实习单位技术管理，成品及半成品检验标准、生产工艺规程和设备操作规程等技术标准；③生产车间各工序的工艺特点、工艺要求和工艺控制；④生产车间主要设备的运转情况和工作原理；⑤生产车间各工序之间、各主要设备之间的衔接情况；⑥能源动力供应设备的布置；⑦原料、成品、半成品贮存和运输情况；⑧参与生产工艺控制操作和设备操作，提高动手能力；⑨实习单位新工艺、新技术、新材料、新设备的应用情况；⑩实习单位近期和长远发展目标及实习单位生产中急待解决的技术问题。

（二）家具设计方向

(1) 家具材料的种类、规格、性能与选择。

(2) 家具机械的种类、操作方法。

(3) 家具制造工艺。

(4) 家具结构设计。

(5) 家具造型设计。

(6) 家具生产管理。

(7) 家具新产品开发流程。

(8) 家具新产品开发实务。

(9) 家具新产品营销设计。

(10) 家具新产品店面设计。

三、实习方式

本次实习结合就业采取分散与集中相结合的方式，凡已确定就业单位的同学将分散到各就业单位实习，没确定就业单位的同学采用集中实习的方式。

实习单位由学生自己提前联系,学生在实习单位人员和教师的共同指导下,完成本次毕业实习。

实习时间为第八学期的第1～10周。

四、毕业实习

1. 实习日记

学生应当每日书写实习日记,重点叙述实习中专业知识的收获,包括材料、机械、工艺、存在问题、改进设想等内容。实习日记是见证学生实习过程的重要依据,是保证实习质量的重要步骤,也是评价学生实习效果的重要材料。

2. 实习报告

实习结束时,学生结合实习内容撰写一篇不少于5000字的实习报告,包括专业知识和思想等方面的收获,重在有力有据地说明在专业能力方面的提高过程。

五、成绩评定

由实习指导教师及实习单位技术负责人(或学校实习指导教师)对学生实习期间的实习成果的可实施性进行评价,并写出书面评语。由实习指导教师及实习单位技术负责人(或学校实习指导教师)对学生实习期间的表现、工作努力程度、分析和解决实际问题的能力写出书面评价。学校实习指导教师根据以上两个评语及要求完成的实习成果评定学生实习成绩。实习成绩分为优秀、良好、中等、通过和不通过。

第二十五章

毕业论文(设计)

一、目的与要求

毕业论文(设计)是大学生完成学业的标志性作业,是对学习成果的综合性总结和检阅,是对学生所学理论课程的综合应用和实践,也是对学校教学计划、课程设置、教学方法和教学水平等的综合检验。它是对专业基础课、专业课的理论知识、实践技能的一次综合训练,是学以致用的大练兵,对提高学生发现问题、分析问题、解决问题的能力具有至关重要的作用,从而实现木材科学与工程专业的培养目标。

木材科学与工程专业包括材料工程和家具设计两个方向,培养具有木材及木质复合材料的结构、性能、加工工艺与质量检验等方面的基础理论和专业知识,掌握木材加工装备设计基本理论知识,掌握家具造型设计、结构设计与工艺设计基本理论知识和基本技能的高级工程技术人才。

二、题目选定

毕业设计的内容应满足培养目标及培养规格的要求,毕业设计的选题应以知识、技能、能力培养为目标。设计课题及内容深度以人造板、家具、木门、地板课题为主,并能充分体现新材料、新技术、新工艺在工程中的应用。

(一) 材料工程方向的选题

1. 应用性选题

为了解决生产中的实际问题,学生可以根据自己就业或实习企业的实际情况,针对机械、工艺等难题开展研究,为今后就业奠定基础。

2. 学术类科研选题

本选题内容是从学术类研究的角度对材料工程类课题开展针对性研究。在与指导教师充分协商的前提下,拟定具体的研究题目和内容。要求每位学生按照实验计划保质保量地完成研究课题。完成实验方案的制订、实验具体操作、实验数据的归纳整理、书写实验报告及毕业学术论文等任务。

(二) 家具设计方向选题

1. 家具作品选题

本选题内容是从系统设计的角度对家具和装饰木制品进行创新设计研究。在与指导教师充分协商的前提下,拟定具体的设计题目和内容。在调查研究及归纳总结的基础上,从造型、材料、结构、工艺、人体工程学等方面对拟定的题目进行设计与研究。要求每位学生至少设计一件与毕业论文题目有关的创新性作品。完成创新作品图纸绘制[家具效果图、结构装配图、装配图、装配(拆装)立体图、部件图、零件图、大样图等图纸]、家具工艺设计、学术论文等任务。

2. 学术类科研选题

本选题内容是从学术类研究的角度对家具类课题进行针对性研究。在与指导教师充分协商的前提下,拟定具体的研究题目和内容。要求每位学生按照实验计划保质保量地完成研究课题。完成实验方案的制订、实验具体操作、实验数据的归纳整理、书写实验报告及毕业学术论文等任务。

三、毕业设计要求

（一）应用性和学术类科研选题毕业设计要求

（1）开题报告阶段内容具体，研究方案可行。

（2）实验计划全面，具有可操作性。

（3）实验操作认真，学风严谨，实验数据记录规范、真实。

（4）实验报告格式正确，分析合理，结论具有科学性。

（5）按照学术论文的格式，书写毕业论文（8000～10 000 字）。内容应包括题目、中文摘要、关键词、实验材料与方法、结果与分析、结论与建议、参考文献等部分。

（二）家具作品选题毕业设计要求

（1）在调查研究及归纳总结的基础上，从造型、材料、结构、工艺、人体工学等方面对选定的题目进行设计与研究。

（2）设计作品要求：至少设计一件与毕业论文题目有关的创新性作品，力争做出实物模型。

（3）图纸要求：对设计的每件家具，根据家具制图的相关规范，绘制家具效果图、结构装配图、装配图、装配（拆装）立体图、部件图、零件图、大样图等图纸。

（4）论文要求：按照学术论文的格式，书写毕业论文（8000～10 000 字）。内容应包括题目、中文摘要、关键词、研究背景、设计理念、创新方法、设计内容、结论与建议、参考文献等部分。

四、毕业设计指导方案

（一）应用性和学术类科研选题毕业设计指导方案

本次毕业设计共 5 周，安排在第八学期的第 11～15 周进行。其中开题报告 0.5 周；实验计划制订 0.5 周；实验操作三周；整理数据及实验报告 0.5 周；学术论文书写 0.5 周。

1. 查找资料、开题报告阶段

在确定题目和文献综述的前提下，提出实验计划，确定研究目标、研究的主要内容、研究方法、研究的技术路线。研究成果以开题报告的形式表达出来，安排 0.5 周。开题报告经指导老师审核通过后方能继续下阶段工作。

2. 实验计划阶段

根据开题报告的内容进行实验计划制订，安排 0.5 周。经指导教师审核通过并确定最终方案后，方能继续下阶段工作。

3. 实验操作及实验数据整理阶段

此阶段主要是实验计划的具体实施，时间为三周。

4. 撰写毕业论文

按照学术论文的格式，撰写毕业论文（8000～10 000 字）。内容应包括题目、中文摘要、关键词、实验材料与方法、结果与分析、结论与建议、参考文献等部分。本阶段安排一周。

5. 成果鉴定

检查毕业设计成果是否符合毕业设计标准要求，发现不符合毕业设计标准者，视情况责其重做或将其设计成果成绩降级。具体时间安排在毕业前一周。

6. 论文(设计)装裱及毕业答辩

学术论文按照按统一的标准和格式进行打印与装订，并设计好封面，备毕业答辩之用。具体时间安排在毕业前一周。

（二）家具作品选题毕业设计指导方案

本次毕业设计共5周，安排在第八学期的第11～15周进行。其中开题报告一周；创意设计一周；创新作品图纸绘制(效果图、结构装配图、装配图、装配立体图、部件图、零件图、大样图等)两周；家具工艺设计0.5周；学术论文书写0.5周。

1. 查找资料、开题报告阶段

在确定题目和目前研究现状的前提下，提出设计家具的思路，确定研究目标、主要内容、方法、技术路线。研究成果以开题报告的形式表达出来，安排一周。开题报告经指导老师审核通过后方能继续下阶段工作。

2. 创意设计阶段

根据开题报告的内容进行创意设计。每位同学应至少确定一件家具新产品的设计方案，以草图形式把思维表达出来。安排一周。经指导教师审核通过并确定最终设计方案后，方能继续下阶段工作。

3. 创新作品图纸绘制

此阶段包括家具效果图、结构装配图、装配图、装配(拆装)立体图、部件图、零件图、大样图、设计说明等内容。本阶段安排两周。要求学生对图纸的大小、格式、布局、色彩及效果等进行平衡考虑，同时要求图纸比例、尺寸准确，材料表达清楚，图面清晰、直观，字体为仿宋字，严格按照家具制图标准进行绘制，不得潦草，文字说明包括设计理念、所用材料、风格特点等。建议采用计算机绘制图纸。

4. 家具工艺设计阶段

针对设计的家具新产品进行工艺设计，包括工艺路线图、材料明细表、工艺卡等全套技术文件。本阶段安排0.5周。

5. 撰写毕业设计

按照毕业设计格式，书写毕业设计(8000～10 000字)。内容包括题目、摘要、关键词、设计背景、设计理念、创新方法、设计内容、结论与建议、参考文献等部分。安排0.5周。

6. 成果鉴定

检查毕业设计成果是否符合毕业设计标准要求，发现不符合毕业设计标准者，视情况责其重做或将其设计成果成绩降级。具体时间安排在毕业前一周。

7. 毕业设计装裱及毕业答辩

家具图纸和毕业设计按照按统一的标准和格式进行打印与装订，并设计好封面，备毕业答辩之用。具体时间安排在毕业前一周。

五、毕业论文(设计)开题报告

毕业论文(设计)开题报告是规范管理,培养学生严谨、务实的科研作风的有效途径,是学生从事毕业论文(设计)工作的依据。由学生在选定毕业论文(设计)题目后,与导师协商,讨论题意与整个毕业论文(设计)的工作计划,然后根据课题要求查阅、收集有关资料并编写研究提纲,于毕业(生产)实习前经导师所在专业或学院请有关专家参加论证后填写。专业、学院负责人审定后开始执行。

(一) 开题报告说明

1. 开题报告前的准备

毕业论文(设计)题目确定后,学生应尽快征求导师意见,讨论题意与整个毕业论文(设计)的工作计划,然后根据课题要求查阅、收集有关资料并编写研究提纲,主要由以下几部分构成。

(1) 研究(或设计)的目的与意义。应说明此项研究(设计)在生产实践上或对某些技术进行改革带来的经济、生态与社会效益。有的课题过去曾进行过,但缺乏研究,现在可以在理论上进行探讨,说明其对科学发展的意义。

(2) 国内外同类研究(或同类设计)的概况综述。在广泛查阅有关文献后,对该类课题研究(设计)已取得的成就与尚存在的问题进行简要综述,只对本人所承担的课题(设计)部分的已有成果与存在问题有条理地进行阐述,并提出自己对一些问题的看法。

(3) 课题研究(设计)的内容。要具体写出将在哪些方面开展研究,要重点突出。研究的主要内容应是物所能及、力所能及、能按时完成的,并考虑与其他同学互助、合作。

(4) 研究(设计)方法。科学的研究方法或切合实际的具有新意的设计方法,是获得高质量研究成果或高水平设计成就的关键。因此,在开始实践前,学生必须熟悉研究(设计)方法,以避免蛮干造成返工,或得不到成果,甚至于写不出毕业论文或完不成设计任务。

(5) 实施计划。要在研究提纲中按研究(设计)内容落实具体时间与地点,有计划地进行工作。

2. 开题报告前的时间

开题报告可在导师所在系(教研室)、专业或学院范围内举行,须适当邀请有关专家参加,导师必须参加。报告最迟在毕业(生产)实习前完成。

3. 注意事项

(1) 开题报告的撰写完成,意味着毕业论文(设计)工作已经开始,学生已对整个毕业论文(设计)工作有了周密的思考,是完成毕业论文(设计)关键的环节。在开题报告的编写中指导教师只可提示,不可包办代替。

(2) 无开题报告者不准申请答辩。

(二) 开题报告的内容与格式

开题报告应包括选题依据、文献综述内容、研究方案、进程计划、导师对文献综述的评语等内容,详见表 25-1。表 25-1(原件)用钢笔填写,字迹务必清楚。

表 25-1　毕业论文(设计)开题报告

一、选题依据(拟开展研究项目的研究目的与研究意义)
二、文献综述内容(在充分收集研究主题相关资料的基础上,分析国内外研究现状,提出问题,找到研究主题的切入点,附主要参考文献)
三、研究方案(主要研究内容、研究目标、研究方法、进度)
四、进程进划(各研究环节的时间安排、实施进度、完成程度)
五、导师对文献综述的评语(意见) 指导教师签字:______________ ______________年______________月______________日

六、期中检查

毕业论文(设计)的完成过程是一个动态的循序渐进的过程。过程控制是保证毕业论文质量的重要手段,因此,需要进行中期调查和审查工作。详见表 25-2。

表 25-2 毕业论文(设计)中期检查调查表

<table>
<tr><td>姓名</td><td></td><td>学号</td><td></td><td>年级、专业</td><td></td></tr>
<tr><td>指导教师</td><td></td><td colspan="2">论文题目</td><td colspan="2"></td></tr>
<tr><td colspan="6">以下内容由学生在相应括号内填写“√”或数字</td></tr>
<tr><td colspan="3">1. 论文题目是否变动:</td><td>无(　　)</td><td>有较小变动(　　)</td><td>完全更换(　　)</td></tr>
<tr><td colspan="3">2. 对课题任务要求是否明确:</td><td>明确(　　)</td><td>较明确(　　)</td><td>不明确(　　)</td></tr>
<tr><td colspan="3">3. 查阅文献资料:</td><td>中文(　本)</td><td>外文(　本)</td><td></td></tr>
<tr><td colspan="3">4. 已调研(实习)单位:</td><td>(　个)</td><td></td><td></td></tr>
<tr><td colspan="3">5. 调研(实习)笔记:</td><td>有(　　)</td><td>无(　　)</td><td></td></tr>
<tr><td colspan="3">6. 实习单位是否配备指导教师:</td><td>有(　　)</td><td>无(　　)</td><td></td></tr>
<tr><td colspan="3">7. 按任务要求应做的测试与实验:</td><td>计划做(　个)</td><td>已做(　个)</td><td></td></tr>
<tr><td colspan="3">8. 毕业论文(设计)指导书:</td><td>有(　　)</td><td>无(　　)</td><td></td></tr>
<tr><td colspan="3">9. 毕业论文(设计)参考书:</td><td>有(　　)</td><td>无(　　)</td><td></td></tr>
<tr><td colspan="3">10. 每周教师辅导:</td><td>(　　)次</td><td>合计约(　　)小时</td><td></td></tr>
<tr><td colspan="3">11. 预计课题进展:</td><td>超前(　　)</td><td>按时(　　)</td><td>延迟(　　)</td></tr>
<tr><td colspan="3">12. 任务能否完成:</td><td>能(　　)</td><td>否(　　)</td><td></td></tr>
<tr><td colspan="6">对指导教师的评价与要求</td></tr>
<tr><td colspan="6">对实习实验条件的评价与要求</td></tr>
<tr><td colspan="6">前期工作的收获和后期工作的打算

学生签字:______________
__________年__________月__________日</td></tr>
</table>

七、毕业论文(设计)书写

大学生撰写毕业论文(设计)的目的是对学生的知识能力进行一次全面的考核,是对学生进行科学研究基本功的训练,培养学生综合运用所学知识独立地分析问题和解决问题的能力。通过撰写毕业论文,可以使学生了解科学研究过程,掌握如何收集、整理和利用材料;如何调查、作样本分析;如何利用图书馆检索文献资料;如何操作仪器等方法。毕业论文(设计)的过程也是专业知识学习的过程,而且是更生动、更切实、更深入的专业知识的学习。

(一) 毕业论文(设计)的基本要求

(1) 学生必须查阅文献资料,数量视课题需要和学生水平而定,一般在 15 篇以上,其中外文资料不少于两篇。写毕业论文的学生要撰写 1500～2000 字的综述(做毕业设计的学生为调研报告),作为论文(设计)的前言部分。

(2) 毕业论文(含综述)、毕业设计计算说明书(含调研报告、图纸)的篇幅正文字数原则上不少于 8000 字。中外文摘要 200～300 字;关键词 3～5 个。

(3) 毕业论文内容精炼、层次分明,论点明确、实事求是,论据充分、可信;毕业设计的技术措施、计算参数、技术经济指标的选择合理,设计方案可行,主题明确、重点突出,内容精炼、层次分明,公式应用、计算准确。

(4) 图样整洁、清楚,布局合理。线条粗细符合要求,圆弧连接光滑,尺寸标注规范,文字注释必须使用工程字书写,必须采用最新的国家标准。从事毕业设计的学生必须有手工绘制的图纸和一定数量的 CAD 图纸。所有图线、图表、线路图、流程图、程序框图、示意图等不得徒手画,必须按国家规定标准或工程要求绘制。

(5) 用字要规范,文字通顺,语言流畅,书写工整,无错别字,不得请人代写。

(6) 文中的专业术语、计量单位、图表格式、文字书写及引用文献,均应按正式出版物要求来表述。

(7) 毕业论文(设计)一式两份,由答辩小组交学院存档。

(二) 字体、字号及格式要求

1. 格式要求

毕业论文(设计)应按照科技论文格式由学生本人用计算机排版、打印,一律使用统一封面(A4 纸)。打印规格:页面纵向使用,左边距 2.5cm,右边距 2cm,上边距 2.5cm,下边距 2cm。

2. 字体、字号要求

(1) 题目:3 号黑体字。下方空一行,用 4 号楷体字注明作者及指导教师。

(2) 摘要、关键词:5 号黑体字,内容用 5 号宋体字。

(3) 中外文目录:小 4 号楷体字。统一按 1、1.1、1.1.1 等层次编写,并注明页码。

(4) 正文层次标题:二级标题,4 号黑体字;三级标题,小 4 号楷体字加深。统一按 1、1.1、1.1.1 等层次编写,一律顶格,后空一格写标题。例如,正文中引用的符号较多,可在正文前列出符号表。正文内容(含参考文献、附录等)用小 4 号宋体字。

(5) 图、表:标题小 4 号宋体字加深,内容 5 号宋体字。并按文中次序编排。

(6) 参考文献应是公开出版的书刊;文献必须按引用顺序排列;文献中的作者均按先姓后名排列,多位作者只列前两位(两位作者之间用逗号隔开),后面作者用等("等"字之前用逗号隔开)表示。书写格式如下。

[编号]作者．论文题目．期刊名称,出版年,卷号(期号):起止页码

[编号]作者．书名．出版者,出版年:起止页码

（三）毕业论文（设计）及管理档案装订要求

为便于操作和管理，每位学生的毕业论文（设计）与毕业论文（设计）管理档案分别单独装订成册。

毕业论文（设计）装订要求（每生一册）如下。

封面格式见图 25-1。

××××大学

毕　业　论　文

题目：________________________________

____

学　　院________________

专业班级________________

届　　次________________

学生姓名________________

学　　号________________

指导教师________________

年　　月　　日

图 25-1　毕业论文封面

(1) 封面。

(2) 中外文目录。

(3) 正文:毕业论文题目、作者(年级、专业)及指导教师(注明职称)、中外文内容摘要、中外文关键词、前言(综述或调研报告)、正文。

(4) 参考文献或资料(按正文中引用的先后顺序列出,包括文献编号、作者姓名、书名或文集名、期刊名、出版单位、出版年月、页码等)。

(5) 致谢词。

(6) 附录(包括计算程序及说明、过长的公式推导等)。

(7) 附件(包括外文文献译文、图纸等)。

八、毕业论文(设计)指导教师评语、评阅教师评语

论文(设计)答辩前,指导教师应对所指导学生的论文(设计)进行认真、全面审查,对学生的外语水平、毕业论文的完成情况及质量、工作能力及态度等写出评语,评定成绩,凡审查不合格者,不得参加答辩,详见表 25-3。

表 25-3　毕业论文(设计)成绩评分表(指导教师用)

评价内容	具体要求	分值	评分
调查论证	能独立查阅文献和从事其他调研;能正确翻译外文资料;能提出并较好地论述课题的实施方案,综述或调研报告质量较好;有收集、加工各种信息及获取新知识的能力	5	
实验方案设计与实验技能	能正确设计实验方案,独立进行实验工作,如装置安装、调试、操作	5	
分析与解决问题的能力	能运用所学知识和技能去发现与解决实际问题;能正确处理实验数据;能对课题进行理论分析,得出有价值的结论	5	
工作量及工作态度	按期圆满完成规定的任务,工作量饱满,难度较大;工作努力,遵守纪律;工作作风严谨务实	5	
论文(设计)质量	叙述简练完整,有见解;理论正确,论述充分,结论严谨合理;实验正确,分析处理科学;文字通顺,技术用语准确,符号统一,编号齐全,书写工整规范,图表完备、整洁、正确;论文结果有应用价值	5	
创新	工作中有创新意识;对前人工作有改进或突破,或有独特见解	5	
指导教师评定成绩(共 30 分)			
指导教师评语 指导教师签名:______ ______年______月______日			

学生所在专业指定评阅教师对毕业论文(设计)及图纸进行全面审查,评定成绩,写出评语,明确表明是否同意其参加答辩,详见表 25-4。

表 25-4 毕业论文(设计)成绩评分表(评阅教师用)

评价内容	具体要求	分值	评分
资料查阅与综述(调研)材料	查阅文献有一定广泛性;综述或调研报告质量较好;有综合归纳资料的能力和自己见解	5	
论文(设计)质量	叙述简练完整,有见解;立论正确,论述充分,结论严谨合理;实验正确,分析处理科学;文字通顺,技术用语准确,符号统一,编号齐全,书写工整规范,图表完备、整洁、正确;论文结果有应用价值	15	
工作量、难度	工作饱满,难度较大	5	
创新	工作中有创新意识;对前人工作有改进或突破,或有独特见解	5	
评阅教师评定成绩(共 30 分)			
评阅教师意见 是否同意该生参加论文答辩 是 □ 否 □ 评阅教师签名:______ ______年______月______日			

九、论文答辩

学院成立本科毕业论文答辩委员会,各专业分别成立答辩小组,每个答辩小组设组长 1 人,组员 3~5 人,负责答辩小组工作。

由答辩小组根据学生答辩情况、答辩记录、指导教师评语、评阅教师评语等写出答辩评语,其主要内容包括:论文(设计)宣读情况,论文(设计)方案的合理程度,回答问题的准确程度,表达能力的强弱等,确定答辩成绩。最后核定总评成绩,并由答辩小组组长签字。答辩记录详见表 25-5,答辩成绩详见表 25-6。

对于向学校推荐的优秀学士学位论文和不及格毕业论文应由学院毕业论文领导小组集体讨论确定。

表 25-5　本科生毕业论文(设计)答辩记录

学号:＿＿＿＿＿　姓名:＿＿＿＿＿　　答辩日期:＿＿＿年＿＿＿月＿＿＿日

以下为答辩记录,填写学生汇报情况、答辩小组成员提问、学生回答等答辩过程情况记录;每个学生记录1份;答辩小组成员必须签字	
答辩记录	
答辩小组成员签字	
备注	

记录人签字:＿＿＿＿＿＿＿＿

表 25-6　本科生毕业论文(设计)成绩评分表(答辩小组用)

评分指标(以下评分指标均为"毕业论文评分标准"内项目,请参照相关科类毕业论文评分标准评定成绩)		分值	评分
工作量		5	
学习态度(选题)		5	
规范要求		5	
实际能力		5	
基础理论与专业知识		5	
学识水平		5	
答辩情况		10	
答辩成绩(共40分)			
指导教师评定成绩		评阅教师评定成绩	
总评优绩(折算为五级计分)			
答辩结果 是否通过毕业论文答辩　是 □ 否 □ 答辩小组负责人签字:＿＿＿＿ ＿＿＿年＿＿＿月＿＿＿日			

注:1. 指导教师、评阅教师、答辩委员会评定成绩参照标准按实际分数计分,得出总评成绩后,再将综合评定成绩折算为五级(优秀、良好、中等、及格、不及格)计分; 2. 优秀≥90分,良好≥80分,中等≥70分,及格≥60分,不及格<60分

十、成绩评定

毕业设计定分方法采取阶段定分法，由指导老师分段评定累加，综合平时纪律及设计期间的表现综合评定，详见表 25-3～表 25-6。设计成绩分优秀、良好、中等、及格、不及格五级，不及格者，待次年随同下一级一起补做，费用自理。

十一、纪律要求

毕业设计不仅是审定学生毕业资格的依据，而且对培养学生良好的工作态度、工作作风和独立工作能力具有深远的影响。要求每位毕业设计指导老师和同学应按照学院的有关规定，认真做好毕业设计有关环节的各项工作，确保毕业设计工作的顺利进行。为此，特做如下要求。

1. 在接受毕业论文题目后，认真阅读领会导师规定的任务、要求，制定工作计划进度表，做好各项准备工作。

2. 认真执行工作计划和进度表，保证按期完成毕业论文任务。

3. 要有完整的毕业论文进展情况记录，做好阶段总结，并定期向指导教师汇报工作进展情况。

4. 装订好的论文(经指导教师审阅准许)必须在答辩前 3d 交给指导教师。

5. 要遵守所在单位的规章制度和劳动纪律，严格作息时间，不迟到、早退和无故缺勤；如因事请假 3d 以内的由分管辅导员批准，4～7d 由院长批准，8d 以上由学生工作处审批。各班班干部协同指导老师考勤，无故旷课 1d 以上者毕业成绩降级，旷课 3d 以上按不及格处理，请假 5d 以上，毕业成绩降级。

6. 虚心接受教师的指导，严格要求自己，发挥主观能动性，独立完成各项任务。

7. 毕业设计成果应独立完成，杜绝抄袭、剽窃他人的学术论文(成果)，对自己的毕业论文质量负全面责任。违者，视情节轻重做降级或不及格处理。

8. 对马虎从事，成果潦草者，应视程度令其重做或修改，逾期不交成果者按不及格处理。

参 考 文 献

高建民. 2008. 木材干燥学. 科学出版社

顾继友. 1999. 胶粘剂与涂料. 北京：中国林业出版社

顾炼百. 2003. 木材加工工艺学. 北京：中国林业出版社

国家技术监督局. 1994. 木材干燥术语(GB/T 15035—94). 北京：中国标准出版社

国家林业局. 1999. 锯材气干工艺规程(LY/1069—99). 北京：中国标准出版社

国家林业局. 1999. 锯材窑干工艺规程(LY/T 1068—99). 北京：中国标准出版社

华毓坤. 2002. 人造板工艺学. 北京：中国林业出版社

彭亮. 2001. 家具设计与制造. 北京：高等教育出版社

宋魁彦. 2001. 现代家具生产工艺与设备. 哈尔滨：黑龙江科学技术出版社

王喜明. 2007. 木材干燥. 3 版. 北京：中国林业出版社

吴悦琦. 1998. 木材工业实用大全. 家具卷. 北京：中国林业出版社

吴智慧. 2004. 木质家具制造工艺学. 北京：中国林业出版社

吴智慧. 2005. 家具设计. 北京：中国林业出版社

中国国家标准化管理委员会. 2012.《锯材干燥质量》(GB/T 6491—2012). 北京：中华人民共和国国家质量监督检验检疫总局